CentOS 8 Linux

系统管理与一线运维实战

陈祥琳 编著

机械工业出版社
China Machine Press

图书在版编目（CIP）数据

CentOS 8 Linux系统管理与一线运维实战/陈祥琳编著. --北京：机械工业出版社，2022.1
ISBN 978-7-111-69642-1

Ⅰ. ① C… Ⅱ. ① 陈… Ⅲ. ① Linux操作系统 Ⅳ. ① TP316.85

中国版本图书馆CIP数据核字（2021）第246696号

本书结合编者十余年一线运维实战经验精心编撰而成，从 Linux 系统入门到企业级服务器搭建和维护进行了全面讲解，内容包括基础和实战两部分：基础部分主要介绍 CentOS Stream 8 的安装和系统初始化、Linux 运维常用命令、用户和磁盘管理、日志与安全管理等内容；实战部分主要介绍各类服务平台的搭建和运维，包括日志管理工具“禅道系统”的安装和使用，Samba、VSFTP、NFS 共享平台的搭建与使用，HTTP 服务器的搭建与配置，Lighttpd、Tomcat 和 Nginx 开源轻型 Web 服务器的搭建与维护，数据库平台 MySQL 和高速内存数据库 Redis 的安装与运维，代码管理工具 Git 的使用，持续集成工具 Jenkins 的使用，企业虚拟化工具 Docker 的安装与使用，Hadoop 大数据平台的安装及集群搭建，以及系统监控工具 Zabbix 的安装与使用等。

本书讲述循序渐进，突出实战，特别适合 Linux 系统运维初学者阅读，拥有 1 ~ 3 年经验的运维人员也可以通过本书掌握更多运维技能，提高自己的实战水平。此外，本书还可以作为大专院校和培训机构的教学用书。

CentOS 8 Linux 系统管理与一线运维实战

出版发行：机械工业出版社（北京市西城区百万庄大街 22 号 邮政编码：100037）
责任编辑：迟振春　　责任校对：王 叶
印　　刷：三河市宏图印务有限公司　　版　　次：2022 年 4 月第 1 版第 1 次印刷
开　　本：188mm×260mm 1/16　　印　　张：26
书　　号：ISBN 978-7-111-69642-1　　定　　价：109.00 元

客服电话：（010）88361066 88379833 68326294　　投稿热线：（010）88379604
华章网站：www.hzbook.com　　读者信箱：hzjsj@hzbook.com

前　言

以自由和开源方式出现在互联网上的 Linux 在众多爱好者和使用者的支持下迅速发展，至今，在个人、社区及企业等的参与下出现了不少的 Linux 发行版，这些发行版都能够免费获取和使用。

在 Linux 系统的学习中，如何快速入门是不少初学者面临的问题。在纠结如何入门时不妨思考一下自己为何要学它，如果不知道为何要学而无目的地去学，很多时候是在做无用功，花费大量的时间和精力后自己还是感到很迷茫。

作为初学者，首先要清楚自己学习 Linux 的目的，且要找到一种合适的发行版以及学习方法，而不是一开始就到处搜索各种教程、资料及学习视频，或买回一堆书后瞎折腾一通，漫无目的地学习只是在浪费宝贵的时间。

为了能够更好地对 Linux 系统进行系统性的学习，本书以热门的 Linux 发行版之一的 CentOS 为基础，从系统的安装配置、服务器搭建和日常维护这 3 个方面对系统的日常运维管理工作进行全面解析，以便读者对 Linux 知识的学习更全面，起步更容易。

本书的主要内容

本书对 Linux 系统入门到企业级服务器搭建、维护的过程进行讲解，内容由浅入深，并以理论知识结合实际操作的方式全面介绍 Linux 系统运维的理念。

本书的内容涉及系统的基础环境介绍、系统安全配置、自动化运维工具的应用和服务器搭建等方面，说明如下：

第 1 章，对 Linux 系统的类型、CentOS 衍生版本 CentOS Stream 8 和系统安装后的基础环境初始化进行介绍，这是进入 Linux 系统的必经之路。

第 2 章，命令是管理 Linux 系统非常重要的工具，本章对文件管理、磁盘管理、系统配置等各方面的命令进行介绍。

第 3 章，用户和组是使用与调配系统资源的方式，也是系统安全的保障之一，本章从分类与安全配置等各个方面来介绍用户和组。

第 4 章，磁盘空间是保障主机和应用系统正常运行的基础，在日常工作中应该具备划分磁盘空间和进行数据迁移的能力，还要对 LVM 有一定的了解。对于这些技能，本章都有介绍。

第 5 章，对用户密码保护机制和远程登录机制的安全控制进行介绍，并对主机安全检测的工具进行介绍，这是一种及时发现主机安全隐患的方法。

第 6 章，脚本是命令的特殊集合体，它结合计划任务来自动执行各种任务。本章对脚本编写方式、循环类脚本、选择与分支类脚本等进行介绍，以满足多变的服务器运维需要。

第 7 章，日志文件是系统日常活动痕迹的记录，系统提供审计功能和各类日志文件来记录系统的各种活动，学会分析日志的内容是运维工作中发现问题的一种有效方式。

第 8 章，禅道系统是一种协调工作的工具，在软件开发和日常工作中都可以用它来记录和更改各种事件，从而提升工作效率。

第 9 章，介绍基于 Linux 系统的 Samba、VSFTP、NFS 共享平台的搭建和应用，基于 Windows 系统的共享服务的应用，以及适用于 Linux/Windows 系统的数据同步工具 Rsync 的配置和应用。

第 10 章，HTTP 属于一款开源的重型 Web 服务器软件，本章对 HTTP 的搭建和维护进行介绍，包括 HTTP 的基础知识、平台搭建和安全配置等方面。

第 11、12 和 13 章，介绍 Lighttpd、Tomcat 和 Nginx 这 3 款开源的轻型 Web 服务器，这些 Web 服务器软件采用不同的语言开发，因功能优越而受到欢迎，它们的安装配置、日常运维管理等在这几章中都有介绍。

第 14 章，在开源的数据库软件中，MySQL 属于较为突出的一员，在各种小型的应用系统中经常见到它的身影，本章不仅介绍其平台搭建，也介绍其应用和维护。

第 15 章，介绍开源的内存数据库软件 Redis。

第 16 章，介绍 Git 这款开源的软件开发工具。另外，还对 Git 的衍生版本 GitLab 的安装、配置及应用进行了介绍。

第 17 章，Jenkins 是一款持续集成的工具，是集软件开发过程中的一系列流程于一体的开源软件，受到众多开发者青睐，使用它能够减少甚至不需要人工参与软件发布的过程。

第 18 章，Docker 是一款开源的工具，它能够在系统中建立起独立的环境供应用系统使用，起着保护系统的作用，且它具有完善的生态圈，因此在运维方面受到青睐。

第 19 章，Hadoop 是一款开源的分布式大数据处理软件，在一些存在大量数据的环境中常使用它来处理数据，本章对这款软件的基础环境搭建和分布式集群环境搭建进行介绍。

第 20 章，Zabbix 是目前热门的分布式监控系统，功能齐全的 Zabbix 受到运维者的喜爱，本章对 Zabbix 的基本概念、平台搭建和监控对象的配置等内容进行介绍。

第 21 章，介绍服务器日常维护使用的一些集中式工具，特别是在集群和服务器较多的环境中，使用集中式管理工具执行一次命令就能对多台主机进行操作，工作效率非常高。

本书的主要特色

- 与时俱进，以新版本 Linux 8 编写，在讲解各项功能的同时，还介绍了新版本的新特性，对于想了解新版本知识的运维工程师很有帮助。
- 从常用的基本命令开始介绍 Linux 的使用，适合从零开始学习的读者阅读。
- 本书的内容是编者十几年的运维工作总结，涉及系统参数配置、服务参数配置、服务平台搭建以及运维管理等方面。书中给出的大量案例均来自生产环境，可以直接使用。
- 书中的案例特别丰富，且很实用，目前的运维企业基本上都会用到，且这些案例都是采用一步一步教学的方式给出的，读者只要照着做就能快速上手。

本书的读者对象

本书主要适合以下读者使用：

- Linux 初学者和 Linux 爱好者
- 企事业单位 Linux 运维工程师
- 大专院校和培训机构的学生

虽然编者在编写本书的过程中已尽了最大努力，但水平有限，疏漏之处在所难免，敬请读者朋友和业界专家批评指正。

编　者
2021 年 9 月于海口

目　　录

第1章

走进 CentOS 8 Linux

CentOS 是基于 Red Hat 公司企业级 Linux 系统源码再编译而来的，CentOS Linux 发行版是一款较为优秀的生产级免费开源操作系统，在一些企业中常见到它的身影。

本章主要介绍 Linux 的概念、系统安装和系统环境初始化这三部分内容。

1.1 Linux 概述

Linux 是发布版本最多的操作系统，且这个数据仍呈上升趋势，这与它的开源、免费有着直接的关系。本节将对 Linux 系统的相关概念进行介绍，涉及的内容包括什么是 Linux 系统、常见的 Linux 发行版和社区版 Linux 系统 CentOS 三方面。

1.1.1 什么是 Linux 系统

简单来说，Linux 是一种开源、自由传播、遵循 POSIX 标准的操作系统套件，最初它是由 Linus Torvalds（林纳斯・托瓦兹）开发来满足学习之需的，在此基础上有众多的爱好者不断增加新的功能，使得 Linux 不断发展壮大。

实际上，Linux 的成长离不开 UNIX/Minix 系统、CNU 计划、POSIX 标准和因特网的支持，其中 Minix 有着不可磨灭的功劳。Minix 是由荷兰的一位教授开发的微型 UNIX，Linus Torvalds 在此基础上开发出了最早的 Linux 系统雏形，即 0.01 版本的内核。

在 0.01 版本内核的基础上，Linus Torvalds 开发出了 0.02 版本并以开源的形式将该版本内核发布到互联网上，这个开源的操作系统软件出现后，立即引起了全世界软件爱好者和黑客的注意，他们通过 Internet 加入 Linux 的开发行列中，为 Linux 的发展做出了重大的贡献。随着 Linux 不断发展，它的功能不断被完善，具有里程碑意义的是 1994 年 3 月发布的 1.0.0 内核版本，从此 Linux 的发展进入新的篇章。

开源 Linux 系统的出现不仅在“开源（Open Source）文化”中画上了一笔，同时也为打破商业系统软件长期对市场的垄断做出了贡献。对于这款开放源代码的操作系统软件，我们可通过互联网自由下载使用，也可将其源代码修改后遵循相关的协议进行出售或发放到互联网上。

1.1.2 常见的 Linux 发行版

简单来说，Linux 发行版就是使用 Linux 的内核并在此基础上加入外围功能模块，从而形成一套“完整系统”，然后发布到互联网上供下载使用的系统版本。

发行版也称发行套件（distribution），是由公司、组织及个人等使用 Linux 内核进行二次开发，加入编辑器、浏览器、办公软件等各种软件和文档并打包后对外发布的。由于各发行套件中所加入的外围功能模块不同且各有特色，因此可以说发行版是比较混乱的。

由于 Linux 系统开源、免费，且可以通过不同的途径自由获得，大大降低了购买软件的成本，且允许自由开发和发行，可以避开版权的问题，使得发行版越来越多，也因此成为不少企业、开发者及学习者的选择。

目前，在世界各地有众多的公司、组织和个人都在发行不同版本的 Linux 系统（套件），这些系统多达上百种且依然呈上升的趋势，再加上公司、组织等对软件的版本（知识产权）及信息的重视程度不断加强，因此开源的 Linux 系统就成了不错的选择。

表 1-1 所示是比较常见的 Linux 套件发行商。

表 1-1 主要的 Linux 套件发行商

公司/组织	发行的套件说明
Red Hat 公司	目前，Red Hat 公司是全球最为流行的 Linux 套件发行商，其发行的版本主要有 Red Hat Enterprise Linux（RHEL）和 Fedora Core（FC）。其中 RHEL 是 Red Hat 公司提供技术支持的、用于企业级服务器的收费版的发行套件，而 FC 是由 Red Hat 公司赞助，并与社区工程师合作开发的免费版的发行套件。RHEL 再编译出 CentOS，并在 8 版本后停止发行，而转成 CentOS Stream 继续发布（首个版本为 CentOS Stream 8）
GNU 组织	Debian 是由 GNU 发行的 Linux 套件，其共有 3 个版本，分别为 Unstable、Testing 和 Stable。Unstable 是新的测试版，而 Stable 是经过测试后的版本，此版本是对外的发行版，更加稳定。当然，基于 Debian GNU/Linux 的 Ubuntu 也很不错，特别是在桌面应用方面
SuSE Linux AG 公司	SuSE Linux AG 公司发行的 SuSE Linux 套件在全世界范围内都有较高的声誉。该发行版不仅方便用户对系统进行安装，且在对系统的设置、软件包升级以及删除方面都非常方便
中科红旗软件技术有限公司	RedFlag Linux 是由中科红旗软件技术有限公司开发的中文版 Linux 操作系统，不仅很好地支持中文操作界面，也更适合国人使用。其发行的版本套件有桌面版本和服务器版本

当然，还有更多的 Linux 系统发行版，对于初学者来说选择合适的版本非常重要。

1.1.3 社区版 Linux 系统 CentOS

CentOS 是一款 Red Hat 提供的、可自由使用源代码的、基于企业级 Linux 发行版（Red Hat Enterprise Linux）源码重编译的社区版操作系统，在系统安装、操作习惯和命令等方面与 Linux 几乎没有多大区别。

通常，每个版本的 CentOS 都可以获得 10 年的技术支持（通过安全更新方式）。每个版本的 CentOS 会定期（大概每 6 个月）更新一次以便支持新的硬件，通过这样的方式给使用者提供安全、维护成本低、稳定、高预测性和高重复性的系统环境。另外，使用 CentOS 能够避开版权的问题，既能免费使用又能够更新系统，这成为不少企业使用它的原因，特别是云服务器的 Linux 系统主要以 CentOS 为主。

可以说，CentOS 是 RHEL 源代码再编译的产物，而且在 RHEL 的基础上修正了不少已知的 Bug 并添加了不少功能。实际上，起初的 CentOS 并不属于 Red Hat，它是在 2014 年年初才宣布加入 Red Hat 中的，表 1-2 对它加入 RHEL 后的变化进行了简单介绍。

表 1-2　CentOS 加入 RHEL 后的变化

加入红帽后的不变	加入红帽后的变化
1. 继续保持不收费的方式	1. 参与红帽一些工作，但不为 RHEL
2. 保持赞助内容驱动的网络中心不变	2. 红帽提供构建系统和初始内容分发资源的赞助
3. Bug、Issue 和紧急事件处理策略不变	3. 一些开发资源（包括源码）的获取将更加容易
4. 防火墙依然存在	4. 避免原来和红帽上的一些法律问题

CentOS 加入 Red Hat 后，给它带来的好处是非常大的。

当然，作为企业的服务器运维人员，避免版权问题也是非常有必要的，因此在选择操作系统时应该尽可能考虑这个问题，毕竟现在各企业对版权的重视程度不断提高。另外，对于一些（客户）比较敏感的环境，更应该注意系统版本的选择。

其实，目前在 CentOS 官方网站上除了可以看到 CentOS Linux 之外，还有 CentOS Stream，至少现在可以把它当作 CentOS 的替代者，或者可以说 CentOS 8 也许是最后一个版本，接下来由 CentOS Stream 继续提供免费服务。当然，关于这两者之间的区别，最简单的理解是更换提供技术支持的 LOGO，而系统内部基本没发生多大变化，因此在系统的日常维护上基本没带来什么影响，而本书中将使用基于版本 8 的 CentOS Stream 介绍服务器的日常运维工作。

另外，本书中对 CentOS Stream 进行约定，将其简称为 CentOS-S。

1.2　安装 CentOS Stream 8 系统

系统的安装说难不难，说简单也不简单，主要是需要安装更适合工作的系统，因此这需要多方面的考虑。本节将对 CentOS Stream 8 的安装过程进行介绍，涉及的内容主要包括系统的运行平台、系统安装的前期工作、系统的安装 3 部分。

1.2.1　Linux 系统的运行平台

系统运行的底层平台是系统安装的前提，作为运维人员，需要在安装系统前确认安装系统的底层平台环境是什么类型的、是否具备安装系统的条件等。本节将重点介绍系统运行的底层平台和平台的构建，包括物理环境平台和虚拟环境平台这两类。

1. 配置磁盘阵列——基于硬件环境的底层平台

系统要直接安装在硬件设备上，配置磁盘阵列（RAID）是不能忽略的步骤。因此，在给服务器设备上电，等待自检并完成简单的初始化后就会出现一些提示性信息，此时需要注意观察这些信息，这些信息中有各种提示，其中就包括如何进入阵列配置的概要提示信息。

下面对某款服务器设备配置磁盘阵列的过程进行简单介绍。

服务器上电并完成自检后可以看到如图 1-1 所示的“Press<Ctrl><R> to Run MegaRAID Configuration Utility”提示信息，此时按 Ctrl+R 组合键来配置 RAID（注意，具体使用什么组合键需要看具体情况，因为服务器设备不同，使用的组合键也许不同）。

图 1-1　打开配置 RAID 的组合键

进入如图 1-2 所示的 Virtual Drive Management 界面，在该界面中可以看到被阵列卡识别到的硬盘及相关的概要信息。当然，如果此时所看到的硬盘数量与实际插入的硬盘数量不等，建议把无法识别的硬盘重新插拔一下，甚至需要重启电源。

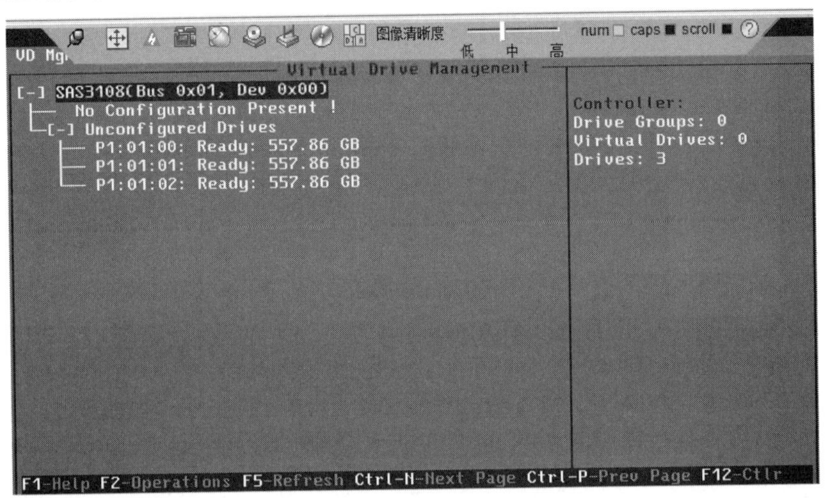

图 1-2　硬盘参数信息

核对识别到的硬盘数量与实际插入的硬盘数量一致，此时就可以开始配置 RAID，将光标移动到 SAS3108(Bus 0x01, Dev 0x00)处后执行相关的命令（或按键）即可，至于执行哪个命令，看菜单栏的提示信息。

根据菜单栏的提示信息，此时需要按 F2 键来打开如图 1-3 所示的虚拟磁盘配置菜单。

由于要配置 RAID，因此选择 Create Virtual Drive 选项，按回车键后打开如图 1-4 所示的选择 RAID 的级别界面。

在此界面中可以看到 RAID 级别的选择、可用的硬盘和相关的描述信息等。要配置 RAID，先在 RAID Level 处选择 RAID 的级别，由于是配置 RAID-5，因此选择它。

确定 RAID 的级别后，就可以选择硬盘并加入 RAID 组中，在其右侧以空格符将要加入该 RAID 的磁盘选上，完成后单击 OK 按钮确认即可，如图 1-5 所示。

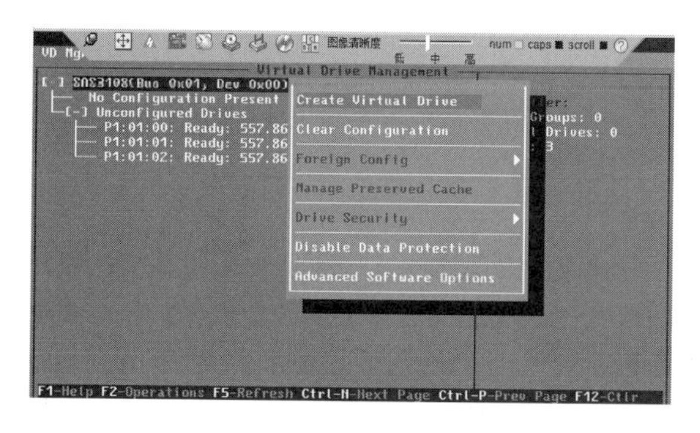

图 1-3　虚拟磁盘配置菜单

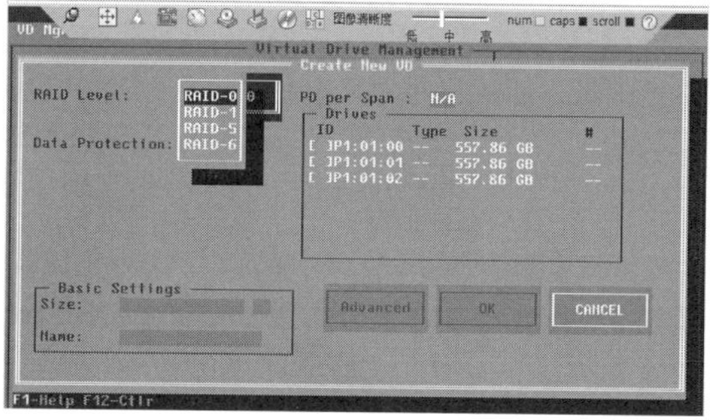

图 1-4　选择 RAID 的级别

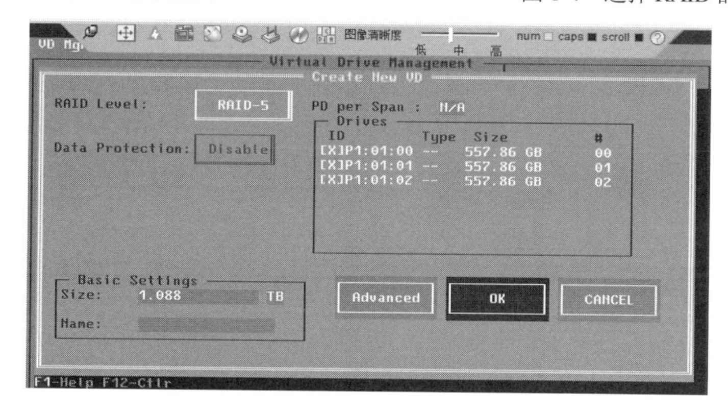

图 1-5　选择硬盘并加入 RAID 组中

在弹出如图 1-6 所示的界面时单击 OK 按钮，以此来确定所创建的 RAID 相关参数。

完成 RAID 创建后，返回 Virtual Drive Management 界面，这时在该界面中就会显示刚才创建的 RAID-5 相关信息（见图 1-7），说明 RAID-5 已配置完成。

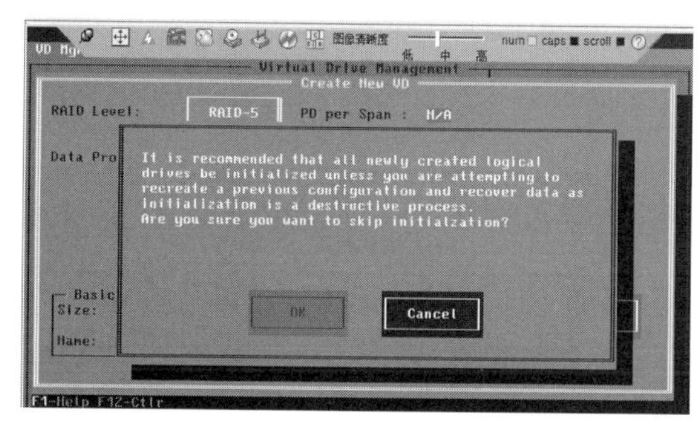

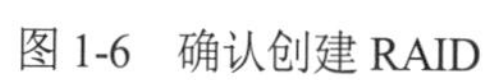

图 1-6　确认创建 RAID

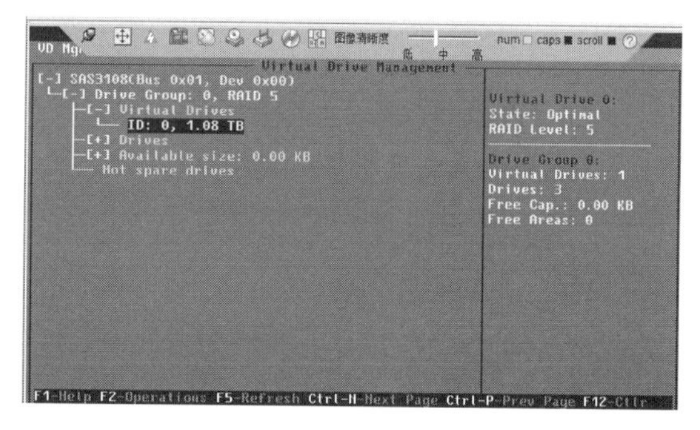

图 1-7　RAID-5 的相关信息

配置完成后，重启设备使更改生效，重启后就可以开始安装操作系统。

运维前线

对于磁盘阵列的配置及其上的数据，当完成阵列的配置后，相关的参数就被保存起来，如果需要对阵列进行重建，需要注意以下问题。

1）重做阵列并清空原有的数据，就不能配置相同的阵列。比如，之前存在的是 RAID-5，现在重做阵列并清空数据就不要做 RAID-5，因为一样的阵列级别默认使用原先存在的数据。

2）要彻底清空原先的数据，可以先做成不一样的阵列，并在确定保存后重装系统，之后重新设置回到需要的阵列上再重装系统。这样做确实麻烦，但可以解决磁盘上数据清空的问题。

2. VMware Workstation——创建基于虚拟环境的底层平台

从不严格的意义来说，虚拟化实现的方式可分为硬件级虚拟化和软件级虚拟化。其中，硬件级虚拟化是直接在物理设备上安装如 ESXi Server、XEN Server 这些软件实现的虚拟化；软件级虚拟化是指基于操作系统实现的虚拟化（如 Linux 系统下的 XEN、KVM 等，Windows 系统下的 VMware Workstation、Oracle VM 等）。安装虚拟化的主机通常称为宿主机，它是整个虚拟化实现的最基本的支持，能够直接影响整个虚拟化的可靠性。当然，无论采用何种虚拟化技术实现，都会给工作、学习带来很大的便利。

下面以 VMware Workstation 为例来简单介绍如何创建基于虚拟化的操作系统运行平台（虚拟机）。虚拟机的创建过程比较简单，首先安装虚拟机的管理软件（VMware Workstation），安装后打开它，打开后选择“新建虚拟机”，此时就可以打开创建虚拟机时的欢迎界面，在此界面直接单击“下一步”就可以。

在打开的“安装客户机操作系统”的“安装来源”（就是系统安装盘）下根据系统盘所在位置进行选择，当然也可以选择稍后安装操作系统，如图 1-8 所示。在进入“选择客户机操作系统”界面后，在“客户机操作系统”下选择要安装的系统及对应的版本，如图 1-9 所示，这里选择 Linux 下的 CentOS。

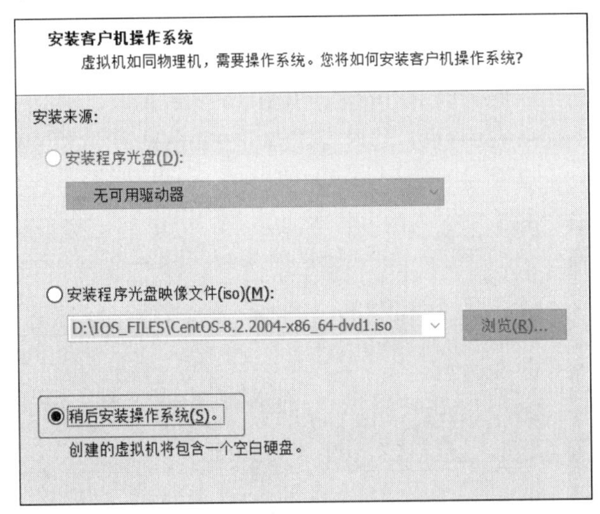

图 1-8　客户机操作系统的安装来源选择

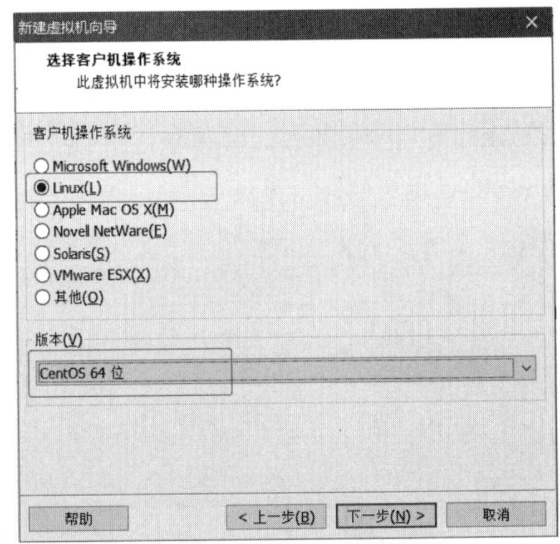

图 1-9　客户机操作系统类型选择

运维前线

对于客户机操作系统类型的选择，与要安装的操作系统并不存在必然的关系，这时做的选择更多是用于记录信息（可以通过名称来辨别系统类型），提供给要安装的系统所需的基本参数等信息，这些信息在后期可以根据实际的需要进行更改。

在定义虚拟机名称和虚拟机位置处，根据实际的需要更改就可以（主要是自己看得懂），不过建议虚拟机的名称与其作用相关，并且虚拟机统一放在相同的目录（文件夹）下。

在指定虚拟机的硬盘空间（给操作系统的磁盘空间）处，对于用来测试的 Linux 系统，只需要配置 20GB~30GB 的空间就足够了。

最后可以看到虚拟机的配置摘要信息，在此界面建议选择“自定义硬件”来打开硬件参数的配置窗口（见图 1-10），可以根据实际情况进行调整。注意，单台虚拟机上的硬盘、内存、CPU 这三个参数的值不能等于或大于物理机的实际配置，否则安装系统时就会导致主机资源被耗尽，进而导致主机无法运行，且无法完成系统的安装工作。

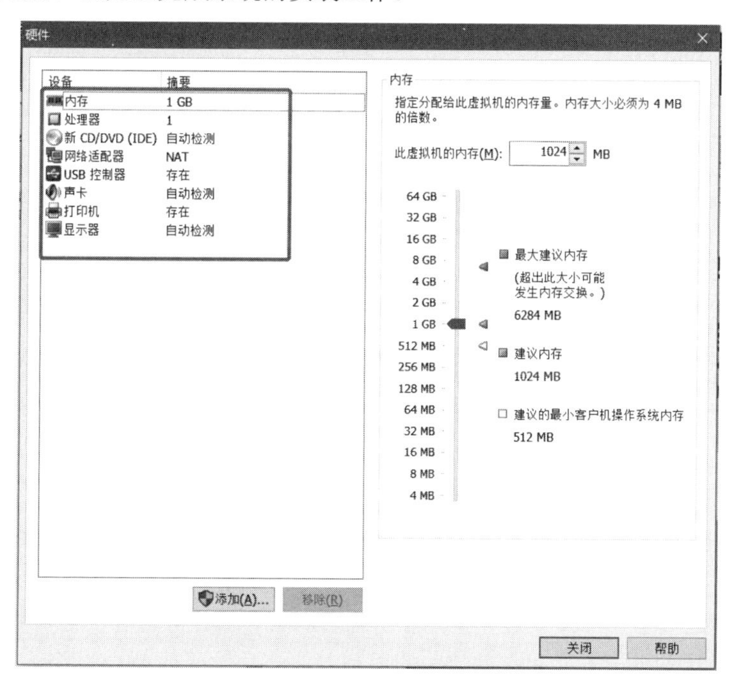

图 1-10 虚拟机硬件相关参数

当然，对于 CD/DVD 处必须要指定系统的 ISO 路径，否则启动虚拟机时会提示找不到安装系统所需的相关文件。另外，对于声卡、打印机、USB 控制器等，可以移除且不会对后期的系统安装造成什么影响。

至此，虚拟机创建完成。

1.2.2 Linux 系统安装的前期工作

实际上安装操作系统并不难，只是安装系统前需要先了解一些基本情况，至少需要了解安装的是什么版本的系统、系统安装的环境（物理环境还是虚拟环境）、系统上需要部署什么应用以及设备在哪里等，这些问题在本小节都会进行介绍。

1. Linux 系统版本的选择问题

考虑到各种需要，关于系统版本的选择应尽可能充分考虑当前开发和测试的工作环境，因为一个系统在安装并部署应用后，不同版本的系统对应用可能有不同的影响。因此，在部署到生产环境前，如果条件允许，建议先搭建测试环境，至少可以先熟悉部署和维护的过程。

在生产环境中，对系统版本的选择要考虑的因素远比学习环境复杂，主要考虑的因素是应用程序，因为应用程序开发时用到第三方工具，因此在安装系统时也要安装第三方软件。作为运维人员，首次接触到部署应用程序的工作时一定要先安装测试，这样在部署到生产环境时就能够避免不少问题。

还有一种情况，在生产环境中有数台运行相同应用程序的操作系统，此时如果其中有一台或多台系统故障（如硬盘故障、文件系统故障等），重装系统时建议使用与原来系统一致的版本，如果使用其他更新或更旧版本，不能保证应用程序能在这些系统上平稳运行。

另外，对于内网的用户环境，由于受到各种因素的限制，可能系统版本比较低（基本处于无人维护的状态），如果系统要部署一个在更高版本下测试的应用程序，建议先搭建一个与用户环境一样的操作系统来测试，至少测试一些重要的功能，以保证系统能够正常运行。

运维前线

作为系统的维护者，如果遇到以上情况，一定要跟项目负责人和用户说清楚，要让大家都明白可能存在的问题，接下来就等通知安装什么版本的系统，这样即使部署上去的应用程序出现问题，用户也能猜到是什么问题，而不需要去解释。

2. Linux 系统安装需注意的事项

在系统安装的过程中不应该断开电源（除非是外部引起的）、取出安装光盘或断开网络等，这样做会直接导致系统安装失败。如果系统直接安装（或重装）在物理设备上，建议重做 RDIA 后再安装系统，或在安装到已划分磁盘分区的磁盘上时，把原先的全部分区删除后重新划分分区；如果系统是在虚拟化的环境下运行的，在安装系统前应该创建虚拟机并配置相关的资源，并在通电后连接安装盘或 ISO 文件。

在系统安装的过程中，涉及安装类型、主机名、网络、磁盘分区等一些比较重要的参数的设置，安装时的安全问题很重要，主机名建议与应用和 IP 地址相关（如 Web 服务器，可取 web-36），这样便于维护；网络参数应该以静态的方式来配置（就是设置静态的 IP 地址，服务器的 IP 地址绝大多数以静态的方式存在），这样就不会导致 IP 地址混乱且更易于管理。

对于直接安装在物理机上的系统，由于大容量磁盘的使用，会导致原先的 MBR 不支持的问题，如果单个磁盘的容量超过 MBR 支持的容量，那么可以考虑使用 GPT 来替代，如果是由多块磁盘组成超过 MBR 支持的容量，可以考虑做两个磁盘阵列（并不是每个物理机都支持），这样就可以把系统安装在 MBR 支持的阵列中。

另外，对于 Linux 系统中磁盘的分区，建议只划分/boot、swap 和/这三个分区。

1.2.3 CentOS Stream 8 系统的安装

本小节主要对 CentOS Stream 8 系统的安装过程进行介绍，安装在 VMware Workstation 的虚拟机下进行，但在开始介绍之前，先简单介绍 VMware Workstation 的网络问题。

在安装 VMware Workstation 软件（Windows 环境）后，就会在本地的网络连接（控制面板→网络连接和 Internet→网络连接）下创建 VMnet1 和 VMnet8 这两个网卡配置接口，其中 VMnet8 是虚拟机中的系统与宿主机通信的接口，因此不能把它关闭。另外，虚拟机的系统使用的 IP 地址段也是在 VMnet8 中找到的。

对于 VMware Workstation 的网络配置，单击主页窗口菜单栏中的“编辑”→“虚拟网络编辑器”就可以看到，网络类型有桥连和 NAT 这两类，其中默认使用的是 NAT 连接方式，它是不同于宿主机的网段，但网络是相通的；桥连与宿主机的网段相同，至于怎么选择，根据实际的需要进行即可。另外，如果选择桥连的网络方式，还需要打开虚拟机的“虚拟机设置”窗口，指定虚拟机使用桥连方式的网络。

现在开始安装 CentOS Stream 8，在安装过程中，要将鼠标从虚拟机中释放时，可按 Ctrl+Alt 组合键。

打开虚拟机电源，稍后会出现 CentOS Stream 8 的引导界面，在此界面选择如图 1-11 所示的第一项（Install CentOS Stream 8-stream），经过简单的初始化后会看到系统语言的选择，此时可以选择需要的语言或保持默认设置（默认是 English）。

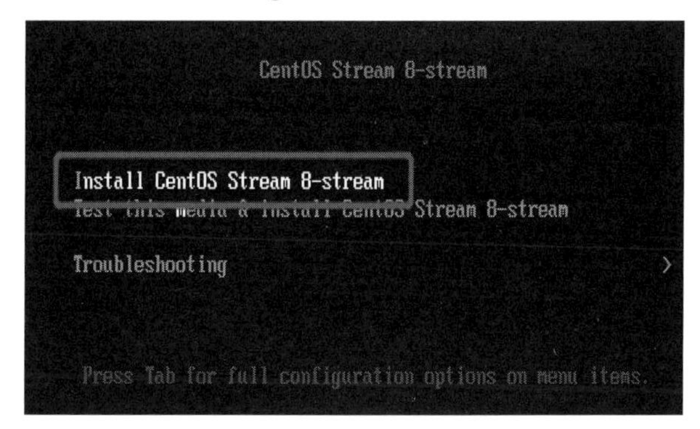

图 1-11　系统安装引导界面

接着将看到如图 1-12 所示的系统相关参数配置项。

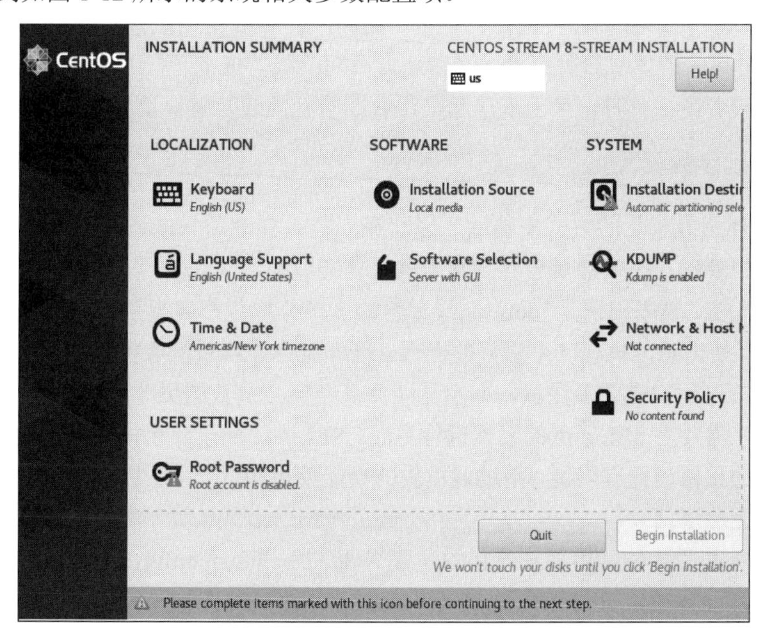

图 1-12　系统相关参数配置项

此时建议更改以下几项参数：

- Time & Date（时间和时区）：选择 Asia/Shanghai。
- Software Selection：这个软件包的选择建议先问一下公司的相关人员，如果没有其他特定要安装的软件包，建议以最小化（Minimal Install）的方式安装。

- KDUMP：此项建议关闭，不需要备份。
- Network & Host Name：打开该选项后，在配置界面中，打开网络的开关就会自动分配 IP 地址和相关的参数，这意味着系统使用的是动态 IP 地址，建议在测试和生产环境下都设置为静态 IP 地址。配置静态 IP 地址需要打开 Configure 界面，在里面找到 IPv4 Settings 项，在 Method 中选择 Manual 后，就可以添加系统的 IP 地址和其他网络参数。主机名建议设置为“主机作用+IP 地址末段”的方式，这样便于区分，且可以避免主机名冲突的问题。

设置 root 用户的密码（测试环境或调试阶段建议把密码设置得简单一些，完成系统基础环境的初始化后，再按照要求重置密码）。另外，关于普通用户账号，可以根据实际需要创建，后期创建也可以，这不影响系统的安装。

设置完成后就开始安装，安装完成后直接重启系统就可以。

系统重启后，可以看到登录系统的窗口，依次输入 root 用户和密码就可以登录。不过使用最小化的方式安装时，登录进入也只能看到文本工作环境。

至此，系统安装完成。

关于安装后的更多操作，后面将会介绍。

1.3 Linux 基础环境初始化

系统安装完成后，还需要对其进行初始化，这样做的目的是先把预知对部署应用程序有影响的配置关闭，并对相关的信息进行记录，这也是为后期的维护做准备。因此，趁着刚安装系统对一些配置还记得比较清楚，及时记录下来，起码比后期遇到问题时解决更好。

1.3.1 Linux 基础参数配置

由于系统是使用最小化的方式安装的，因此在安装并启动后只能通过文本界面的方式来对系统进行日常的维护管理，在启动后会看到文本登录认证界面。

Linux 系统的最高权限用户是 root，系统参数的大部分操作都需要来自该用户的权限，但由于权限过大，使得即使无意间执行一个错误的操作，也可能会导致系统宕机或重启时无法启动，因此在使用 root 账号的过程中需要多注意，特别是涉及系统核心参数的更改时更要注意。

登录系统后，需要对 SELinux 的配置进行更改。SELinux 属于安全模块，启动后会对一些部署在系统中的应用的正常运行有限制，不过该模块的功能使用得并不多，因此建议把它关闭，不然在启动应用后可能无法访问。

要关闭 SELinux 的功能，需要更改它的配置文件/etc/selinux/config，该文件的内容如下：

```
# This file controls the state of SELinux on the system.
# SELINUX= can take one of these three values:
#     enforcing - SELinux security policy is enforced.
#     permissive - SELinux prints warnings instead of enforcing.
#     disabled - No SELinux policy is loaded.
SELINUX=enforcing
# SELINUXTYPE= can take one of these three values:
#     targeted - Targeted processes are protected,
```

```
#     minimum - Modification of targeted policy. Only selected processes are
protected.
#     mls - Multi Level Security protection.
SELINUXTYPE=targeted
```

关闭 SELinux 时要把 SELinux 的值更改为 disabled，即用 vi 命令打开该文件，并按 a 或 i 键进入编辑模式后更改，更改后按 Esc 键，以“:wq”方式保存并退出（不包括双引号）。注意，更改 SELinux 的配置需要重启系统，这样才能够永久性生效。

另外，有些环境中并不要求使用防火墙，因此可根据实际需要来决定开启或关闭防火墙。

防火墙默认处于运行状态，可以使用以下命令来查看它（使用 q 键退出）：

```
[root@centos-s8 ~]# systemctl status firewalld.service
● firewalld.service - firewalld - dynamic firewall daemon
   Loaded: loaded (/usr/lib/systemd/system/firewalld.service; enabled; vendor
preset: enabled)
   Active: active (running) since Mon 2020-11-30 21:00:53 CST; 2h 15min ago
     Docs: man:firewalld(1)
 Main PID: 925 (firewalld)
    Tasks: 2 (limit: 12318)
   Memory: 36.3M
   CGroup: /system.slice/firewalld.service
           └─925 /usr/libexec/platform-python -s /usr/sbin/firewalld --nofork
--nopid

Nov 30 21:00:52 centos8 systemd[1]: Starting firewalld - dynamic firewall
daemon...
Nov 30 21:00:53 centos8 systemd[1]: Started firewalld - dynamic firewall daemon.
Nov 30 21:00:53 centos8 firewalld[925]: WARNING: AllowZoneDrifting is enabled.
This is considered an insecure configura>
```

如果要关闭防火墙，可以执行以下命令：

```
[root@centos-s8 ~]# systemctl stop firewalld.service
```

要永久性关闭防火墙，可以执行以下命令：

```
[root@centos-s8 ~]# systemctl disable firewalld.service
Removed /etc/systemd/system/multi-user.target.wants/firewalld.service.
Removed /etc/systemd/system/dbus-org.fedoraproject.FirewallD1.service.
```

最后，建议在/etc/hosts 配置文件中进行主机名与 IP 地址之间的映射（解析），即实现主机名的本地解析。

```
127.0.0.1   localhost localhost.localdomain localhost4 localhost4.
localdomain4
::1         localhost localhost.localdomain localhost6 localhost6.localdomain6
192.168.1.50   centos-s8
```

最后，使用 reboot 命令来重启系统。

这样，系统的基础环境初始化完成。

运维前线

对于在虚拟机下安装的系统，由于是用于学习和测试的，因此对系统的配置参数进行更改和安装相关的软件都很正常，但安装的软件过多会对测试造成一定的影响。为了减少甚至避免测试过程中受到影响，建议使用最纯洁的系统来测试（刚安装好的系统），这样才能够发现问题所在，但这意味着需要重复安装系统。

为了减少重复安装系统带来的麻烦，建议对刚安装并初始化的系统（其实就是该虚拟机的相关文件）进行备份，并在需要使用时直接复制，覆盖之前使用过的系统（文件），而不需要再次进行安装，从而节省大量的时间。

另外，对于系统中安装的一些软件或一些重要的配置，建议也进行备份。

在需要关闭系统时，只需要在终端提示符上执行“shutdown -h now”命令并按回车键就可以。

1.3.2 Linux 系统基本信息的记录

系统在安装完成并进行基本配置后，在部署应用前应该对该新装系统的相关参数进行记录。

运维前线

记录相关的信息对后期的维护有非常大的作用，至少可以帮助运维人员及时精准地定位所要查找的系统相关信息，因此创建相关信息的记录表是非常有必要的。

表的创建按理来说越详细越好，但在实际运维中有些信息是直接记忆的，因此不需要记录。进一步说，详细地记录系统的各种信息，对于表的维护和信息的查找还是带来一定的麻烦，因此只要概要性地记录相关的信息就可以。以下是表中应该包括的记录项，以及对这些记录项的简单介绍。

1）序号：不是必要的，不过在有两个或多个运维人员时，此项能够更快地实现相互之间查找信息后的交流。

2）服务器的位置：服务器的位置用于记录服务器所在地，比如所在的区域、所在的楼层及机柜位置等，以快速精准地定位到是哪里的服务器。

3）应用程序类型：用于记录该服务器所运行的应用程序（及业务系统）名称，建议把相同业务类型的记录放在一起以便于查找。

4）应用程序位置/端口：记录应用的部署路径和所使用的端口。

5）主机名称：主机名称的记录并不是必要的，不过建议记录，这样至少知道主机名所对应的IP 地址，毕竟有些环境下是直接使用主机名的。

6）主机 IP 地址：必须要记录，建议顺序记录以便查找，但要根据实际情况来定。另外，如果条件允许，建议对 IP 地址段进行规划，如哪些段的 IP 地址允许什么业务等，这样也便于管理。

7）Web 系统用户：这里所说的 Web 系统用户是针对使用 Web 管理端登录的服务器而言的，比如物理机有一个 Web 管理端，在服务器上电后就可以使用，作用非常大。

8）登录方式/端口：登录方式是针对相同的类型来说的（比如 Linux 系列系统是基于 SSH、SFTP 和 Telnet 等登录方式的，Windows 则使用远程桌面），由于在生产环境下使用的登录方式有可能不一样，因此建议这些信息都记录。

9）系统用户名/密码：这是针对操作系统的用户来说的，该项非常重要且必须存在，用户名和密码都不知道，就无法登录服务器进行维护工作了。

10）主机资源：对主机的 CPU、内存、网络带宽和硬盘等参数进行记录，这并不是必要的。

11）备注：说明性的信息补充，比如系统的使用期限、临时由谁使用等。

对于以上信息，建议都记录在表中，这也是运维工作中非常重要的组成部分，没有这些基本的信息，仅依靠头脑的记忆进行服务器的日常维护工作是不太现实的。其实，在日常工作中并不要求背下这些信息，但至少要做到心里有底，而且要留有文档性的记录，这样紧急情况下可以随时使用。

以上信息汇总制作的表格如图 1-13 所示，为了更好地管理信息，建议使用 Excel 表格来记录。

序号	设备位置	业务系统名称	系统类型/版本	IP 地址	主机名	登录方式/端口	应用路径/端口	系统用户名/密码	主机资源参数			Web 端用户名/密码	备注
									内存	硬盘	CPU		
1													
2													
…													

图 1-13　服务器维护信息记录表

1.4　本 章 小 结

本章介绍了 CentOS Stream 系统的安装和系统基础环境的初始化。

Linux 系统的安装是运维工作中必须要会的，并且要能够在物理机、虚拟机的环境下安装和维护，还要尽可能少地安装一些与系统安全无关、对系统安全有害和不是必须使用的软件。

Linux 系统基础环境的初始化是在安装系统后需要做的事情，比如关闭或卸载一些不需要的服务，还要根据本次安装的系统的具体用途来配置相关的参数和安装相关的软件。

第 2 章

CentOS Linux 系统常用命令

命令是操作和控制 Linux 系统相关资源非常重要的工具，是系统管理必不可少且非常基础的技术，因此必须对一些常用的命令有所了解，以更好地工作。

本章对 CentOS 的命令进行介绍，涉及命令运行环境、常见的基础命令和其他一些常用命令。

2.1　CentOS 命令运行环境

对 CentOS 的管理主要是通过远程的方式进行的，这个过程中命令起着至关重要的作用。作为运维人员，需要对系统的命令及作用有一定的了解，以便更好地工作。本节将对命令的类型和运行命令的工具进行介绍。

2.1.1　命令的类型及运行原理

命令是 CentOS 非常重要的组成部分，本节将对系统中的命令进行介绍，主要包括命令的类型和命令执行的过程两方面。

1. 常见的命令类型

简单来说，命令就是 CentOS 中一些按顺序组成的字符（串），这些字符（串）能够被系统识别并执行，它们是维护系统不可或缺的工具。

CentOS 的命令可分为内置命令和外部命令两类，内置命令主要是一些可执行的二进制文本文件（通常不可阅读），外部命令主要是一些可执行的普通（可执行）文本文件（如安装某个软件时产生的文件）。

系统的内置命令和外部命令都是为了满足系统维护的需要。系统的内置命令主要存储在/user/bin/目录下，每个命令对应一个（可执行）文件，也就是说执行命令时实际上是执行它对应的文件。

无论是系统的内置命令还是外部命令，想辨别它们的类型，可以借助 type 命令来查看。通过 type 对某个命令进行查询，就可以获取被查询命令的相关信息，例如：

```
[root@centos-s8 ~]# type man
man is hashed (/usr/bin/man)
[root@centos-s8 ~]# type pwd
pwd is a shell builtin
```

对于这些命令，它们的使用权限会因用户的类型（级别）不同而不同，比如超级用户 root 能够执行系统中的任何命令，但普通用户只能执行部分命令，也就是说系统中命令的使用权并不是对所有用户开放的。因此，在执行调整系统参数等操作时就需要来自 root 的权限，但作为普通用户，只能执行一些对系统不会造成危害的命令。

2. 命令执行的过程

系统中所执行的命令都是通过 Shell 完成转换后传送到内核中执行的，因此命令从输入到正式执行，Shell 负责进行一系列的操作。

对于每个被执行的命令，系统都会从所执行的命令中获取相关的参数来创建对应的子进程，随命令执行而产生的子进程具体执行的操作由命令行的参数决定，并在执行后返回结果，但这个结果可能不是想要的。

命令的基本格式如下：

```
command [options] [arguments]
```

命令的执行过程基本按如下步骤进行：

1）读取用户从输入设备输入的命令。

2）将命令转为文件名，并将其他参数改造为系统调用 execve()内部处理所要求的形式。

3）终端进程调用 fork()建立新的子进程。

4）终端进程用系统调用 wait()来等待子进程执行完成（如果是后台命令就不等待）。

5）如果命令末尾没有“&”（后台命令符号），则终端进程不是执行系统调用 wait()等待，而是立即执行并返回提示符，等待继续执行其他的命令。如果命令末尾有“&”，则终端进程要一直等待，直到命令执行完成后才返回终端提示符。

6）当子进程完成处理后，向父进程（终端进程）报告，此时终端进程“醒”来，并在做必要的判断等相关工作后，终止子进程并返回提示符，让用户输入新的命令。

2.1.2　运行命令的工具 Shell

命令是运维工作中非常重要的组成部分，通过执行相关的命令就能够完成对系统的日常维护。命令是如何传送到系统中执行的，得益于一个叫 Shell 的编译器，本小节将对这个编译器的作用和原理进行简单的介绍。

1. Shell 的作用

Shell 是用户与计算机内核交流的桥梁，负责将用户输入的命令传送到计算机内核中执行，并将执行结果显示给用户。

事实上，Shell 是命令语言、命令解释程序及程序设计语言的统称。它是介于系统内核层与用户层之间，为用户提供操作系统资源的接口。进一步说，Shell 是一种强大的计算机程序设计语言，通过它能够轻松地调用其他程序并对这些程序的输出进行再次处理，这种能力使得 Shell 成为完成文本处理任务的一个理想工具。

Shell 是在系统启动并初始化后产生的，而用户在登录系统后所使用的 Shell 实际上是一个新的子 Shell，因此只要用户登录后就可以执行操作。当然，在图形界面开启一个终端窗口，实际上也是开启一个子 Shell。

系统中的每个 Shell 程序被称为一个脚本，这是一种很容易使用的工具，通过它可以将系统调用、公共程序、工具以及编译过的二进制程序组合在一起。事实上，系统所有的命令、工具以及公共程序对于 Shell 脚本来说都是可调用的，这极大地丰富了管理系统的工具和命令。

2. Shell 的工作原理

Shell作为连接系统内核与用户之间的程序接口，为用户提供了一种启动程序、管理文件系统的文件和进程的方式。

需要注意的是，Shell 是位于系统内核之外并运行在用户空间的程序，且在用户空间中还存在存放系统命令的命令库。在整个用户空间中，Shell 位于用户层的下面并与内核空间的内核相接，且每个 Shell 都是独立的进程并独立工作。对于每个 Shell，首先需要读取用户输入或设定的信息，经过处理后交给内核执行，并将执行结果返回。接下来介绍 Shell 的工作原理。

用户通过终端的命令提示符将自己的想法（需要计算机做的事）以命令的方式输入 Shell 中，Shell 将用户输入的命令翻译成计算机能够识别的 0 和 1 组成的机器码，再将机器码传送到内核中执行，内核就根据这些机器码来操作计算机硬件，最后将操作的结果输出到显示器上。

2.1.3 编辑器 vi/vim

编辑器是在 CentOS 下工作不可缺少的工具，在日常的运维管理中，对文本内容的编辑就会用到编辑器。vi/vim 是一款简单便捷的文本编辑器，也是 CentOS 下的标配，本小节将对编辑器的基本概念、基本模式和模式间的切换进行介绍。

1. vi/vim 编辑器的基本概念

目前，vi 编辑器是 UNIX/CentOS 下标准的编辑器，也是基本的文本全屏编辑器。该编辑器工作在字符模式下，由于在运行时不需要图形界面的支持，所以成为效率很高的文本编辑器。该编辑器运行时所占的内存比较少，更重要的是它的运行速度快。不过在很多 CentOS 中，执行 vi 实际上是调用 vim 编辑器来工作，这是由于 vim 运行在 vi 兼容模式下。

事实上，vim是改良版的vi编辑器，它在vi的基础上增加了很多新的特性，如在编程时使用不同的颜色显示不同层次的代码，在打开文档时将光标放在最后一次退出文件时所在位置等。

vim 由国际计量局、国际电工委员会、国际临床化学和实验医学联合会、国际标准化组织、国际理论化学和应用化学联合会、国际理论物理和应用物理联合会、国际法制计量组织发布。尽管 vim 是从 vi 改良而来的，还增加了不少功能，但操作方式基本没有发生多大变化，仍然是全屏编辑，使用键盘来操作，且键盘上的每个按键几乎都有固定的用法，简单方便。

2. vi/vim 编辑器的基本模式

vi/vim 编辑器的模式包括命令行模式、编辑模式和末端模式三种，接下来详细介绍。

（1）命令行模式

该模式是打开文本时进入的模式，从不严格的意义上来说，该模式是一种只读模式，但在该模式下可以控制光标移动、删除字符以及对字符（串）进行复制等。命令行模式有属于自己的命令，因此在该模式下使用相关的命令就可以对内容进行修改，同时显示在屏幕上，但所输入的内容一定要合法（就是能够被识别的字符/字符串），否则就会被拒绝执行。

（2）编辑模式

编辑模式也称插入模式，是用来编辑、存盘和退出文件内容的模式。在该模式下输入的任何字符都显示在屏幕上，但实际上这些内容都被写入缓冲区，只有经过保存后才被写入文件。如果内容还没保存就被强行或异常退出，则会在当前目录下产生一个以 swp 为后缀的同名隐藏文件，在这种情况下打开该文件时会出现以下信息：

```
E325: ATTENTION
Found a swap file by the name ".file.swp"
         owned by: root   dated: Sat Jan  9 12:04:15 2021
        file name: ~root/ss
         modified: YES
        user name: root   host name: centos-s8
       process ID: 1168
While opening file "file"

(1) Another program may be editing the same file.  If this is the case,
   be careful not to end up with two different instances of the same
   file when making changes.  Quit, or continue with caution.
(2) An edit session for this file crashed.
   If this is the case, use ":recover" or "vim -r file"
   to recover the changes (see ":help recovery").
   If you did this already, delete the swap file ".file.swp"
   to avoid this message.
"file" [New File]
Press ENTER or type command to continue
```

对于这个文件，把它删除就可以了。

（3）末端模式

末端模式相当于命令行模式，通常以只读的方式显示内容，用于反馈编辑的结果，包括一些提示信息或错误消息。该模式的标记性信息就是在编辑窗口左下角出现“：”或“/”符号，在该模式下可以直接退出编辑器或进入编辑模式。

3. 编辑器模式间的切换

对于 vi/vim 编辑器的模式，可以通过特殊的命令（符号）来实现相互间的切换，这三种模式间的关系如图 2-1 所示。

对于编辑器的使用，打开终端后，编辑文件时要先打开该文件（如 vi file_name，vi 与文件间以空格隔开），此时进入编辑器的命令行模式，在该模式下可以查看文本的内容，在一定条件下可以编辑文本的内容。

在命令行模式下可以进入编辑模式和末端模式。要进入编辑模式，在命令行模式下按 a/i/s 键即可进入，在编辑模式下可以对文本的内容进行编辑，但此时需要注意当前用户是否有权限编辑，如果没有权限编辑，就会在该窗口的左下角提示为只读文件，这就意味着不能编辑该文件。

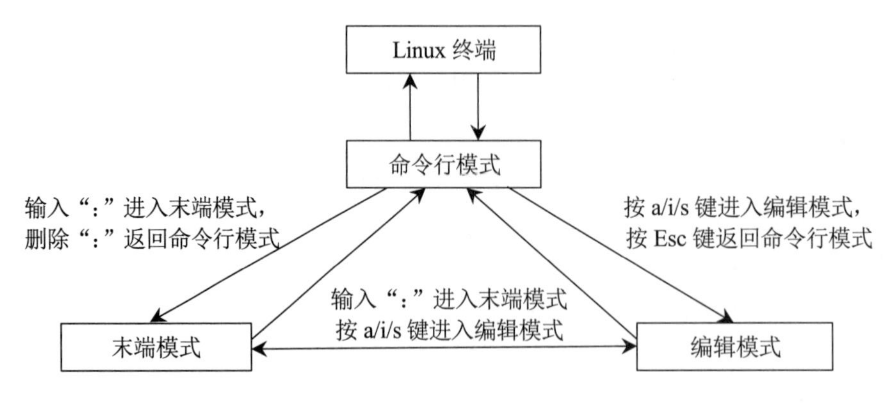

图 2-1 vi/vim 编辑器三种模式间的关系

在编辑模式下，要进入末端模式，只需要按一次 Esc 键并输入冒号“：”即可，如果只是按 Esc 键则会返回命令行模式。当然，对于编辑好的内容，可以使用“:wq”保存并退出，如果不保存而强制性退出，只需要执行“:q!”就可以。其中，w 是保存，q 是退出。

2.2 常见的基础命令

Linux 系统中的命令多达上千个，不过多数命令使用的概率非常小，甚至在系统的上线到下线都没使用过，因此这些命令不需要全部都记住（当然，也没必要），记住一些常用的命令就可以。

从命令的功能（作用）来看，可将命令分为文件管理类命令、磁盘管理类命令、压缩和解压缩类命令、软件包管理类命令、系统管理类命令和其他命令这几类。

其中，文件管理类命令主要用于对文件内容的阅读、更改等操作，磁盘管理类命令主要用于对磁盘的创建、格式化等操作，压缩和解压缩类命令主要用于对源码包及备份文件进行操作，软件包管理类命令在安装和卸载软件时使用，系统管理类命令主要用于系统的参数调整、系统优化等操作，其他命令包括但不限于帮助、在线手册等。

这些命令的使用权限不是向系统的全部用户开放，对于创建文件、查看文件内容及启动（特定用户权限）进程等操作，普通用户能够执行。

本节将对系统运维中一些比较常用的命令进行介绍，这些命令主要包括文件管理类命令、磁盘管理类命令和系统管理类命令等。

运维前线

在执行命令或切换路径时，可以使用 Tab 键来协助补全命令或路径，即在输入命令或目录的前几个字符后，按两次 Tab 键就能够自动补全。每个命令都有一种或多种功能，对于某个功能介绍，可以使用 man 命令来查看在线手册。

另外，在执行某个命令时，如果提示命令不存在，则说明该命令还没安装，此时安装就可以。

2.2.1 文件管理类命令

文件管理类命令是系统基本的命令，这些命令主要对文件内容进行操作，包括文件内容查询、文件内容重定向、更改文件权限、文件创建和删除等。

1. cat 命令：输出文件的内容

cat 命令全称为 concatenate，用于读取文件内容并将读取到的内容输出到标准输出或重定向到文件。命令的使用权限对系统的所有用户开放。

1）命令语法格式：

```
cat [OPTION] [FILE]...
```

2）命令常用选项参数说明：

- -n（number）：从第一行开始对文件输出的所有行进行编号。
- -b：忽略对空白行的编号。
- -s（--squeeze-blank）：将连续的两行空白行合并为一行。

3）示例：

获取/etc/hosts 文件的内容：

```
[root@centos-s8 ~]# cat /etc/hosts
127.0.0.1   localhost localhost.localdomain localhost4 localhost4.
localdomain4
::1         localhost localhost.localdomain localhost6 localhost6.localdomain6
192.168.1.50   centos8
```

如果查看的文件内容比较多，可以使用 more 来分页显示。其中，符号“|”是管道符，作用是把一个命令的输出当作另一个命令的输入。

```
[root@centos-s8 ~]# cat /root/anaconda-ks.cfg | more
#version=RHEL8
ignoredisk --only-use=sda
autopart --type=lvm
# Partition clearing information
clearpart --none --initlabel
# Use graphical install
graphical
……
```

2. cd 命令：切换目录的路径

cd 命令全称为 change directory，用于切换目录位置（更改当前的路径）。命令的使用权限对系统的所有用户开放。

1）命令语法格式：

```
cd [-L|-P] [dir]
```

2）命令常用选项参数说明：

- -L：强制带符号链接。
- -P：设置内建命令。

3）示例：

切换到/usr/bin/目录：

```
[root@centos-s8 ~]# cd /usr/bin/
[root@centos-s8 bin]#
```

返回上层目录：

```
[root@centos-s8 bin]# cd ..
[root@centos-s8 usr]#
```

如果直接返回家目录，执行 cd 命令就可以。

3. chmod 命令：更改文件的权限

chmod 命令全称为 change mode，用于更改文件可读（r）、可写（w）和可执行（x）的权限。命令的使用权限对系统的所有用户开放。

1）命令语法格式：

```
chmod [OPTION]... MODE[,MODE]... FILE...
chmod [OPTION]... OCTAL-MODE FILE...
chmod [OPTION]... --reference=RFILE FILE...
```

2）命令常用选项参数说明：

- -c（changes）：完成权限更改后，显示更改信息。
- -f：忽略错误信息的输出。
- -R（recursive）：以递归的方式更改文件权限。

3）示例：
给/root/anaconda-ks.cfg 文件增加可执行权：

```
[root@centos-s8 ~]# chmod +x /root/anaconda-ks.cfg
```

文件权限的更改分为添加权限和取消权限，为某个文件添加权限时使用“+”，取消权限时使用“-”。另外，由于文件的权限由用户、同组用户和其他（分别表示为 u、g 和 o）组成，因此只给某个组成部分添加权限时要具体指定，比如：

```
[root@centos-s8 ~]# chmod g+w /root/anaconda-ks.cfg
```

4. chown 命令：更改文件所有者和组

chown 命令全称为 change owner，用于更改文件的所有者和组。命令的使用权限对系统的所有用户开放。

1）命令语法格式：

```
chown [OPTION]... [OWNER][:[GROUP]] FILE...
chown [OPTION]... --reference=RFILE FILE...
```

2）命令常用选项参数说明：

- -c（changes）：显示文件所有者更改后的信息。
- -f：忽略错误信息的输出。
- -R（recursive）：以递归的方式更改目录及子目录的所有者。
- -v（verbose）：输出命令执行的过程。

3）示例：

把/root/anaconda-ks.cfg 文件的用户和组都更改为 cuser（注意，cuser 这个用户和组在系统中要存在，否则会更改失败）：

```
[root@centos-s8 ~]# chown cuser:cuser /root/anaconda-ks.cfg
```

5. du 命令：统计磁盘（文件系统）的使用情况

du 命令全称为 disk usage，用于对文件和目录的占用磁盘空间进行统计。命令的使用权限对系统的所有用户开放。

1）命令语法格式：

```
du [OPTION]... [FILE]...
du [OPTION]... --files0-from=F
```

2）命令常用选项参数说明：

- -a（all）：计算每个文件的大小。
- -b（byte）：以 byte 为单位显示文件的大小。
- -h：计算每个目录的大小。
- -L：计算所有文件的大小。
- -s（summarize）：显示每个文件的大小。

3）示例：

统计整个/etc/目录占用的磁盘空间：

```
[root@centos-s8 ~]# du -sh /etc/
22M     /etc/
```

要计算某个目录占用多少磁盘空间，直接指定就可以，如果要计算指定目录下所有的子目录和文件大小，可以使用通配符来辅助。例如，统计/etc/目录下的文件和目录大小：

```
[root@centos-s8 ~]# du -sh /etc/*
……
4.0K    /etc/xattr.conf
0       /etc/xdg
0       /etc/xinetd.d
0       /etc/yum
0       /etc/yum.conf
56K     /etc/yum.repos.d
```

如果还要统计目录下的子目录，指定要统计的子目录路径就可以。

6. find 命令：查找文件并输出结果

find 命令用于查找指定目录下符合条件的文件，并将查找的结果输出。命令的使用权限对系统的所有用户开放。

1）命令语法格式：

```
find [OPTION(S)] [path...] [expression]
```

2）命令常用选项参数说明：

- -amin n：查找在过去 n 分钟内被读取过的文件。
- -atime n：查找 n × 24 小时内读取过的文件。
- -cmin n：查找在过去 n 分钟内被更改过的文件。
- -ctime n：查找在过去 n × 24 小时内被更改过的文件。
- -ctime n：查找 n 小时前被修改的文件。
- -mmin n：查找在过去 n 分钟内被修改的文件。

3）示例：

查找根目录下以 tty1 开始的全部文件：

```
[root@centos-s8 ~]# find / -name tty1*
……
/sys/devices/virtual/tty/tty19
/sys/devices/virtual/tty/tty17
/sys/devices/virtual/tty/tty15
/sys/devices/virtual/tty/tty13
/sys/devices/virtual/tty/tty11
```

如果要查找指定目录下 n 天前改动的文件，并将符合条件的文件全部显示出来，可用-atime 参数来实现，如查找/usr/bin/下 500 天前被更改过的文件：

```
[root@centos-s8 ~]# find /usr/bin/ -type f -atime +500 -exec ls {} \;
……
/usr/bin/lexgrog
/usr/bin/mandb
/usr/bin/manpath
/usr/bin/whatis
/usr/bin/lsscsi
```

提 示

find 命令在自动化运维中常用到，特别是在备份数据上，比如自动查找过去某时间段被更改过的文件或自动查找符合条件的文件后进行备份、删除等。

2.2.2 磁盘管理类命令

磁盘管理类命令的主要作用是对磁盘进行操作，包括对磁盘使用状态的查询、磁盘读写测试、磁盘分区创建及挂载等。

1. dd 命令：复制指定大小的块到文件

dd 命令全称为 disk dump，用于复制磁盘的数据块。命令的使用权限对系统的所有用户开放。

1）命令语法格式：

```
dd [OPERAND]...
dd OPTION
```

2）命令选项参数说明：

- if=FILE：输入文件名称，默认是标准输入。

- of=FILE：输出文件名称，默认是标准输出。
- bs= BYTES：同时设置输入/输出的块大小为 bytes 字节。
- count=blocks：指定要复制块的数量。

3）示例：

创建大小为 1GB 的磁盘文件：

```
[root@centos-s8 ~]# dd if=/dev/zero bs=1024M count=1 of=/root/disk.img
1+0 records in
1+0 records out
1073741824 bytes (1.1 GB, 1.0 GiB) copied, 12.0258 s, 89.3 MB/s
```

2. fdisk 命令：设置磁盘分区

fdisk 命令全称为 find disk，可以查看磁盘分区、划分分区及删除分区等。命令的使用权限只对系统管理员开放。

1）命令语法格式：

```
fdisk [-uc] [-b sectorsize] [-C cyls] [-H heads] [-S sects] device
fdisk -l [-u] [device...]
fdisk -s partition...
fdisk [option]
```

2）命令参数选项说明：

- -b：指定磁盘分区的大小。
- -C：关闭 DOS-compatible 模式。
- -H（heads）：指定磁盘头数。
- -l（list）：显示指定磁盘的分区信息。
- -u：显示分区列表时，以分区的方式来替代柱面。

3）示例：

查看/dev/sda 的信息：

```
[root@centos-s8 ~]# fdisk -l /dev/sda
Disk /dev/sda: 15 GiB, 16106127360 bytes, 31457280 sectors
Units: sectors of 1 * 512 = 512 bytes
Sector size (logical/physical): 512 bytes / 512 bytes
I/O size (minimum/optimal): 512 bytes / 512 bytes
Disklabel type: dos
Disk identifier: 0xc2236080

Device     Boot   Start      End  Sectors  Size  Id  Type
/dev/sda1  *       2048  2099199  2097152   1G   83  CentOS
/dev/sda2       2099200 31457279 29358080  14G   8e  CentOS LVM
```

3. df 命令：报告磁盘空间的使用信息

df 命令全称为 disk free，其能够显示挂载到系统的磁盘分区的相关信息。命令的使用权限对系统的所有用户开放。

1）命令语法格式：

```
df [OPTION]... [FILE]...
```

2）命令参数选项说明：

- -a（all）：包含所有具有 0 Blocks 文件的系统。
- -h：以 KB、MB、GB 的格式输出文件系统的信息。
- -i（inodes）：显示 inode 的信息，而不显示已使用的 block。
- -l（local）：列出本地文件系统结构信息。
- -P（portability）：使用 POSIX 输出格式。
- -t（type）：限制列出文件系统的类型。

3）示例：

查看磁盘分区的使用状态：

```
[root@centos-s8 ~]# df -h
Filesystem             Size  Used  Avail  Use%  Mounted on
devtmpfs               963M     0  963M    0%   /dev
tmpfs                  981M     0  981M    0%   /dev/shm
tmpfs                  981M  8.6M  972M   1%    /run
tmpfs                  981M     0  981M    0%   /sys/fs/cgroup
/dev/mapper/cl-root    13G   2.5G   11G    20%  /
/dev/sda1              976M  124M 786M    14%   /boot
tmpfs                  197M     0  197M    0%   /run/user/0
```

4. mount 命令：挂载文件系统

mount 命令可将某个磁盘分区的内容解读成文件系统，并以可读写或只读的方式将文件系统挂载到指定的位置，该命令也可以查看系统挂载的文件系统信息。

1）命令语法格式：

```
mount [-lhV]
mount -a [-fFnrsvw] [-t vfstype] [-O optlist]
mount [-fnrsvw] [-o option[,option]...] device|dir
mount [-fnrsvw] [-t vfstype] [-o options] device dir
```

2）命令参数选项说明：

- -a（all）：将/etc/fstab 文件中定义的所有文件系统挂载。
- -f（fake）：模拟挂载文件系统的过程。
- -n：挂载未写入/etc/mtab 文件的文件系统。
- -L（label）：将具有特定标签的硬盘分区挂载。
- -U uuid（Universally Unique Identifier）：将指定标识符的分区挂载。
- -o ro（read only）：以只读模式挂上。
- -o rw（read write）：以可读写模式挂上。

3）示例：

挂载指定的分区到指定的目录下：

```
[root@centos-s8 ~]# mount -o ro /dev/sdb1 /mnt
```

以只读的方式把/dev/sdb1分区挂载到/mnt/目录下，命令执行后没有提示错误的信息说明挂载成功，或使用mount命令查看系统已挂载的文件系统信息。

2.2.3 压缩和解压缩类命令

为了归类和减少文件的传输时间，通常对文件进行压缩并在需要时进行解压缩。本小节将对一些常用的压缩和解压缩命令进行介绍。

1. bzip2 命令：文件压缩程序

bzip2 命令压缩后的文件以.bz2 为后缀，压缩后会把源文件删除。

1）命令语法格式：

```
bzip2 [ options ] [ filenames ... ]
```

2）命令参数选项说明：

- -c（compress）：将压缩与解压缩的结果送到标准输出。
- -d（decompress）：执行解压缩。
- -f（force）：在压缩或解压缩过程中强行覆盖同名文件。
- -k（keep）在压缩或解压缩过程中保留源文件。
- -t（test）：测试压缩文件的完整性。
- -z：强制执行压缩。

3）示例：

对 disk.img 文件进行压缩：

```
[root@centos-s8 ~]# bzip2 -vz disk.img
  disk.img: 1367823.980:1,  0.000 bits/byte, 100.00% saved, 1073741824 in, 785
out.
```

2. bunzip2 命令：解压.bz2 格式的压缩包

bunzip2 命令可用于对.bz2 格式的压缩文件进行解压。

1）命令语法格式：

```
bunzip2 [ options ] [ filenames ... ]
```

2）命令参数选项说明：

- -f（force）：解压时强行覆盖同名文件。
- -k（keep）：解压时保留源文件。
- -s（small）：减少命令在执行时内存的使用。
- -v（verbose）：显示解压过程的详细信息。

3）示例：

使用 bunzip2 命令对压缩文件 disk.img.bz2 进行解压：

```
[root@centos-s8 ~]# bunzip2 -v disk.img.bz2
  disk.img.bz2: done
```

3. gzip 命令：文件压缩程序

gzip 命令用于对文件进行压缩，压缩后的文件以.gz 为后缀。

1）命令语法格式：

```
gzip [ options ] [ name ...  ]
```

2）命令参数选项说明：

- -a（ascii）：使用 ASCII 格式。
- -f（force）：强行压缩文件。
- -l（list）：列出压缩文件的相关信息。
- -q（quiet）：忽略警告信息。

3）示例：
对 disk.img 文件进行压缩：

```
[root@centos-s8 ~]# gzip -v disk.img
disk.img:       99.9% -- replaced with disk.img.gz
```

4. gunzip 命令：文件解压缩程序

gunzip 命令全称为 gun unzip，用于对 gzip 命令压缩的文件进行解压。

1）命令语法格式：

```
gunzip [ options ] [-S suffix] [ name ...  ]
```

2）命令参数选项说明：

- -l（list）：显示压缩文件的相关信息。
- -N（name）：解压缩时将含有源文件名称及时间戳的文件回存到解压缩文件。
- -r（recursive）：以递归方式将指定目录的所有文件及子目录一并处理。
- -S（suffix）：更改压缩文件的后缀字符串。

3）示例：
解压 disk.img.gz 文件：

```
[root@centos-s8 ~]# gunzip -v disk.img.gz
disk.img.gz:    99.9% -- replaced with disk.img
```

5. tar 命令：文件归档备份

tar 命令全称为 tape archive，用来建立、还原被归档的文件。该命令本身无压缩功能，但支持压缩和解压缩算法。该命令支持用相对路径和绝对路径压缩/解压缩文件或目录。该命令较常用，有必要掌握它。

1）命令语法格式：

```
tar [OPTION...] [FILE]...
```

2）命令参数选项说明：

- -c（create）：创建新的归档文件。
- -x（extract）：解压归档文件。
- -u（update）：仅增加归档文件中没有的文件。
- -f（file）：指定归档的文件。
- -v（verbose）：显示命令执行过程的信息。
- -z（gzip）：压缩或解压缩归档文件。

3）示例：

对/etc/目录进行归档压缩：

```
[root@centos-s8 ~]# tar vzcf etc-202103.tar.gz /etc/
......
/etc/locale.conf
/etc/hostname
/etc/.updated
/etc/subuid-
/etc/subgid-
```

注 意

使用该命令进行归档和压缩时，要指定压缩后的文件名称（如 etc-202103.tar.gz），但要保证后缀名不变，也就是说后缀名（.tar.gz）前的名称可以自定义。

6. zip 命令：打包和压缩（归档）文件

zip 是一个压缩和打包文件的程序，被压缩后的文件以.zip 为后缀名。

1）命令语法格式：

```
zip [option(s)] [ file1 file2 ...]
```

2）命令参数选项说明：

- -d：删除压缩文件内指定的文件。
- -g：将文件压缩后附加在已有压缩文件之后。
- -j：只保存文件名称及其内容。
- -m：删除被压缩文件的源文件。
- -o：将压缩文件的时间设置得与最新文件的时间相同。
- -r：以递归的方式处理指定目录下的文件，即子文件。

3）示例：

使用 zip 命令以递归方式对/etc/目录及其子目录和文件进行压缩：

```
[root@centos-s8 ~]# zip -r etc.zip /etc/
......
  adding: etc/locale.conf (stored 0%)
  adding: etc/hostname (stored 0%)
  adding: etc/.updated (deflated 22%)
```

```
 adding: etc/subuid- (stored 0%)
 adding: etc/subgid- (stored 0%)
```

注 意

被压缩后的文件的名称是可以自定义的，但不要更改后缀名。

7. unzip 命令：解压缩.zip 文件

unzip 命令用于对 zip 命令压缩的文件进行解压缩。

1）命令语法格式：

```
unzip [option(s)] [file(s)]
```

2）命令参数选项说明：

- -c：将解压缩的结果显示到屏幕上，并对字符进行适当的转换。
- -f (file)：更新现有的文件。
- -l (list)：显示压缩文件内包含的文件。
- -a：对文本文件进行必要的字符转换。
- -C：压缩文件时忽略文件名的大小写。
- -n：解压缩时不覆盖原有的文件，与-o 选项的作用相反。

3）示例：

对 etc.zip 压缩文件进行解压缩：

```
[root@centos-s8 ~]# unzip etc.zip
……
extracting: etc/locale.conf
 extracting: etc/hostname
  inflating: etc/.updated
 extracting: etc/subuid-
 extracting: etc/subgid-
```

2.2.4 系统管理类命令

系统管理类命令用于对系统日期、进程管理等参数进行获取或更改，这些命令对于系统的监控和优化是必不可少的。本节将对一些基本的系统管理类命令进行介绍。

1. kill 命令：终止执行中的程序

kill 命令主要用于向进程发送信号，这些信号实际上是让进程执行对应的操作。通常，为达到终止进程后资源能够被系统回收的目的，要先终止子进程，再终止父进程，以避免子进程成为孤立进程后资源无法回收。

1）命令语法格式：

```
kill [-s signal|-p] [--] pid...
kill -l [signal]
```

2）命令常用参数选项说明：

- -l (list)：显示信号的信息。
- -a：处理当前进程时不限制命令和进程号的对应关系。

- -s（signal）：指定要发送的信号。
- -p：只显示进程的PID，而不是发送信号。

3）示例：

强行终止PID为1847的进程：

```
[root@centos-s8 ~]# kill -9 1847
```

数字9实际上是一个信息，它表示的是SIGKILL。系统中的信号共有64个，可通过以下命令来获取相关信息：

```
[root@centos-s8 ~]# kill -l
 1) SIGHUP       2) SIGINT       3) SIGQUIT      4) SIGILL       5) SIGTRAP
 6) SIGABRT      7) SIGBUS       8) SIGFPE       9) SIGKILL     10) SIGUSR1
11) SIGSEGV     12) SIGUSR2     13) SIGPIPE     14) SIGALRM     15) SIGTERM
16) SIGSTKFLT   17) SIGCHLD     18) SIGCONT     19) SIGSTOP     20) SIGTSTP
21) SIGTTIN     22) SIGTTOU     23) SIGURG      24) SIGXCPU     25) SIGXFSZ
26) SIGVTALRM   27) SIGPROF     28) SIGWINCH    29) SIGIO       30) SIGPWR
31) SIGSYS      34) SIGRTMIN    35) SIGRTMIN+1  36) SIGRTMIN+2  37) SIGRTMIN+3
38) SIGRTMIN+4  39) SIGRTMIN+5  40) SIGRTMIN+6  41) SIGRTMIN+7  42) SIGRTMIN+8
43) SIGRTMIN+9  44) SIGRTMIN+10 45) SIGRTMIN+11 46) SIGRTMIN+12 47) SIGRTMIN+13
48) SIGRTMIN+14 49) SIGRTMIN+15 50) SIGRTMAX-14 51) SIGRTMAX-13 52) SIGRTMAX-12
53) SIGRTMAX-11 54) SIGRTMAX-10 55) SIGRTMAX-9  56) SIGRTMAX-8  57) SIGRTMAX-7
58) SIGRTMAX-6  59) SIGRTMAX-5  60) SIGRTMAX-4  61) SIGRTMAX-3  62) SIGRTMAX-2
63) SIGRTMAX-1  64) SIGRTMAX
```

另外，kill命令要结合进程的ID来使用，如果通过进程名称来终止，可以使用pkill命令，比如使用pkill命令来终止名为firewalld的进程：

```
[root@centos-s8 ~]# pkill firewalld
```

2. last命令：显示登录系统用户信息

last命令读取的是/var/log/wtmp文件的记录信息，这些信息主要包括用户登录的名称、使用的TTY、登录IP和日期等，命令所显示的信息在输出的最开始处。

1）命令语法格式：

```
last [options] [name...] [tty...]
```

2）命令参数选项说明：

- -a：在信息输出的最后一行显示主机名。
- -d：把IP地址转换为主机名输出。
- -f：指定记录的文件。
- -n（number）：设置命令输出的行数。
- -R：忽略主机名或IP地址显示。
- -x：显示系统关机、重启和运行级别的改变信息。

3）示例：

显示登录过系统的用户信息：

```
[root@centos-s8 ~]# last
......
reboot   system boot  4.18.0-193.el8.x Wed Nov 11 22:32 - 22:36  (00:04)
root     tty1                          Wed Nov 11 21:25 - 21:25  (00:00)
reboot   system boot  4.18.0-193.el8.x Wed Nov 11 21:23 - 21:25  (00:01)
root     tty1                          Wed Nov 11 21:22 - 21:23  (00:00)
reboot   system boot  4.18.0-193.el8.x Wed Nov 11 20:52 - 21:23  (00:30)

wtmp begins Wed Nov 11 20:52:47 2020
```

注 意　如果文件记录的信息比较多，该命令输出的信息看不到最新的，可以借助 more 命令来输出。

3. free 命令：显示系统内存状态

free 命令显示内存的信息，包括物理内存、虚拟内存（交换分区）、共享内存区段以及系统核心使用的缓冲区等。

1）命令语法格式：

```
free [option(s)]
```

2）命令参数选项说明：

- -b（bytes）：以 Byte 为单位显示内存使用信息。
- -k：以 KB 为单位显示内存使用信息。
- -m：以 MB 为单位显示内存使用信息。
- -s（seconds）：持续显示内存使用状况。

3）示例：

以 MB 为单位显示系统的内存信息：

```
[root@centos-s8 ~]# free -m
              total        used        free      shared  buff/cache   available
Mem:           1960         182         268           4        1508        1602
Swap:          1535           4        1531
```

4. hwclock 命令：设置系统硬件时钟

hwclock 命令全称为 hardware clock，用于显示或更改系统的硬件时钟信息（时钟可分为硬件时钟和系统时钟，主板上的时钟为硬件时钟，内核的时钟为系统时钟），命令的使用权限只对系统管理员开放。

1）命令语法格式：

```
hwclok [options] [--set --date=<date and time>]
```

2）命令参数选项说明：

- -r：获取并显示系统硬件时钟信息。
- -s：将硬件时钟同步到系统时钟（与-w 选项功能相反）。
- --adjust：估算硬件时钟的偏差，并用来校正硬件时钟。

- --directisa：直接以 I/O 指令来存取硬件时钟。
- --hctosys：将系统时钟值调整为与目前的硬件时钟值一致。

3）示例：

显示系统的硬件时钟信息：

```
[root@centos-s8 ~]# hwclock
2021-02-06 23:02:50.779503+08:00
```

2.3 其他常用命令

本节我们再介绍几个常用命令。单个命令在功能上是比较有限的，但与相关选项结合使用能够完成更多任务。本节将对命令结合选项的使用进行介绍，注意有些命令在使用前需要安装对应的软件，相关的软件包可从 https://centos.pkgs.org/上获取。

2.3.1 流量查看工具 nload

nload 是一个用于查看流量的命令行工具，通过该命令的输出就可以监控系统流量（入站流量和出站流量）的实时变化，且可以将流量信息绘制成图表。

nload 这款工具不是系统自带的，因此需要从网络上获取安装包进行安装，可下载后安装，或使用 yum 服务器来安装。

对于内网环境的服务器，直接下载 rpm 包安装就可以，由于该包不涉及依赖关系，因此可以直接使用 rpm 命令来安装，而如把该包上传到/root/目录下，可以执行以下命令来安装：

```
    [root@centos-s8 ~]# rpm -ivh /root/nload-0.7.4-16.el8.x86_64.rpm
    warning: /root/nload-0.7.4-16.el8.x86_64.rpm: Header V3 RSA/SHA256 Signature,
key ID 2f86d6a1: NOKEY
    Verifying...                          ################################# [100%]
    Preparing...                          ################################# [100%]
    Updating / installing...
       1:nload-0.7.4-16.el8               ################################# [100%]
```

当然，如果连接外网并且 yum 服务器可以使用（通常，CentOS 安装后 yum 服务器是可以使用的），可以执行以下命令来安装：

```
[root@centos-s8 ~]# yum install nload -y
```

nload 安装后，不需要启动就可以直接使用，语法格式如下：

```
nload [options] [devices]
```

执行命令时可以不带参数，如下（退出时执行 q 就可以）：

```
[root@centos-s8 ~]# nload
Device ens32 [192.168.1.50] (1/2):
==========================================================================
Incoming:

                                                        Curr: 1.02 kBit/s
                                                        Avg: 880.00 Bit/s
```

```
                                                          Min: 664.00 Bit/s
                                                          Max: 1.02 kBit/s
                                                           Ttl: 42.02 kByte
Outgoing:

                                                          Curr: 1.05 kBit/s
                                                          Avg: 928.00 Bit/s
                                                          Min: 624.00 Bit/s
                                                          Max: 1.06 kBit/s
                                                          Ttl: 50.85 kByte
```

该命令输出的信息分别是网卡流量的输入和输出两部分，其中相关的参数及作用说明如下：

- Curr：当前总流量。
- Avg：平均流量。
- Min：最小流量。
- Max：最大流量。
- Ttl：总计流量。

该命令输出的信息变化比较快，可以使用参数来放缓信息的输出，如每隔 5 秒信息输出一次，这样输出的网卡流量参数就能够看得更清楚一些。

```
[root@centos-s8 ~]# nload -t 5000
```

关于 nload 命令的更多相关参数和功能说明，可以通过-h 选项来获取。

2.3.2 进程查看命令 ps

该命令用于查看进程相关信息，直接执行该命令就可以获取相关的信息。

```
[root@centos-s8 ~]# ps
    PID TTY          TIME CMD
   1211 pts/0    00:00:00 bash
   1564 pts/0    00:00:00 ps
```

该命令结合相关选项使用，可以获取到更多信息。

对于运维工作，很多时候会发现内存消耗比较严重。可以使用 ps 结合相关的选项找出当前系统内存使用量较高的进程，如获取当前系统中消耗内存最多的 5 个进程：

```
[root@centos-s8 ~]# ps -aux | sort -rnk 4 | head -5
root         933  0.0  1.9 221232 38140 ?     S    20:28    0:00
/usr/libexec/sssd/ sssd_nss --uid 0 --gid 0 --logger=files
root         932  0.0  1.9 288936 39884 ?  Ssl    20:28   0:00 /usr/libexec/
platform-python -s /usr/sbin/firewalld --nofork --nopid
root         952  0.0  1.5 425280 31220 ?  Ssl  20:28   0:00 /usr/libexec/
platform-python -Es /usr/sbin/tuned -l -P
polkitd      902  0.0  1.2 1626800 25068 ?  Ssl  20:28   0:00 /usr/lib/polkit-1/
polkitd --no-debug
root         945  0.0  0.8 390280 17708 ?   Ssl  20:28   0:00 /usr/sbin/
NetworkManager --no-daemon
```

命令中的“4”是带有-aux 的 ps 命令输出的第 4 列，此列是内存的耗用百分比，最后一列是相对应的进程。

同样，使用该命令行也能够获取系统中消耗 CPU 资源的进程，如获取当前系统中消耗 CPU 资源最高的前 5 个进程，可执行以下命令：

```
[root@centos-s8 ~]# ps -aux | sort -rnk 3 | head -5
root         905  0.1  0.5 200100 10536 ?       Ssl  20:28   0:04
/usr/bin/vmtoolsd
root          24  0.1  0.0      0     0 ?       I    20:28   0:04
[kworker/1:1-events_freezable_power_]
rngd      915  0.1  0.3 160228  6576 ?       Ssl  20:28   0:04 /sbin/rngd -f
--fill-watermark=0
USER      PID %CPU %MEM    VSZ   RSS TTY      STAT START   TIME COMMAND
root         971  0.0  0.0  13100  1708 tty1     Ss+  20:28   0:00 /sbin/agetty
-o -p -- \u --noclear tty1 CentOS
```

如果想要获取更多信息，可使用-h 选项。

2.3.3 TCP 状态查看工具 netstat

查看 TCP 连接状态和请求数量的相关信息可通过 netstat 命令来实现。使用该命令需要安装 net-tools 软件，可下载后进行安装，如把该软件上传到系统的/root/目录下，使用如下命令来安装：

```
[root@centos-s8 ~]# rpm -ivh net-tools-2.0-0.52.20160912git.el8.x86_64.rpm
Verifying...                          ################################# [100%]
Preparing...                          ################################# [100%]
Updating / installing...
   1:net-tools-2.0-0.52.20160912git.el  #################################
[100%]
```

安装后直接执行就可以获取相关的信息，如下：

```
[root@centos-s8 ~]# netstat
......
unix  2      [ ]         DGRAM                    25964
Active Bluetooth connections (w/o servers)
Proto  Destination     Source      State     PSM DCID   SCID      IMTU    OMTU
Security
Proto  Destination     Source      State     Channel
```

当然，这只是该命令的简单用法。

该命令可以查看 TCP 连接状态，比如通过该命令查看 80 端口的 TCP 连接状态：

```
[root@centos-s8 ~]# netstat -nat |awk '{print $6}'|sort|uniq -c|sort -rn
      2 LISTEN
      1 Foreign
      1 ESTABLISHED
      1 established)
```

通过输出的信息可以获取当前所建立的连接情况。比如，在服务器日常运行过程中业务的请求量突然暴涨，这时可以使用该命令来查看请求来源 IP 的情况，如果发现请求来源集中在少数的

IP 地址，那么很大程度上存在被攻击的可能，这时可以考虑禁止该 IP 地址的请求。

2.3.4 文件跨平台打包工具

在实际的生产环境下，有不少工作环境是多系统并存的，因此在跨系统处理数据时，通常会遇到压缩和解压缩的问题。

CentOS 支持.gz、.zip 及.xz 等各种格式的压缩文件，不过并不支持解压.rar 格式的压缩文件，也就是说在 Windows 下使用的.rar 压缩文件在 CentOS 下不能解压，因此把 Windows 系统的压缩文件放在 CentOS 上使用时，建议以.zip 的格式进行压缩。

如果压缩文件比较大且是.rar 格式，先解压后上传到 CentOS 或重新以.zip 格式压缩都会浪费很多时间，遇到这样的情况可以考虑在 CentOS 上安装支持解压.rar 格式的工具。本小节将介绍的工具是 rarCentOS（rarCentOS-4.0.1.tar.gz）。

rarCentOS 软件的安装比较简单，先使用 tar 命令对它进行解压缩，然后切换到解压后得到的目录 rar/下，就可以开始编译和安装了。

```
[root@centos-s8 ~]# tar vzxf rarCentOS-4.0.1.tar.gz
……
rar/technote.txt
rar/rarfiles.lst
rar/makefile
rar/rar.txt
[root@centos-s8 ~]# cd rar
[root@centos-s8 rar]# make && make install
……
mkdir -p /usr/local/lib
cp rar unrar /usr/local/bin
cp rarfiles.lst /etc
cp default.sfx /usr/local/lib
```

至此，rarCentOS 软件安装完成且已经可以使用，不过为了使用起来更加方便，需要添加全局命令（就是在系统的任何路径下都可以调用的命令）。要添加全局命令，需要把解压后得到的 rar/目录下的 rar_static 文件复制到/usr/local/bin/目录下覆盖原先的文件。

```
[root@centos-s8 rar]# cp -f rar_static /usr/local/bin/rar
cp: overwrite ?usr/local/bin/rar? y
```

这样，在 CentOS 下就可以解压.rar 格式的文件了。使用 rar 命令来解压.rar 格式的文件时可以使用 x 选项，关于该命令的使用，可通过 help 来获取更多信息。

2.4 软件安装的 yum 命令

yum 是一个命令，也是一个服务器，它是目前解决依赖包的最佳选择。

通过 yum 能够建立属于它自己的仓库，并通过相关的机制来调用仓库中相关的软件包资源，从而快速解决软件包之间存在的依赖关系问题。

yum 的仓库分为外网仓库和内网仓库，外网仓库通常由社区、软件提供商等搭建和维护，对于这些公共的 yum 仓库资源，直接使用相关的配置文件并执行 yum 命令就能够调用和安装，同时还可以更新系统插件，这给运维工作带来了不少便利。当然，对于内网环境下的服务器，要解决依赖包的问题，同样可以搭建本地的 yum 仓库，搭建本地 yum 仓库将为解决依赖包问题带来极大的便利。

要搭建基于 CentOS-S 8 的本地 yum 仓库，可使用它的 ISO 文件中的资源作为 yum 仓库的资源。另外，由于该版本将软件包分别放在 AppStream 和 BaseOS 这两个目录下，且这两个目录下的包之间还存在依赖关系，因此在搭建本地 yum 仓库时，需要创建两个分别对应这两个目录的 yum 仓库配置文件，即分别创建/etc/yum.repos.d/appstream.repo 和/etc/yum.repos.d/baseos.repo 文件。

其中，/etc/yum.repos.d/appstream.repo 文件的配置参数如下：

```
[appstream]
name=CentOS Stream release 8
baseurl=file:///media/CentOS/AppStream
gpgcheck=1
enabled=1
gpgkey=file:///etc/pki/rpm-gpg/RPM-GPG-KEY-centosofficial
```

而/etc/yum.repos.d/baseos.repo 文件的配置参数如下：

```
[baseos]
name=CentOS Stream release 8
baseurl=file:///media/CentOS/BaseOS
gpgcheck=1
enabled=1
gpgkey=file:///etc/pki/rpm-gpg/RPM-GPG-KEY-centosofficial
```

这两个配置文件中定义的挂载点是/media/CentOS/（挂载点建议是一样的），此时需要创建这个挂载点，这样就可以使用以下命令来挂载 ISO 文件，以达到创建 yum 仓库资源的目的。

```
[root@centos-s8 ~]# mount -o loop /dev/sr0 /media/CentOS/
```

其中，/dev/sr0 是 ISO 设备的名称，该名称可能是/dev/sr0、/dev/sr1 或其他的名称，要根据实际的参数来定。

挂载后可以使用以下命令来一次性安装软件包：

```
[root@centos-s8 ~]# yum install [软件包名称] -y
```

如果一次性安装多个软件包，每个包之间以空格隔开。

运维前线

1）在工作环境下（特别是内网环境）可能还存在一种情况，就是光驱不能使用，也不能使用 Web 管理后台。在这样的环境下要解决依赖包的问题，一个简单的办法就是把 ISO 文件上传到服务器，如把 ISO 文件上传到/root/目录下（完整路径为/root/xxxx.iso），这样就可以使用 mount 命令来挂载，从而解决本地 yum 仓库源的问题。

```
[root@centos-s8 ~]# mount -o loop /root/xxxx.iso /mnt/
```

2）要在虚拟机环境下挂载 ISO 文件，可先在运行 CentOS 的虚拟机中打开“虚拟机设置”界面，然后找到 CD/DVD(IDE)，把 ISO 文件挂载上，并设置它的设备状态为已连接，如图 2-2 所示。

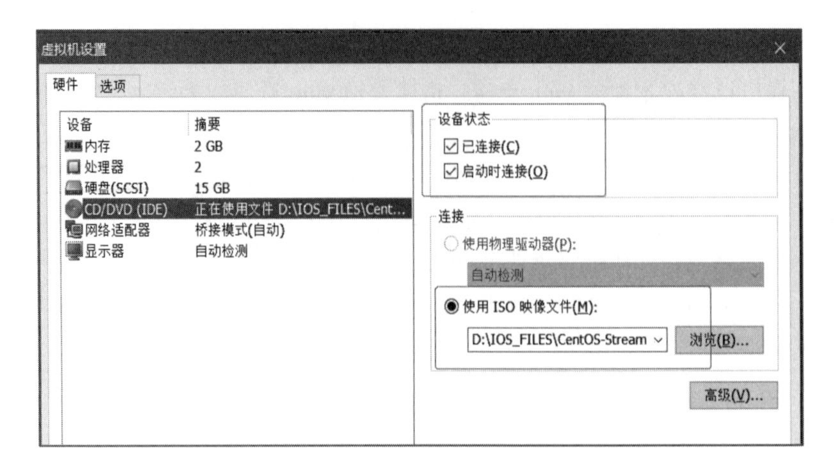

图 2-2　CD/DVD（IDE）选项设置

2.5　本章小结

本章介绍了 Linux CentOS 的 vi/vim 编辑器的使用、命令的使用以及本地 yum 仓库的搭建。

对于 vi/vim 编辑器，要掌握它的基本用法，特别是对文件的编辑。

Linux 命令的数量非常多，只需要记住一些常用的就可以，并且可以结合（键盘的）Tab 符和在线手册来获取更多帮助。

本地 yum 仓库主要用于快速解决内网环境下依赖包的安装问题，了解即可。

第 3 章

用户和用户组的管理与维护

用户是操作系统非常重要的组成部分，是使用系统资源的一种方式，可以说拥有用户就拥有对系统资源的使用权，因此管理好用户非常重要。

本章将对系统中的用户和组进行介绍，内容包括系统用户的基本概念、用户组的应用维护以及用户相关配置文件和权限。

3.1 系统用户的基本概念

用户是操作系统非常重要的组成部分，也是使用系统资源不可缺少的部分，因此有必要对用户进行相关了解。本节将对用户的基本概念进行介绍，涉及用户的类型和用户账号的维护两部分。

3.1.1 系统用户的类型

对于“用户”这个概念，可以把它理解成能够获取和使用系统资源的权限的体现，且是具有相同特征的一种逻辑集合。

从资源使用的角度来看，系统服务的运行离不开用户账号，但用户账号可以不依赖服务而存在。需要注意的是，系统以用户 ID（UID，系统中不存在两个一样的 UID）来区分用户账号及此类型账号所具备的权限。

用户的类型主要分为三类，即拥有系统最高权限的 root 用户、拥有部分权限的普通用户和主要用于运行系统服务的虚拟用户。

- 拥有系统最高权限的 root 用户（UID 是 0），拥有除内核之外的最高权限，能够对整个系统的文件、进程及其他的资源进行控制分配，系统中的程序和文件的权限对它来说都是无效的。如果使用该用户在执行操作的过程中出现失误，严重的话可能直接导致整个系统崩溃，因此在使用过程中需要注意。
- 系统普通用户，在安装系统时或后期创建的用于日常维护且可使用系统资源的账号。这类账号可以登录系统，拥有独立的工作环境，且能够控制自己环境下的相关资源。当然，这类用户受控于 root 用户的权限且对系统的危害不太大，因此有些生产环境就以此类用户来运行服务。

- 虚拟用户，又称伪用户，通常是系统安装过程中用于一些特殊服务而创建的账号，这类账号没有登录系统的权限且不属于任何人，不过这类账号通常没有设置密码，因此对于不需要的账号可以禁用，以免带来不必要的系统安全问题。

3.1.2 系统用户账号的维护

用户账号是使用系统资源的主要方式，在系统的使用和日常维护中都需要使用用户账号来完成。当然，对于账号的维护是运维工作中不可缺少的。本小节将对系统中不同类型的账号进行介绍，主要包括普通用户账号和虚拟账号两类。

1. 创建用户账号的基本流程

向系统新增用户时，首先要决定用户的基本配置（包括用户名、UID、用户组、主目录位置及登录的 Shell 等），其次需要来自系统管理员的权限。创建一个用户的工作流程如下：

1）指定用户名、用户 ID 和组，并决定该用户所属的其他组（如果需要）。

2）创建用户主目录。

3）将初始化配置的文件置于用户的主目录下。

4）执行 chown 和 charp 命令赋予新用户主目录和初始化文件的所有权。

5）配置用户密码。

6）设置适合系统的用户账号参数（包括密码失效日期、账号失效日期、资源限制等）。

7）将用户账号添加到磁盘限额系统、邮件系统等相关的系统下。

8）使用文件保护或资源的内置机制，适当地授权或拒绝访问额外的系统资源。

9）执行其他初始化任务。

10）测试新增的用户账号。

以上工作是新增一个用户时基本要做的。通常会为了简化这些操作而采取某种机制，一般直接调用通用的配置文件/etc/default/useradd 来实现。该配置文件的配置参数信息如下：

```
# useradd defaults file
GROUP=100
HOME=/home
INACTIVE=-1
EXPIRE=
SHELL=/bin/bash
SKEL=/etc/skel
CREATE_MAIL_SPOOL=yes
```

这些配置参数是在执行 useradd 命令创建用户时被调用的，因此很快就可以解决用户创建所需的参数问题，并使用这些参数来初始化用户的工作环境。

2. 普通用户账号的维护

接下来将主要介绍普通账号的维护，内容涉及账号的创建和移除。

用户账号的创建使用 useradd 命令，该命令的使用权来自 root 用户。对于所创建的用户，默认一同完成相关参数和基本环境的初始化，因此在创建一个用户账号后，只需要配置密码就可以使用，如创建 user-1 的用户并配置密码。

```
[root@centos-s8 ~]# useradd user-1
[root@centos-s8 ~]# passwd user-1
Changing password for user user-1.
New password:
BAD PASSWORD: The password is shorter than 8 characters
Retype new password:
passwd: all authentication tokens updated successfully.
```

创建用户后，其相关信息就被写入/etc/passwd和/etc/shadow文件中永久性地保存，如关于信息的保存格式可以使用grep等命令来查看。以下是关于user-1用户的记录信息：

```
[root@centos-s8 ~]# grep user-1 /etc/passwd
user-1:x:1001:1001::/home/user-1:/bin/bash
[root@centos-s8 ~]# grep user-1 /etc/shadow
user-1:$6$TtrGkpL/h8BwBTCY$9DM7g56X00AXO3QU7dGK1Ff3wz6uU2dXqnxlyqVZjGOlKXj
M165ANdn8Oa.KsjdB4QutwEAUWybJm.ZJ5vdXT.:18612:0:99999:7:::
```

创建用户后，系统已经给它创建了独立的工作环境（/home/user-1/目录），此时可以使用 user-1 用户登录系统或使用 su 命令直接切换。当然，该用户的权限范围也就是在它的主目录中且受到 root 用户的控制。

另外，关于用户的主目录问题，有些环境需要用户的主目录不是默认目录，对于这样的需求，如果有现成的账号，直接更改其主目录就可以（在/etc/passwd文件中更改），如果要更改新建用户user-1的主目录，直接在该文件中把“/home/user-1”改成需要的目录就可以（注意目录所属用户和组的问题），还可以在创建时直接指定用户的主目录，如创建user-2用户并指定它的主目录为/home/user-3：

```
[root@centos-s8 ~]# useradd user-2 -d /home/user-3
```

创建完成后，在/home/目录下可以看到 user-3 目录。

当然，可能还会遇到一种情况，那就是创建用户时不需要创建该用户的主目录，这时使用带-M 选项的 useradd 命令来创建就可以：

```
[root@centos-s8 ~]# useradd user-4 -M
```

对于这种不需要主目录的账号，适合用于共享资源账号的创建，这样可以避免产生不必要的目录和相关的文件。

对于不再需要的用户账号，处理的方式可以是禁止登录（锁住），也可以直接删除。删除账号使用 userdel 命令，如删除 user-4 这个账号可以执行以下命令：

```
[root@centos-s8 ~]# userdel user-4
```

如果在删除用户时要把它的主目录一起删除，在命令中使用-r 选项就可以。

3. 虚拟用户账号的维护

虚拟用户是一种不具有登录系统权限的用户，这类用户主要用于运行和使用系统服务。

这类账号主要是安装系统时创建的，用于运行一些服务，比如 sshd 这个虚拟用户账号，用于运行 sshd 服务并支持远程登录，但并不能使用该账号来登录系统。

虚拟账号不能登录系统，不过在日常的维护工作中如果需要安装一些源码包或共享资源等，就需要用到虚拟账号。这类账号也是使用 useradd 命令来创建的，但由于其使用的 Shell 是

/sbin/nologin，因此在使用 useradd 命令创建这类账号时就需要使用相关的参数直接指定 Shell，如创建虚拟账号 user-5 时可以执行以下命令：

```
[root@centos-s8 ~]# useradd -s /sbin/nologin user-5
```

实际上，对于这类虚拟账号，在创建时没必要给它们创建主目录，因此可以使用-M 选项取消创建主目录。当然，如果需要更改其主目录，在命令中使用-d 选项重新指定就可以。

对于系统中的虚拟账号，常用的如表 3-1 所示。

表3-1 虚拟用户账号作用说明

用户名	作用
bin、daemon、adm、lp、sync、shutdown	一般用于拥有系统文件及执行相关系统服务的进程。当然，虽然系统定义了这些用户，但并不用于文件的所有权或进程的执行
mail、news、ppp	账号与各种子系统及其他相关应用，这些账号拥有相应的文件且能执行进程
postgresql、mysql、xfs	用于管理和执行服务，是系统中安装的一些工具或服务时所创建的账号
nobody	用于 NFS 和其他相关子系统的账号，其 UID 为 99

3.1.3 用户与进程的关系

进程是程序的动态表现，是消耗系统资源的活动个体。在进程运行的过程中，用户有权限对这些进程进行控制，因此可以说用户是进程的管理者和控制者。本小节主要对进程的概念、进程基本信息的获取和进程状态控制进行介绍。

1. 进程是什么

进程是操作系统结构的基础，是一个具有一定独立功能的程序关于某个数据集合的一次运行活动，是一个能够申请和使用系统资源的活动实体。

从狭义方面来说，进程是一段程序执行的过程。从广义方面来说，进程是一个具有一定独立功能的程序关于某个数据集合的一次运行活动，它是操作系统动态执行的基本单元。

关于进程的概念主要有两点：

1）进程是一个实体：每个进程都有独立的地址空间，一般包括文本区域、数据区域和堆栈三部分。其中，文本区域用于存储处理器执行的代码，数据区域用于存储变量和进程执行期间使用的动态分配的内存，堆栈区域用于存储活动过程调用的指令和本地变量。

2）进程是一个“执行中的程序”：程序是一个没有生命的实体，只有处理器赋予程序生命时，它才能成为一个活动的实体，成为活动的实体后就称为进程。

进程是操作系统中最基本、最重要的概念之一，它是在并发系统出现后为了更形象地描述系统内部出现的有规律的动态活动而引进的一个概念。进程通常由多种基本的元素组成，具体组成如下：

- 进程当前的上下文，就是进程当前的执行状态。
- 进程当前的执行目录。
- 进程访问的文件和目录。
- 进程的访问权限。
- 内存和其他分配给进程的系统资源。

系统的内核是通过进程来控制对 CPU 和其他系统资源的访问的，并且决定在 CPU 上运行哪个程序、运行时间以及以怎样的特性运行等。系统内核的调度器负责为所有进程分配使用 CPU 资源的时间（也就是进程获取 CPU 执行权的时间），这个时间称为时间片（Time Slice），每个进程使用完自己的时间片后，CPU 资源就被分配给其他的进程使用。

在进程启动后，操作系统为每一个进程分配一个唯一的进程标识符，称为进程 ID（PID，是一个整数）。对于系统中的所有进程，它们都起源并受控于 ID 为 1 的 init 进程，该进程负责引导系统、启动守护（后台）进程和运行必要的程序。

2. 获取进程的基本信息

操作系统的一个重要功能是为进程提供内存空间并对进程进行管理，系统在开始初始化后，首先产生 init 进程，该进程是系统所有进程的父进程，系统中其他进程的整个生命周期都受到它的控制，当然也包括创建、执行、撤销和消亡。

系统进程间的关系属于典型的“父子关系”，每个进程的产生都是从其父进程那里获取相关的数据(除 init 进程之外)，这些进程会不断新生和死亡(但这并不意味着进程的数量会一直增加)，因此这些进程之间的关系就像一棵倒立的树，而树的最顶层的进程就是 init 进程（根进程），其他的进程就是这个进程树中的一个节点。

```
[root@named ~]# pstree
systemd─┬─NetworkManager───2*[{NetworkManager}]
        ├─VGAuthService
        ├─auditd───{auditd}
        ├─crond
        ├─dbus-daemon
        ├─login───bash
        ├─lvmetad
        ├─master─┬─pickup
        │        └─qmgr
        ├─polkitd───5*[{polkitd}]
        ├─rhnsd
        ├─rhsmcertd
        ├─rsyslogd───2*[{rsyslogd}]
        ├─sshd───sshd───bash───pstree
        ├─systemd-journal
        ├─systemd-logind
        ├─systemd-udevd
        ├─tuned───4*[{tuned}]
        └─vmtoolsd───{vmtoolsd}
```

对于系统中的每个进程，在启动时系统都会为其分配一些特定的信息，这些信息可以直接反映出进程的作用、状态等。

关于进程信息的获取，可以使用 ps 命令来查看系统中当前用户所启动的进程及相关信息。

```
[root@system ~]# ps -ef
UID      PID     PPID    C   STIME   TTY        TIME         CMD
……
squid    1238    1235    0   06:49   ?          00:00:00     (squid) -f
/etc/squid/squid.conf
root     1252    1       0   06:49   tty1       00:00:00     /sbin/mingetty/dev/
tty1
```

```
root    1965    1811    0   Apr09  pts/1    00:00:00    -bash
root    2149    1965    1   00:36  pts/1    00:00:00    ps -ef
```

输出字段相关参数说明：

- UID：运行该进程的用户 ID，不过它们会映射成用户名。
- PID：当前进程的 ID。
- PPID：当前进程的父进程 ID。
- C：进程当前使用 CPU 资源的百分比。
- STIME：进程启动的日期。
- TTY：进程使用的虚拟终端。
- TIME：进程执行消耗的 CPU 时间。
- CMD：启动进程的命令。

实际上，ps 命令与不同的选项组合时输出的信息不同，以下是该命令与其他选项结合时输出的进程状态符号及相关的描述：

- PRI：进程的优先级（数值越大，优先级越低）。
- ADDR：进程的内存地址。
- SZ：进程已使用的交换空间。
- WCHAN：处于等待（资源）状态的进程。
- VSZ：进程占用的虚拟内存量（以 KB 为单位）。
- RSS：进程使用过的且未被释放的物理内存。
- STAT：当前进程的状态（状态码通常由两个字符组成）。
- VIRT：进程所使用的虚拟内存总量。
- SHR：进程与其他进程共享的内存量。

关于 ps 命令的更多用法，可使用--help 来获取。

另外，对于进程的状态，还可以使用 systemctl 命令来获取，前提条件是这个进程属于系统的后台进程。

```
[root@system ~]# systemctl status httpd.service
httpd.service - The Apache HTTP Server
   Loaded: loaded (/usr/lib/systemd/system/httpd.service; disabled)
   Active: active (running) since Sun 2019-01-17 21:30:43 CST; 30min ago
     Docs: man:httpd(8)
           man:apachectl(8)
 Main PID: 2757 (httpd)
   Status: "Total requests: 0; Current requests/sec: 0; Current traffic:   0
B/sec"
   CGroup: /system.slice/httpd.service
           ?..2757 /usr/sbin/httpd -DFOREGROUND
           ?..2758 /usr/sbin/httpd -DFOREGROUND
           ?..2759 /usr/sbin/httpd -DFOREGROUND
           ?..2760 /usr/sbin/httpd -DFOREGROUND
           ?..2761 /usr/sbin/httpd -DFOREGROUND
           ?..2762 /usr/sbin/httpd -DFOREGROUND
```

```
Jan 17 21:30:43 system httpd[2757]: AH00558: httpd: Could not reliably determine
the server's fully ...ssage
Jan 17 21:30:43 system systemd[1]: Started The Apache HTTP Server.
Hint: Some lines were ellipsized, use -l to show in full.
```

3. 系统进程的创建和终止

系统在初始化时实际上只建立了一个 init 进程，不过内核并不提供直接创建新进程的系统调用，因此 init 进程之外的所有进程都是通过 fork 机制来创建的，而且所有的进程都只存在于内存中。

每个进程在内存中都拥有属于自己的一个独立空间（Address Space），这个空间可以说是进程的发源地，在进程被创建之前系统就在内存中开辟的一个新空间，将正在运行中（某种功能）的进程数据复制到新的空间中，并为新建的进程赋予 PID（新的进程中还存放着它的父进程号，就是 PPID）。

实际上，使用 fork()函数创建进程时会有两次返回，分别是将子进程的 PID 返回给父进程和将 0 返回给子进程。另外，子进程与父进程之间允许相互查询进程号（也就是子进程可以查询其父进程的 ID，父进程也可以查询其子进程的 ID）。

关于子进程和其父进程的 ID，可以通过以下命令来查询：

```
[root@system ~]# ps -o pid,ppid,cmd
 PID   PPID  CMD
11035  11033  -bash
11070  11035  ps -o pid,ppid,cmd
```

对于每个子进程，当它被终止时它会通知父进程并将自己所占用的资源释放，同时要在内核中留下自己的退出信息，这些信息主要包括退出码（Exit Code，正常终止为 0，错误或异常状况大于 0，这些退出代码都是正整数）和进程终止的原因。父进程收到其子进程退出的信息后，调用 wait()函数从内核中提取子进程的退出信息，并清空该信息所占用的内核空间。

当然，如果出现父进程先于其子进程终止，就会导致其子进程成为一个孤立进程，这时 init 就成了这个子进程的父进程，并负责子进程的退出处理。而如果父进程没有调用 wait()函数来处理退出的子进程在内核中的信息，就会导致子进程成为僵死进程，如果有大量的僵死进程，就会占据大量的内核空间，系统会变得缓慢。

在用户空间中，如果要终止一个进程，可以向这个进程发送一个信号，系统中所支持的信号可通过带-l 选项的 kill/pkill 命令来获取，常用于终止进程的信号及相关说明如表 3-2 所示。

表3-2 kill/pkill命令的常用信号描述

信号码	信号名	事件	描述	默认响应
1	SIGHUP	挂起	断开终端连接前将信号挂起，此操作可能导致一些没有被终止的进程重新初始化	退出
2	SIGINT	中断	使用组合键，如 Ctrl+C 来产生一个中断信号	退出
9	SIGKILL	杀死	杀死一个进程，被杀死的进程是无法屏蔽这个信号的	退出
15	SIGTERM	终止	以有序的方式来终止一个进程，某些进程可对此信号进行屏蔽	
19	SIGSTOP	暂停	对运行中的进程进行暂停	退出

对于一个进程，要杀死它通常先获取进程号，或直接使用进程的名字，但如果一个进程被多次启动，就会存在多个 ID，这时可通过 killall 命令来将该进程全部杀死。

3.2 用户组的应用维护

用户组是指具有用户的逻辑集合，用户组是对用户集中权限控制管理的一种手段，这种手段很大程度上简化了日常的管理工作，实现对用户账号的集体授权。

用户是用户组的主要组成部分，它们之间存在着一对一、一对多、多对一和多对多的对应关系。其中，一对一是一个用户对应一个用户组，一对多是一个用户对应多个用户组，多对一是多个用户对应一个用户组，多对多是多个用户对应多个用户组。在同一个用户组中的用户具有相同的权限，这些权限通常是对文件的操作权，如可读、可写和可执行等。

3.2.1 用户组的账号维护

用户组是用户组账号的集合，每个用户组至少有一个或一个以上的用户成员。多数情况下，用户组伴随着用户的创建而产生，在实际环境下，可能只需要用户组来协助完成日常的运维工作，或需要对两个或两个以上的用户实现资源的共享，这些都需要针对用户组进行操作。

创建用户组使用的是 groupadd 命令，该命令在创建用户组时可以直接指定用户组的 ID，也可以直接指定要添加到用户组的成员（用户），命令的语法及选项说明如下：

```
groupadd [options] group
```

命令选项参数说明：

- -f（force）：创建用户组时，如果出现组名相同就终止。
- -g（gid）：设置用户组 ID 值。
- -p（password）：将加密的密码用于新组。
- -r：创建一个系统组。

例如创建用户组 group-1 时执行以下 groupadd 命令就可以，创建后可以使用 cat、grep 等命令来查看用户组的存放文件/etc/group 以确认操作结果。

```
[root@centos-s8 ~]# groupadd group-1
[root@centos-s8 ~]# grep group-1 /etc/group
group-1:x:1004:
```

对于用户组，如果需要增加成员，可以执行以下命令来添加，并在添加成员后确认。

```
[root@centos-s8 ~]# usermod -G group-1 user-1
[root@centos-s8 ~]# grep group-1 /etc/group
group-1:x:1004:user-1
```

或使用以下命令来添加，并在添加后确认。

```
[root@centos-s8 ~]# gpasswd -a user-5 group-1
Adding user user-5 to group group-1
[root@centos-s8 ~]# grep group-1 /etc/group
group-1:x:1004:user-1,user-5
```

如果要把用户从用户组中移除，可以执行以下命令：

```
[root@centos-s8 ~]# gpasswd -d user-5 group-1
Removing user user-5 from group group-1
```

其实还可以直接进入/etc/group 文件中把用户删除，可以达到一样的目的。

对于用户组，如果需要为用户组创建密码，可以使用 gpasswd 命令，在设置用户组密码时通常需要指定组的名称，否则不能设置密码，命令的语法及选项说明如下：

```
gpasswd [option] group
```

命令选项参数说明：

- -a（add）：把用户添加到用户组。
- -d（delete）：把用户从用户组中删除。
- -r（remove）：移除用户组密码。
- -R（restrict）：限制其他成员访问用户组。

例如对刚创建的用户组 group-1 创建密码，可执行以下命令：

```
[root@centos-s8 ~]# gpasswd group-1
Changing the password for group group-1
New Password:
Re-enter new password:
```

3.2.2　用户组账号列表的组成

在默认的情况下，每个用户都会对应一个用户组，它也是用户组的唯一成员。

用户组主要由用户组名、用户组密码标识符、用户组 ID（Group Identifier，GID）和用户组的其他成员 4 部分组成，不过在用户组的密码文件中，通常只有用户组的成员名称，但默认用户组没有设置认证机制。

用户组的成员和组密码的信息分别存放在/etc/group和/etc/gshadow文件中，其中/etc/group文件用于存储用户组名及概要的信息，而/etc/gshadow文件用于存储经MD5加密后的用户组密码及相关的信息，但用户组密码允许为空。

对于/etc/group文件中记录的信息，每个用户组账号都作为独立的一行，且每个组成部分之间都以冒号隔开，格式如下：

```
groupname : x ; GID : group_member(s)
```

如果用户组中存在多个用户（多个成员），这些成员之间就由逗号隔开。

在/etc/group文件中所记录的每一行，都是在新建一个用户时系统同时为该用户创建的一个组，或在新建一个组时记录的信息，这些被记录的信息被永久性地保存在/etc/group文件中，以下是该文件中所记录的内容及格式（仅列举部分记录行）：

```
sssd:x:993:
sshd:x:74:
rngd:x:992:
user-1:x:1001:
user-2:x:1002:
user-5:x:1003:
group-1:x:1004:user-1
```

记录信息中各字段含义说明如表 3-3 所示。

表 3-3 各字段含义说明

字段	字段含义
groupname	用户组的组名字
x	密码字段，真正的密码存放在/etc/gshadow 文件中，不过通常是空的
GID	组 ID，也就是某个组的标识符
group_member(s)	该组中的成员名称

用户组的/etc/gshadow 文件用于存储用户组密码及相关的信息。在该文件中，每个用户组独占一行，格式如下：

```
groupname : password : admin : member(s)
```

以下是该文件中记录的信息（只取部分记录）：

```
rngd:!::
user-1:!::
user-2:!::
user-5:!::
group-1:$6$wbK/2/uRO2K6x.f$hJK.SfZbreIt2OsyvF1tWMMGk4OdWSUreA2SPCirYspzDEo
uuOuOxE44S7YdOkir7iEIAptcbtn2VP7.unQhC0::user-1
```

注 意

最后这行记录比较长，这是由于 group-1 用户组设置了密码。

记录信息中对各字段含义说明如表 3-4 所示。

表 3-4 各字段含义说明

字段	字段含义
group_name	用户组名
password	用户组密码。该字段为空或！时表示没设密码
admin	用户组管理者。通常情况下为空，如果有多个组管理者，其间以逗号隔开
member(s)	组成员，每个成员之间以逗号隔开

3.3 用户相关配置文件和权限

用户在进入系统后，相关的环境已经被初始化，这些经过初始化的环境给用户的工作带来了极大的便利性。本节将介绍初始化用户环境的基础配置文件，这些基础配置文件主要包括用户账号的列表文件和用户环境初始化文件这两类。

3.3.1 用户账号的列表文件

UID 是系统识别用户的一个标识符，也是该用户所具备的权限象征，系统在创建用户账号时就会分配，但也支持后期更改。对于系统中的用户，与该用户的账号相关的信息分别被记录在/etc/passwd 和/etc/shadow 文件中，对于这两个文件之间的关系，可以说/etc/shadow 文件相当于/etc/passwd 文件的影子文件，也是用户密码真正存储的地方。

1. 用户账号信息文件/etc/passwd

系统中用户账号的信息以行的方式记录在/etc/passwd 文件中，每个用户账号在这个文件中都有对应的行，且每行都由多个项组成，其格式如下：

```
username : x ; UID : GID : user information : home-directory : login-shell
```

信息行中的每个字段之间都以冒号隔开，如果各字段间有间隙，则必须以空格符隔开。

对于系统中新增的每个用户，其名称、主目录、shell 类型等相关信息都被写入/etc/passwd 文件中被永久性保存，以下是该文件中的记录信息（只截取部分信息）：

```
polkitd:x:998:996:User for polkitd:/:/sbin/nologin
unbound:x:997:994:Unbound DNS resolver:/etc/unbound:/sbin/nologin
sssd:x:996:993:User for sssd:/:/sbin/nologin
sshd:x:74:74:Privilege-separated SSH:/var/empty/sshd:/sbin/nologin
rngd:x:995:992:Random Number Generator Daemon:/var/lib/rngd:/sbin/nologin
user-1:x:1001:1001::/home/user-1:/bin/bash
user-2:x:1002:1002::/home/user-3:/bin/bash
user-5:x:1003:1003::/home/user-5:/sbin/nologin
```

记录信息中各字段含义说明如表 3-5 所示。

表 3-5　各字段含义说明

字段	字段含义
username	分配给用户的用户名，用户名是用户间通信的基础，它既不是私有的，也不涉及安全的信息。系统版本不同，其支持用户名的长度通常也会限制在一定的字符内
x	通常每个用户信息列表文件的第二个字段为编码的用户密码（一般是经加密后的密码），该字段一般用 x 表示
UID	用户标识符，每个用户都有一个唯一的 UID。UID 范围一般为 0~6000，在不同 UID 范围段的用户，他们的权限也有所不同。在默认情况下，系统会将同个 UID 段的用户视为一个，即使用户名相同，UID 也要保证是唯一的
GID	通常是分配给用户的组标识符，用于决定用户组对用户所创建的文件的所有权，也是组允许用户访问组文件权限的标识符
user information	通常记录的是用户的全名，或者其他相关的信息。该字段有多个条目，每个条目之间都由逗号隔开，每个条目都包含电话号码、地址等信息
home-directory	用户的主目录，该目录是用户的起始工作目录，是存放用户个人文件的目录，用户登录系统后就直接进入该目录
login-shell	用户的命令解释器，是在用户登录系统后自动启动的 shell 程序

2. 用户密码列表文件/etc/shadow

/etc/shadow文件是一个附加的用户账号数据库文件，用于存储经过加密的密码。在系统中，用户的密码必须是可读的，使得任何命令或服务都可以转换用户名和UID。

在该文件中记录的项都按顺序与/etc/passwd 中的每项对应，一般语法结构如下：

```
username : encoded password : changed : inactive : expires : warn : : :
```

在/etc/shadow 文件中的各个字段之间以冒号隔开。

/etc/shadow文件相当于一个小型且独立的数据库，它的内容实际上是/etc/passwd文件内容的映射，不过用户的密码是经过加密的。/etc/shadow文件中记录的内容（只截取部分）如下：

```
sssd:!!:18606::::::
sshd:!!:18606::::::
rngd:!!:18606::::::
user-1:$6$TtrGkpL/h8BwBTCY$9DM7g56X00AXO3QU7dGK1Ff3wz6uU2dXqnxlyqVZjGOlKXj
M165ANdn8Oa.KsjdB4QutwEAUWybJm.ZJ5vdXT.:18612:0:99999:7:::
user-2:!!:18612:0:99999:7:::
user-5:!!:18612:0:99999:7:::
```

记录信息中各字段含义说明如表 3-6 所示。

表 3-6 各字段含义说明

字段	字段含义
username	用户名，对应/etc/passwd 文件中的用户名
encoded password	一般是经过加密后的用户密码
changed	参数表示最近一次修改密码的时间与 1970-1-1 相隔的天数
inactive	距离允许用户修改密码还剩的天数，它的值是 expires 与 warn 值的差
expires	记录密码的有效期，是距离用户必须修改密码还剩的天数
warn	记录时间，是距离系统提醒用户修改密码还剩的天数

3.3.2 用户环境初始化文件

对于用户的工作环境，在系统启动后就进行相关的初始化工作，因此用户通过安全认证并登录系统后就可以进行工作。

系统对用户工作环境的初始化是通过读取多个相关文件中的配置参数来进行的，这些文件主要包括/etc/profile、~/.bash_profile、~/.bashrc 和/etc/bashrc 等。本小节将对这些文件的基本作用进行简单介绍。

1. 配置文件/etc/profile

/etc/profile 的参数用于配置系统环境变量，这些变量对系统有效，可以说该文件是配置系统环境变量不可缺少的。

系统为用户初始化工作环境时，当系统重启及用户首次登录时，系统都会读取该配置文件的参数，并从/etc/profile.d/目录的配置文件中搜集 shell 的相关设置信息，使得用户登录后就可以正常对系统的相关资源进行操作。

以下是/etc/profile 文件的配置内容（省略部分内容）：

```
......
if [ $UID -gt 199 ] && [ "`/usr/bin/id -gn`" = "`/usr/bin/id -un`" ]; then
   umask 002
else
   umask 022
fi

for i in /etc/profile.d/*.sh /etc/profile.d/sh.local ; do
   if [ -r "$i" ]; then
```

```
        if [ "${-#*i}" != "$-" ]; then
            . "$i"
        else
            . "$i" >/dev/null
        fi
    fi
done

unset i
unset -f pathmunge

if [ -n "${BASH_VERSION-}" ] ; then
        if [ -f /etc/bashrc ] ; then
                # Bash login shells run only /etc/profile
                # Bash non-login shells run only /etc/bashrc
                # Check for double sourcing is done in /etc/bashrc.
                . /etc/bashrc
        fi
fi
```

在该文件中新增变量参数时，建议把新参数添加到文件的末尾处，并在添加后使用 source 命令重新加载该文件，这样新增的变量就可以立刻使用。

2. 配置文件~/.bash_profile

~/.bash_profile 用于记录用户自定义 shell，在该文件中定义的相关参数仅对当前的用户有效，也就是说系统给每个用户都创建这个文件，并支持用户使用该文件设置自己专有的变量参数，这些配置参数在系统每次重启或启动时就执行该文件，并从中获取相关的参数来初始化工作环境。

以下是该文件的配置信息：

```
# .bash_profile

# Get the aliases and functions
if [ -f ~/.bashrc ]; then
        . ~/.bashrc
fi

# User specific environment and startup programs

PATH=$PATH:$HOME/bin

export PATH
```

3. 配置文件~/.bashrc

~/.bashrc 中包含专用于用户的命令别名设置和定义初始化环境的必要配置文件，该文件中定义的相关信息仅对当前用户有效，该文件是在用户登录或打开新的 shell 时被执行的。以下是该文件的配置信息：

```
# .bashrc

# User specific aliases and functions

alias rm='rm -i'
alias cp='cp -i'
```

```
alias mv='mv -i'

# Source global definitions
if [ -f /etc/bashrc ]; then
        . /etc/bashrc
fi
```

4. 配置文件/etc/bashrc

用户登录系统时使用的 shell 默认是 bash，在用户的 bash 被打开时，系统就执行该文件来初始化相关的参数。以下是该文件的配置信息（部分配置信息）：

```
......
    if [ $UID -gt 199 ] && [ "`/usr/bin/id -gn`" = "`/usr/bin/id -un`" ]; then
       umask 002
    else
       umask 022
    fi

    SHELL=/bin/bash
    # Only display echos from profile.d scripts if we are no login shell
    # and interactive - otherwise just process them to set envvars
    for i in /etc/profile.d/*.sh; do
        if [ -r "$i" ]; then
            if [ "$PS1" ]; then
                . "$i"
            else
                . "$i" >/dev/null
            fi
        fi
    done

    unset i
    unset -f pathmunge
  fi

fi
# vim:ts=4:sw=4
```

3.3.3 用户与文件的关系

文件在 Linux 系统中的权限等级非常严格，在日常的维护中，通常需要对这些文件进行操作，而文件的操作离不开来自用户的权限。接下来将对系统的文件类型、文件权限与用户和组的关系以及文件权限的应用管理进行介绍。

1. 系统的文件类型

Linux 系统提供一种通用的文件处理方式，它将所有的软件、硬件都视为文件来管理，并将映射成文件的不同物理设备放在层次相同或不同的目录下，再通过文件的方式来管理所有的设备，从而简化对物理设备的管理和访问。

Linux 系统中的一切设备都被映射成不同类型的文件，并按照一定的组织结构分布在系统的各个层次中，比较常见的文件类型有普通文件、目录文件、字符设备文件、块设备文件和符号链接文件等。接下来对这些文件进行介绍。

（1）普通文件

普通文件是一种出现在路径末端且不能继续往下延伸的文件，这种文件是以“_”为标识的文本文件和二进制文件，是 Linux 系统下最为常见、数量最多的文件，系统大多数的配置文件、代码文件都是以普通文件的形式存在的。

（2）目录文件

目录文件通常称为目录，根目录是所有目录和文件的起点，系统中所有的目录都是根目录的子目录。

目录是一种特殊类型的文件，包括一系列文件名及信息节点号。目录的标识符是“d”，每个目录中都包含两个特殊的目录，即父目录（以“..”来表示）和当前目录（以“.”来表示）。当前目录也称工作目录，是登录到系统的字符界面所处的目录，而父目录则是当前目录的上层目录。

（3）链接文件

链接文件分为硬链接文件和软链接文件两类。

硬链接是指源文件名与链接文件名指向相同的物理地址，硬链接文件不能跨文件系统（不能跨越不同的分区），主要作用是防止不必要的误删除，原因是删除文件时，该文件要在同一个索引节点且属于唯一的链接才被删除。

软链接又称符号链接，是一种以“l”为标识符，采用不同的文件名引用同一数据或程序的文件（类似于快捷方式），这类文件本身并未保存数据，只是占用一个索引节点，以及拥有属于自己的索引节点编号。软链接文件的最大好处是能够确保目录文件结构的兼容性，实现在不改变原有目录结构或文件位置的情况下指向任何路径。

（4）特殊文件

特殊文件包括块设备文件、套接字文件、字符设备文件及命名管道文件，这类文件不包含任何数据，而是提供一种用于在文件系统中建立一个物理设备与文件名之间映射的机制，系统必须支持每个设备且每个设备至少与一个特殊的文件相关联。

系统利用特殊文件作为用户与 I/O 设备间的接口，使用户能够像读写普通文件一样通过打开、读写的方式来实现对外部设备的 I/O 处理。另外，还有/dev/null 设备，这是一个被称为“黑洞”的空设备文件，任何进入该设备的数据都被“吞并”且基本读不出来。

对特殊设备与标识符的说明如下：

- c：表示字符设备文件。
- b：表示块设备文件。
- p：表示管道文件。
- s：表示套接字文件。

2. 文件权限与用户和组的关系

Linux 系统具有非常严格的权限等级，这种严格的权限等级的一种体现就是对文件的控制。系统通过文件的可读（r，对应数值是 4）、可写（w，对应数值是 2）和可执行（x，对应数值是 1）来限制用户对文件的操作。

关于文件的权限，先了解文件的基本组成。通常，每个文件由 7 部分组成，通过这 7 部分的信息可以了解文件的类型、权限组成、链接数、文件所属的用户和组、文件的大小、文件创建的日期和文件的名称，具体的相关说明如下：

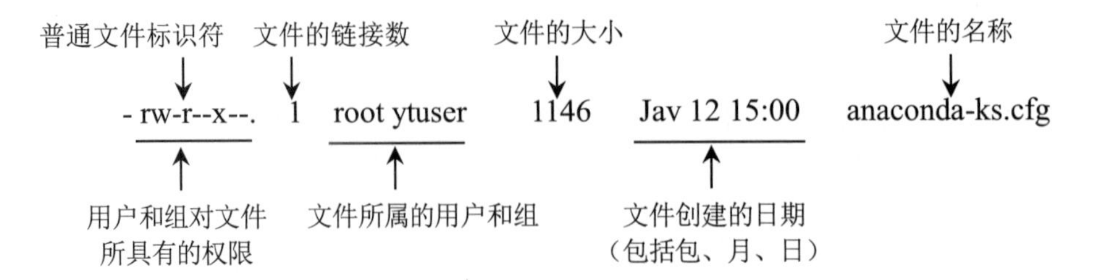

其中，文件中的“rw-r--x--”和“root ytuser”是接下来重点介绍的内容。

对于“rw-r--r--”，实际上是由“rw-”“r--”和“x--”三部分组成的，它们分别对应用户、同组用户和其他组用户的权限，无论是哪种类型的用户，他们对文件拥有的权限都可以是 w、r 和 x 三类，但也可以没有（权限为空时使用“_”来表示，此时权限数值用 0 来表示）。

用户以 u 来表示，是指文件的所有者（root 用户）；同组用户以 g 来表示，是指与 root 在同一个组的用户（ytuser 组）；其他用户以 o 来表示，是指既不属于 root 用户，也与 root 不在一个组的用户（不属于 ytuser 组）。

3. 文件权限的应用管理

文件的权限决定用户是否能够对其进行编辑，但在日常的管理工作中，有时需要对文件的权限、所属用户和组进行更改，否则会影响系统的正常运行。

更改文件的权限、所属用户和组可使用 chmod 和 chown 命令，在更改时可以使用权限的字符，也可以使用数值，先通过简单的例子来说明。

```
[root@centos-8 ~]# chmod +x anaconda-ks.cfg
[root@centos-8 ~]# chmod o+x anaconda-ks.cfg
[root@centos-8 ~]# chmod -x anaconda-ks.cfg
```

以上命令中，“+”是授权，“–”是取消权限。其中，“+x”是给文件的全部用户添加可执行权，“o+x”是给文件中的同组用户添加可执行权，“–x”是把文件的全部可执行权取消。

另外，还存在一种比较常见的文件授权操作，即使用数值来表示权限符号，如下：

```
[root@centos-8 ~]# chmod 603 anaconda-ks.cfg
```

其中，603 中的每个数字代表一个组的权限值，其中 6 表示 4+2（r+w），它是 u 的权限值；0 表示没有权限，即 g 没有权限值；3 表示 2+1（w+x），它是 o 的权限值。

chown 命令用于更改文件的用户和组，先看以下例子：

```
[root@centos-8 ~]# chown ytuser.ytgroup postgresql
```

该命令中将 postgresql 的用户和组更改为 ytuser 和 ytgroup。当然，前提是用户和组要存在。

关于这两个命令，chmod 命令在编程中常用于授权给脚本可执行权限，而 chown 命令常用于更改文件的用户和组。另外，chown 命令在更改目录的用户和组时常使用-R 选项来实现递归式的权限更改，示例如下：

```
[root@centos-8 ~]# chown -R ytuser.ytgroup postgresql
```

3.4 本章小结

本章介绍了 CentOS 的用户和用户组，以及与它们相关的文件的维护。

对于用户，要掌握各类型用户的创建、用户的基本信息维护，并了解用户与其对应进程的信息的获取和使用。

对于用户组，要掌握用户组的创建、用户组成员的添加/移除。

在用户与文件关系的维护上，需要了解文件的类型和权限组成，以及权限的维护，包括权限与用户和用户组的关系、权限的添加和移除等操作。

第 4 章

磁盘空间的应用管理

磁盘资源是系统中重要的组成部分，是数据存储的中心，因此有效地利用磁盘资源是运维人员的重要工作。如果要对磁盘进行有效的维护，了解磁盘的相关概念很有必要。

本章将对磁盘的一些概念、磁盘分区和 LVM 的内容进行介绍。

4.1 磁盘分区概述

安装系统的硬盘必存在磁盘分区，不同的分区所存储的数据是不同的，Linux 系统分区通常包括启动引导分区、根分区和交换分区三类。本节将对这些分区进行简单的介绍，内容主要包括磁盘分区的基本组成和磁盘分区的基本信息两部分。

4.1.1 磁盘分区的基本组成

分区是指在磁盘上建立的用于存储数据和文件的独立空间，磁盘分区由主分区（Primary Partition）和扩展分区（Extended Partition）组成。在使用时，这两种分区的区别体现在主分区可以直接使用，而扩展分区需要先划分成逻辑分区（Logical Partition）才可以使用。

分区中必须存在至少一个主分区，但扩展分区可以不存在，且主分区的数量最多可以是 4 个（整个磁盘都划分成主分区），而扩展分区上的逻辑分区理论上可以存在无数个。其实并不建议把整个磁盘划分成 4 个主分区（由于磁盘本身的原因，划分成 4 个主分区并不能用到全部空间，而且剩下的空间没有多余的分区表来记录），这会造成空间的浪费。另外，考虑到磁盘的连续性，建议将扩展分区放在最后的柱面。

扩展分区需要在逻辑卷上创建才可以使用，而不是直接创建逻辑卷，这是考虑到在工作环境下磁盘的分区不止 4 个，还要考虑分区表的数量，而在扩展分区上创建分区时就没有这些限制，可以创建无限个逻辑分区。

当然，磁盘中还存在一个只有512字节大小的分区，此分区用于存放系统启动的主引导（Master Boot Recorder，MBR）程序。该分区中包括系统启动的引导信息、磁盘分区表等重要的信息（见图4-1），如果该分区中的数据损坏，系统就无法启动，如果是物理实体损坏，就意味着这块磁盘也基本报废。

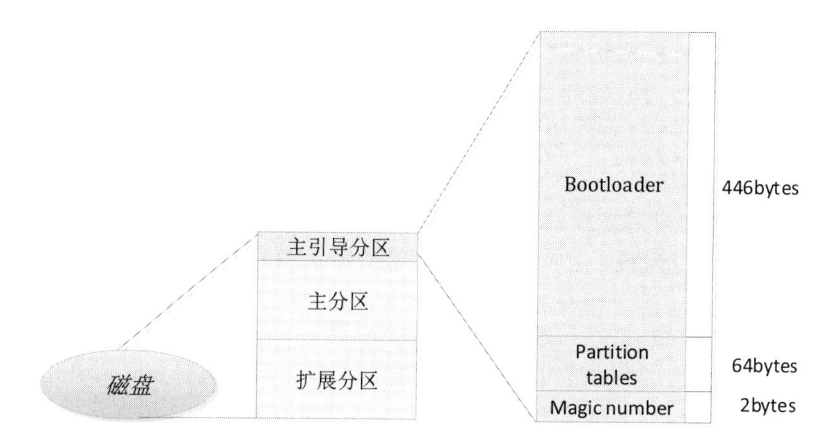

图 4-1　主引导分区的位置及结构示意图

主引导分区主要划分成 Bootloader 和 Partition tables 两个分区。Bootloader 占据 446 字节，用于存放引导代码；Partition tables 占据 64 字节，用于存放磁盘分区表，磁盘每个分区的信息需要用 16 字节来记录，因此最多只能记录 4 个分区的信息。

另外，在每个分区表中记录着每个分区的大小（始终点）、所处磁盘的位置、柱面等信息，如果重新分区，实际上就是重新更改分区表的记录信息，分区表中定义了第 n 个分区是从“第 x 个柱面到第 y 个柱面”，因此当系统要读取第 n 个磁盘时，就根据分区表中定义的信息去操作。

4.1.2　磁盘分区的基本信息

磁盘分区信息的获取是对磁盘分区维护的重要环节，如何快速获取有效的信息非常重要。本小节将介绍磁盘分区的命名规则和磁盘分区信息的获取这两部分内容。

1. 磁盘分区的命名规则

对于 CentOS 中的硬盘类型，常见的主要有 SCSI 和 IDE 两种，其中 SCSI 类硬盘的命名格式为/dev/sdx，而 IDE 类硬盘的命名格式为/dev/hdx（其中，x 表示硬盘的块数，如第 1 块为 a，则第 2 块为 b）。这两类硬盘中，SCSI 类硬盘使用较为广泛。

对于不同类型的硬盘，其所支持的分区数量有所不同，磁盘分区可以有多个，但它们之间的分区号不能相同，而且每个分区的名称都与该分区的（磁盘）位置有关（如/dev/sda1 表示第一块磁盘的第一个分区）。另外，磁盘设备（包括 U 盘、光盘等外设）在系统中都被视为文件系统，并被映射到/dev/目录下，不同类型的设备被映射后的名称也存在差异。

系统磁盘类型和分区的命名规则如表 4-1 所示。

表 4-1　系统磁盘类型和分区的命名规则

设备名	相关说明
/dev/hdc	第三块 IDE 磁盘
/dev/sda	第一块 SCSI 磁盘
/dev/sda1	第一块 SCSI 磁盘上的第一个分区
/dev/sda2	第一块 SCSI 磁盘上的第二个分区
/dev/sda3	第一块 SCSI 磁盘上的第三个分区
/dev/sda5	第一块 SCSI 磁盘上的第一个逻辑分区

如果磁盘的分区编号等于或超过 5（如/dev/sda5、/dev/sda6 等），就说明这块磁盘一定存在逻辑分区，如/dev/sda5 表示第一块 SCSI 类磁盘上的第一个逻辑分区，而/dev/sda6 则表示第二个逻辑分区。

另外，如果系统上安装了 XEN、KVM 等虚拟机，那么这些虚拟机的磁盘分区在命名上也有所不同。XEN 类虚拟机的磁盘命名采用/dev/xvdb 的方式，而 KVM 类虚拟机的磁盘命名采用/dev/vdb 的方式。对于 CD/DVD 光盘来说，它的命名方式是/dev/srN（N 表示整数）。

2. 磁盘分区信息的获取

对于系统磁盘空间信息的获取是对系统空间维护的必要过程，只有获取到相关的信息，才能够对系统空间进行维护。获取的信息类型需要根据实际的需要和相关的命令来决定，因此明确要获取的信息和所需执行的命令非常重要，这也是运维工作需要掌握的基本技能。

系统的磁盘起码要有根分区（/）、/boot分区和/swap分区3个分区。其中，根分区是一个特殊的分区，它是系统根目录所在的区，用于存储系统正常运行所需的数据；/boot分区用于存储引导系统启动时所需的数据；swap分区是磁盘上一个用于暂存数据的虚拟内存区，所存储的数据是从物理内存中调出来的不常用数据，在系统需要时调出来。

（1）磁盘分区存储空间

对于系统中的 SCSI 类磁盘，默认第一块磁盘命名为/dev/sda，并以数字为分区的编号。对于系统中的这类磁盘，可以在/dev/目录下找到。系统这类磁盘的块数、磁盘分区及相关的信息等都可以使用 ls 或 ll 命令来查看，以下命令可以查看分区的情况：

```
[root@centos-s8 ~]# ll /dev/sd*
brw-rw---- 1 root disk 8,  0 Dec 27 13:51 /dev/sda
brw-rw---- 1 root disk 8,  1 Dec 27 13:51 /dev/sda1
brw-rw---- 1 root disk 8,  2 Dec 27 13:51 /dev/sda2
brw-rw---- 1 root disk 8, 16 Dec 27 13:51 /dev/sdb
```

当然，若要获取某个磁盘更为详细的信息，则可以执行 fdisk 命令，如使用 fdisk 命令获取磁盘/dev/sda 的信息：

```
[root@centos-s8 ~]# fdisk -l /dev/sda
Disk /dev/sda: 15 GiB, 16106127360 bytes, 31457280 sectors
Units: sectors of 1 * 512 = 512 bytes
Sector size (logical/physical): 512 bytes / 512 bytes
I/O size (minimum/optimal): 512 bytes / 512 bytes
Disklabel type: dos
Disk identifier: 0x5d0b20c8

Device     Boot  Start      End    Sectors  Size  Id  Type
/dev/sda1   *     2048  2099199   2097152    1G  83  Linux
/dev/sda2       2099200 31457279  29358080   14G  8e  Linux LVM
```

在磁盘空间的日常维护中，要获取磁盘的使用情况，使用 df 命令即可，可以快速获取到分区使用情况的概要信息，以下命令中带有-h 表示以 GB 为单位输出（不够 GB 的以 MB 为单位）：

```
[root@centos-s8 ~]# df -h
Filesystem          Size     Used   Avail     Use%  Mounted on
devtmpfs             956M     0     956M   0%    /dev
```

```
tmpfs                  975M     0     975M  0%   /dev/shm
tmpfs                  975M     8.6M  967M  1%   /run
tmpfs                  975M     0     975M  0%   /sys/fs/cgroup
/dev/mapper/cs-root 13G      1.5G  11G   12%  /
/dev/sda1              1014M    176M  839M  18%  /boot
tmpfs                  195M     0     195M  0%   /run/user/0
```

要定位哪个目录使用多大的磁盘空间或该目录数据的大小，可以使用 du 命令来查找计算。比如，想要知道/etc/目录下存放数据的大小，可以执行以下命令来统计：

```
[root@centos-s8 ~]# du -sh /etc/
22M     /etc/
```

要是想知道/etc/目录下各个文件的大小，可以执行以下命令：

```
[root@centos-s8 ~]# du -sh /etc/*
……
8.0K    /etc/X11
4.0K    /etc/xattr.conf
0       /etc/xdg
0       /etc/xinetd.d
0       /etc/yum
0       /etc/yum.conf
36K     /etc/yum.repos.d
```

du 命令在查找是哪个文件占用磁盘方面还是比较有效的，可以直接定位到具体的文件且能够统计文件的大小，这对运维工作有很大的帮助。

（2）文件系统挂载点信息

系统启动时，磁盘分区上的文件系统是以挂载的方式加载到系统上的，这些需要被挂载的文件系统都被记录在/etc/fstab 文件中，也就是说该文件记录着需要挂载的文件系统及其他相关的信息，比如分区名称、挂载点、分区的文件系统类型等。以下是/etc/fstab 文件中的配置信息：

```
# /etc/fstab
# Created by anaconda on Thu Dec 10 13:33:14 2020
#
# Accessible filesystems, by reference, are maintained under '/dev/disk/'.
# See man pages fstab(5), findfs(8), mount(8) and/or blkid(8) for more info.
#
# After editing this file, run 'systemctl daemon-reload' to update systemd
# units generated from this file.
#
/dev/mapper/cs-root                          /      xfs   defaults   0  0
UUID=3412db20-7904-4974-a773-35cdf0e31d22  /boot   xfs   defaults   0  0
/dev/mapper/cs-swap                          none   swap  defaults   0  0
```

当然，要获取某个磁盘更为详细的信息时可以执行 fdisk 命令，如使用该 fdisk 命令来获取磁盘/dev/sda 的信息。

在额外添加磁盘分区时常使用/etc/fstab文件配置自动挂载文件系统，但在配置的过程中需要注意参数格式的问题，在挂载一个分区时配置参数的顺序组成是文件系统的路径、挂载点、文件系统类型、设置文件系统的值（如只读、读写等）、和不备份（0表示不备份）、系统启动时不检查（0表示不检查）这几个部分，但实际上这些参数并不是全都用上，有时只是用其中一些必要的参数而已。

/etc/fstab 文件是在系统启动中就被初始化，而/etc/rc.local 文件是在系统启动结束后被执行。这两个文件在一定范围内能够实现相同的作用，但根据这两个文件执行的顺序，建议在挂载文件系统时使用/etc/fstab 文件来实现，而在配置启动服务进程时使用/etc/rc.local 文件。

当然，系统要挂载的文件系统不止这些，关于其他被挂载的文件系统，要查看时可以使用 mount 命令，包括手动挂载的文件系统在内。

```
[root@centos-s8 ~]# mount
……
systemd-1 on /proc/sys/fs/binfmt_misc type autofs (rw,relatime,fd=35,pgrp=1,
timeout=0,minproto=5,maxproto=5,direct,pipe_ino=24012)
debugfs on /sys/kernel/debug type debugfs (rw,relatime)
hugetlbfs on /dev/hugepages type hugetlbfs (rw,relatime,pagesize=2M)
mqueue on /dev/mqueue type mqueue (rw,relatime)
fusectl on /sys/fs/fuse/connections type fusectl (rw,relatime)
/dev/sda1 on /boot type xfs
(rw,relatime,attr2,inode64,logbufs=8,logbsize=32k,noquota)
tmpfs on /run/user/0 type tmpfs
(rw,nosuid,nodev,relatime,size=199620k,mode=700)
```

另外，卸载文件系统时可以使用 umount 命令，执行该命令卸载文件系统时指定挂载点就可以，比如要卸载/mnt/的挂载点，可以执行以下命令：

```
[root@centos-s8 ~]# umount /mnt/
```

（3）获取分区中的LVM信息

对于 CenOS-S 8 系统，在安装并创建分区时已经自动创建了 LVM 的文件系统。对于 LVM 来说，包括物理卷、卷组及逻辑卷三部分，这些信息都可以执行相关的命令来获取。比如，要获取卷的名称、路径及相关的信息等，可以使用 pvscan、vgscan 和 lvscan 命令对系统中的卷进行扫描并输出信息。

获取系统中物理卷的相关信息：

```
[root@centos-s8 ~]# pvscan
  PV /dev/sda2   VG cs          lvm2 [<14.00 GiB / 0    free]
  Total: 1 [<14.00 GiB] / in use: 1 [<14.00 GiB] / in no VG: 0 [0   ]
```

从输出的信息可以看出，系统只有一个物理卷（/dev/sda2），该卷小于 14GB。其实，通过分区的名称可以看出，/dev/sda2 分区是系统的根分区，因为/dev/sda1 是系统启动的引导分区，所以接下来的分区就是根分区。

要想获取系统卷组的信息，可以执行以下 vgscan 命令：

```
[root@centos-s8 ~]# vgscan
  Found volume group "cs" using metadata type lvm2
```

从输出的信息来看，系统只有一个卷组。

最后查看逻辑卷的信息，可执行 lvscan 命令：

```
[root@centos-s8 ~]# lvscan
  ACTIVE            '/dev/cs/swap' [1.50 GiB] inherit
  ACTIVE            '/dev/cs/root' [<12.50 GiB] inherit
```

其中的逻辑卷/dev/cs/swap是系统的交换分区（或称虚拟内存），它并不是必须存在的，不过对于物理内存比较小的情况，建议保留该分区。另外，该分区的大小与物理内存存在一定的关系，因此在划分该分区时，建议先了解物理内存的大小，再设置该交换分区的值。

4.2 磁盘分区的维护

磁盘是系统中重要的资源之一，是保存数据的重要设备，系统在日常运行中所产生的数据基本都保存在磁盘上。因此，保证磁盘的正常使用十分重要。本节将对磁盘的基本维护进行介绍，内容涉及磁盘性能的测试、磁盘分区的划分和磁盘分区的删除三部分。

4.2.1 磁盘性能的测试

对于磁盘性能的测试，最简单的方法是使用系统提供的测试工具来检测。系统提供多个对磁盘进行检测的工具（或命令），这些工具可以实现对磁盘状态、型号和厂商等信息的采集和显示，本小节将介绍磁盘的读写测试、IO和磁盘维护的基本概念。

1. 磁盘的读写能力测试

磁盘的读写简单理解就是读出和写入数据，读出数据就是常说的查找需要的数据，写入数据就是把新的内容记录到磁盘中。

对于磁盘的纯读写能力，可通过dd命令来测试，测试磁盘的纯写入性能时，由于不能涉及磁盘IO，因此可以借助/dev/zero这个伪设备（其实是一个特殊的文件）。该设备只产生空字符流，而不会产生磁盘IO，产生的空字符流IO只用于写的of文件中（在测试时尽量不要进行其他的操作，建议不要在线上系统上执行）。

测试示例如下：

```
[root@centos-s8 ~]# time dd if=/dev/zero of=rdata.dbf bs=8k count=2
2+0 records in
2+0 records out
16384 bytes (16 kB, 16 KiB) copied, 0.000486488 s, 33.7 MB/s

real    0m0.003s
user    0m0.002s
sys     0m0.000s
```

上例创建了一个大小为2GB、名为rdata.dbf的文件，磁盘纯写入数据以每秒33.7MB的速度进行，这样的写入速度对于磁盘的性能来说是好是坏不容易判断，因此需要在不同的时间段进行多次测试，并对结果进行综合分析才能得出更合理的结论。

对于磁盘的读能力，也可以使用dd命令并借助被称为“黑洞”的伪设备/dev/null来测试。在对/dev/sda进行读测试时，产生的IO被导入/dev/null文件中，这相当于of到被测试的设备不会产生IO，因此这就是测试磁盘的读能力。

示例如下：

```
[root@centos-s8 ~]# time dd if=/dev/sda of=/dev/null bs=8k
1310720+0 records in
1310720+0 records out
10737418240 bytes (11 GB) copied, 44.5336 s, 241 MB/s
real    0m44.543s
user    0m0.237s
sys     0m9.027s
```

根据测试输出的信息，可以知道该磁盘的读能力为 241MB/s。当然，要想结果更加接近真正的值，建议多测试几次并取平均值。

如果是测试磁盘同时读写的能力，可以使用以下命令来测试：

```
[root@centos-s8 ~]# time dd if=/dev/sda1 of=rwdata.dbf bs=8k
12800+0 records in
12800+0 records out
104857600 bytes (105 MB) copied, 1.37428 s, 44.2 MB/s
real    0m1.399s
user    0m0.006s
sys     0m0.707s
```

通过该命令对整个/dev/sda1磁盘和一个实际的rwdata.dbf文件读写时所产生的IO（其中对/dev/sda是读操作，文件rwdata.dbf是写操作）进行测试，从而得到磁盘同时读写的能力。

2. 磁盘 IO 的基本类型

磁盘 IO 可分为顺序 IO 和随机 IO 两类，在对系统的磁盘性能进行检测前，需要清楚被检测系统的 IO 类型是偏向于顺序 IO 还是随机 IO。

顺序 IO 是指按照顺序请求大量数据（比如数据库执行大量的查询、流媒体服务等），可在短时间内移动大量数据。相对于随机 IO 而言，顺序 IO 更重视每次 IO 的吞吐能力（KB per IO），而数据在读写时需要通过 IOPS（Input Output Operations Per Second，每秒输入输出的次数）来完成，因此可以利用这个特点来评估 IOPS 的性能，从而间接对顺序 IO 的性能进行测评。

对于顺序 IO 的测试，可使用 iostat 命令（该命令需要安装 sysstat 软件）来获取系统输入/输出设备负载的平均传送速率，并通过这些数据计算磁盘 IO 的读写性能，建议在测试时多次读取数据并进行平均，从而得到更加接近实际值的数据。

```
[root@centos-s8 ~]# iostat -kx 2 2
Linux 4.18.0-240.el8.x86_64 (centos-s8)     12/29/2020    _x86_64_    (2 CPU)

avg-cpu:  %user   %nice  %system  %iowait  %steal   %idle
           1.30    0.00    0.74     0.04     0.00    97.91

Device:  rrqm/s  wrqm/s  r/s   w/s   rkB/s   wkB/s  avgrq-sz  avgqu-sz  await
svctm  %util
sda         0.01    0.17    0.02  0.98   0.21    3.64    7.70     0.00     2.64
1.16   0.12
dm-0        0.00    0.00    0.02  0.90   0.20    3.61    8.24     0.01     5.69
1.25   0.12
dm-1        0.00    0.00    0.00  0.01   0.01    0.03    8.00     0.00    92.94
0.85   0.00
```

```
    avg-cpu:  %user   %nicc  %system   %iowait   %steal   %idle
               7.48    0.00    0.25      0.00      0.00    91.27
    Device:   rrqm/s  wrqm/s  r/s   w/s   rkB/s   wkB/s  avgrq-sz  avgqu-sz  await
svctm  %util
    sda      0.00    0.00    0.00  0.00   0.00    0.00    0.00     0.00     0.00
0.00   0.00
    dm-0     0.00    0.00    0.00  0.00   0.00    0.00    0.00     0.00     0.00
0.00   0.00
    dm-1     0.00    0.00    0.00  0.00   0.00    0.00    0.00     0.00     0.00
0.00   0.00
```

命令每隔 2 秒（第一个 2）采集一个 IO 参数，共采集 2 次（第二个 2），其输出的各字段说明如下：

字段 avg-cpu：

- %user：系统在用户态运行时所消耗的 CPU 百分比。
- %nice：优先级执行所消耗的 CPU 百分比。
- %system：系统在内核态运行时所消耗的 CPU 百分比。
- %iowait：CPU 空闲时系统中未完成的磁盘 IO 请求时间的百分比。
- %steal：管理程序维护另一个虚拟处理器时，虚拟 CPU 无意识等待时间的百分比。
- %idle：CPU 空闲时间百分比。

字段 Device：

- rrqm/s：每秒进行 merge 读操作的数目，即 rmerge/s。
- wrqm/s：每秒进行 merge 写操作的数目，即 wmerge/s。
- r/s：每秒完成读 I/O 设备的次数，即 rio/s。
- w/s：每秒完成写 I/O 设备的次数，即 wio/s。
- rkB/s：每秒读 KB 字节数，速度是 rsect/s 的一半（因每扇区大小为 512 字节）。
- wkB/s：每秒写 KB 字节数，速度是 wsect/s 的一半。
- avgrq-sz：平均每次设备 I/O 操作的数据大小（区块）。
- avgqu-sz：平均 I/O 队列长度。
- await：平均每次设备 I/O 操作的等待时间（ms）。
- svctm：平均每次设备 I/O 操作的服务时间（ms）。
- %util：每秒用于 I/O 操作时间的百分比。

随机 IO 是指随机请求数据，这类 IO 的速度不依赖于数据的大小和排列方式，而是依赖于磁盘每秒能写入的次数，比如 Web 服务、Mail 服务等每次请求的数据都很小，但随机 IO 每秒同时会有更多的请求数产生，所以磁盘每秒能读写数据的多少才是关键。

相对于同次的顺序 IO，随机 IO 可以小到忽略不计的状态，因此对于随机 IO 而言，重要的是 IOPS，而不是每次 IO 的吞吐能力（KB per IO）。

3. 磁盘维护的基本概念

磁盘是数据存储的中心，也是系统不可或缺的存储设备之一。由于磁盘在读写数据时涉及硬件操作（由于在价格等方面，固态硬盘仍未被广泛使用），相对于其他的设备，磁盘数据的读写速度不仅慢，而且容易引起磁道损坏，这也容易为系统带来性能的瓶颈。

通常，如果磁盘中的某个区块损坏，我们基本感觉不到磁盘出问题，因为这带来的可能是系统“暂时”不正常运行（比如读写数据时比平时慢，但过几秒后就恢复正常，甚至是重启系统才恢复正常），对于这种微妙的情况，多数怀疑是系统的问题，而随着时间的推移，再加上磁盘不停地进行机械操作，使得这个损坏区块的面积不断扩大，带来的后果的严重性可想而知（本章如果没有特别说明，涉及的硬盘都是指机械硬盘）。

在系统运行期间会产生一些无用的文件（垃圾文件），这些无用的文件堆积久后就会占用大量的系统磁盘空间，这会延长查找数据的时间并消耗更多的系统资源，因此也会导致系统运行的效率有所下降。

针对这些可能出现的问题，最简单但不是最有效的方法是检查/var/log/messages 文件，在该日志文件中记录着有问题的硬件。当然，可以通过一些工具针对磁盘的性能进行检测，从而发现一些已经出现或可能会出现的问题进行分析，并从中找到可行的解决方法，这样就可以在一定程度上避免出现一些不必要的问题。

4.2.2 磁盘分区的划分

对于磁盘分区的划分，在虚拟化的环境下经常涉及。在虚拟化的环境下，系统的磁盘空间不会太大，因此在磁盘空间使用差不多时就会选择添加磁盘，这就涉及磁盘分区的创建操作。接下来将介绍磁盘分区的创建、格式化、挂载/卸载和删除 4 方面的内容。

1. 创建磁盘分区

在虚拟化环境下的系统，无论是测试环境还是正式环境，都涉及对磁盘分区的操作，特别是搭建属于自己的测试环境和在正式环境中添加虚拟磁盘，都涉及对磁盘分区的操作。

对于新的磁盘，要在其上创建分区使用的是 fdisk 命令，进入交互模式后划分分区。例如现在对新添加的磁盘/dev/sdb 创建分区，即把整个磁盘的空间都用于创建一个分区，该新分区为主分区，命名为/dev/sdb1。

```
[root@centos-s8 ~]# fdisk /dev/sdb

Welcome to fdisk (util-linux 2.32.1).
Changes will remain in memory only, until you decide to write them.
Be careful before using the write command.

Device does not contain a recognized partition table.
Created a new DOS disklabel with disk identifier 0xa3fc5ebd.

Command (m for help): n  <===== 创建分区
Partition type
   p   primary (0 primary, 0 extended, 4 free)
   e   extended (container for logical partitions)
Select (default p): p  <===== 指定该分区是主分区
Partition number (1-4, default 1): 1  <===== 分区的编号
First sector (2048-20971519, default 2048):   <===== 分区的起始位置，不设置表示
默认
Last sector, +sectors or +size{K,M,G,T,P} (2048-20971519, default 20971519):
<===== 分区的终止位置
```

```
Created a new partition 1 of type 'Linux' and of size 10 GiB.

Command (m for help): p  <===== 显示磁盘分区信息
Disk /dev/sdb: 10 GiB, 10737418240 bytes, 20971520 sectors
Units: sectors of 1 * 512 = 512 bytes
Sector size (logical/physical): 512 bytes / 512 bytes
I/O size (minimum/optimal): 512 bytes / 512 bytes
Disklabel type: dos
Disk identifier: 0xa3fc5ebd

Device     Boot Start      End  Sectors Size Id Type
/dev/sdb1        2048 20971519 20969472  10G 83 Linux

Command (m for help): w  <===== 保存配置参数并退出
The partition table has been altered.
Calling ioctl() to re-read partition table.
Syncing disks.
```

至此，就完成了在磁盘/dev/sdb上创建新分区/dev/sdb1的操作。

以下是在交互模式中一些操作命令及相关作用的说明。

- a：设置可引导的标记。
- b：修改bsd磁盘的标签。
- c：设置DOS的兼容性。
- d：删除一个分区。
- l：列出被支持的所有分区类型。
- m：显示帮助列表信息。
- n：添加一个新的分区。
- o：创建一个新的空DOS分区表。
- p：显示当前的分区列表。
- q：退出操作，但不保存修改。
- s：创建一个新的空Sun磁盘标签。
- t：更改分区的系统ID号。
- u：更改显示记录。
- v：对分区表进行核实。
- w：保存新的分区表参数后退出。

2. 格式化磁盘分区

磁盘分区创建后并不能使用，原因是还没对它进行格式化，简单来说，就是需要在分区上创建文件系统才能够使用。

在分区上创建文件系统可以使用 mke2fs 命令，通过该命令能够在分区上创建（大小相同的）数据块，且该命令能够对整块磁盘或单个分区进行格式化操作。另外，对于文件系统的类型系统默认使用XFS（可在/etc/fstab文件中查看），也可以指定其他的文件系统类型。例如格式化新分区时指定文件系统类型为EXT4，并指定数据块的大小：

```
[root@centos-s8 ~]# mke2fs -t ext4 -b 2048 /dev/sdb1
mke2fs 1.45.6 (20-Mar-2020)
```

```
Creating filesystem with 5242368 2k blocks and 655360 inodes
Filesystem UUID: 7953f7c2-042c-434c-b511-7d2cd2f8acf1
Superblock backups stored on blocks:
        16384, 49152, 81920, 114688, 147456, 409600, 442368, 802816, 1327104,
        2048000, 3981312

Allocating group tables: done
Writing inode tables: done
Creating journal (32768 blocks): done
Writing superblocks and filesystem accounting information: done
```

其中，-t 用于指定文件系统的类型，-b 用于指定分区的数据块大小。

至此，分区/dev/sdb1 格式化完成。

3. 挂载/卸载磁盘分区

磁盘分区的挂载在格式化后，如果没有格式化，在挂载时系统就会提示先指定文件系统类型，即出现以下提示信息：

```
[root@centos-s8 ~]# mount /dev/sdc1 /data/
mount: you must specify the filesystem type
```

因此，在挂载分区前必须先格式化。

其实，这与 Windows 系统上创建分区的原理相似，在 Windows 系统上创建分区时最后也会提示格式化，如果没有格式化新分区就不能使用，只不过在 Windows 系统上格式化分区会自动挂载，而在 Linux 系统上格式化后还需要手动挂载或设置成自动挂载。

要挂载分区，首先需要有挂载点，这个挂载点简单来说就是一个目录，该目录可自由选择，但不要选择有数据的目录，除非有特定的挂载点，不然建议新建挂载点，即创建挂载点/data 并将分区/dev/sdb1 挂载到该挂载点上。

```
[root@centos-s8 ~]# mkdir /data
[root@centos-s8 ~]# mount /dev/sdb1 /data/
```

至此，分区/dev/sdb1 挂载完成。

挂载分区后，快速判断分区是否挂载成功，最简单的就是看执行命令后是否有报错信息，如果没有就说明命令执行成功，分区也挂载到挂载点下。此时，在挂载点/data/下就会有lost+found这个目录出现。

另外，还可以通过 mount 或 df 命令来查看。以下是 df 命令的输出：

```
[root@centos-s8 ~]# df -h
Filesystem             Size    Used   Avail  Use%  Mounted on
devtmpfs               956M       0    956M  0%     /dev
tmpfs                  975M    0       975M  0%     /dev/shm
tmpfs                  975M    8.6M  967M  1%      /run
tmpfs                  975M    0       975M  0%     /sys/fs/cgroup
/dev/mapper/cs-root 13G       1.6G   11G  13%    /
/dev/sda1              1014M   176M  839M  18%    /boot
tmpfs                  195M    0      195M  0%     /run/user/0
/dev/sdb1              9.8G     37M   9.3G  1%     /data
```

通过df命令输出的信息可以看到磁盘分区名称、大小、使用率及挂载点等信息，还是比较直观的。若要查看被挂载的文件系统类型、文件系统读写的权限等信息，则可使用mount命令来查看，示例如下：

```
[root@centos-s8 ~]# mount
……
systemd-1 on /proc/sys/fs/binfmt_misc type autofs (rw,relatime,fd=37,pgrp=1,
timeout=0,minproto=5,maxproto=5,direct,pipe_ino=23864)
hugetlbfs on /dev/hugepages type hugetlbfs (rw,relatime,pagesize=2M)
debugfs on /sys/kernel/debug type debugfs (rw,relatime)
mqueue on /dev/mqueue type mqueue (rw,relatime)
fusectl on /sys/fs/fuse/connections type fusectl (rw,relatime)
/dev/sda1 on /boot type xfs (rw,relatime,attr2,inode64,logbufs=8, logbsize=32k,
noquota)
tmpfs on /run/user/0 type tmpfs (rw,nosuid,nodev,relatime,size=199620k,
mode=700)
/dev/sdb1 on /data type ext4 (rw,relatime)
```

对于 mount 命令的输出，可以看到关于磁盘分区更多的信息。

另外，要卸载磁盘分区或挂载的 CD/DVD 等，可以使用 umount 命令，如卸载/dev/sdb1 时可以执行以下命令：

```
[root@centos-s8 ~]# umount /data/
```

4. 删除磁盘分区

对于已经划分成一个或多个分区的磁盘，如果需要重新划分磁盘分区，需要做的工作是保证所有分区中的数据已经备份，之后通过 fdisk 命令进入交互模式后将分区逐个删除，保存并退出后，在/dev/目录下找到在交互模式下删除的分区所对应的文件，再把这些文件删除后重启系统就可以。

由于在交互模式下的删除操作是不可逆的，因此在删除分区时要非常注意，如果删除的分区是扩展分区，那么扩展分区之下的全部逻辑分区都会被删除。如果误操作而导致某个分区被删除，这时建议立即停止操作并以 q 命令退出交互模式，之后重新进入交互模式，再次执行删除操作就可以。

下面以/dev/sdb 磁盘为例来介绍删除磁盘分区的操作，先进入交互模式，通过相关命令获取分区信息，再决定删除哪个分区。

```
[root@centos-s8 ~]# fdisk /dev/sdb

Welcome to fdisk (util-linux 2.32.1).
Changes will remain in memory only, until you decide to write them.
Be careful before using the write command.

Command (m for help): p  <=====获取分区信息
Disk /dev/sdb: 10 GiB, 10737418240 bytes, 20971520 sectors
Units: sectors of 1 * 512 = 512 bytes
Sector size (logical/physical): 512 bytes / 512 bytes
I/O size (minimum/optimal): 512 bytes / 512 bytes
Disklabel type: dos
Disk identifier: 0xa3fc5ebd

Device     Boot Start      End  Sectors Size Id Type
/dev/sdb1        2048 20971519 20969472  10G 83 Linux
```

```
Command (m for help): d  <=====删除分区
Selected partition 1
Partition 1 has been deleted.

Command (m for help): p  <=====查看分区信息，由于仅存一个分区，因此直接删除而不需要指定分区号
Disk /dev/sdb: 10 GiB, 10737418240 bytes, 20971520 sectors
Units: sectors of 1 * 512 = 512 bytes
Sector size (logical/physical): 512 bytes / 512 bytes
I/O size (minimum/optimal): 512 bytes / 512 bytes
Disklabel type: dos
Disk identifier: 0xa3fc5ebd

Command (m for help): w  <=====保存配置并退出
The partition table has been altered.
Failed to remove partition 1 from system: Device or resource busy

The kernel still uses the old partitions. The new table will be used at the next reboot.
Syncing disks.
```

至此，在交互模式下完成了操作，接着还需要把/dev/sdb1 文件删除。

4.3 基于 LVM 的应用维护

因为多数情况下磁盘空间只是满足某段时间的需求，需要一种可以满足数据对磁盘空间的需求，但又不造成浪费的技术，所以出现了 LVM（Logical Volume Manager，逻辑卷管理）。LVM 的出现基本实现了磁盘空间的按需分配，特别是能够更加灵活地解决虚拟化环境下磁盘的分配问题。

4.3.1 LVM 的基本组成结构

随着数据不断膨胀导致磁盘可用空间不断减少，因此出现磁盘空间不够用的现象时有发生，这种情况在虚拟化的环境下比较常见，LVM 的使用在很大程度上解决了这类问题。

LVM 是建立在硬盘和分区之间的一个逻辑层，它是 Linux 系统环境下对磁盘分区管理的一种有效的机制，用于提高磁盘分区管理的灵活性。LVM 支持将若干个物理卷（Physical Volume，PV）连接为一个称为卷组（Volume Group，VG）的存储池，在这个存储池上可以创建逻辑卷（Logical Volumes，LV），扩展逻辑卷。关于逻辑卷的数量，在理论上可以存在无数个。

通过 LVM 可以轻松实现对磁盘空间的动态管理，支持在线扩展磁盘空间。与传统的磁盘分区相比，LVM 为计算机提供了更高层次的磁盘存储，为虚拟化环境下的虚拟机提供了灵活的磁盘空间管理方式，使得更方便且动态地为应用与用户按需分配存储空间，从而实现对磁盘空间更加合理的分配和管理。

在整个 LVM 结构上，直接与磁盘分区“接触”的是物理卷，它建立在磁盘分区上，因此磁盘分区有多少就可以创建多少物理卷。物理卷是使用大小固定的物理区段来定义的，若干个物理卷可组成一个卷组，这个卷组相当于一个磁盘空间共享池，在这个共享池上可以创建一个或多个逻辑卷，且在逻辑卷上创建文件系统来实现数据的存储。LVM 的组成结构的原理示意图如图 4-2 所示。

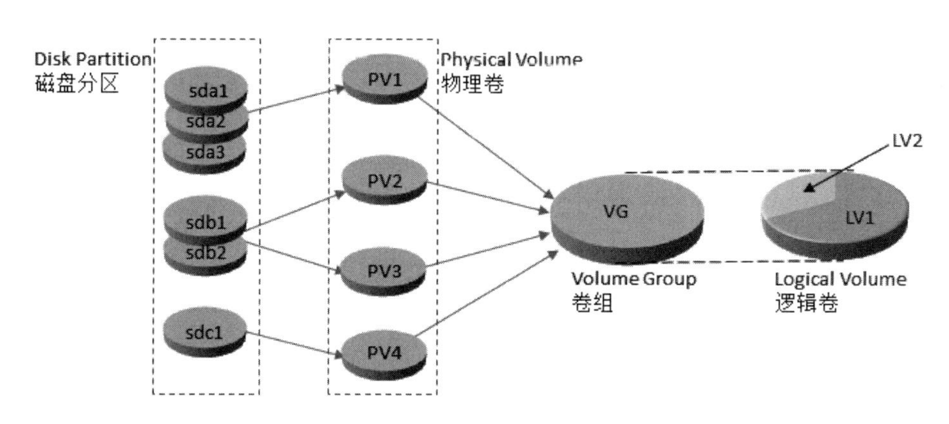

图 4-2　LVM 的组成结构及原理示意图

LVM 结构的信息被存放在每块 LVM 所属分区开头的保留区域中，这块区域也称 LVM 表头（LVM Header）。每块 LVM 都由启动盘和非启动盘组成，启动盘 LVM 表头大小是 2912KB，非启动盘的大小则不固定，不过它的值通常比启动盘要小一些。

4.3.2　逻辑卷管理应用

对于 LVM 的使用主要有两种方式：安装系统时利用 Disk Druid 程序在图形化界面下实现和利用 LVM 命令在终端下实现。要使用 LVM，就需要先创建逻辑卷，即需要物理分区，且该分区的 System 类型必须为 Linux LVM。本节将基于创建/dev/sdb1 分区来介绍逻辑卷的创建，接下来介绍创建逻辑卷前的准备工作。

以 fdisk 命令进入/dev/sdb 交互模式，在创建分区后用 t 命令更改分区的 System 类型为 Linux LVM，对于系统支持的所有 System 类型，在交互模式下可执行 l 命令来查看。以下是系统所支持的 System 类型及其对应的代码。

```
 0  Empty           24  NEC DOS         81  Minix / old Lin   bf  Solaris
 1  FAT12           39  Plan 9          82  Linux swap / So   c1
DRDOS/sec (FAT
 2  XENIX root      3c  PartitionMagic  83  Linux             c4
DRDOS/sec (FAT
 3  XENIX usr       40  Venix 80286     84  OS/2 hidden C:    c6
DRDOS/sec (FAT
 4  FAT16 <32M      41  PPC PReP Boot   85  Linux extended    c7  Syrinx
 5  Extended        42  SFS             86  NTFS volume set   da  Non-FS
data
 6  FAT16           4d  QNX4.x          87  NTFS volume set   db  CP/M /
CTOS /
 7  HPFS/NTFS       4e  QNX4.x 2nd part 88  Linux plaintext   de  Dell
Utility
 8  AIX             4f  QNX4.x 3rd part     8e  Linux LVM     df  BootIt
 9  AIX bootable    50  OnTrack DM      93  Amoeba            e1  DOS
access
 a  OS/2 Boot Manag 51  OnTrack DM6 Aux   94  Amoeba BBT      e3  DOS R/O
 b  W95 FAT32       52  CP/M            9f  BSD/OS            e4
SpeedStor
 c  W95 FAT32 (LBA) 53  OnTrack DM6 Aux   a0  IBM Thinkpad hi eb  BeOS fs
```

```
   e  W95 FAT16 (LBA)  54  OnTrackDM6      a5  FreeBSD          ee  GPT
   f  W95 Ext'd (LBA)  55  EZ-Drive        a6  OpenBSD          ef  EFI
(FAT-12/16/
   10  OPUS            56  Golden Bow      a7  NeXTSTEP         f0  Linux/
PA-RISC b
   11  Hidden FAT12    5c  Priam Edisk      a8  Darwin UFS      f1
SpeedStor
   12  Compaq diagnost 61  SpeedStor       a9  NetBSD           f4
SpeedStor
   14  Hidden FAT16 <3 63  GNU HURD or Sys  ab  Darwin boot     f2  DOS
secondary
   16  Hidden FAT16    64  Novell Netware   af  HFS / HFS+      fb  VMware
VMFS
   17  Hidden HPFS/NTF 65  Novell Netware   b7  BSDI fs         fc  VMware
VMKCORE
   18  AST SmartSleep  70  DiskSecure Mult      b8  BSDI swap   fd  Linux
raid auto
   1b  Hidden W95 FAT3 75  PC/IX           bb  Boot Wizard hid  fe  LANstep
   1c  Hidden W95 FAT3 80  Old Minix       be  Solaris boot     ff  BBT
   1e  Hidden W95 FAT1
```

从中可以看到，System 是 Linux LVM 对应的代码，是 8e，因此重新创建/dev/sdb1 分区后，在交互模式下执行 t 命令并执行相应的代码来更改分区的 System 类型为 Linux LVM，如下所示：

```
Command (m for help): t  <=====该命令用于转换分区的 System 类型
Selected partition 1
Hex code (type L to list all codes): 8e  <=====指定要转换成的 System 类型
Changed type of partition 'Linux' to 'Linux LVM'.

Command (m for help): p  <=====查看分区信息
Disk /dev/sdb: 10 GiB, 10737418240 bytes, 20971520 sectors
Units: sectors of 1 * 512 = 512 bytes
Sector size (logical/physical): 512 bytes / 512 bytes
I/O size (minimum/optimal): 512 bytes / 512 bytes
Disklabel type: dos
Disk identifier: 0xa3fc5ebd

Device     Boot Start      End  Sectors Size Id Type
/dev/sdb1        2048 20971519 20969472  10G 8e Linux LVM
```

从输出的信息来看，可以确定分区的 System 类型转换完成，最后执行 w 命令保存并退出。

另外，为了便于更加清楚地了解 LVM 的应用，在添加磁盘/dev/sdc 并建立/dev/sdc1 分区后，把它的 System 类型也转换为 Linux LVM，如下所示：

```
Command (m for help): t                          # 输入 t 来更改 System 的类型
Selected partition 1
Hex code (type L to list codes): 8e              # 指定 System 类型代码
Changed system type of partition 1 to 8e (Linux LVM)
Command (m for help): p
Disk /dev/sdc: 10.7 GB, 10737418240 bytes
255 heads, 63 sectors/track, 1305 cylinders
Units = cylinders of 16065 * 512 = 8225280 bytes
```

```
Sector size (logical/physical): 512 bytes / 512 bytes
I/O size (minimum/optimal): 512 bytes / 512 bytes
Disk identifier: 0x79a40d2d

   Device Boot      Start         End      Blocks   Id  System
/dev/sdc1               1        1305    10482381   8e  Linux LVM
```

至此，已经完成创建逻辑卷前的准备工作。

下面开始介绍 LVM 的应用。

1. 创建逻辑卷

要创建逻辑卷，就必须有卷组，而要创建卷组，就必须有物理卷。也就是说，在创建逻辑卷前，必须先创建物理卷并在物理卷上创建卷组。

（1）创建物理卷

通过前面的准备，现在就可以使用磁盘分区/dev/sdb1 和/dev/sdc1 来创建物理卷，创建物理卷使用 pvcreate 命令并需要来自 root 的权限。

```
[root@centos-s8 ~]# pvcreate /dev/sdb1
  Writing physical volume data to disk "/dev/sdb1"
  Physical volume "/dev/sdb1" successfully created
[root@centos-s8 ~]# pvcreate /dev/sdc1
  Writing physical volume data to disk "/dev/sdc1"
  Physical volume "/dev/sdc1" successfully created
```

完成物理卷的创建后，可以使用 pvdisply 命令来查看这两个物理卷的相关信息。

```
[root@centos-s8 ~]# pvdisplay /dev/sdb1 /dev/sdc1
  "/dev/sdb1" is a new physical volume of "15.00 GiB"
  --- NEW Physical volume ---
  PV Name               /dev/sdb1
  VG Name
  PV Size               15.00 GiB
  Allocatable           NO
  PE Size               0
  Total PE              0
  Free PE               0
  Allocated PE          0
  PV UUID               5prrsM-L1b4-mleU-6PLb-rW6L-bkhW-1pKm49

  "/dev/sdc1" is a new physical volume of "4.98 GiB"
  --- NEW Physical volume ---
  PV Name               /dev/sdc1
  VG Name
  PV Size               4.98 GiB
  Allocatable           NO
  PE Size               0
  Total PE              0
  Free PE               0
  Allocated PE          0
  PV UUID               3xCQRi-4q54-QgAK-GbXO-Sh28-0I9M-04PWql
```

运维前线

如果执行 pvdisplay 命令时出现类似如下的提示信息，就说明这个命令需要修复。要修复这个命令，执行 vgreduce 即可。

```
Couldn't find device with uuid cSi4vX-negl-seme-1t1B-B0cb-QFUw-rT3F3M.
  --- NEW Physical volume ---
  PV Name               /dev/sdb1
  VG Name
  ……
[root@centos-s8 ~]# vgreduce --removemissing VolGroup
  Couldn't find device with uuid cSi4vX-negl-seme-1t1B-B0cb-QFUw-rT3F3M.
  Wrote out consistent volume group VolGroup
```

（2）创建卷组

创建卷组使用的是 vgcreate 命令，每个物理卷都可以创建一个卷组，且卷组的名字可以自定义。以下是使用物理卷/dev/sdb1 创建卷组 vg_sdb：

```
[root@centos-s8 ~]# vgcreate vg_sdb /dev/sdb1
  Volume group "vg_sdb" successfully created
```

完成卷组的创建后，可以使用 vgdisply 命令来查看这个卷组的相关信息：

```
[root@centos-s8 ~]# vgdisplay vg_sdb
  --- Volume group ---
  VG Name               vg_sdb
  System ID
  Format                    lvm2
  Metadata Areas            1
  Metadata Sequence No      1
  VG Access                 read/write
  VG Status                 resizable
  MAX LV                    0
  Cur LV                    0
  Open LV                   0
  Max PV                    0
  Cur PV                    1
  Act PV                    1
  VG Size                   15.00 GiB
  PE Size                   4.00 MiB
  Total PE                  3839
  Alloc PE / Size           0 / 0
  Free  PE / Size           3839 / 15.00 GiB
  VG UUID                   eJzChN-9A23-LNyE-M4rv-SnN1-1AkB-tS7SHp
```

（3）创建逻辑卷

在依次完成物理卷和卷组的创建后，现在就可以创建逻辑卷，创建逻辑卷的命令是 lvcreate。在卷组上创建逻辑卷时，逻辑卷的大小可根据实际使用划分空间，创建的方式如下。

使用卷组 vg_sdb 创建一个大小为 100MB、名称为 lv_sdb 的逻辑卷：

```
lvcreate -n lv_sdb -L 100M vg_sdb
```

将整个卷组的空间用于创建名称为 lv_sdb2 的逻辑卷：

```
lvcreate -n lv_sdb -l +100%free vg_sdb2
```

使用 lvcreate 命令将整个 vg_sdb 卷组的空间用于创建逻辑卷 lv_sdb。其中，free 也可以使用大写（当然，以下命令行并不是创建逻辑卷的唯一方法）：

```
[root@centos-s8 ~]# lvcreate -n lv_sdb -l +100%free vg_sdb
  Logical volume "lv_sdb" created
```

2. 挂载逻辑卷到系统

完成逻辑卷的创建后，在使用时需要先将它挂载到系统的挂载点下，挂载逻辑卷的原理与挂载磁盘分区相似，在挂载前同样需要格式化成某种文件格式（相当于创建文件系统），否则挂载失败。

要对逻辑卷进行格式化，首先要获取这个被格式化的逻辑卷完整的名称（也就是逻辑卷的路径）。lvdisplay 命令可用于获取逻辑卷的路径，但该命令输出的信息是整个系统中所有逻辑卷的信息，除非系统的逻辑卷少，否则不好找。根据创建逻辑卷的思路，创建的逻辑卷名称为 lv_sdb，卷组名称为 vg_sdb，它们都是在/dev/设备上的，因此可以得出逻辑卷的路径为/dev/vg_sdb/lv_sdb，这个名称是否正确可以通过 lvdisply 命令来验证，如下所示：

```
[root@centos-s8 ~]# lvdisplay /dev/vg_sdb/lv_sdb
  --- Logical volume ---
  LV Path                /dev/vg_sdb/lv_sdb
  LV Name                lv_sdb
  VG Name                vg_sdb
  LV UUID                4PtDze-if2g-JqhN-IdSw-N25G-JU0N-QtfPWo
  LV Write Access        read/write
  LV Creation host, time cent6, 2014-04-06 19:06:06 +0800
  LV Status              available
  # open                 0
  LV Size                15.00 GiB
  Current LE             3839
  Segments               1
  Allocation             inherit
  Read ahead sectors     auto
  - currently set to     256
  Block device           253:2
```

通过输出的信息可以确定，逻辑卷的名称没问题。

在确定新建的逻辑卷路径名后，接着在逻辑卷上创建文件系统。版本 8 的 CentOS-S 依然支持 EXT4，此时可以使用以下命令创建 EXT4 的文件系统：

```
[root@centos-s8 ~]# mkfs -t ext4 /dev/vg_sdb/lv_sdb
……
32768 blocks per group, 32768 fragments per group
8192 inodes per group
Superblock backups stored on blocks:
        32768, 98304, 163840, 229376, 294912, 819200, 884736, 1605632, 2654208
Writing inode tables: done
```

```
Creating journal (32768 blocks): done
Writing superblocks and filesystem accounting information: done
This filesystem will be automatically checked every 36 mounts or
180 days, whichever comes first.  Use tune2fs -c or -i to override.
```

至此，就完成了磁盘分区挂载前的所有准备工作。最后是挂载磁盘。逻辑卷相当于磁盘分区，因此它的挂载方式与磁盘分区相同，参照挂载磁盘分区的方式即可。

3. 删除逻辑卷、卷组和物理卷

对于名为/dev/vg_sdb/lv_sdb 的逻辑卷，如果需要将它的空间回收（就是把它还原到磁盘分区未创建任何卷时的初始状态），需要检查该逻辑卷是否在/etc/fstab或/etc/rc.local文件中设置开机自启动，如果设置了，就把它取消，不然在系统重启时可能因找不到这个逻辑卷来挂载而引起启动失败的问题。

接着卸载逻辑卷、关闭逻辑卷和删除逻辑卷：

```
[root@centos-s8 ~]# umount /dev/vg_sdb/lv_sdb
[root@centos-s8 ~]# lvchange -an /dev/vg_sdb/lv_sdb
[root@centos-s8 ~]# lvremove /dev/vg_sdb/lv_sdb
  Logical volume "lv_sdb" successfully removed
```

关闭卷组和删除卷组：

```
[root@centos-s8 ~]# vgchange -an /dev/vg_sdb
  0 logical volume(s) in volume group "vg_sdb" now active
[root@centos-s8 ~]# vgremove /dev/vg_sdb
  Volume group "vg_sdb" successfully removed
```

删除物理卷：

```
[root@centos-s8 ~]# pvremove /dev/sdb1
  Labels on physical volume "/dev/sdb1" successfully wiped
```

其实，这个过程与创建逻辑卷的过程是相反的，如果完成了以上操作，但不确定操作是否成功，可以通过pvdisply命令来检查是否还存在/dev/sdc1物理卷，如果不存在，就说明这个物理卷已经被删除。

4.3.3 更换数据存储空间

更换数据存储空间主要是由于存储空间即将不能满足需要，而造成这种情况往往来自多方面的因素。随着虚拟化的广泛应用，这方面的问题不断增加，这是因为在多数系统创建时，磁盘以按需的原则来分配，而不是一次性分配一个比较大的磁盘。

正是由于这种情况，多数系统在运行到一定时间后，磁盘空间就会出现不足的现象。遇到这种情况，首先检查是什么数据占据磁盘空间，如果是一些日志、无用的安装包等，那么可以删除，否则需要增加更多的存储空间。

在确定需要增加磁盘空间后，接着考虑磁盘是否可以扩容，或者需要挂载新磁盘到数据所在的目录，而这需要先知道当前磁盘的System是否为LVM格式，如果不是，就意味着磁盘不能扩容，因此需要替换磁盘。

为了更清楚地说明和解决问题，现在先做一些假设：服务器上只运行一个应用程序，它的数

据存放于根分区的/data/目录下（该目录直接在根分区上创建，且根分区的 System 不是 LVM 格式的），新的磁盘为/dev/sdb。现在需要将/data 目录下的全部数据转存到新的磁盘上，再将该磁盘挂载到/data 目录下（如果不是挂载到/data 目录下，应用程序在启动时就找不到指定目录下的数据）。

该分区的 System 不是 LVM 格式就没法扩容，因此将新的磁盘挂载到系统的某个空目录下后，把数据备份到新的磁盘上（这样做可以减少系统停止服务的时间），然后停掉应用程序的进程，重命名/data 目录后再新建一个/data 目录，接着将新的磁盘挂载到这个/data 目录下，再次备份最新的数据，最后启动应用的进程。

具体的操作过程如下：

1）对新磁盘创建分区，并创建 LVM（出于对以后扩容的考虑，建议创建 LVM）。

```
[root@centos-s8 ~]# fdisk -l /dev/sdb

Disk /dev/sdb: 21.5 GB, 21474836480 bytes
255 heads, 63 sectors/track, 2610 cylinders
Units = cylinders of 16065 * 512 = 8225280 bytes
Sector size (logical/physical): 512 bytes / 512 bytes
I/O size (minimum/optimal): 512 bytes / 512 bytes
Disk identifier: 0xc97a9273

   Device Boot      Start         End      Blocks    Id  System
/dev/sdb1               1        2610    20964793+  8e  Linux LVM
[root@centos-s8 ~]# pvcreate /dev/sdb1                          # 创建物物理卷
  Writing physical volume data to disk "/dev/sdb1"
  Physical volume "/dev/sdb1" successfully created
[root@centos-s8 ~]# vgcreate vgsdb /dev/sdb1                    # 创建卷组
  Volume group "vgsdb" successfully created
[root@centos-s8 ~]# lvcreate -n lvsdb -l +100%FREE vgsdb        # 创建逻辑卷
  Logical volume "lvsdb" created
```

2）挂载新建的逻辑卷到系统的/mnt 目录下（其他的目录也可以，不过建议挂载到一个空目录下）。

```
[root@centos-s8 ~]# lvscan # 获取逻辑卷路径
  ACTIVE            '/dev/vgsdb/lvsdb' [19.99 GiB] inherit
  ACTIVE            '/dev/vg_cent6/LogVol01' [13.80 GiB] inherit
  ACTIVE            '/dev/vg_cent6/LogVol00' [1.00 GiB] inherit
[root@centos-s8 ~]# mkfs -t ext4 /dev/vgsdb/lvsdb   # 格式化逻辑卷
......
Creating journal (32768 blocks): done
Writing superblocks and filesystem accounting information: done

This filesystem will be automatically checked every 32 mounts or
180 days, whichever comes first.  Use tune2fs -c or -i to override.
[root@centos-s8 ~]# mount /dev/vgsdb/lvsdb /mnt    # 挂载逻辑卷
[root@centos-s8 ~]# mount  # 检查所有被挂载的文件系统
......
/dev/sda1 on /boot type ext4 (rw)
none on /proc/sys/fs/binfmt_misc type binfmt_misc (rw)
sunrpc on /var/lib/nfs/rpc_pipefs type rpc_pipefs (rw)
```

```
/dev/mapper/vgsdb-lvsdb on /mnt type ext4 (rw)
```

3）以 rsync 命令同步数据到逻辑卷/dev/vgsdb/lvsdb 下。

```
[root@centos-s8 ~]# rsync -av /data/ /mnt/
......
yum/pluginconf.d/fastestmirror.conf
yum/pluginconf.d/refresh-packagekit.conf
yum/protected.d/
yum/vars/

sent 46779413 bytes  received 43115 bytes  31215018.67 bytes/sec
total size is 46610194  speedup is 1.00
```

4）关闭应用（为了保证数据的完整性，在关闭应用后应该再次同步数据），重命名/data 目录后，再新建一个/data 目录，将逻辑卷挂载到这个新建的/data 目录下，然后启动应用的进程（如果有账号和密码，应该登录应用做一些简单的检查，如应用中是否有乱码、是否提示错误等）。

另外，因为有足够的空间存储旧数据，所以先不要删除旧数据，除非系统真的没有空间再删除（建议系统的最小空闲空间不小于 5GB，否则应用可能无法启动。当然，如果系统上部署了数据库，就需要更多的空闲空间）。

4.4 本章小结

本章介绍了磁盘分区的管理和 LVM 的使用。

对于磁盘的分区，需要了解基本的分区及作用，以及磁盘分区的创建、挂载和删除。

需要熟悉 LVM 的创建和维护，特别是熟悉在虚拟化环境下对 LVM 的维护。

另外，还需要了解如何维护有限的磁盘空间，比如清除一些不必要的数据、保留有效的备份数据等，为系统的运行提供比较充足的磁盘空间。

第 5 章

系统安全配置与维护

系统安全是运维工作中一项非常重要且不可忽略的工作，系统在运行期间能够正常对外提供服务与安全分不开。

本章将对系统的安全配置与维护进行介绍，内容涉及系统用户账号安全、远程主机安全配置和主机安全信息采集这三方面。

5.1　系统用户账号安全

用户是使用系统资源的一种方式，要是使用得当对系统有很大帮助，否则会对系统的正常运行造成一定影响，因此有必要保证用户账号的安全。本节将对账号安全的管理进行介绍，主要包括账号密码安全管理和账号密码设置机制两方面。

5.1.1　账号密码安全管理

用户的密码主要有普通用户和系统管理员两类，出于对系统安全的考虑，用户密码应该按时更换，而且密码的复杂度不能过低，这样做能够在一定程度上减少密码被破解的概率。另外，掌握密码的人员不再从事本岗位的工作后，建议对必要的密码进行更改。

更改密码使用的是 passwd 命令，但该命令的使用权限只对 root 用户开放，因此对于密码的更改都需要来自 root 用户的权限，否则命令无法更改。

使用该命令更改密码的操作比较简单，只需要在该命令中指定更改密码的用户名就可以，如要更改 root 用户的密码，可以执行以下命令，并在提示时输入新密码。

```
[root@centos-s8 ~]# passwd root
Changing password for user root.
New password:
BAD PASSWORD: The password is shorter than 8 characters
Retype new password:
passwd: all authentication tokens updated successfully.
```

如果输入的新密码比较简单，系统就会提示密码过短或过于简单的信息，不过这些信息可以直接忽略。

同样，对于非 root 用户的密码设置使用相同的命令，比如更改普通用户账号 user-1 的密码，可以执行以下命令：

```
[root@centos-s8 ~]# passwd user-1
Changing password for user user-1.
New password:
BAD PASSWORD: The password is shorter than 8 characters
Retype new password:
passwd: all authentication tokens updated successfully.
```

密码的更改操作比较简单，不过在更改密码时，密码的长度、复杂度等应该符合一定的要求，就是把密码设置得更加复杂一些，这样的密码才能够有效保护账号的安全。

5.1.2 账号密码设置机制

密码是一种常见的认证机制，也是非常传统和重要的认证方式，目前多数系统都采取基于用户名和密码的认证方式。本小节将对密码的相关控制策略进行介绍。

1. 用户密码有效期控制

在系统默认配置下，用户密码的有效期、密码长度和更改密码时间提示等都没有强制措施，导致账号密码的安全存在很大隐患，出于安全隐患的考虑执行强制密码保护策略，即通过配置文件的设置来实现对密码的长度、复杂度等的强制要求。

对于用户密码的有效期、长度等参数可以通过/etc/login.defs文件来控制，以下是该文件中实现密码长度、复杂度、密码到期时间提示等参数的配置项。

```
# Password aging controls:
#
#       PASS_MAX_DAYS   Maximum number of days a password may be used.
#       PASS_MIN_DAYS   Minimum number of days allowed between password changes.
#       PASS_MIN_LEN    Minimum acceptable password length.
#       PASS_WARN_AGE   Number of days warning given before a password expires.
#
PASS_MAX_DAYS   99999
PASS_MIN_DAYS   0
PASS_MIN_LEN    5
PASS_WARN_AGE   7
```

为了用户密码的安全，建议缩短密码的有效期，对最小长度等参数进行更改，这样做在很大程度上可以防止密码被非法获取带来的麻烦。

各配置项的作用和相关值设置说明如下：

- PASS_MAX_DAYS：设置用户密码的有效期（以天数为单位），参考值为 60。
- PASS_MIN_DAYS：是否可修改密码，0 表示可修改，非 0 表示多少天后可修改。
- PASS_MIN_LEN：设置用户密码的最小长度，参考值为 12。
- PASS_WARN_AGE：设置用户密码到期前的通知时间（以天数为单位），参考值为 7。

2. 用户密码复杂度控制

在设置用户密码时，还有一项参数比较重要，那就是密码的复杂度。

密码的复杂度，简单来说就是在设置密码时要包括大小写字母、数字和特殊字符，但在默认配置下，并没有对这些进行强制性要求，也就是在默认配置下关闭了密码复杂度控制机制，因此在设置密码时没有这方面的要求。

对于这个安全隐患问题，建议开启密码复杂度控制机制，该机制由/etc/pam.d/system-auth 文件的参数来控制。以下是该文件的配置参数：

```
#%PAM-1.0
# This file is auto-generated.
# User changes will be destroyed the next time authselect is run.
auth      required   pam_env.so
auth      sufficient    pam_unix.so try_first_pass nullok
auth      required   pam_deny.so

account       required   pam_unix.so

password      requisite  pam_pwquality.so try_first_pass local_users_only
retry=3 authtok_type=
password      sufficient     pam_unix.so try_first_pass use_authtok nullok
sha512 shadow
password      required   pam_deny.so

session       optional   pam_keyinit.so revoke
session       required   pam_limits.so
-session      optional   pam_systemd.so
session       [success=1     default=ignore] pam_succeed_if.so service in
crond quiet use_uid
session       required   pam_unix.so
```

password 参数的这几行用于控制密码的复杂度，可添加 password 参数的行来设置密码中包含字符的类型、密码的最小长度、尝试测试密码的次数、大小写限制等。

```
password requisite pam_cracklib.so retry=5 difok=3 minlen=12 ucredit=-1
lcredit=-3 dcredit=-3
```

配置参数说明如下：

- retry=5：设置新密码时允许尝试的次数为 5 次。
- difok=3：密码中最少有 3 种不同的字符。
- minlen=12：密码最短长度大于 12 个字符。
- ucredit=-1：密码中至少有 1 个大写字母。
- lcredit=-3：密码中最少包含 3 个小写字母。
- dcredit=-3：密码中最少包含 3 个数字。

5.2　远程主机安全配置

主机的远程安全是从远程登录的角度来说的，对于 Linux 服务器，主要是通过远程的方式维护的，因此在远程连接上面临各种安全隐患。本节将从远程访问控制机制、防密码猜测式登录和OpenSSH版本升级配置三方面来介绍远程主机安全。

5.2.1 远程访问控制机制

SSH（Secure Shell）是Linux系统内置的管理远程主机的服务，远程工具可通过该服务登录系统进行维护。SSH提供到远程主机的安全加密连接，它提供Deny和Allow两种属性的访问机制，这两个关键词基于用户和组列表，使用TCP Wrappers来阻止已知或未知主机SSH的连接请求。

默认SSH允许任何有效的账号通过它连接远程主机，对于更加关注安全性的系统来说，这会为系统带来安全隐患，因此有必要对SSH的连接策略进行相关的限制。本小节将对SSH的远程端口配置、远程主机地址和超时退出三方面的内容进行介绍。

1. 端口限制远程登录

默认配置下，SSH服务使用的是22号端口，该端口没有开启，但也没有限制使用，因此只要安装系统后，就可以使用该服务及其端口。

SSH端口由配置文件/etc/ssh/sshd_config控制，进一步讲，就是由该配置文件中的Port参数来控制，需要对该SSH的远程连接端口进行更改时，只需要把Port参数前的“#”去掉，将其端口更改为需要的端口并重启SSH进程就可以，但需要注意防火墙的问题。

更改端口并重启它的进程前，建议先在防火墙上添加新增的 SSH 端口，如把默认的端口 22更改为2266，此时在重启进程前可执行以下命令在防火墙上添加2266的TCP端口，并执行命令使添加的端口立即生效。

```
[root@centos-s8 ~]# firewall-cmd --zone=public --permanent
--add-port=2266/tcp
success
[root@centos-s8 ~]# firewall-cmd --reload
success
```

添加后重启SSH的进程。

```
[root@centos-s8 ~]# systemctl restart sshd.service
```

为了测试端口是否可用，可在DOS窗口上执行以下命令来验证。如果一切正常，在测试时就会看到显示SSH版本号的相关信息。

```
Microsoft Windows [版本 10.0.18363.1198]
(c) 2019 Microsoft Corporation。保留所有权利。
C:\Users\chenxianglin>telnet 192.168.1.50 2266
SSH-2.0-OpenSSH 8.0
```

确定新端口可以使用后，可以把旧端口22关闭并重启SSH服务进程。

运维前线

对于SSH服务端口的更改，建议在更改时将新端口与旧端口并存，并在确定新端口能够使用后，把旧端口关闭（先同时存在两个SSH服务端口），这样可以防止新端口不能使用而旧端口又被关闭出现无法登录的问题。

---

2. IP 地址限制远程访问

在维护服务器的过程中，客户端通常是固定的，主要是运维人员使用，或者专用于维护服务器客户端主机。对于这些客户端主机，它们的 IP 地址通常是固定的，因此在这样的环境下，可以考虑在服务器上限制连接它的客户端主机。

对于这样的需求，可通过远端服务器上的/etc/hosts.allow 文件配置，以实现仅允许指定 IP 地址的主机连接。比如仅允许 IP 地址为 192.168.1.5 的主机远程访问服务器，可以在该配置文件中添加以下配置，或新建配置文件并加入以下配置参数。

```
sshd:192.168.1.5:allow
sshd:all:deny
```

更改后不需要重启就立即生效，生效后某个不允许连接的主机在尝试连接时就会被拒。

如果允许某个 IP 段的主机访问，如允许 IP 地址在 192.168.1.10~192.168.1.100 的主机远程登录，可在/etc/hosts.allow 文件中加入以下配置：

```
sshd:192.168.1.10:allow
sshd:192.168.1.100:allow
sshd:all:deny
```

如果允许整个同段 IP 地址的主机访问，如允许 192.168.1 段 IP 的主机远程登录，只需要在该配置文件中加入以下配置就可以（注意，1 的后面还有一个点）：

```
sshd:192.168.1.:allow
sshd:all:deny
```

以上这些限制的配置更适合在内网服务器中使用，在外网服务器不建议设置这些，如果需要设置，就要设置外网地址，该外网地址是公司、单位或个人所分配到的外网合法地址，云服务器上做远程登录限制时所使用的就是外网地址。

3. SSH 远程连接超时自动注销

默认 SSH 服务允许任何通过它远程登录主机的用户不被自动注销，也就是说使用 SSH 登录系统后，系统不会主动断开远程连接。

对于这样的问题，如果在公司内部使用不会有太多问题，但在一些公共的办公环境或公用计算机上就会出现安全问题。比如，维护人员以 root 登录系统后，暂时离开位置但忘记注销，这就会带来很大的安全隐患。另外，在系统的等级保护上，同样要求解决此隐患。

出于这样的安全要求，建议为远程登录窗口设置在规定时间内无动作时自动注销。此策略可在配置文件/etc/profile 中设置，通过 TMOUT 参数来设置，设置时间单位为秒，比如设置 5 分钟无动作自动注销，TMOUT 的值就是 5×60=300（秒），更改后需要执行 source 命令使设置立即生效或注销用户，重启系统也可以。

以上配置对系统上所有建立远程连接的用户都有效，如果只是针对某个用户，只要在该用户的主目录下对.bashrc 文件进行设置就可以（/home/user_name/.bashrc）。当然，设置后需要执行 source 命令、注销用户或重启系统来使修改生效。

5.2.2　防密码猜测式登录

目前，大部分 Linux 系统主要通过 SSH 等来进行远程维护，对该 SSH 服务的应用比较普遍。

本小节将对通过 SSH 非法尝试登录后如何处理进行介绍，主要包括基于脚本的处理方式和基于工具的处理方式两种。

1. 基于脚本拒绝恶意用户远程登录

如果服务器受到恶意尝试连接，信息就被记录在/var/log/secure 日志文件中。其实，如果密码输入错误，也被记录在该文件中。

对于外网上的服务器，被尝试登录是比较常见的，而如何防止这种非法的尝试登录就是运维人员需要解决的问题。首先要知道，服务器被尝试登录就意味着 IP 地址和 SSH 端口已被他人获知，在这样的情况下，简单的做法是更改 SSH 的服务端口（更改默认使用的 22 号端口），如果默认端口不能更改，那么可以采取相关的策略来屏蔽尝试登录服务器的远程 IP 地址。

对于自动屏蔽非法尝试连接服务器脚本的编写，需要先了解客户端连接服务器时日志的记录格式，即先根据/var/log/secure 日志文件所记录的信息行来确定需要提取哪些信息。在编写脚本前，先看一下记录恶意用户非法尝试连接时信息的记录格式。

```
Apr  4 23:50:53 system sshd[9222]: Failed password for root from 192.168.204.15
port 51121 ssh2
```

从所记录的信息中可知，标记性关键词为 Failed，使用 cat 获取到该关键词后，对尝试连接的次数进行统计，并在次数超过设定的值时把该恶意连接的用户 IP 地址加入/etc/hosts.deny 文件中（相当于加入黑名单），以通过该文件来禁止指定的 IP 地址。

接下来实现需要的脚本（假设脚本的路径为/usr/local/f_user.sh）。

```
#!/bin/sh
cat /var/log/secure|awk '/Failed/{print $(NF-3)}'|sort|uniq -c|awk '{print
$2"="$1;}' > /usr/local/black.list
for i in `cat /usr/local/black.list`
do
  IP=`echo $i |awk -F= '{print $1}'`
  NUM=`echo $i|awk -F= '{print $2}'`
  if [ $NUM -gt 5 ]; then
    grep $IP /etc/hosts.deny > /dev/null
    if [ $? -gt 0 ];then
      echo "sshd:$IP:deny" >> /etc/hosts.deny
    fi
  fi
done
```

该脚本实现对日志文件内容的读取并将处理后得到的信息写入/usr/local/black.list 文件中，再通过 for 循环从/usr/local/black.list 文件中获取相关的信息，并使用 if 语句来判断和比较，尝试登录失败次数大于 5 次时就锁住对应的 IP 地址。

以上脚本会把 IP 地址写入/etc/hosts.deny 文件中永久性保存，就是写入该文件中的 IP 地址将被永久性锁住，除非进入该文件并把对应的 IP 地址删除才能够解锁。另外，对于脚本的执行问题，可以根据需要来手动执行，或设置计划任务实现自动执行。例如，使用“crontab -e”命令打开计划任务编辑窗口，并添加以下配置实现每 2 分钟脚本被执行一次。

```
*/2  *  *  *  *   /usr/local/f_user.sh
```

最后，给脚本文件添加可执行权就可以。

2. 基于 DenyHosts 的安全登录策略

接下来主要介绍如何通过DenyHosts工具来缓解暴力破解系统密码，并锁定有安全隐患的IP地址。下载该工具后上传到服务器，解压后再安装，由于DenyHosts是用Python语言编写的，因此安装时只需执行"python setup.py install"命令就可以，在安装完成后根据需要更改配置就可以使用。

DenyHosts工具的安装配置过程为：在解压后的DenyHosts目录下，把denyhosts.cfg-dist文件复制到/usr/share/denyhosts/目录下并重命名为denyhosts.cfg，把daemon-control-dist文件复制到/etc/init.d/目录并重命名为daemon-control（daemon-control就是进程名）后启动，以下是启动的命令行：

```
/etc/init.d/daemon-control start
```

所有被 DenyHosts 禁止的 IP 地址都可以在/etc/hosts.deny 文件中找到，如果要允许已被禁止的 IP 访问系统，就等待自动解禁，在/etc/hosts.deny 文件中把这个 IP 对应的行删除（用户在登录时被禁止后重新开放登录权限时，应该重新启动登录连接窗口，否则可能会再次被禁）。

DenyHosts的配置文件是/usr/share/denyhosts/denyhosts.cfg，通过该配置文件的相关配置就可以实现更加灵活的控制。如果要使用DenyHosts工具，建议先好好了解它的配置文件，不然可能会出现自己和其他用户的IP经常被锁。另外，如果系统已经运行很长时间，那么在启动DenyHosts的进程前，建议清空它扫描的日志文件（如Linux清空/var/log/secure日志文件），这样可以保证DenyHosts不会读取到以前的登录记录而锁定合法的用户IP地址。

下面简单介绍一下 DenyHosts 配置文件的配置项。

```
PURGE_DENY = 50m                      # IP 被锁过多久解锁（m 表示分钟）
HOSTS_DENY = /etc/hosts.deny          # 被阻止的 IP 写入 hosts.deny 文件
BLOCK_SERVICE = sshd                  # 阻止服务名
DENY_THRESHOLD_INVALID = 1            # 允许无效用户登录失败的次数
DENY_THRESHOLD_VALID = 10             # 允许普通用户登录失败的次数
DENY_THRESHOLD_ROOT = 5               # 允许 root 登录失败的次数
HOSTNAME_LOOKUP=NO                    # 是否做域名反解析
ADMIN_EMAIL =                         # 设置管理员邮件地址
DAEMON_LOG = /var/log/denyhosts       # DenyHosts 自己的日志文件
```

对于 DenyHosts 的配置，建议好好熟悉它的配置项，不然会在管理的过程中出现意想不到的麻烦。另外，建议将 DenyHosts 设置成只扫描当天的信息，对于不常登录的系统，建议登录次数被锁的阈值设置得低些，如在一天内某个 IP 地址在/var/log/secure 出现 20 次就被锁（当然，这要根据实际的应用来设置）。

另外，如果对这个配置不理解，建议先不要使用 DenyHosts，否则可能会出现登录一次后退出，再次登录时 IP 地址被锁的问题。

5.2.3 OpenSSH 版本升级配置

系统中自带的 SSH 软件是 OpenSSH，它是远程连接中使用率比较高的服务，远程连接更多是基于它进行的，因此它的安全非常重要。

对于因 OpenSSH 版本低而带来的安全漏洞问题，给主机的安全带来了严重的威胁，因此对于 OpenSSH 的低版本有必要进行升级。本小节将对 OpenSSH 的升级过程进行介绍，涉及的内容主要包括基础环境准备和源码编译安装两部分。

1. 升级前的基础环境配置

接下来对 OpenSSH 版本升级前的准备工作进行介绍。

由于使用 OpenSSH 进行远程连接，因此在升级版本前需要解决连接方式（使用其他的远程连接服务或协议）和编译安装 OpenSSH 的新版本时所涉及的依赖包（或工具）问题。其中，关于使用其他服务暂时替代 OpenSSH 进行远程连接，可以使用 Telnet 来解决；而关于所涉及的依赖包，包括 GCC、Zlib、Zlib-Devel 和 OpenSSL-Devel，依赖包的安装问题建议使用本地或网络 yum 服务器来解决。

其实系统不建议安装 Telnet 工具，因为它的存在会给系统的安全带来威胁，现在只是暂时使用，在升级 OpenSSH 后就把它卸载。

由于 Telnet 是基于 Xinetd 运行的，因此需要安装 Xinetd 这个守护进程来使得 Telnet 正常运行，接下来需要安装 xinetd 和 xinetd-server 两个组件，这两个组件的安装基本不涉及依赖包，因此挂载 ISO 镜像后，使用 rpm 命令来安装就可以，并在安装完成后启动进程。

```
[root@centos-s8 ~]# systemctl enable xinetd.service
[root@centos-s8 ~]# systemctl enable telnet.socket
```

如果默认情况下系统不允许 root 账号使用 telnet-server 进行远程登录，为了有足够的权限来操作，需要开放 root 用户登录的权限，设置如下：

```
[root@centos-s8 ~]# echo pts/0 >> /etc/securetty
[root@centos-s8 ~]# echo pts/1 >> /etc/securetty
```

安装完成后，将 Xinetd 和 Telnet 的进程启动或重启。

```
[root@centos-s8 ~]# systemctl restart xinetd.service
[root@centos-s8 ~]# systemctl restart telnet.socket
```

若使用的 Telnet 客户端是 Windows 系统，则需要在控制面板的程序中打开 Windows 功能界面，启动 Telnet Client 后就可以使用。完成以上操作后，就可以使用 DOS 窗口并使用 Telnet 来连接 Linux 系统。

2. OpenSSH 版本升级过程

完成 OpenSSH 升级前的准备工作后，把要安装的 OpenSSH 新版本上传到系统上，然后使用 Telnet 登录系统，并把 OpenSSH 的进程关闭，在安装 OpenSSH 前，建议将旧的 OpenSSH 配置文件备份，即直接把配置文件所在的目录重命名。

```
[root@centos-s8 ~]# mv /etc/ssh/ /etc/ssh_bak/
```

现在开始安装 OpenSSH，先对它进行解压：

```
[root@centos-s8 ~]# tar zvxf openssh-8.3p1.tar.gz
……
openssh-8.3p1/sshd_config.0
openssh-8.3p1/ssh_config.0
openssh-8.3p1/.depend
openssh-8.3p1/config.h.in
```

切换到解压后的目录，并执行以下命令进行安装：

```
[root@centos-s8 ~]# cd openssh-8.3p1
[root@centos-s8 openssh-8.3p1]# ./configure --prefix=/usr --sysconfdir=
/etc/ssh --with-openssl-includes=/usr/local/ssl/include -with-ssl-dir=/usr
/local/ssl --with-privsep-path=/var/myempty --with-privsep-user=sshd --with-zlib
--with-ssl-engine --with-md5-passwords--disable-etc-default-login
......
    Compiler flags: -g -O2 -pipe -Wall -Wpointer-arith -Wuninitialized
-Wsign-compare -Wformat-security -Wsizeof-pointer-memaccess -Wno-pointer-sign
-Wno-unused-result -fno-strict-aliasing -D_FORTIFY_SOURCE=2 -ftrapv
-fno-builtin-memset -fstack-protector-strong -fPIE
Preprocessor flags: -I/usr/local/ssl  -D_XOPEN_SOURCE=600 -D_BSD_SOURCE
-D_DEFAULT_SOURCE
      Linker flags: -L/usr/local/ssl  -Wl,-z,relro -Wl,-z,now -Wl,-z,
noexecstack -fstack-protector-strong -pie
         Libraries: -lcrypto -ldl -lutil -lz  -lcrypt -lresolv
```

现在编译和安装。

```
[root@centos-s8 openssh-8.3p1]# make && make install
......
/usr/bin/install -c -m 644 ssh-pkcs11-helper.8.out /usr/share/man/man8
/ssh-pkcs11-helper.8
/usr/bin/install -c -m 644 ssh-sk-helper.8.out /usr/share/man/man8
/ssh-sk-helper.8
/usr/bin/mkdir -p /etc/ssh
ssh-keygen: generating new host keys: RSA DSA ECDSA ED25519
/usr/sbin/sshd -t -f /etc/ssh/sshd_config
```

安装完成后，使用以下命令查看版本信息：

```
[root@centos-s8 openssh-8.3p1]# ssh -V
OpenSSH_8.3p1, OpenSSL 1.0.2k-fips  26 Jan 2017
```

此时，生成新的/etc/ssh/目录及该目录下的相关配置文件。其中，需要将一些密钥文件的权限重新设置，如下：

```
[root@centos-s8 openssh-8.3p1]# chmod 600 /etc/ssh/ssh_host_ecdsa_key
[root@centos-s8 openssh-8.3p1]# chmod 600 /etc/ssh/ssh_host_rsa_key
[root@centos-s8 openssh-8.3p1]# chmod 600 /etc/ssh/ssh_host_ed25519_key
```

实际上，安装完成后，在/etc/ssh/目录产生的全部文件，除 moduli、ssh_config 和 sshd_config 这三个文件外，其他的密钥相关文件都可以删除，这些密钥文件会在重启 SSH 的进程时重建。但需要授权给文件，权限值设置为 600 就可以，如果不是 600，重启 SSH 进程时会报错。

现在更改配置文件参数，默认配置文件不允许 root 用户远程登录，为了让 root 用户能够使用 SSH 远程登录，需要在其配置文件/etc/ssh/sshd_config 中找到以下配置行：

```
#PermitRootLogin prohibit-password
#PasswordAuthentication yes
```

将该行的注释号取消并更改相关参数：

```
PermitRootLogin yes
PasswordAuthentication yes
```

设置进程配置文件，需要先把原先的 sshd.service 进程管理文件重命名或删除，否则启动或重启时就会默认读取该文件而导致升级后的版本启动失败。

```
[root@openssh-t openssh-8.3p1]# mv /lib/systemd/system/sshd.service
/lib/systemd/system/sshd.service_bak
```

重建进程管理文件。

```
[root@centos-s8 openssh-8.3p1]# cp contrib/redhat/sshd.init /etc/init.d/sshd
```

由于更改了配置，因此需要重新加载最新配置，否则就会启动失败。

```
[root@centos-s8 openssh-8.3p1]# systemctl daemon-reload
```

最后，重启服务就可以。

```
[root@centos-s8 openssh-8.3p1]# /etc/init.d/sshd restart
Restarting sshd (via systemctl):                          [  OK  ]
```

使用以下命令来查看进程状态：

```
[root@centos-s8 openssh-8.3p1]# systemctl status sshd.service
● sshd.service - SYSV: OpenSSH server daemon
   Loaded: loaded (/etc/rc.d/init.d/sshd; bad; vendor preset: enabled)
   Active: active (running) since Tue 2020-12-11 22:58:43 CST; 48s ago
     Docs: man:systemd-sysv-generator(8)
  Process: 32216 ExecStop=/etc/rc.d/init.d/sshd stop (code=exited,
status=0/SUCCESS)
  Process: 32224 ExecStart=/etc/rc.d/init.d/sshd start (code=exited,
status=0/SUCCESS)
 Main PID: 32232 (sshd)
   CGroup: /system.slice/sshd.service
           └─32232 sshd: /usr/sbin/sshd [listener] 0 of 10-100 startups

Dec 11 22:58:43 system systemd[1]: Starting SYSV: OpenSSH server daemon...
Dec 11 22:58:43 system sshd[32232]: Server listening on 0.0.0.0 port 22.
Dec 11 22:58:43 system sshd[32232]: Server listening on :: port 22.
Dec 11 22:58:43 system sshd[32224]: Starting sshd:[  OK  ]
Dec 11 22:58:43 system systemd[1]: Started SYSV: OpenSSH server daemon.
```

完成启动后，打开 DOS 窗口并使用以下命令连接进行测试：

```
C:\Users\chenxianglin>ssh root@192.168.1.50
The authenticity of host '192.168.1.50 (192.168.1.50)' can't be established.
ECDSA key fingerprint is SHA256:fH5PkY2F4LN94jq72Q48zfRViPi10QToS2tqW1HZ9/E.
Are you sure you want to continue connecting (yes/no)? yes  <<== 首次登录需要
确认
Warning: Permanently added '192.168.1.50' (ECDSA) to the list of known hosts.
root@192.168.1.50's password:    <<===输入 root 用户的密码
Last login: Tue Dec 11 21:56:45 2020 from 192.168.46.1
[root@centos-s8 ~]#
```

最后，如果确定升级后的版本能够连接，把 telnet 软件卸载就可以。

5.3　主机安全信息采集

对系统信息的收集是系统运维的主要工作，这些信息是判断主机是否存在安全问题的主要手段，因此如何收集主机的信息就显得非常重要。

本节将对主机信息收集的Nmap和Nikto这两款工具进行介绍，通过这两款工具能够让主机信息的收集工作更加简单、快捷，并且信息更加全面。

5.3.1　主机安全扫描工具Nmap

Nmap是一款常用的主机扫描工具，通过它扫描到的信息能够对网络的结构进行判定。

在对网络中的主机及相关设备进行信息的采集/收集时，Nmap这款工具经常被使用，通过该工具可以在网络上查找主机系统类型以及所开放的端口等信息。接下来将对该工具的安装和基本使用进行介绍。

Nmap工具采取源码的方式进行安装，安装时涉及的依赖包有Flex、Bison、GCC、Make和GCC-C++，对于这些依赖包，建议搭建本地yum服务器来安装，安装依赖包后就可以对Nmap工具源码进行编译和安装。

下面介绍Nmap的安装，先对安装包进行解压。

```
[root@centos-s8 ~]# tar fxjv nmap-7.80.tar.bz2
……
nmap-7.80/configure
nmap-7.80/nmap_error.cc
nmap-7.80/NmapOutputTable.cc
nmap-7.80/nse_lpeg.h
nmap-7.80/NewTargets.h
```

编译和安装。

```
[root@centos-s8 ~]# cd nmap-7.80
[root@centos-s8 nmap-7.80]# ./configure --prefix=/usr/local/nmap
……
Configured without: localdirs openssl libssh2 nmap-update
Type make (or gmake on some *BSD machines) to compile.
WARNING: You are compiling without OpenSSL
WARNING: You are compiling without LibSSH2
[root@centos-s8 nmap-7.80]# make && make install
……
/usr/bin/strip -x /usr/local/nmap/bin/nping
/usr/bin/install -c -c -m 644 docs/nping.1 /usr/local/nmap/share/man/man1/
NPING SUCCESSFULLY INSTALLED
make[1]: Leaving directory `/root/nmap-7.80/nping'
NMAP SUCCESSFULLY INSTALLED
```

至此，Nmap安装完成。

使用Nmap扫描主机时，使用的命令是nmap，该命令的语法格式如下：

```
nmap [Scan Type(s)] [Options] {target specification}
```

由于还没配置环境变量，因此执行命令时要使用绝对路径，即/usr/local/nmap/bin/nmap。

比如对本机进行扫描，可执行以下命令：

```
[root@centos-s8 nmap-7.80]# /usr/local/nmap/bin/nmap localhost
Starting Nmap 7.80 ( https://nmap.org ) at 2020-06-07 02:40 CST
Warning: File ./nmap-services exists, but Nmap is using /usr/local/
nmap/bin/../share/nmap/nmap-services for security and consistency reasons.  set
NMAPDIR=. to give priority to files in your local directory (may affect the other
data files too).
Nmap scan report for localhost (127.0.0.1)
Host is up (0.0000020s latency).
Other addresses for localhost (not scanned): ::1
Not shown: 998 closed ports
PORT   STATE SERVICE
22/tcp open  ssh
25/tcp open  smtp

Nmap done: 1 IP address (1 host up) scanned in 0.07 seconds
```

当然，这是非常简单的应用，其实可以通过脚本和任务计划的方式来实现按时自动扫描。

Nmap 包含以下 4 项基本功能：

- 主机发现（Host Discovery）。
- 端口扫描（Port Scanning）。
- 版本检测（Version Detection）。
- 操作系统检测（Operating System Detection）。

这 4 项基本功能间是存在依赖关系的（通常是顺序关系），在进行工作时，首先是主机发现，对该主机的端口状态进行扫描确定，并对端口上运行的应用程序和版本信息进行确定，最后确定操作系统的版本。

实际上，在这几个基本功能的基础上，Nmap 还提供防火墙和 IDS 的规避技巧，当然也提供强大的 NSE（Nmap Scripting Language）脚本引擎功能，该脚本可以对基本功能进行补充和扩展。

下面对 nmap 命令的相关功能选项进行介绍。

表 5-1 所示为基于“扫描技术”的命令选项说明。

表 5-1　基于“扫描技术”的命令选项说明

命令选项	功能说明
-sS/sT/sA/sW/sM	指定使用 TCP SYN/Connect()/ACK/Window/Maimon scans 的方式来对目标主机进行扫描
-sU	指定使用 UDP 扫描方式确定目标主机的 UDP 端口状态
-sN/sF/sX	指定使用 TCP Null、FIN、Xmas scans 隐秘扫描的方式来协助探测对方 TCP 端口状态
--scanflags <flags>	定制 TCP 包的 flags
-sY/sZ	使用 SCTP INIT/COOKIE-ECHO 来扫描 SCTP 端口的开放情况

（续）

命令选项	功能说明
-sO	使用 IP 协议扫描确定目标主机支持的协议类型
-b <FTP relay host>	使用 FTP bounce scan 的扫描方式

表 5-2 所示为基于“服务/版本检测”的命令选项说明。

表 5-2　基于“服务/版本检测”的命令选项说明

命令选项	功能说明
-sV	指定让 Nmap 进行服务版本扫描
--version-intensity <level>	指定版本检测强度（0-9，默认为 7），数值越高，探测出的服务越准确，但是运行时间会比较长
--version-light	指定使用轻量侦测方式（intensity 2）
--version-all	尝试使用所有的 probes 进行侦测（intensity 9）
--version-trace	显示出详细的版本侦测过程信息

表 5-3 所示为基于“主机发现”的命令选项说明。

表 5-3　基于“主机发现”的命令选项说明

命令选项	功能说明
-sL	扫描列表，仅将指定目标的 IP 列举出来，不进行主机存在性扫描
-sn	只进行主机发现，不进行端口扫描
-Pn	不对主机的在线状态进行扫描
-PS/PA/PU/PY[portlist]	用 TCP SYN/TCP ACK 或 SCTP INIT/ECHO 方式进行发现
-PE/PP/PM	使用 ICMP echo、ICMP timestamp、ICMP netmask 请求包发现主机
-PO[protocol list]	使用 IP 协议扫描确定目标主机支持的协议类型
--dns-servers <serv1[,serv2],...>	指定 DNS 服务器
--system-dns	指定使用系统的 DNS 服务器
--traceroute	追踪每个路由节点

表 5-4 所示为基于“操作系统检测”的命令选项说明。

表 5-4　基于“操作系统检测”的命令选项说明

命令选项	功能说明
-O	指定 Nmap 进行系统版本扫描
--osscan-limit	限制 Nmap 只对确定的主机进行 OS 探测（至少需要确认主机分别有 open 和 closed 的端口）
--osscan-guess	大致性猜测主机的系统类型，准确性会下降，但会尽可能多地为用户提供潜在的操作系统

表 5-5 所示为基于“端口规范和扫描顺序”的命令选项说明。

表 5-5 基于“端口规范和扫描顺序”的命令选项说明

命令选项	功能说明
-p <port ranges>	扫描指定的端口
-F	快速模式，仅扫描 TOP 100 的端口
-r	不进行端口随机选取的操作（如无该参数，Nmap 会将要扫描的端口以随机顺序扫描，目的是让 Nmap 的扫描不易被对方防火墙检测到）
--top-ports <number>	扫描开放概率最高的 number 个端口
--port-ratio <ratio>	扫描指定频率以上的端口

以上只是对 nmap 命令的部分选项进行说明，关于更多的命令选项及使用说明，可执行带有-h 的 nmap 命令来获取。

5.3.2 网关接口扫描工具 Nikto

Nikto 是一款开源的通用网关接口（Common Gateway Interface，CGI），主要针对网页安全进行扫描的工具，它可以扫描指定主机的 Web 类型、主机名 Cookie、特定 CGI 漏洞、XSS 漏洞和 SQL 注入漏洞等。

Nikto 可以对包括 CGI 漏洞检测在内的网页服务器进行全面的多种扫描，包括超过 3000 种有潜在危险的文件/CGIs、超过 600 种服务版本、超过 200 种特定服务器问题。当然，对于服务器中存在的各种安全威胁的扫描，由于这些安全的威胁方式不断更新，因此建议随时或按时对扫描项和插件进行更新，否则可能出现最新和最危险的威胁检测不到。

1. Nikto 服务组件配置

Nikto 工具不需要安装，直接获取源码包后解压就可以使用，只是需要安装一些辅助的组件和依赖包。所需要安装的依赖包是 Perl，当然也要保证系统中安装了 GCC 和 Make 这两个工具（安装时涉及的依赖包比较多，建议搭建本地 yum 服务器来安装）。

安装依赖包和相关的工具后，还需要安装 Nikto 的辅助工具 Libwhisker，以下是安装该工具包的过程。

```
[root@nikto ~]# tar vzxf libwhisker2-2.5.tar.gz
……
libwhisker2-2.5/src/_xml.pl
libwhisker2-2.5/src/footer.pod
libwhisker2-2.5/src/time.pl
libwhisker2-2.5/Makefile
```

切换到解压的目录后执行 perl 命令进行安装，不过安装前需要先创建一个目录，否则安装失败，如下所示：

```
[root@nikto ~]# cd libwhisker2-2.5
[root@nikto libwhisker2-2.5]# perl Makefile.pl install
LW2 built.
WARNING!

The local perl site directory does not exist:
/usr/local/share/perl5
```

```
Please create this directory and try again.
```

根据提示先创建需要的目录，之后执行安装。

```
[root@nikto libwhisker2-2.5]# mkdir -p /usr/local/share/perl5
[root@nikto libwhisker2-2.5]# perl Makefile.pl install
LW2.pm installed to /usr/local/share/perl5
LW2.3pm installed to /usr/share/man/man3
```

安装辅助组件后，最后安装 Nikto 工具。当然，将 Nikto 工具解压并放在某个位置下就可以，关于 Nikto 的源码包，可以先下载上传并解压到某个目录下，或者直接使用 git 命令克隆下来（前提是网络要通）。

下载源码包上传，并将其解压后放到/usr/local/share/目录下运行，命令如下：

```
[root@nikto ~]# unzip nikto-master.zip
......
  inflating: nikto-master/program/templates/xml_host_head.tmpl
  inflating: nikto-master/program/templates/xml_host_im.tmpl
  inflating: nikto-master/program/templates/xml_host_item.tmpl
  inflating: nikto-master/program/templates/xml_start.tmpl
 extracting: nikto-master/program/templates/xml_summary.tmpl
[root@nikto ~]# mv nikto-master /usr/local/share/nikto
```

如果从网络上克隆需要使用的 git 命令，在确认系统已安装此命令后，执行以下命令行将 Nikto 工具的源码克隆到本地：

```
[root@nikto ~]# git clone https://github.com/sullo/nikto.git
Cloning into 'nikto'...
remote: Enumerating objects: 76, done.
remote: Counting objects: 100% (76/76), done.
remote: Compressing objects: 100% (56/56), done.
remote: Total 6087 (delta 36), reused 51 (delta 18), pack-reused 6011
Receiving objects: 100% (6087/6087), 3.82 MiB | 89.00 KiB/s, done.
Resolving deltas: 100% (4407/4407), done.
```

至此，克隆完成。此时在当前的目录下就看到一个 nikto 目录。

2. Nikto 工具的基本应用

接下来将介绍 Nikto 的基本应用，进行基本的 Nikto 扫描，只需要指定主机（使用-host 或-h 选项）或要扫描的端口（使用-p 选项来指定，默认是 80 端口）即可。例如扫描当前主机使用的命令行如下：

```
[root@nikto ~]# perl /usr/local/share/nikto/program/nikto.pl -h localhost
- ***** SSL support not available (see docs for SSL install) *****
- Nikto v2.1.6
---------------------------------------------------------------------------
+ No web server found on localhost:80
---------------------------------------------------------------------------
+ 0 host(s) tested
```

以上输出说明该端口没有使用。

这里需要注意，由于未配置环境变量，因此执行 nikto.pl 文件时要么进入该文件所在的目录，要么直接以绝对路径的方式执行（如以上命令行），否则出现错误提示。

```
[root@nikto ~]# perl nikto.pl -h 192.168.136.129 -p 22
Can't open perl script "nikto.pl": No such file or directory
```

如果 Nikto 主机能够连接网络，可以执行以下命令行来扫描远程主机（-h 指定域名或 IP 地址都可以。另外，在命令中为了避嫌，涉及公网的域名或 IP 地址时都使用“*”来代替，下同）。

```
[root@nikto ~]# perl /usr/local/share/nikto/program/nikto.pl -host *******
- ***** SSL support not available (see docs for SSL install) *****
- Nikto v2.1.6
---------------------------------------------------------------------------
+ Target IP:          ********
+ Target Hostname:    ********
+ Target Port:        80
+ Message:           Multiple IP addresses found: ********, ********
+ Start Time:         2020-06-08 03:07:51 (GMT8)
---------------------------------------------------------------------------
+ Server: QWS
+ The anti-clickjacking X-Frame-Options header is not present.
+ The X-XSS-Protection header is not defined. This header can hint to the user
agent to protect against some forms of XSS
+ Uncommon header 'x-cache' found, with contents: from ********
+ The X-Content-Type-Options header is not set. This could allow the user agent
to render the content of the site in a different fashion to the MIME type.
+ Root page / redirects to: https:// ********/
+ No CGI Directories found (use '-C all' to force check all possible dirs)
+ /crossdomain.xml contains 3 lines which include the following domains: ****
**** *****
+ Entry '/lib/pps/' in robots.txt returned a non-forbidden or redirect HTTP
code (200)
……
```

以上扫描仅仅是对单个端口进行的，如果需要同时对多个端口进行扫描，如需要同时对三个端口进行扫描，可以执行以下命令：

```
[root@nikto ~]# perl /usr/local/share/nikto/program/nikto.pl -host
www.iqiyi.com -p 809 990 888
```

如果是一段连续的端口，比如 80~90 这 10 个端口，可以使用以下命令行：

```
[root@nikto ~]# perl /usr/local/share/nikto/program/nikto.pl -host
www.iqiyi.com -p 80-89
```

如果扫描的是多个主机，可以把 URL 写入一个名为 url.txt 的文件，然后使用以下命令行对该文件中的主机域名进行扫描。

```
[root@nikto ~]# perl /usr/local/share/nikto/program/nikto.pl -host url.txt
- ***** SSL support not available (see docs for SSL install) *****
- Nikto v2.1.6
```

```
---------------------------------------------------------------------------
+ Target IP:          **********
+ Target Hostname:        userinfo.duckdns.org
+ Target Port:            8080
---------------------------------------------------------------------------
+ SSL Info:           Subject:
                      Ciphers:
                      Issuer:
+ Start Time:         2020-06-08 03:56:50 (GMT8)
---------------------------------------------------------------------------
+ Server: Apache-Coyote/1.1
+ The anti-clickjacking X-Frame-Options header is not present.
+ The X-XSS-Protection header is not defined. This header can hint to the user
agent to protect against some forms of XSS
+ The site uses SSL and the Strict-Transport-Security HTTP header is not defined.
……
```

如果需要生成报告，可以执行以下命令行。该命令将扫描到的信息保存在当前位置下，如果需要放在特定的位置，指定其位置就可以。

```
[root@nikto ~]# perl /usr/local/share/nikto/program/nikto.pl -host
192.168.136.129 -output 129result.html -F html
```

最后介绍一些在交互模式下使用的命令，这些命令可以在扫描期间执行，可开启或关闭相关功能，但需要注意区分大小写。

- 空格：报告当前扫描状态。
- v：显示详细信息。
- d：显示调试信息。
- e：显示 HTTP 错误信息。
- p：显示扫描进度。
- r：显示重定向信息。
- c：显示 Cookie。
- a：显示身份认证过程。
- q：退出程序。
- N：扫描下一个目标。
- P：暂停扫描。

表 5-6 所示为 Nikto 工具中的常用选项说明。

表 5-6　Nikto 工具中的常用选项说明

命令选项	功能说明
-cgidirs	扫描 CGI 目录
-config	使用指定的 config 文件来替代安装在本地的 config.txt 文件
-dbcheck	选择语法错误的扫描数据库
-id	ID 和密码对于授权的 HTTP 认证，格式为 id:password
-findonly	仅用来发现 HTTP 和 HTTPS 端口，而不执行检测规则

（续）

命令选项	功能说明
-Format	指定检测报告输出文件的格式，默认是 TXT 文件格式（CSV/TXT/HTM）
-host	指定目标主机，包括主机名、IP 地址、主机列表文件
-output	报告输出指定路径
-ssl	强制在端口上使用 SSL 模式
-Single	执行单个对目标服务的请求操作
-timeout	每个请求的超时时间，默认为 10 秒
-Tuning	该选项可以控制 Nikto 使用不同的方式来扫描目标。 1. 文件上传；2. 日志文件；3. 默认的文件；4. 注射（XSS/Script/HTML）；5. 远程文件检索（Web 目录中）；6. 拒绝服务；7. 远程文件检索（服务器）；8. 信息泄漏；9. 代码执行一远程 shell；10. SQL 注入
-useproxy	使用指定代理扫描
-update	更新插件和数据库
-Pause	每次操作之间的延迟时间
-nolookup	不执行主机名查找

5.4 本章小结

本章介绍了主机的账号安全、远程主机安全和主机信息安全相关内容。

关于账号的安全，主要了解账号的密码安全设置，包括密码长度、有效期限和复杂度等。

关于远程主机安全，主要了解远程访问的方式和远程连接使用的 SSH 服务的配置问题。

关于主机信息安全，主要了解如何查找主机存在信息泄露的问题（比如安全漏洞等），同时熟悉一些安全漏洞扫描工具的安装和使用。

第 6 章

Shell 脚本与自动化运维

脚本是自动化运维中常使用的，也是基本的技能。本章将对脚本的自动化应用进行介绍，内容包括 Shell 脚本概述、脚本编程范例实战以及脚本在计划任务中的应用这三方面。

6.1 Shell 脚本概述

简单来说，Shell 脚本是多个命令的结合，它能够完成单个命令不能完成的工作，具有灵活性高、易编写等特点，是在自动化运维工作中常使用的一个程序。本节将对 Shell 脚本编写的格式、Shell 脚本的调用问题以及字符和字符串的应用三方面的内容进行介绍。

6.1.1 Shell 脚本编写的格式

Shell 脚本就是根据实际需要把某个或某些能够完成处理某事情的命令按照特定的顺序组合而成的一连串符号。本小节将对 Shell 脚本的模式、编写和执行进行介绍。

1. 脚本的交互/非交互模式

对于 Shell 脚本的这两种模式，是按照工作的方式来进行划分的，其中交互模式通常需要用户介入才能继续执行，非交互模式可根据预定的参数自动执行。

交互式 Shell 脚本最显著的特点就是需要用户介入才能完成执行，也就是说处于交互模式下的 Shell 脚本，在执行到某个阶段时要等待用户确认，并根据读取（通常从虚拟终端 tty 中读取）到的参数继续执行预设定的动作。此模式的 Shell 使用得比较普遍（如登录系统、执行一些命令等），在系统的日常维护中也常用到，更适合用于做一些测试及排错性的工作。

非交互模式脚本与交互模式脚本的工作方式相反，非交互模式脚本适合在不需要用户介入的环境中运行，特别是自动化运维方面，如数据备份、系统安全检测和日志管理等。对于这类脚本，要预先在脚本中设定它运行时需要的参数，这些参数能够让它运行到某种状态时自动停止或退出，而这些脚本的启动则是通过设置任务计划或定义在特定文件的调用触发的。

2. Shell 脚本的编写和执行

使用 Shell 脚本的好处是能够把多个事情放在一起进行处理，且可以通过设置任务计划来实现在指定的时间执行。另外，关于脚本的功能，可以对文件进行分类归档、对文件的内容进行编辑和完成数据备份等。

接下来将介绍脚本程序编写时需要注意哪些方面的内容。

在一个 Shell 脚本程序中，一个比较完整的脚本通常包括三部分内容，即 Shell 解析器、注释和功能脚本程序。其中，Shell 解析器用于解析脚本代码；注释是对脚本的作用、编写者及相关重要代码的备注；功能脚本程序是最重要的部分，它是脚本真正用途的体现。

先通过表 6-1 来了解一个比较完整的 Shell 脚本的基本结构。

表 6-1　一个比较完整的 Shell 脚本的基本结构

脚本程序基本组成	说明
#!/bin/sh	这行很独特，必须在脚本的最前位置并以#!符号作为行的开始，不过#并不是用于注释（在这里不具备这个功能），而是用来指定解释脚本程序的 Shell，如果脚本中没有指定它，就无法运行，除非脚本作为库文件存在
# author: # date: # describe: # modify: # versions:	此部分的内容属于对脚本基本信息的描述，这些描述信息通常包括脚本的编辑者、创建时间、功能、修改的次数和版本及创建者的联系方式等。注释的部分以#作为标识符，存在的主要作用是为后期的使用和维护带来便利
echo 'hello,shell!'	脚本的正文，是脚本最为重要的部分，是脚本功能的体现。脚本的正文中包括各种命令/命令行、注释和各种结构的语句，它们协同完成某个或某些特定的动作

通常，Shell 脚本以“.sh”作为脚本文件的后缀，但也可以不使用，这不会对它的运行造成什么影响。执行脚本主要有两种方式，其一是给脚本授予可执行权后执行，其二是直接使用 Shell 来执行。

使用 bash 来执行：bash hello.sh。

授予脚本可执行权：用 chmod 命令为脚本添加 x 权限，然后以./hello.sh 的方式来执行。

对于这两种执行方式，在设置脚本自动化执行时，主要是授予脚本可执行权，这样就可以直接调用和执行，而不需要使用 Shell 来执行。

6.1.2　Shell 脚本的调试问题

脚本调试的目的是排查出脚本中存在的问题，不过由于执行脚本的 Shell 不提供调试的功能，因此要达到调试脚本的目的，需要用到一些特殊的命令，简单来说，就是通过这些特殊的命令捕获脚本运行过程的状态，以发现存在的问题。

1. 使用 set 命令追踪脚本执行过程

set 命令的功能之一是对脚本运行的过程进行全程跟踪（其实是对一些重要的过程进行跟踪，而不是全部），并将跟踪到的必要内容输出，因此可用于对脚本进行调试。

set 命令对脚本进行跟踪时，默认以加号（+）作为开始的标识符且逐行输出，因此该调试方式更适用于代码较少的脚本，如果脚本的代码比较多，建议使用其他的调试方式。该命令调试脚本常有两种方式，其一是把该命令写入脚本中，其二是在执行脚本时使用该命令。

下面通过实例来介绍如何使用该命令调试，即如何根据输出筛选出需要的信息，脚本代码如下（名为 set_shell）：

```
#!/bin/sh
set -x
echo -n "The system is Linux?"
echo answer Y or N.
read answer
if [ -f $answer ] ; then
  echo "No input anything."
fi
if [ $answer = Y ] ; then
  echo "Yse,This is Linux System."
else
  echo "No,This is Windows System."
fi
```

这是一个交互式脚本，根据输入以 if 语句来判断执行哪些代码块。为了跟踪脚本的执行过程，在脚本中加入“set -x”命令（在哪个位置加入该命令，就从哪个位置开始跟踪），并给脚本加可执行权，这样就可以把脚本的执行过程显示出来。

```
[root@system ~]# ./set_shell
+ echo -n 'The system is Linux?'
The system is Linux?+ echo answer Y or N.
answer Y or N.
+ read answer
Y    # 输入的信息
+ '[' -f Y ']'    # 输入 Y，此处已经获取
+ '[' Y = Y ']'
+ echo 'Yse
,This is Linux System.'
Yse,This is Linux System.
```

其中，带有“+”的输出行是由 set 跟踪到在后台执行的命令，而未带“+”的行通常是手动输入或脚本输出的信息。

这个 set 命令的使用比较灵活，它可以放在除第一行外的任何位置，但必须作为独立的一行存在。通常，set 命令会放在某个代码模块的前面，用于跟踪该模块的输出，以发现其存在的问题。

2. 使用 echo 命令输出指定的信息

对于脚本中的代码，要想知道它执行到哪个阶段或脚本执行到某个代码块时输出特定的信息，可以在特定的位置处使用 echo 命令协助输出信息。该命令能够对脚本的执行过程定点输出，以确认它执行到哪个代码段或是否执行预先设置的流程。

另外，echo 命令还可以用于输出脚本中存在疑点的变量（如通过输出的方式来确认变量是否有值），并通过对这些变量的值进行跟踪和了解后进行校正，以便更好地优化执行流程。

使用 echo 命令调试脚本时，不要使用多余的 echo 命令或使用不同的输出信息，这样做的目的是避免过多的输出造成混乱。

通过以下脚本程序来介绍如何在脚本中使用 echo 命令来对脚本执行过程进行定位输出，该脚本使用的函数调用和变量赋值及引用的问题，echo 在该脚本中的作用是在满足条件的情况下进行重定向操作。

```
#!/bin/sh
E_ECHO ()
{
  if [ ! -z $debug ] ; then
    echo $1 >&2
  fi
}
debug=on
var1=variable1
E_ECHO $var1
debug=
var2=variable2
E_ECHO $var2
```

6.1.3 字符和字符串的应用

字符是指计算机中使用的字母、数字和符号等，在 Shell 中包含和支持各种不同类别的字符，它们也是组成字符串的元素，因为字符种类非常多，使得字符串的数量也非常多，且远远多于字符的数量。本小节将对字符的类型和字符串的应用进行介绍。

1. 字符的类型

字符包括单个字母、数字以及一些特殊符号，它们是以独立的形式存在的，但可以相互混合使用，每个字符的含义和功能都有所差别。字符的使用范围很广，特别是在 Shell 编程上经常看到它们的身影，在系统的日常维护中也有着非常重要的作用。

（1）通配符的概念和应用

通配符（Wildcard，也称万能字符）仅从字面上理解，就是通用的匹配字符或符号。对于 Linux 系统这样以文件组成的系统，通配符的作用非常重大。当然，在对文件的操作上也常用到，特别是文件同步时的匹配。

对于系统中的通配符，比较常用的主要有以下两种：

- *：匹配 0 个或多个字符（串）或文件。
- ?：匹配任何一个且只有一个不能为空的字符（串）或文件。

这两个通配符中，“*”的使用率比较高，且使用时比较简单，如把当前目录下以 file 开头的文件全部移动到/home/dir/目录下：

```
[root@system ~]$ mv file* /home/dir/
```

另外，在通配符的使用上还需要注意一些问题：

- fil*：表示操作以 fil 开头的全部文件。
- *onf：表示操作以 onf 结尾的全部文件。
- *zip*：表示操作含有 zip 的全部文件。
- f*e：表示操作以 f 开始、e 结尾的全部文件。

（2）控制字符的基本类别

通常，控制字符在脚本中不能正常使用，一般用于修改终端或文本显示的行为。控制字符是一种组合键，以下是部分常见的控制字符及相关的作用说明。

- Ctrl+C：终止当前前台的工作。
- Ctrl+D：退出当前 Shell 窗口。
- Ctrl+H：删除光标左边的字符。
- Ctrl+I：功能相当于 Tab 键。
- Ctrl+J：新行的开始。
- Ctrl+L：清除屏幕（功能类似于 clear 命令）。
- Ctrl+M：回车（功能类似于 Enter 键）。
- Ctrl+S：挂起（类似于被锁住），在终端上挂起标准输入，使用组合键 Ctrl+Q 恢复。
- Ctrl+Z：终止前后台工作。

控制字符可以在终端或脚本中使用，但在脚本中使用时会出现空格字符、Tab 字符、空行及空白字符的任意组合等，其实空白字符在脚本中影响不大，但在变量赋值等特殊情况下是不允许出现的，否则会引起语法错误，因此在使用时需要注意。

（3）转义字符的基本应用

转义字符就是把字符作为单纯的字符，而不是特殊意义的字符，也就是说把某些字符的特殊意义去除。

转义字符也称逃逸字符，它的符号是反斜杠（\）。转义是一种引用单个字符的方法，在一个特殊的字符前使用转义字符后，就相当于告诉 Shell 这个字符失去了特殊的意义。

通过以下例子来了解转义字符的基本使用。

```
[root@system ~]$ echo 'This is tom's book.'
>
```

输入命令并按回车键后发现并没有结束，而是开启新一行并等待继续输入，出现这个问题的原因是系统把单引号当作特殊字符，因此前两个单引号作为一组，后面还剩一个单引号，系统就会等待下一个单引号出现后才会结束本次操作。

遇到这样的情况可以再输入一个单引号，或用控制字符 Ctrl+C 来结束。而为了得到完整的输出，可以用转义字符把单引号的作用普通化。

```
[root@system ~]$ echo 'This is tom'\''s book.'
This is tom's book.
```

另外，转义字符还具有换行的作用，比如命令行的输入过于冗长，可以使用它来达到换行的目的。使用它时系统等待继续输入，如果直接按回车键，系统就认为输入完成并开始执行。

```
[root@system ~]$ echo "This is \
```

```
> tom's book."
This is tom's book.
```

当然，在符号的使用上需要注意，否则输出的内容会出现异议。

```
[root@system ~]$ echo 'This is \
> tom'\''s book.'
This is \
tom's book.
```

（4）字符集的基本概念

字符集的出现更多的是弥补通配符的不足。例如，在对某些数字或字母中的个别值进行测试时，字符集就很容易做到，而通配符要做到这点并不容易，因此字符集可以更好地弥补通配符的这个缺点。

字符集被中括号“[]”括在其中，涉及字符集之间的范围时就使用符号“-”来代表，并将字符之间分开，具体如下：

- [a-z]：匹配英文字母 a~z 范围内的所有字符。
- [A-Z]：匹配英文字母 A~Z 范围内的所有字符。
- [a-z　A-Z]：匹配所有的大小写英文字母字符。
- [0-9]：匹配阿拉伯数字 0~9 中的任何一个数字。
- [a-z A-Z 0-9]：匹配所有的大小写英文字母和 0~9 的数字。
- [! a-z]：匹配的字符不是英文小写字母。
- [! A-Z]：匹配的字符不是英文大写字母。
- [! 0-9]：匹配的字符不是数字。

用字符集来匹配字符时，在中括号内的任何一个字符都有可能被匹配到，如在字符集[abc]中，表示可以选择 a、b 和 c 中的一个字符，只要有其中一个就符合条件。

运维前线

不要把字符集中字符的数量当作字符集的长度，如[abc]不能认为是 3 个字符长度的字符串。字符集其实就是中括号所列出范围的任意一个字符，其长度为 1。而在中括号内，将“-”作为一个字符输出时，要用下划线把它和其他字符隔开，并放在字符集的开头或结尾处。

2. 字符串的应用

简单来说，字符串就是由一连串字符所组成的混合体，这些组成字符串的字符可以是相同或不同的。对于字符串的了解以及操作这些字符串在编程上都是不可忽略的工作之一，因此需要熟悉这些字符串。

（1）字符串测试的概念和应用

对字符串的测试是一种判断并获取错误信息非常重要的方式，特别是在测试用户输入或变量对比工作时尤为重要。通过测试后的输出可以了解阶段程序运行到某阶段是否正常，以便更好地对程序进行调试。

字符串测试主要是测试字符串是否相等或是否为空。测试时使用的字符串格式比较常见的有以下几类：

- test “string”
- test string_operator “string”
- test “string1” string_operator “string2”
- [string_operator string]
- [string1 string_operator string2]

字符串的测试需要使用string_operator（操作符），这些常使用的操作符可分为4类，如下所示：

- =：两个字符串相等。
- !=：两个字符串不相等。
- -z：字符串为空串。
- -n：字符串为非空串。

通过测试时使用的字符串格式，可以了解到测试时操作符的左边可以为空，或左右两边都是测试的字符串。在测试两个字符串是否相等时可以使用“=”，如测试两个字符串是否相等，若相等（条件成立）则输出预先定义的值，否则输出另外的值：

```
#!/bin/sh
admin=root
if [ $admin = "root" ] ; then
  echo $admin
else
  echo system.com
fi
```

（2）字符串选取的方式和应用

每个字符串都有属于自己的编号，字符串的编号从左边的第一个字符开始，其编码号的初始值为 0，并沿着右边依次增加。例如字符串 root.system.com，左边的 r 编号为 0，最后的 m 的编号则为 15。注意，点也是一个字符。

下面通过例子来更具体地了解字符串中以标号选取的规则。

```
#!/bin/sh
hostname=root.system.com
string=${hostname:3}
echo $string
```

对变量$hostname 赋值，使用{hostname:3}从变量$hostname 的字符串的第三个字符起开始选取直到结束，得到的结果暂存到变量 string 中，之后使用 echo 将结果输出，结果为 t.system.com。

这里需要注意的是，字符串中的下划线或空格都是一个字符，其实包括%、$在内的都是一个字符。如果字符串中存在空格，则在定义时要用双引号把字符串引起来，否则结果会不完整。

如果从后面（右边）起选取字符串，只要把获取到的源字符串按照要求从其末尾把某字符删除就可以。例如使用命令${hostname%.*}可以把获取到的变量$hostname 定义的值从后面起的第一个点之前的排除，剩下的就是符合要求的字符串。

然而，对于字符串中存在的特殊字符，提取字符串前面的字符和后面的字符，在操作上有些难度，对这类字符串的选取可以使用匹配模式将其过滤掉，并把其余字符重新组成新的字符串。通过以下的例子来了解。

```
#!/bin/sh
value=abc-df_12xy-z
var=${value#*-*}
echo "value=$var"
var2=${value%*_*}
echo "value=$var2"
```

在脚本中，{value#*-*}表示匹配字符串中的第一个“-”，就是把该符号前的字符都过滤掉；而{value%*_*}是把特殊字符“_”后的字符全部过滤掉。注意，选取是按照前后顺序进行的。

（3）字符串的替代和重定向操作

关于替换，简单来说就是用新的字符来代替旧的字符，而重定向则是改变输出的方向。

关于字符串的替换，可以仅替换其中的一个字符，也可以替换多个字符，也就是对符合条件的字符进行替换，从而组成新的字符串。下面通过例子来了解替换的操作。

```
#!/bin/sh
user="root:x:0:0:root:/root:/bin/sh"
string=${user/:/.}
echo $string
string_1=${user//:/,}
echo $string_1
```

脚本中先给变量$user赋值，而“${user/:/.}”的意思是对变量$user中的值（字符串），在两个斜杠间的所有“:”都被“.”替代，并将新的字符串暂存在$string中。而变量${user//:/,}的意思是两个斜杠间的所有“:”都被“,”替代。

实际上，得到的新变量都只是暂时存在的，如果要把变量永久性地存储，可以通过重定向把新变量保存到文件中。但要注意的是，重定向也可以把新变量输出到终端或/dev/null 这类地方。

下面通过例子来了解如何把新变量重定向到文件中保存。

```
#!/bin/sh
user="root:x:0:0:root:/root:/bin/sh"
string=${user/:/.}
echo $string > string
string_1=${user//:/,}
echo $string_1 >> string_1
```

在脚本中的“>”和“>>”都是重定向符号，它们之间的区别是“>”会把目标文件中的内容全部覆盖，而“>>”只是把新的数据写入目的文件内容的最后位置（不覆盖原内容）。

6.2 脚本编程实战

脚本程序特别适用于一些循环或耗资源的任务，在日常的管理工作中，通常以脚本结合任务计划来对系统进行自动监管。

本节主要包括脚本程序流程控制和函数应用两部分内容，在流程控制上可分为“选择”和“循环”两类，程序流程控制的工作原理是改变程序的执行顺序来得到不同的结果，或通过结果来判断程序是否正常执行。在函数的使用上，可以把实现某功能的脚本写在文件中，并提供给其他的脚本重复调用。

6.2.1　循环语句脚本编程实战

循环语句主要包括 for、while 和 until 三类，简单来说，这类语句就是重复执行某些命令或某些代码块，直到触发或满足某些条件后才结束并退出。

1. for 循环语句编程

for 循环是基于继续执行循环或结束循环的方式，它在执行前会先按照顺序检查指定行列表中所有的值是否符合条件（是否还存在没有使用过的值），直到所有的值都被使用后才执行下一阶段，重新执行或结束退出。

通常，for 循环会把每个执行到的参数经过处理后输出直到结束，以下是它的语法结构。

```
for  变量名 in  列表值
do
  命令语句 1
  命令语句 2
  ......
  命令语句 N
done
```

for 语句结构的程序执行流程图，如图 6-1 所示。

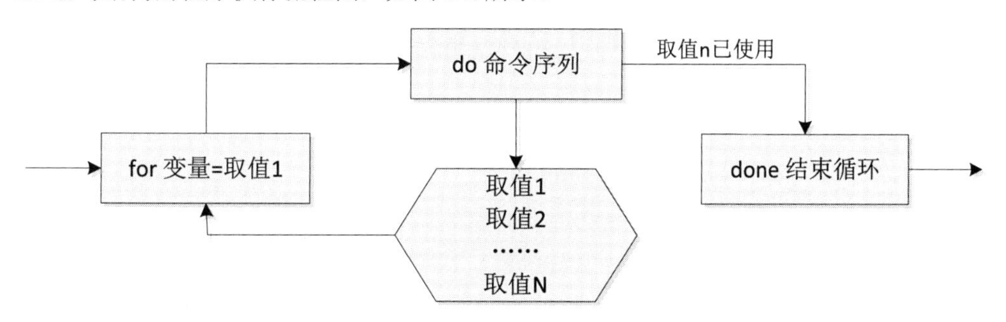

图 6-1　for 语句结构的程序执行流程图

以下是一个关于 for 语句的脚本程序，实现的是从列表中读取设定的参数并将这些参数显示到屏幕上（后半部分由 C 语言编写）。

```
#!/bin/sh
echo "for: Traditional form: for var in ..."
for j in $(seq 1 5) ; do
  echo $j
done
echo "for: C language form: for (( exp1; exp2; exp3 ))"
for (( i=1; i<=5; i++ )) ; do
  echo "i=$i"
done
```

2. while 循环语句编程

while 循环语句是一种执行一系列命令的语句结构，它所执行的命令由条件决定。在该语句中执行的命令，通常是在条件为真时将条件下的命令全部执行一遍后回到开始处，接着再次对条件进行判断，直到条件为假时才结束退出循环。

while 的语法结构如下：

```
while  条件
do
  命令语句 1
  命令语句 2
  ……
  命令语句 N
done
```

while 语句结构的程序执行流程图，如图 6-2 所示。

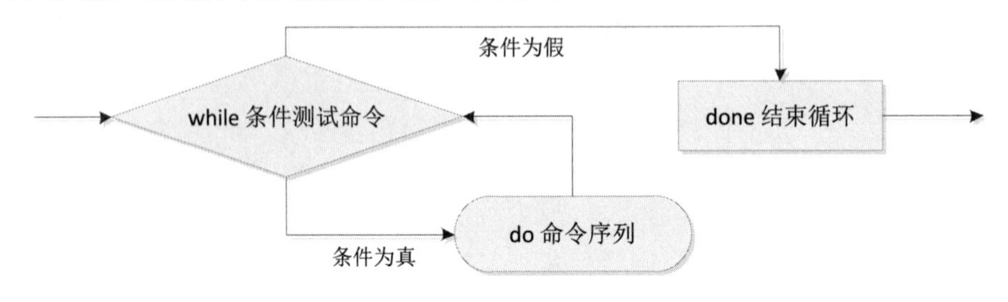

图 6-2 while 语句结构的程序执行流程图

以下是一个关于 while 循环的脚本程序，实现对输入的数值进行判断，并在数值满足条件时不断循环，否则结束退出。

```
#!/bin/sh
var=0
while echo "number=$value"
value=$var
[ $var -lt 4 ] ; do
  echo -n "Enter a number:"
  read var
  if [ -f $var ] || [ $var -gt 4 ]; then
    echo "No input anything or Value is too large,exit..."
    echo ; exit 1
  fi
  echo "value -eq $var"
done
```

3. until 循环语句编程

until循环也是执行一系列命令直到条件满足时退出的语句，不过它是在循环体的顶部判断条件，直到判断条件为真时结束。

以下是 until 循环的语句结构：

```
until 执行条件
do
  命令语句 1
  命令语句 2
  ……
  命令语句 N
done
```

until 语句结构的程序执行流程图，如图 6-3 所示。

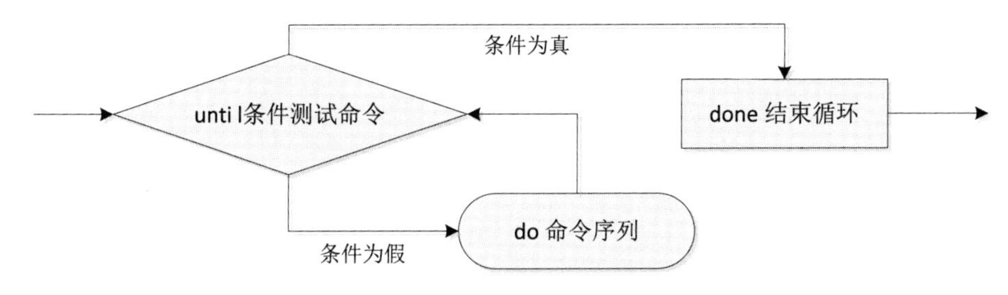

图 6-3 until 语句结构的程序执行流程图

以下是一个关于 until 循环的脚本程序，不断地判断累加值后再进行乘法运算，直到这个累加值超过设定值时才结束退出。

```
#!/bin/sh
i=0
echo -n "Enter a number: "
read number
until [ "$i" -gt $number ] ; do
  let "square=i*i"
  echo "$i * $i = $square"
  let "i++"
done
```

6.2.2 选择与分支结构编程

选择类的脚本依靠代码块中的条件来判断程序的执行流程（分支），判断条件通常位于代码块的顶部或底部，当执行到判断条件内的代码块时，程序就根据条件判断的结果执行。

1. if 语句结构编程

if 语句结构的 Shell 脚本用于判断一个条件的真假，并根据条件的结果选择继续执行还是结束退出。在 if 语句结构中有着多种不同的结构类型，每种类型都有着不同的功能和作用，对于这些功能接下来将逐一介绍。

（1）if-then语句结构

if-then 结构是 if 语句中最基本的一种，主要作用是判断语句中的条件是否成立，并以判断结果来决定具体执行的代码，语法结构基本格式如下：

```
if 测试的条件 ; then
命令区域
fi
```

或：

```
if  测试的条件
then
  命令区域
fi
```

以下是一个关于 if-then 结构的 Shell 脚本程序，功能是对输入的数值与设定的数值进行对比，并在条件满足时输出预设的参数。

```
#!/bin/sh
echo -n "Enter a number: "
read number
if [ $number -lt 8 ] ; then
  echo 0
fi
```

（2）if-then-else语句结构

if-then-else 是一种基于“选择结构”的 if 语句，在该语句中若所测试的结果为真，则执行相应的代码块，否则执行另一个代码块，格式如下：

```
if  测试的条件 ; then
  命令列表 1
else
  命令列表 1
fi
```

以下是一个关于 if-then-else 结构的 Shell 脚本程序，作用是将输入的数值与设定的数值进行对比，并在条件满足时执行指定的代码块，否则执行另外的代码块。

```
#!/bin/sh
echo -n "Enter a number: "
read number
if [ $number -lt 8 ] ; then
  echo 0
else
  echo 1
fi
```

（3）if的完整语法结构

在 if 语句结构中，还存在一种更多分支的语法结构，在这类语句结构中，无论测试的结果是真还是假，都执行相应的命令表，包括执行当前的表、进入另一个测试条件或结束退出条件的测试，语法格式如下：

```
if 测试的条件 1 ; then
  命令列表 1
elif 测试的条件 2 ; then
  命令列表 2
else
  命令列表 3
fi
```

以下的 Shell 脚本程序用于实现对输入的数字与定义的变量值 var 进行比较，并将更大的数字输入（declare 用于定义一个整型变量）。

```
#!/bin/sh
declare -i x
declare -i var=10
```

```
echo -n "Enter a number(x): "
read x
if [ $x -lt $var ] ; then
 echo "Big number is $var."
elif [ $x -gt $var ] ; then
 echo "Big number is $x"
else
 echo "No such number."
fi
```

2. case 语句结构编程

若需要判断条件的数量达到一定量，选择用 if 语句来实现，语句中的判断结构就很多，且有不易编写和代码量冗长的特点，这会为后期的维护工作带来极大不便，因此需要通过其他的方式来更好地解决这个问题。

case 语句的出现很大程度上弥补了 if 语句的不足，该语句允许通过条件的判断选择执行不同的代码块。但需要注意的是，case 对变量的使用不是强制性的，且每个语句都是以右小括号结尾，每个代码块都以两个分号结尾，语法格式如下：

```
case 待测试的变量或值 in
  条件测试区 1 )
    命令区域 1;
  条件测试区 2 )
    命令区域 2;
  ……
  条件测试区 N )
    命令区域 N;
  ;;
esac
```

以下是一个关于 case 结构的 Shell 脚本程序，实现的是根据输入的参数来选择执行对应的代码块。具体来说，就是由用户先选择一种循环结构，case 根据读入的类型执行对应的模块，把该循环的语法个数显示出来，脚本代码如下：

```
#!/bin/sh
echo "circulation structure type"
echo for while until
echo -n "The circulation of structure name: "
read type
case "$type" in
for | FOR )
 echo "The "for" of circulation structure:"
 echo "for variable_name in list_price"
 echo "do"
 echo "  command 1"
 echo "  command 2"
 echo "  ......  "
 echo "  command N"
 echo "done"
;;
```

```
while | WHILE )
  echo "The "while" of circulation structure:"
  echo "while  condition"
  echo "do"
  echo "  command 1"
  echo "  command 2"
  echo "  ......   "
  echo "  command N"
  echo "done"
;;
until | UNTILl )
  echo "The "until" of circulation structure:"
  echo "until  Execution_Condition"
  echo "do"
  echo "  command 1"
  echo "  command 2"
  echo "  ......   "
  echo "  command N"
  echo "done"
esac
```

3. select 语句结构编程

select 语句结构是从 Ksh 中引入的，是一种建立菜单的工具，通过它可以建立简单的菜单列表。该语句的结构如下：

```
select 变量 in 列表
do
  命令区域
done
```

以下是一个简单的 select 语句脚本程序，用于实现读取预先设置的值，并将这些值放在 choice_of 函数中进行判断，再将对应的参数值输出，脚本代码如下：

```
#!/bin/sh
PS3="choose the number:"
choice_of()
{
  select value
  do
  if [ $value = exit ] ; then
    exit
  fi
  echo "the value is: $value."
  done
}
choice_of 23 44 55 60 exit
```

6.2.3 跳出循环结构的语句

通常情况下，循环体只有执行完成后才结束退出，但要提前结束循环，就需要通过特定的语句来控制。本小节将对循环控制语句 break 和 continue 的基本使用进行介绍。

1. break 控制语句

在循环体中使用 break 控制语句，程序执行到该语句时就跳出循环。该控制语句支持跳出多层循环，因此在一个多层循环的脚本程序中，可通过该语句来设定要跳出的层数，这样程序只要执行到这个代码块就跳出循环。

以下是一个关于 break 控制语句的脚本程序，该脚本程序执行到满足 if 结构中的条件时就跳出循环体（跳出两层循环，分别是跳出 for 和 while 循环），脚本程序如下：

```
#!/bin/sh
while x=1
do
  for (( y=1;y<=10;y++ )) ; do
    count=$((x+y))
      if [ $count = 6 ] ; then
        break 2
      fi
    echo $count
  done
done
```

2. continue 控制语句

与 break 语句结构不同，continue 语句结构是跳过本次循环后，接着开始新的循环，直到条件满足时才结束退出。

以下是一个关于 continue 语句结构的脚本程序，实现在满足 if 中的条件时（变量 output 的值等于 4）跳出第 2 层循环并执行新的循环，直到 for 的值读取完后结束，脚本代码程序如下：

```
#!/bin/sh
for input in a b c d e
do
  echo "group $input:"
  for output in 1 2 3 4 5 6
  do
    if [ $output -eq 4 ] ; then
      continue 2
    fi
    echo $output
  done
done
```

3. 嵌套循环语句

在一个循环体中还内嵌了其他的循环体，称为嵌套循环。在嵌套循环体中，内部循环体的每次执行都受到外部循环体执行时的触发，直到内部循环执行结束。当然，在这种循环体中，内外部循环体执行的次数不一定相等，除非外部循环比内部循环先结束。

以下是一个关于嵌套循环的脚本，满足 if 语句中的条件就结束本次循环，并回到开始处进行新的循环，直到 while 语句的条件满足时结束全部循环。

```
#!/bin/sh
declare -i count=1
declare -i var
declare -i limit=5
while [ $count -lt $limit ] ; do
  echo "pass $count in count loop."
  var=1
  for j in 1 2 3 4 5
  do
    echo "pass $var in var loop."
    if [ $var -gt 2 ] ; then
      break
    fi
    let var+=1
  done
  let count+=1
done
```

对于嵌套循环体，在使用时需要注意以下事项：

- 对于循环体内的变量，内部循环和外部循环不能相同。
- 在书写循环嵌套结构时，最好采用“右缩进”格式以便体现循环层次的关系。
- 尽量避免太多和太复杂的循环嵌套结构。

6.2.4 Shell 函数及应用

与其他编程语言一样，Shell 也有属于自己的函数，只不过 Shell 的函数在使用上有所限制。实际上，一个 Shell 函数相当于一个子程序，它是由一组命令集或语句形成的一个可用的代码块（Code Block），用于完成特定任务的“黑盒子”。

1. 函数的基本概念

函数表示一种对应关系，就是每个输入值都对应一个唯一的输出值。在一个函数定义中，包含某个函数所有输入值的集合被称作这个函数的定义域，而包含所有输出值的集合则称作值域。

在函数（代码块）中，标题就是函数名，而函数体就是函数内的命令集合。在一个程序中，标题名应是唯一存在的，否则可能造成调用混淆而导致结果出错，这是因为系统在查看并调用函数前，先搜索函数调用相应的 Shell 后才完成调用任务。

函数定义的语法格式如下（可以任选这 4 种格式中的一种。当然，在一个脚本程序中，不同函数的定义允许使用不同的方式）：

```
函数名 ()
{
命令 1
命令 2
……
}
```

```
函数名 () {
命令 1
命令 2
……
}
```

```
function 函数名 ()
{
命令 1
命令 2
……
}
```

```
function 函数名 () {
命令 1
命令 2
……
}
```

其实可以把函数看作 Shell 脚本程序中的一段代码块，只不过在函数执行时会保留当前 Shell 的相关内容。此外，如果执行或调用一个脚本文件中的一段代码，将在自动去除原脚本中定义的所有变量后创建一个单独的 Shell。

先通过以下脚本来了解函数体基本的定义形式：

```
#!/bin/sh
hello ()
{
echo "Hello, today is `date`"
echo "Welcome back!"
}
hello
```

脚本中的hello()是函数，其下由{}括起来的是函数体，这些是函数具体功能的体现，最后的hello表示调用函数。当然，如果要调用一个函数，被调用的这个函数就必须先声明，否则调用失败。

2. 函数的调用方式

函数的定义可与程序在一起，也可分开作为一个独立存在的文件，函数的调用也就存在两种方式，要么从程序中调用，要么从一个独立的文件中调用（为了管理方便，如果使用这种方式调用函数，通常有一个专门存放函数的目录，或称为函数库）。

要调用函数就必须先创建它，在同一个脚本程序文件中允许定义多个函数体。在定义函数之后，要确保函数在脚本中先读取，再决定何时调用，否则函数调用失败。通常，函数都应在任何脚本的开始处进行定义，在脚本的主体中调用。

以下 Shell 脚本将函数定义在程序中，脚本实现检查指定的文件在当前的目录是否存在，如果存在就结束运行，否则新建一个文件并在检查到该文件存在时结束退出。

```
#!/bin/sh
IS_A_FILE ()
{
  _FILES_NAEM=$1
  echo "the files is exist..."
  if [ ! -f $_FILES_NAME ] ; then
    return 1
  else
    return 0
  fi
}
for files in *
do
  echo  -n "enter the file name:"
  read DIREC
  if [ -f $DIREC ] ; then
    break 2
  else
    touch $DIREC
    echo "create $DIREC, please wait..."
  fi
done
IS_A_FILE
```

从独立的文件中调用函数，简单来说就是把函数定义在一个独立的文件中并授予相关的权限。

在需要调用函数时，只需要在Shell脚本程序中指定被调用函数的位置，即在脚本头部指定函数的路径名并在后面指定函数的名称即可。

6.3 脚本在计划任务中的应用

计划任务是运维工作中比较重要的组成部分，通过它能够在指定的时间执行特定的工作，这样就可以将一些耗资源的工作放在特定时间（比如夜间）执行。本节将对计划任务的概念和配置进行介绍。

6.3.1 什么是计划任务

在日常生活中，经常出现在某个特定时间做某件事的情况，比如两个人约好何时何地做什么事，何时要发生什么事，等等，不过对于这些在特定时间发生的事情，比较常见的是一次性就结束，下次要再发生时的时间和地点也许就会发生变化。再比如工作日设置的闹钟，通常是周一至周五的每天早上特定时间就响，这是非常有规律的循环事件。

无论是单次发生还是循环发生，都是在有计划地执行一些特定的事件，这样的事件就是有计划的“任务”，或称为计划任务。同样，在CentOS中也需要做一些有计划的任务，比如系统在特定的时间做一些事，这样就不需要亲自处理而节省大量的时间。其实，在服务器的运维工作中，计划任务的使用非常普遍，通过计划任务使得工作效率变得非常高，而且更具有灵活性。

在CentOS中，经常使用cron服务来完成计划任务这项工作。当然，计划任务存在不同类型，主要包括以下两种：

1）系统执行的工作，即系统周期性执行的工作，如备份系统数据、清理缓存及周期性重启服务等。

2）个人执行的工作，即某用户定期要做的工作，如每隔一定时间检查某个事件的状态等。

关于计划任务cron（crond）的进程，它是由系统服务来控制的，系统中原本就有不少计划性工作，它们根据实际情况执行。另外，系统也允许用户设置和执行计划任务，用户可通过crontab命令设置和控制计划任务的执行。

任务的调度分为系统任务调度和用户任务调度两类。其中，系统任务调度是系统周期性执行的工作（如写缓存数据到硬盘、日志清理等工作），这是一种对时间、事件及资源进行一次综合使用且多次重复的过程，也是系统能够有序、稳定和长时间运行的必要因素；用户任务调度简单理解就是对操作系统和应用程序的基本维护（如数据备份、定时更新时间等），这类操作并不一定必须按时执行（如有更高优先级或系统资源满额状态等），用户任务的定时调度，系统是根据/etc/crontab文件中的设定来执行的。

6.3.2 cron的计划任务配置

计划任务是对系统进行自动化管理的主要手段，通过它的使用能够节省大量的时间和精力。在系统中cron的使用比较普遍，本小节将对cron的相关概念和使用进行介绍。

1. 基于cron循环的计划任务

接下来将介绍计划任务的相关配置。计划任务是系统自动化管理中一种非常有效的手段。对于计划任务，系统自带的cron工具在很大程度上已能够满足日常服务要求，因此在系统维护中应熟悉cron工具的使用以及它与Shell脚本协同工作的配置方法。

对于系统中的定时任务，可使用crontab（cron table）命令来设置，它是cron的配置文件，也称为作业列表，可以在以下目录找到相关配置文件：

- /var/spool/cron/目录：该目录存放每个用户的任务，每个任务都以创建者的名字命名。
- /etc/crontab文件：该文件的主要作用是存储要调度的各种任务，简单来说就是设置的定时任务都在该文件中存储并等待执行。
- /etc/cron.d/目录：用于存放任何要执行的crontab文件或脚本。

当然，实际上计划任务的脚本也可以放在/etc/cron.hourly、/etc/cron.daily、/etc/cron.weekly和/etc/cron.monthly目录中，并让它以秒/分钟/小时/天/星期/月为单位来执行。

对于计划任务的格式问题，在/etc/crontab文件中有非常清楚的定义，以下是该文件的内容。

```
SHELL=/bin/bash
PATH=/sbin:/bin:/usr/sbin:/usr/bin
MAILTO=root

# For details see man 4 crontabs

# Example of job definition:
# .---------------- minute (0 - 59)
# |  .------------- hour (0 - 23)
# |  |  .---------- day of month (1 - 31)
# |  |  |  .------- month (1 - 12) OR jan,feb,mar,apr ...
# |  |  |  |  .---- day of week (0 - 6) (Sunday=0 or 7) OR
sun,mon,tue,wed,thu,fri,sat
# |  |  |  |  |
# *  *  *  *  * user-name  command to be executed
```

在该文件中，前三行用于配置crond任务运行的环境变量，第一行用于指定系统要使用的Shell；第二行用于指定系统执行命令的路径；第三行用于指定crond的任务执行信息将通过电子邮件发送给root用户，如果MAILTO变量的值为空，就表示不发送信息。

对于该文件中定义的其他内容，就是用于定义/说明设置一项计划任务的基本格式。接下来将对该文件中注释部分的内容进行介绍，这部分内容是非常重要的指导性内容，通过这些内容就能够知道如何设置计划任务的命令行。

首先来看最后一行，该行的格式就是一个计划任务命令行的基本格式，它由执行的时间、执行的用户和命令参数三部分组成。

```
# *  *  *  *  * user-name  command to be executed
```

第一段：定义的是分钟，表示计划任务在每个小时的第几分钟执行，分钟的时间值在0~59的范围内。

第二段：定义的是小时，表示计划任务隔多少小时就执行，小时的时间值在0~23的范围内。

第三段：定义的是日期，表示计划任务在每个月的第几天执行，其日期时间值在1~31，但需要注意有些月份仅有28天。

第四段：定义的是月，表示计划任务在每年的第几个月执行，月份时间值在1~12。

第五段：定义的是周，表示计划任务在每周的第几天执行，周的时间值范围在 0~6，其中 0 表示星期日。

每六段：定义的是执行计划任务的用户。

第七段：定义的是执行的命令和参数，这是设置一个计划任务最为重要的部分。

2. 基于 crontab 命令的一次性计划任务

对于 crontab 命令而言，它能够在一次设置后就实现计划任务循环执行，执行的时间包括分钟、小时、天和周等。

crontab 命令用来读取和修改名为/etc/crontab 文件的内容，此文件中包含定时执行的程序列表。计划任务主要由两部分组成，crontab 用于更改配置文件，而 cron 用于实际执行定时的程序。也就是说，这两者之间相互协作来完成计划任务的工作。当然，这里主要介绍 crontab 命令的使用，下面对该命令的语法格式和常用选项进行说明。

crontab 命令的语法格式如下：

```
crontab [-u user] file
crontab [-u user] [-l | -r | -e] [-i] [-s]
crontab -n [ hostname ]
crontab -c
```

该命令常用的选项及说明如下：

- -l：list，列出指定用户的计划任务列表。
- -e：edit，编辑指定用户的计划任务列表。
- -u：user，如果用户名不指定，就默认使用当前用户。
- -r：remove，删除指定用户的计划任务列表。

对于这些选项，使用频率比较高的是-l 和-e 两个，不过接下来将重点介绍如何设置一个计划任务。根据/etc/crontab 文件中对计划任务设置的格式，在设置时要遵循这个格式。接下来看一个简单的计划任务设置的命令行。

执行带有-e 选项的 crontab 命令，并在打开的窗口中写入以下命令行：

```
5 * * * *  /usr/sbin/ls
```

保存退出就可以，就好比退出 vi 编辑器一样。

该命令行的意思是每小时的第 5 分钟执行一次 ls 命令（每个小时仅执行一次）。另外，对于命令的使用，建议以绝对路径的方式来执行，但要执行自定义的脚本文件，一定要使用绝对路径，否则执行时会出错。

有时会看到如下的命令行：

```
*/5 * * * * /usr/sbin/ntpdate -u 202.120.YY.XX
```

该命令行的意思是每隔 5 分钟就执行 ntpdate 命令来从 IP 地址为 202.120.YY.XX 的服务器上获取最新的时间。

对比以上两条命令行的时间设置，它们对时间的定义都在一个位置上，但最终执行的时间却不一样，这是由于使用了特殊的符号。对于这些特殊的符号，比较常见的主要有 4 个，分别说明如下：

- *：表示取值范围中的每一个数字。

- -：表示连续区间内的值，比如要想表示 1～7 的数字，就可以写成 1-7。
- /：表示单位时间内执行的次数，如想每 10 分钟执行一次，可以写成*/10。
- ,：表示多个取值，如想在 1 点、2 点、6 点执行，就可以写 1,2,6。

接下来，举例说明它们的使用，在生产环境下并不一定就是这样设置的。

例子一：每月 1 日、10 日、22 日的 4:45，从 IP 地址为 202.120.YY.XX 的服务器上获取最新时间来更新本地系统的时间。

先了解需求，从需求中可以获知三部分信息：其一是在月份下的日期，需要用到多个取值；其二是时间中的时和分；其三是该计划任务的作用。因此，命令行如下：

```
45 4 1,10,22  *  *   /usr/sbin/ntpdate -u 202.120.YY.XX
```

例子二：每周六、周日的 1:10 从 IP 地址为 202.120.YY.XX 的服务器上获取最新时间来更新本地系统的时间。

从例子来看，这是指定每周末的 1:10，因此仅涉及周和时分，命令行如下：

```
10 1  *  *  6,7   /usr/sbin/ntpdate -u 202.120.YY.XX
```

例子三：每天 18:00 至 23:00 每隔 30 分钟重启 network 服务。

在需求中涉及在某范围中取值，因此需要使用“/”和“-”，命令行如下：

```
*/30  15-23  *  *  *   systemctl restart network.service
```

例子四：每隔两天的上午 8 点到 11 点的第 3 分钟和第 15 分钟执行一次系统重启。

```
3,15  5-11  */2  *  *  /usr/sbin/reboot
```

需要注意的是，使用 crontab 命令设置的计划任务，这些信息将被保存到/var/spool/cron/目录下，即每个计划任务都有一个对应的文件，但这些文件的内容是不能使用编辑器来编辑的。

运维前线

请注意，在设置计划任务时使用 vi 编辑器和使用 crontab 命令的问题。使用 vi 编辑的是系统级别定义的 crontab，打开该文件的所有者和组都是 root 用户；使用 crontab 编辑时是用户自定义的，是所有用户都可以设置和写入的。另外，所配置的文件也不同，vi 打开的是/etc/crontab 文件，而 crontab 打开的是/var/spool/cron/目录下的文件。

6.3.3　其他计划任务的设置工具

本小节的重点是对设置计划任务的一些常见的工具/命令进行介绍，熟练使用这些工具/命令，在系统的维护上就能够灵活、合理地安排各项工作，对系统的资源能够更加合理地使用。

1. 基于 at 的单次计划任务

对于 at 命令而言，主要用于执行将来的单次任务，因此对于只需要执行一次的计划任务就可以使用它来实现。对于仅执行单次任务的需求，在复杂的生产环境下还是会用到，就好比需要在夜间执行一次特定的任务，这样就可以使用 at 命令来设置单次计划任务，而不是自己等到深夜再去执行。

如果有 at 命令，就需要先安装 at 软件包，安装后其进程名称为 atd，安装后就可以启动它，或使用命令来查看它的进程状态。

```
[root@system ~]# systemctl start atd.service
[root@system ~]# systemctl status atd.service
● atd.service - Job spooling tools
   Loaded: loaded (/usr/lib/systemd/system/atd.service; enabled; vendor preset: enabled)
  Active: active (running) since Mon 2020-03-16 08:49:03 CST; 2s ago
  Main PID: 1829 (atd)
   CGroup: /system.slice/atd.service
           └─1829 /usr/sbin/atd -f

Mar 16 08:49:03 system systemd[1]: Started Job spooling tools.
Mar 16 08:49:03 system systemd[1]: Starting Job spooling tools...
```

从以上输出信息可以获取到 atd 服务已经处于运行状态，这就意味着此时可以使用该服务来执行或设置一些单次执行的任务计划。另外，建议将 atd 服务设置成开机启动。

```
[root@system ~]# systemctl enable atd.service
```

对于 at 命令的使用，可以通过 man 在线手册来了解它的语法格式，如下：

```
at [-V] [-q queue] [-f file] [-mMlv] timespec...
at [-V] [-q queue] [-f file] [-mMkv] [-t time]
at -c job [job...]
atq [-V] [-q queue]
at [-rd] job [job...]
atrm [-V] job [job...]
batch
at -b
```

关于该命令的更多信息，可以使用 man 命令获取。

在使用 at 命令设置计划任务时，必须指定命令执行的时间/日期、要做的事等，同时为了能够查看执行过程和结果，会将命令执行的过程重定向到指定的文件中。比如现在要设置一个夜间收集系统日期时间的计划任务，可以执行以下 at 命令来设置这个计划任务：

```
[root@system ~]# at 2:30 tomorrow
at> date >/tmp/date.log
at> <EOT>
job 1 at Tue Mar 17 02:30:00 2020
```

运维前线

在交互模式下，如果输入错误，使用组合键 Ctrl+Back 来删除，输入完成后按回车键，并在需要结束退出时按组合键 Ctrl+D 就可以。

其中，tomorrow 表示日期。下面对其他的时间类关键词进行说明。

- hours：表示小时。
- days：表示天。

- weeks：表示星期。
- months：表示月。
- years：表示年。

当然，并不是必须要使用这些关键词来表示，在设定计划任务时还可以使用日期的方式来表示，如将计划任务设定在当年的 3 月 20 日 2:10 执行，就可以执行以下命令来设置：

```
[root@system ~]# at 2:10 2020-03-20
at> who > /tmp/who.log
at> <EOT>
job 2 at Fri Mar 20 02:10:00 2020
```

如果需要将计划任务设定在今天执行，如设置在今晚 11 点执行 pwd 命令，并将执行的结果重定向到/tmp/test.log 文件保存，可以执行以下 at 命令：

```
[root@system ~]# at 11 pm
at> pwd > /tmp/test.log
at> <EOT>
job 3 at Mon Mar 16 23:00 2020
```

需要注意的是，如果设置的执行时间在规定的时间之后，就只能等到下一次这个时间执行。比如打算在今晚 11 点执行，但设置该计划任务的时间已过了 11 点（如 11:01），那么命令只能在明晚的这个时间执行。

以上设置的计划任务，在设置后都会显示一个 job 编号，该编号是由系统指定的，且按照顺序分配。

这些计划任务是在将来执行的，并且执行完成后就会失效。当然，如果要查看在系统中已经设置的计划任务有哪些，可以使用 atq 命令来查看：

```
[root@system ~]# atq
1  Tue Mar 17 02:30:00 2020 a root
2  Fri Mar 20 02:10:00 2020 a root
3  Mon Mar 16 23:00 2020 a root
```

从输入可知，现在已经设置了三个 at 计划任务等待执行，以及每个任务的相关描述性信息。当然，如果发现某个或某些计划任务不需要再执行，要取消就可以使用 atrm 命令删除，如要删除 job 为 3 的计划任务，可以执行以下命令：

```
[root@system ~]# atrm
```

对于这些已经配置的计划任务，它们被暂存到/var/spool/at/目录下，以下是相关的记录信息。每个计划任务都以单行的记录存在，且以 job 号按顺序排序。

```
-rwx------ 1 root  root  2607 Mar 17 18:04 a000010192f396
-rwx------ 1 root  root  2605 Mar 17 18:05 a000020192fec2
-rwx------ 1 root  root  2605 Mar 17 18:05 a000030192f2c4
drwx------ 2 daemon daemon    6 Mar 17 18:03 spool
```

也就是说，可以进入该目录下对不需要的计划任务进行删除，使用带有-f 选项的 rm 命令删除对应计划任务的目录就可以。

对于 at 命令，默认它的使用权限对超级用户开放，但对于普通用户而言是否能够执行，就需要由/etc/at.allow 和/etc/at.deny 两个文件来决定。其中，对于在/etc/at.deny 文件中的用户，就不能使用 at 来设置计划任务，而在/etc/at.allow 下的用户就能够使用 at 来设置计划任务。

2. 系统级别的计划任务命令 anacrontab

anacrontab 是系统计划任务的扩展文件，是一种能够在错过的指定时间以及一定的时间间隔内自动执行任务的命令。

该命令是系统设置好的，主要用于清理系统垃圾或自动执行某些脚本的系统任务，通常不需要更改，该命令的配置文件/etc/anacrontab 内容如下：

```
# /etc/anacrontab: configuration file for anacron
# See anacron(8) and anacrontab(5) for details.

SHELL=/bin/sh
PATH=/sbin:/bin:/usr/sbin:/usr/bin
MAILTO=root

# the maximal random delay added to the base delay of the jobs
RANDOM_DELAY=45
# the jobs will be started during the following hours only
START_HOURS_RANGE=3-22
#period in days   delay in minutes   job-identifier   command
1       5     cron.daily        nice run-parts   /etc/cron.daily
7       25    cron.weekly       nice run-parts   /etc/cron.weekly
@monthly 45    cron.monthly      nice run-parts   /etc/cron.monthly
```

下面对该文件中的相关配置进行说明。

- SHELL：运行计划任务时使用/调用的解释器。
- PATH：命令的环境变量。
- MAILTO：计划任务的出发者。
- RANDOM_DELAY：设置运行计划任务随机延迟的最大值。
- START_HOURS_RANGE：计划任务将仅在接下来的几个小时内启动。

下面对命令/文件的定义格式及所定义的配置进行说明。

格式：period（频率.天数） delay（延迟,分钟） job-identifier command

第一行：每天开机 5 分钟后检查/etc/cron.daily 文件是否被执行，如果没有被执行就执行。

第二行：每隔 7 天（一周）开机后 25 分钟检查/etc/cron.weekly 文件是否被执行，如果一周内没有被执行就执行。

第三行：每月开机后 45 分钟检查/etc/cron.monthly 文件是否被执行，如果一个月内没有被执行就执行。

anacrontab 命令的配置使用与 at 命令差不多，因此参考 at 命令的使用就可以，这里不再重复介绍。在实际的工作环境下，crontab 命令的使用频率更高，因此建议熟悉该命令的使用和基于该命令的计划任务设置。

6.4 本章小结

本章介绍了 Shell 脚本编程和计划任务+脚本的使用。

在运维中常使用脚本来对系统进行监控，包括性能监控、服务进程监控、“过期”数据维护等，需要掌握这类脚本的调试。

计划任务常结合脚本使用，这是实现自动化运维的一种简单方式。

第 7 章

企业级系统日志管理

日志用于记录各种活动遗留下的痕迹，管理好日志是运维工作的重要组成部分，通过所记录的信息能够发现系统中存在的问题并及时解决。

本章介绍系统中的日志管理，内容主要包括系统安全审计功能、审计系统的配置与应用和系统日志的应用与管理这三方面。

7.1 系统安全审计功能

审计就是把与系统安全有关的动作记录下来，它是操作系统安全体系的、基于“被动”防御体系的重要组成部分，也是内嵌在内核中的一个安全模块。审计系统通过用户空间审计系统和内核空间审计系统共同完成对事件的记录，强化了系统的安全。

审计系统提供一种记录系统安全信息的方法，这些信息包括可被审计的事件名称、事件状态（成功或失败）和安全信息等，它们能为系统管理员在用户违反系统安全法则时及时提供警告信息，使得管理员能够及时发现并处理系统中存在的安全问题。

对于系统的审计模块，其中的 auditd 是系统调用信息的一个用户态程序，通过它可以对一些系统调用或文件目录进行监控。审计功能让系统内核具备了日志记录事件的能力，通过这些事件就能确定系统可能存在的安全问题，可通过以下方式来使用审计功能：

1）配置审计功能。

2）添加审计规则和观察器来收集所需的数据。

3）启动守护进程，审计功能使用内核中的 Linux Auditing System 进行日志记录。

4）通过生成审计报表和搜索日志来周期性地分析数据。

7.1.1 审计系统配置文件

审计系统所要记录的动作都可以通过配置文件/etc/audit/auditd.conf 来自定义，该文件支持自定义的内容包括：

- 设置审计消息的专用日志文件。
- 确定是否循环使用日志文件。
- 日志文件占用的磁盘空间达到限定值时发出警告。
- 配置审计规则记录更详细的信息。
- 激活文件和目录观察器。

在/etc/audit/auditd.conf 配置文件中，每个选项作为独立的一行并通过“=”来指定它的值，配置内容如下：

```
log_file = /var/log/audit/audit.log
log_format = RAW
log_group = root
priority_boost = 4
flush = INCREMENTAL
freq = 20
num_logs = 5
disp_qos = lossy
dispatcher = /sbin/audispd
name_format = NONE
##name = mydomain
max_log_file = 6
max_log_file_action = ROTATE
space_left = 75
space_left_action = SYSLOG
action_mail_acct = root
admin_space_left = 50
admin_space_left_action = SUSPEND
disk_full_action = SUSPEND
disk_error_action = SUSPEND
##tcp_listen_port =
tcp_listen_queue = 5
tcp_max_per_addr = 1
##tcp_client_ports = 1024-65535
tcp_client_max_idle = 0
enable_krb5 = no
krb5_principal = auditd
##krb5_key_file = /etc/audit/audit.key
```

/etc/audit/auditd.conf 配置文件中的相关配置项（部分）说明如下：

- log_file 配置项：审计日志文件的完整路径。注意，如果向/var/log/audit/目录外写日志，该日志文件的权限只对 root 用户开放。
- log_format 配置项：写日志时使用的格式。设置为 RAW 时，数据会把从内核中检索到的格式写到日志文件中；设置为 NOLOG 时，数据不会写到日志文件中，但通过 dispatcher 选项指定时数据仍然会发送到审计事件调度程序中。
- priority_boost 配置项：设置审计推进守护进程的优先级的值（该值必须是非负数）。
- flush 配置项：向日志文件中写一次数据的时间。值为 NONE 表示不需要通过特殊方式将数据写入日志文件，值为 INCREMENTAL 时用 freq 选项的值来确定刷新数据的时长，值为 DATA 表示审计数据和日志文件同步，值为 SYNC 表示每次写到日志文件时数据和元数据是同步的。

- freq 配置项：如果 flush 值为 INCREMETNAL，审计守护进程在写日志文件前会从内核中接收记录数。
- dispatcher 配置项：当启动守护进程时，审计进程自动启动该程序，且所有的守护进程都传递给这个程序。
- disp_qos 配置项：控制调度进程与审计守护进程之间的通信类型。设置为 lossy 时，如果审计守护进程与调度程序间的缓冲区已满（缓冲区为 128 千字节），则发送给调度程序的引入事件会被丢弃；如果设置为 lossless，在向调度程序发送事件和将日志写到磁盘之前，调度程序会等待缓冲区有足够的空间再写入。
- max_log_file 配置项：以兆字节表示最大日志文件容量，当达到该容量时执行 max_log_file _action 指定的动作。
- max_log_file_action 配置项：指定 max_log_file 容量达到设定值时采取的动作。值为 IGNORE 时不采取动作；值为 SYSLOG 时向系统日志/var/log/messages 中写入一条警告；值为 SUSPEND 时不会向日志文件写入审计消息；值为 ROTATE 时会循环日志文件；值为 KEEP_LOGS 时会循环日志文件，但会忽略 num_logs 参数（也就是不删除日志文件）。
- space_left 配置项：以兆字节表示的磁盘空间数据存储量，当数据量达到这个水平时，就会采取 space_left_action 参数中指定的动作。
- space_left_action配置项：当磁盘空间数据量达到space_left的值时就采取这个动作。值为IGNORE时不采取动作；值为SYSLOG时就向/var/log/messages写一条警告消息；值为EMAIL时就向action_mail_acct指定用户的地址发送邮件，并向/var/log/messages中写一条警告消息；值为 SUSPEND时不向审计日志文件中写警告消息；值为SINGLE时系统将进入单用户模式；值为SALT时就关闭系统。
- action_mail_acct配置项：设置审计守护进程和日志的管理员的邮箱地址。如果地址没有主机名，就假定主机名为本地地址（比如root），当然前提是安装和配置如Sendmail的邮件服务。
- admin_space_left配置项：以兆字节表示的磁盘空间数量。如果磁盘空间达到设定的值，就会采取admin_space_left_ action指定的动作。
- admin_space_left_action配置项：当磁盘空间量达到admin_space_left指定的值时就采取该选项指定的动作。动作值包括IGNORE、SYSLOG、EMAIL、SUSPEND、SINGLE和HALT，与它们关联的动作与space_left_action的相同。
- disk_full_action 配置项：如果含有这个审计文件的分区已满，就采取这个动作。动作值包括IGNORE、SYSLOG、SUSPEND、SINGLE 和 HALT，与它们关联的动作与 space_left _action 的相同。提示：如果不循环审计日志，那么存放/var/log/audit/的分区可能变满而引起系统错误，因此建议让/var/log/audit/位于一个单独的专用分区。
- disk_error_action 配置项：如果在写审计日志或循环日志文件时检测到错误，就采取这个动作。动作值包括 IGNORE、SYSLOG、SUSPEND、SINGLE 和 HALT 之一，与它们关联的动作与 space_left_action 的相同。

7.1.2 审计功能的守护进程

通常，在启动审计守护进程时也启用了内核特性，要在启动时不通过守护进程 auditd 来启用 Linux Auditing System，只需要通过 audit=1 参数来引导。如果参数设置为 1 且 auditd 未运行，那么审计日志会被写到/var/log/messages 中。

在配置守护进程和添加规则与观察器后，就能够以根用户身份执行命令来对 auditd 守护进程进行启动。如果修改守护进程的配置时守护进程已处于运行状态，则以根用户身份执行命令重新加载配置。如果要对规则与观察器所做的修改进行验证，可通过根用户身份执行带选项-l 的 auditctl 命令列出来所有活动的规则和观察器。

通常，审计功能的使用应该覆盖到服务器和重要客户端上的每个操作系统用户和数据库用户，审计的内容也应包括重要用户行为、系统资源的异常使用和重要系统命令的使用等重要的安全相关事件。如果操作系统已经安装 auditd 服务，就可以启动它。

```
[root@system ~]# systemctl start auditd.service
```

在启动审计功能的守护进程后，可以通过以下命令来查看所配置的策略，如果未配置任何策略，该命令就不会输出任何信息。

```
[root@system ~]# auditctl -l
```

另外，建议启动 rsyslog 这个守护进程，同时要将 rsyslog 和 auditd 设置为开机自启动。

7.1.3　调度监控与观测器规则

对于系统调用、用 auditctl 命令行观察文件或目录的操作等事件审计的规则，可以使用 Linux 审计系统（Linux Auditing System）来实现。如果用初始化脚本启动 auditd，规则和观察器就被添加到/etc/audit/audit.rules 文件中，以便在启动守护进程时执行它们。

文件/etc/audit/audit.rules 中的每个规则和观察器必须作为单独的一行，规则和观察器是 auditctl 命令行选项，规则的读取由上至下，如果一个或多个规则或观察器互相冲突，就默认使用最先找到的第一个。/etc/audit/audit.rules 文件的默认配置内容如下：

```
## This file is automatically generated from /etc/audit/rules.d
-D
-b 320
```

向/etc/audit/audit.rules 文件中添加审计规则时，可以使用以下语法(-a 是向列表末尾添加规则，-A 是向列表开头添加规则）：

```
-a/A <list>,<action> <options>
```

如要监控 UID 为 500 的用户对 open 系统的调用时，可向/etc/audit/audit.rules 文件中添加如下规则（位数不同，规则也不同。另外，如果在终端执行，就需要在-a 选项前加上 auditctl 命令）：

```
-a exit,always -F arch=b64 -S open -F auid=500
```

- exit：系统调用退出列表，当退出系统调用并确定是否应创建审计时使用。
- always：分配审计上下文，总是把它填充在系统调用条目中，总是在系统调用退出时写一个审计记录。

其他常见的列表名称如下：

- task：每个任务的列表，只有创建任务时才使用。
- entry：系统调用条目列表，当进入系统调用并确定是否应创建审计时使用。
- user：用户消息过滤器列表，内核将用户空间事件传递给审计守护进程前就使用该列表过滤用户空间事件。

- exclude：事件类型排除过滤器列表，用于过滤管理员不想看到的事件。
- never：不生成审计记录。

在文件及目录的行为上，Linux Auditing System允许管理员观察它们的动作，也就是说可以在一个文件或目录上放一个观察器来观察操作成功或失败的动作，如打开文件、目录或执行文件等。要添加观察器时可使用-w来添加，-w的后面跟着一个要观察的文件或目录，如限制并观察/etc/passwd文件的行为时可以在/etc/audit/audit.rules文件中添加如下规则：

```
-w /etc/passwd -p rwxa
```

如果-w 结合-k <key>选项使用，观察器产生的所有记录会含有一个警报词，因此可以很容易将观察器的记录从日志文件中过滤出来。要限制文件或目录观察器为某些动作时可以使用-p 选项，该选项后跟的是一个或多个动作：r 是观察读动作，w 是观察写动作，x 是观察执行动作，a 是在末尾添加动作。

在配置系统调用的审计功能后，如果发生的事件达到了/etc/audit/auditd.conf 文件中定义的规则动作，它会通过调度程序发送信息，然后向日志文件/var/log/audit/audit.log 写入一条信息，如类似于如下的日志信息：

```
    type=SYSCALL msg=audit(1407363735.530:215): arch=40000003 syscall=5
success=yes exit=3 a0=852a890 a1=98800 a2=8063e98 a3=852a878 items=1 ppid=2021
pid=2042 auid=500 uid=500 gid=500 euid=500 suid=500 fsuid=500 egid=500 sgid=500
fsgid=500 tty=pts2 ses=3 comm="ls" exe="/bin/ls" key=(null)
    type=CWD msg=audit(1407363735.530:215):  cwd="/home/cent"
    type=PATH msg=audit(1407363735.530:215): item=0 name="." inode=276589
dev=fd:00 mode=040700 ouid=500 ogid=500 rdev=00:00
```

另外，对于规则配置应该注意一些问题，如果在审计守护进程处于运行的状态下添加规则，建议执行 services 命令重启审计的进程来重新加载配置，当然也可以使用“service auditd reload”来重启，不过这种方法不会提供配置文件错误的消息。

7.2 审计系统的配置与应用

审计系统由用户空间审计系统和内核空间审计系统两部分组成，它们各负其责，对系统的日常活动痕迹按不同的类型和等级进行记录，并将记录的信息以图表的形式显示出来，从而能够更加直观地查看系统是否存在安全隐患，在对系统安全要求较高的环境中都要求配置该审计功能。

7.2.1 用户空间审计系统

用户空间审计系统用于设置规则和审计系统状态、记录审计日志。用户空间审计系统由多个应用程序组成，应用程序 auditd 负责接收来自内核的审计消息，然后通过一个工作线程将审计消息写入审计日志文件中。另外，该应用程序还通过一个与套接字绑定的管道将审计消息发送给 dispatcher 应用程序。

1. 审计规则管理命令 auditctl

auditctl 命令用于对内核中的 audit 进行控制，包括获取 audit 的状态和增删规则等。该命令的语法格式如下：

```
auditctl [options]
```

auditctl 命令常用的功能选项如下：

- -e [0|1]：停止或启动内核审计的功能。
- -a：将规则追加到链表。
- -w path：为文件系统对象<path>插入一个监视。
- -p：设置文件权限。
- -k key：设置审计规则上的过滤关键词，关键词用于唯一识别监控产生的审计记录，是长度不超过 32 字节的任意字符串。
- -D：删除所有的规则和监控。
- -s：报告状态。

以下是 auditctl 应用的例子说明。

（1）查看audit的运行状态

```
[root@system ~]# auditctl -s
enabled 1
flag 1
pid 22403
rate_limit 0
backlog_limit 320
lost 0
backlog 0
loginuid_immutable 0 unlocked
```

对于该命令输出的信息，可以通过 enabled、flag、rate_limit 等参数知道 audit 的运行状态是否正常。其中，enabled 的值为 0 或 1 时表示启用或禁用 audit 审核；flag 用于设置失败标记的等级，值为 0、1 或 2 时分别表示不输出日志、输出 printk 日志或大量输出日志信息。

（2）审计规则管理之调用监控

要监控某个用户的调用时，可以使用 auditctl 命令添加一条 audit 规则，如要记录 cent6 用户对 open 的系统调用（设该用户的 UID 为 501）：

```
[root@system ~]# auditctl -a exit,always -S open -F auid=501
```

命令行的 open 表示要查看某一指定用户打开的文件，那么在该 UID 的用户登录系统并执行 ls 等命令时就被记录到审计日志中。

查看程序所有的系统调用：

```
[root@system ~]# auditctl -a entry,always -S all -F pid=1005
```

查看不成功的 open 系统调用：

```
[root@system ~]# auditctl -a exit,always -S open -F success!=0
```

（3）审计规则管理之动作监控

查看指定用户打开的文件（设该用户的 UID 为 502）：

```
[root@system ~]# auditctl -a exit,always -S open -F auid=502
```

（4）删除审计规则

如果要删除以上的审计规则，可以执行带有-d 选项的 auditctl 命令行。如果不想看到用户登录类型的消息，可以添加如下的审计规则：

```
[root@system ~]# auditctl -a exclude,always -F msgtype=USER_LOGIN
```

对于 32 位与 64 位系统而言，在添加规则时会有所不同，因此在 64 位的系统中添加审计规则时需要多增 arch=b64 的参数。

```
[root@dog ~]# auditctl -a exit,always -S open -F auid=504
WARNING - 32/64 bit syscall mismatch, you should specify an arch
[root@dog ~]# auditctl -a exit,always -F arch=b64 -S open -F auid=504
```

第一条执行的是 32 位操作系统中的审计规则命令，放在 64 位的操作系统中执行就提示错误，通过在命令中添加“-F acrh=b64”的参数再执行时就不会再提示错误的信息，可通过以下命令来确定是否成功执行：

```
[root@dog ~]# auditctl -l
LIST_RULES: exit,always watch=/etc/passwd perm=rwxa
LIST_RULES: exit,always auid=502 (0x1f6) syscall=open
LIST_RULES: exit,always auid=504 (0x1f8) syscall=open
LIST_RULES: exit,always arch=3221225534 (0xc000003e) auid=504 (0x1f8)
syscall=open
```

2. 审计消息报表设置 aureport

开启系统的审计功能后，系统在运行一段时间后审计日志的内容就会在短时间内暴增，这就造成查看日志的难度。为了能在短时间内了解系统存在的安全问题，可以使用 aureport 命令来生成审计消息报表（以图形方式显示），通过报表就可以很明了地了解系统存在的安全问题。

（1）系统事件整体报告

出于安全的考虑，审计日志的读取权限只对 root 用户开放，而 aureport 命令是通过读取日志的数据来产生报表的，因此在执行该命令时需要来自 root 用户的权限。aureport 的语法格式如下：

```
aureport [options]
```

aureport 命令常用的功能选项如下：

- -a：报告关于访问向量缓冲（Access Vector Cache，AVC）的信息。
- -c：报告有关配置修改的信息。
- -f：报告关于文件的信息。
- -h：报告关于主机的信息。
- -l：报告关于登录系统的信息。
- -m：报告有关账号修改的信息。
- -p：报告进程的信息。
- -s：报告有关系统调用的信息。

要以图形的方式显示（用户空间的）审计系统中记录的事件，首先需要一个脚本，并在系统中安装 gnuplot 工具（系统自带），脚本代码如下（脚本名称为 mkbar）：

```
01 #!/bin/sh
02 #
03 if [ x"$1" != "x" ] ; then
04  OUT="$1"
05  else
06  OUT="audit"
07 fi
08 #
09 EXT="png"
10 gpcommand="plot-script"
11 gpdata="$OUT.dat"
12 gpout="$OUT.$EXT"
13 plotcommand=`which gnuplot`
14 #
15 if [ x"$plotcommand" = "x" ] ; then
16  echo "gnuplot is not installed"
17  exit 1
18 fi
19 #
20 # create gnuplot command file
21 echo "set terminal $EXT small xfdf5e6 x000000 x404040 x0000ff x00ff00" >
$gpcommand
22 echo "set grid ytics" >> $gpcommand
23 echo "set nokey" >> $gpcommand
24 echo "set nolabel" >> $gpcommand
25 echo "set data style lines" >> $gpcommand
26 echo "set noxzeroaxis" >> $gpcommand
27 echo "set noyzeroaxis" >> $gpcommand
28 echo "set boxwidth 0.9 relative" >> $gpcommand
29 echo "set style fill solid 1.0" >> $gpcommand
30 echo 'set output "'$gpout'"' >> $gpcommand
31 # This is to be able to start with a comma as we read input.
32 echo -n "set xtics rotate (\"-1\" -1" >> $gpcommand
33 #
34 # make sure we don't append to pre-existing file
35 rm -f $gpdata
36 #
37 # read input
38 i=0
39 while [ 1 ]
40 do
41  read -t 5 line 2>/dev/null
42  if [ $? -ne 0 ] ; then
43   break
44   fi
45  if [ x"$line" != "x" ] ; then
46   i=`expr $i + 1`
47   echo $line | awk '/^[0-9]/ { printf ", \"%s\" %d", $2, 1+num }' "num=$i" >>
$gpcommand
```

```
48     echo $line | awk '/^[0-9]/ { printf "%d %s\n", 1+num, $1 }' "num=$i" >>
$gpdata
49   fi
50 done
51 echo -e ')\n' >> $gpcommand
52 echo 'plot "'$gpdata'" with boxes' >> $gpcommand
53 #
54 # Create the audit
55 gnuplot $gpcommand
56 #
57 # Cleanup
58 rm -f $gpcommand $gpdata
59 #
60 # output results
61 if [ -e $gpout ] ; then
62   echo "Wrote $gpout"
63   exit 0
64 fi
65 exit 1
```

建议将脚本放在/etc/audit/目录下并授予可执行权，然后执行如下 aureport 命令来生成整体事件的图形报告。其中，events 是所产生的图形名称，如果执行命令时没有指定，则以 audit 作为默认名称，文件以 png 为后缀。

```
[root@system ~]# aureport -e -i --summary | /etc/audit/mkbar events
Could not find/open font when opening font "arial", using internal non-scalable
font
Wrote events.png
```

命令执行后会在当前的目录（执行命令的目录）下产生 events.png 文件，以图形工具打开该文件即可看到其中的内容，如图 7-1 所示。

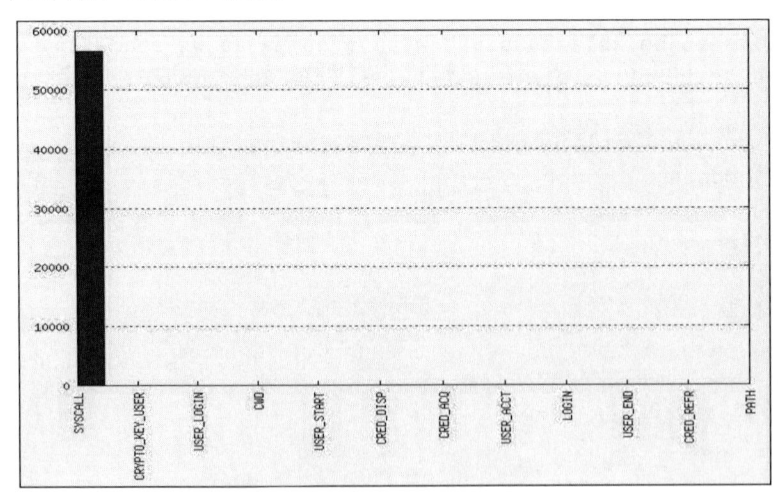

图 7-1　审计系统整体的事件报告图

如果要将所产生的图形文件指定在某个目录下并按时更新它的数据，可以创建一个 cron 任务并在任务中执行该脚本的路径。

另外，如果只是想生成某个事件（如只生成登录事件报告），可以执行-l 的 aureport 命令。

```
[root@system ~]# aureport -l -i --summary | /etc/audit/mkbar login
Could not find/open font when opening font "arial", using internal non-scalable
font
Warning: empty x range [6:6], adjusting to [5.94:6.06]
Warning: empty y range [24:24], adjusting to [23.76:24.24]
Wrote login.png
```

之后就在当前的目录下生成一个 login.png 文件。如果只想生成用户事件报告，那么执行带有-u 的 aureport 命令，如果是生成系统调用事件报告，则带-s 选项。

（2）审计对象之间的关系

对于用户与系统调用之类不同的审计对象之间的关系，可以通过以下脚本来了解，脚本代码如下（设脚本名称为 mkgraph）：

```
01 #!/bin/sh
02 #
03 if [ x"$1" != "x" ] ; then
04   OUT="$1"
05 else
06   OUT="gr"
07 fi
08 DOT_CMD=`which dot 2>/dev/null`
09 DOT_FILE="./$OUT.dot"
10 IDX_FILE="./$OUT.index"
11 # use png, ps, or jpg
12 EXT="ps"
13 if [ x"$DOT_CMD" = "x" ] ; then
14   echo "graphviz is not installed. Exiting."
15   exit 1
16 fi
17 echo "digraph G {" > $DOT_FILE
18 # Some options you may want to set
19
20 while [ 1 ]
21 do
22   read -t 5 line 2>/dev/null
23   if [ $? -ne 0 ] ; then
24     break
25   fi
26   if [ x"$line" != "x" ] ; then
27     echo $line | awk '{ printf("\t\"%s\" -> \"%s\";\n", $1, $2); }' >>
$DOT_FILE
28   fi
29 done
30 echo "}" >> $DOT_FILE
31 echo " " >> $DOT_FILE
32 #
33 $DOT_CMD -T$EXT -o ./$OUT.$EXT $DOT_FILE 1>&2  2>/dev/null
```

```
34 if [ $? -ne 0 ] ; then
35   echo "Error rendering"
36   rm -f $DOT_FILE
37   exit 1
38 fi
39 rm -f $DOT_FILE
40 if [ "$EXT" = "ps" ] ; then
41   echo "Gzipping graph..."
42   rm -f ./$OUT.ps.gz 2>/dev/null
43   gzip --best ./$OUT.ps
44   echo "Graph was written to $OUT.$EXT.gz"
45 else
46   echo "Graph was written to $OUT.$EXT"
47 fi
48 exit 0
```

将脚本放在/etc/audit/目录下并授予可执行权，之后就可以通过执行命令来获取审计对象之间的关系状态，如要获取 users 与 executables 的关系，可以执行以下命令：

```
[root@system ~]# aureport -u -i | awk '/^[0-9]/ { print $4" "$7 }' | sort | uniq | /etc/audit/mkgraph users_vs_exec
```

由于 mkgraph 放在/etc/audit/目录下，而且它不是命令，因此在执行时需要指定它的位置，否则在执行时系统就提示找不到 mkgraph 文件。

3. 审计日志信息搜索 ausearch

对于审计日志的查询，可以使用 ausearch 命令搜索审计记录，搜索到的结果以每个记录用虚线隔开，每段记录都有时间标记、执行者的 UID、所执行的命令等信息。例如通过 ausearch 命令搜索执行过的 ls 命令的记录：

```
[root@system ~]# ausearch -x ls
……
type=SYSCALL msg=audit(1407448628.762:286492): arch=40000003 syscall=5 success=yes exit=3 a0=99fea78 a1=0 a2=99fec18 a3=99feab0 items=1 ppid=4659 pid=6596 auid=0 uid=0 gid=0 euid=0 suid=0 fsuid=0 egid=0 sgid=0 fsgid=0 tty=pts1 ses=7 comm="ls" exe="/bin/ls" key=(null)
----
time->Fri Aug  8 05:57:08 2014
type=PATH msg=audit(1407448628.762:286493): item=0 name="/etc/localtime" inode=2123 dev=fd:00 mode=0100644 ouid=0 ogid=0 rdev=00:00
type=CWD msg=audit(1407448628.762:286493):  cwd="/root"
type=SYSCALL msg=audit(1407448628.762:286493): arch=40000003 syscall=5 success=yes exit=3 a0=c72e71 a1=0 a2=1b6 a3=c71a0b items=1 ppid=4659 pid=6596 auid=0 uid=0 gid=0 euid=0 suid=0 fsuid=0 egid=0 sgid=0 fsgid=0 tty=pts1 ses=7 comm="ls" exe="/bin/ls" key=(null)
```

7.2.2 内核空间审计系统

审计系统以模块的方式连入操作系统的内核，然后对操作系统内核中发生的审计信息进行进一步的处理，将这些信息传送到它特有的缓冲区，之后通过特定的通信机制与内核空间审计系统交互，并把信息写入特定的日志文件系统，在这个过程中需要调用多种功能不同的函数来完成。

1. 内核审计缓冲区机制

内核审计系统在获取审计信息后，就将这些信息写入审计用的缓冲区（也称审计缓冲区）。由于审计信息是通过 netlink 机制发往用户空间审计系统的后台进程，因此审计缓冲区中需要有 sk_buff 描述的套接字缓冲区，并通过缓冲区来存储被发送到用户空间审计系统的审计消息。

审计套接字缓冲区由链表组成，这些链表用于存入填充审计消息的审计套接字缓冲区指针，当链表中的缓冲区个数超过上限时，当前进程就需要等待用户空间的后台进程将审计消息写入日志文件，直到缓冲区个数小于上限值为止。

内核审计系统还使用空闲审计缓冲区链表 audit_freelist 存放空闲的审计缓冲区，存放的个数上限由 AUDIT_MAXFREE 设定，这样就可以维持一定的空闲缓冲区数，而对于频繁操作的审计系统来说，这样做可以减少缓冲区的分配与释放次数，从而提高系统性能。

对于审计系统缓冲区的申请，当有缓冲区需求申请时，首先查看链表 audit_freelist 是否存在空闲的审计缓冲区，如果存在就从链表中取下一个返回给申请者，否则再分配一个审计缓冲区。而对与缓冲区的释放，则是通过调用函数 audit_buffer_free 来释放的，释放前首先检查空闲审计缓冲区链表 audit_freelist 的空闲审计缓冲区是否超过上限，如果未超过上限，就将审计缓冲区放入链表 audit_freelist（留给以后使用），否则释放缓冲区。

2. 内核审计系统接口函数

在 Linux 内核需要输出审计信息时，首先调用 audit_log_start 函数来创建缓冲区，然后调用 audit_log 或 audit_log_format 函数将缓冲区写入审计信息，最后调用 audit_log_end 函数发送审计信息后释放缓冲区。

（1）audit_log_start函数

函数 audit_log_start 用于申请审计缓冲区，如果任务当前在系统调用中，系统调用就被标识为可审计状态，并在系统调用退出时产生一条审计记录。而所产生的审计信息占据审计缓冲区链表的缓冲区导致缓冲区的个数超过上限值后，当前进程就需要等待用户空间的后台进程将审计消息写入日志文件，直到缓冲区个数小于上限值为止。

函数 audit_log_start 在申请并初始化审计缓冲区后，就给缓冲区加时间戳和审计记录序列号。该函数在调用时经常使用一些参数，这些参数主要有以下几个：

- ctx：审计上下文结构实例。
- gfp_mask：分配内存的类型。
- type：审计消息类型。

另外，如果缓冲区申请成功，就返回审计缓冲区的指针，否则返回NULL表示错误。

（2）audit_log_format函数

函数 audit_log_format 的作用是将一个审计消息按格式写入审计缓冲区。

（3）audit_log_end函数

当进程完成将审计记录写入审计缓冲区的操作后，调用函数 audit_log_end 就将套接字缓冲区中的审计记录数据发送给用户空间后台进程，再由后台进程写入日志文件。

在用户空间审计系统中，如果后台进程存在，就使用 netlink 机制传输数据，并将套接字缓冲区中的审计记录数据写入审计日志文件 audit.log 中。如果审计后台进程不存在，就使用 printk 函数记录数据，然后由日志后台进程将数据写入日志文件中。另外，有些进程因审计套接字缓冲区链表上的缓冲区数量超过上限而在队列 kauditd_wait 中等待，因此在数据发送完成后，audit_log_end 函数就唤醒等待队列。

7.3 系统日志应用与管理

由于日志用于记录操作系统及其上的应用被操作或运行过程中遗留下来的痕迹，因此通过日志的内容就可以发现系统中存在的问题。对于系统上的应用，通常每天产生一个日志文件，如果应用量比较大，那么日志文件的数据也大，因此应该有维护日志的习惯。

7.3.1 系统日志功能配置

在系统中所做的动作都被相关的日志记录下来，所记录的信息要么来自内核空间，要么来自用户空间。系统中的日志是由 rsyslog 进程来管理的，该服务的配置文件为/etc/rsyslog.conf，通过这个配置文件就可以对系统的日志功能进行配置。

1. 日志系统 rsyslog 的配置

rsyslog 是 syslog 的升级版，它具有日志集中式管理的功能，并对系统所产生的信息进行收集和分析，然后根据配置文件中的设定按信息的类型和级别分别写入不同的日志文件中。与 syslog 相比，rsyslog 增加了一些典型的新功能：

- 支持直接把日志写入数据库。
- 增加日志队列（内存队列和磁盘队列）功能。
- 灵活的模板机制，使日志输出格式多样化。
- 采用插件式结构，支持多样的输入、输出模块。

默认配置下，日志信息都被写入/var/log/目录下对应的日志文件中，这些路径是在 rsyslog 的配置文件/etc/rsyslog.conf 中设置的，该配置文件的配置信息如下（部分注释性的配置信息已被省略）：

```
......
# Don't log private authentication messages!
*.info;mail.none;authpriv.none;cron.none                /var/log/messages
# The authpriv file has restricted access.
authpriv.*                                              /var/log/secure
# Log all the mail messages in one place.
mail.*                                                  -/var/log/maillog
# Log cron stuff
cron.*                                                  /var/log/cron
# Everybody gets emergency messages
*.emerg                                         *
# Save news errors of level crit and higher in a special file.
uucp,news.crit                                          /var/log/spooler
# Save boot messages also to boot.log
local7.*                                                /var/log/boot.log
......
```

在/etc/rsyslog.conf配置文件中，设定了来自不同消息源的信息的写入路径，是以绝对路径的方式来设定不同类型的日志文件的。对于这些消息，rsyslog 采用一种向上匹配的功能来分类，也就是说 rsyslog 指定一个消息级别，并将高于该级别的所有消息全部存放于某个指定的位置。rsyslog 常用的消息级别如下：

- debug：调试级消息。
- info：一般信息的日志。
- notice：具有重要性的普通条件信息。
- warning：警告级别信息。
- err：错误级别信息（阻止某个功能或模块而导致不能正常工作时产生的信息）。
- crit：严重级别的信息（阻止系统或软件不能正常工作而产生的信息）。
- alert：紧急信息，是需要立刻修改的信息。
- emerg：系统内核崩溃等严重的信息。
- none：不做任何的记录。

rsyslog 可以通过“kern. = alert　/dev/console”的方式来指定只匹配某个级别的消息，不过这会出现大量级别低的消息在短时间内占据大量的磁盘空间，而某些日志文件就需要一段时间才写入信息，这会导致一些重要的日志信息被覆盖在大量“无用”的日志中。另外，某些消息不定义级别时，rsyslog 就用 * 或 none 这两个关键字来匹配消息。

在 rsyslog 的配置文件中指定日志写入的路径时，通常需要指定写入该日志的消息类型，常见的类型关键字如下：

- auth：定义 pam 产生消息的日志文件。
- authpriv：ssh、ftp 等登录验证信息。
- cron：cron 任务执行的相关信息。
- kern：定义内核信息。
- lpr：系统打印的相关信息。
- mail：邮件的日志文件。
- mark（syslog）：rsyslog 服务内部的信息，时间标识。
- user：用户程序产生的相关信息。
- local 1~7：自定义的日志设备。

2. 轮换式日志管理程序 logrotate

logrotate 是一个日志管理程序，它的作用是把旧日志文件删除（或备份）并创建新日志文件（这个过程称为“转储”）。logrotate 的运行由 crond 服务实现，实际上是通过执行/etc/cron.daily/logrotate 这个文件来启动的。/etc/cron.daily/logrotate 是一个脚本文件，它的配置内容如下：

```
#!/bin/sh
/usr/sbin/logrotate /etc/logrotate.conf >/dev/null 2>&1
EXITVALUE=$?
if [ $EXITVALUE != 0 ]; then
   /usr/bin/logger -t logrotate "ALERT exited abnormally with [$EXITVALUE]"
fi
exit 0
```

logrotate 程序由 crond 在指定的时间执行（具体执行时间在/etc/crontab 文件中设定），在启动后首先执行/etc/cron.daily/logrotate 文件，然后根据配置执行其他的文件。而决定 logrotate 所做的操作就是由/etc/logrotate.conf 文件设置的，该配置文件的内容如下：

```
# see "man logrotate" for details
# rotate log files weekly
weekly
# keep 4 weeks worth of backlogs
rotate 4

# create new (empty) log files after rotating old ones
create
# use date as a suffix of the rotated file
dateext

# uncomment this if you want your log files compressed
#compress
# RPM packages drop log rotation information into this directory
include /etc/logrotate.d

# no packages own wtmp and btmp -- we'll rotate them here
/var/log/wtmp {
   monthly
   create 0664 root utmp
      minsize 1M
   rotate 1
}
/var/log/btmp {
   missingok
   monthly
   create 0600 root utmp
   rotate 1
}
# system-specific logs may be also be configured here.
```

对于该配置文件的配置多数都有相关的解释，因此理解起来并不难。下面介绍一些对日志文件进行相关定义的配置。

（1）定义/var/log/wtmp日志文件

```
/var/log/wtmp {
  monthly
  create 0664 root utmp
   minsize 1M
  rotate 1
}
```

- monthly：设置轮转的时间间隔，每月轮转一次。
- create 0664 root utmp：定义新建日志文件的权限、属主。
- minsize 1M：定义日志记录的数据量必须大于 1MB 才轮转。
- rotate 1：保留一周的日志文件。

（2）定义/var/log/btmp 日志文件

```
/var/log/btmp {
  missingok
  monthly
  create 0600 root utmp
  rotate 1
}
```

- missingok：在日志丢失时不报错。

如果要对日志进行特别管理（如/var/log/messages 日志文件保留的数量），可以通过定义类似于/var/log/btmp 这样独立的配置来管理，使配置不会对其他的日志文件产生影响。

另外，默认配置下，我们会发现/var/log/目录下的日志文件有一种现象，就是无论系统运行的时间有多长，该目录下的每种类型的日志文件几乎都只存在 5 份，日志文件数量没有增加是 logrotate 服务起的作用。在默认配置下，logrotate 每周都会对日志文件进行一次轮换（就是每周新建一个日志文件），并只允许保留 4 周的时间，所以通常只看到 5 份日志文件。

7.3.2　/var/log/dmesg 日志文件

系统在启动时虽然会显示启动过程的各类信息，但这些信息只是一闪而过，要看清楚这些信息的具体内容并不容易。不过这些信息都记录在/var/log/dmesg这个日志文件中，该文件记录系统启动过程中系统出现的任何错误、警告、提示等信息，通过日志文件记录的信息就可以知道系统是否正常启动。

由于系统每次启动时写入/var/log/dmesg 文件的信息并不少，因此要查看该日志文件的内容可以用 more 命令来分页显示。

```
    Initializing cgroup subsys cpuset
    Initializing cgroup subsys cpu
    Linux version 2.6.32-279.el6.x86_64 (mockbuild@c6b9.bsys.dev.centos.org) (gcc
version 4.4.6 20120305
     (Red Hat 4.4.6-4) (GCC) ) #1 SMP Fri Jun 22 12:19:21 UTC 2012
    Command line: ro root=/dev/mapper/vg_cent6-LogVol01 rd_NO_LUKS
LANG=en_US.UTF-8 rd_LVM_LV=vg_cent6/L
    ogVol01 rd_LVM_LV=vg_cent6/LogVol00 rd_NO_MD SYSFONT=latarcyrheb-sun16
crashkernel=auto  KEYBOARDTYP
    E=pc KEYTABLE=us rd_NO_DM rhgb quiet
```

在系统启动时，所有与系统相连的设备在初始化时都被写入/var/log/dmesg 文件中，通过这个文件所记录的信息就可以找到非法挂载的设备，如新添加一块新磁盘时，在该日志文件中就可以看到如下的记录信息：

```
sd 2:0:2:0: [sdc] Mode Sense: 61 00 00 00
sd 2:0:2:0: [sdc] Cache data unavailable
sd 2:0:2:0: [sdc] Assuming drive cache: write through
sd 2:0:2:0: [sdc] Cache data unavailable
sd 2:0:2:0: [sdc] Assuming drive cache: write through
sdc: unknown partition table
```

同样，在系统启动遇到一些故障时，通过该日志文件也可以知道故障出现在哪里，具体是什么故障等，这样就可以有针对性地对出现故障的设备进行维护。

7.3.3 /var/log/wtmp 日志文件

日志文件/var/log/wtmp 用于保存用户登录、注销、系统启动及停机事件等相关的信息，这些信息按时间的先后顺序写入（也就是最前的信息是最新的）。由于该文件是一个二进制的数据库文件，因此不能直接查看它的内容，而是需要用特殊的工具/命令 last 来查看。

```
root     tty1                        Tue Aug 12 16:25 - down   (00:02)
reboot   system boot  2.6.32-279.el6.i Tue Aug 12 16:25 - 16:27    (00:02)
root     pts/0        192.168.68.1    Tue Aug 12 16:20 - down   (00:03)
root     tty1                        Tue Aug 12 16:20 - down   (00:04)
reboot   system boot  2.6.32-279.el6.i Tue Aug 12 16:20 - 16:24    (00:04)
root     pts/0        192.168.68.1    Tue Aug 12 16:09 - down   (00:09)
root     tty1                        Tue Aug 12 16:09 - down   (00:10)
```

该命令的常用参数有 u 和 t，u 用于显示用户上次登录的情况，而 t 则用于显示指定天数之前登录的情况。

由于用户登录、系统重启的次数不断增加，这就直接引起/var/log/wtmp 文件变得越来越大，如果要查看最新的信息而直接执行 last 命令，最先看到的是最旧的信息，如果该文件的信息已经超过能显示的行数，就意味着最新的信息是看不到的，因此应该将该命令与其他的命令结合使用来获取想要的信息。

如果要统计root用户登录的次数，那么可以与wc命令结合，如使用“last u root | wc -l”来统计。而要查看最新的信息时，可以结合head命令，如使用“last | head -11”查看文件前11行的信息。

7.3.4 /var/log/messages 日志文件

/var/log/messages 日志文件是系统核心日志文件，它记录系统启动时的引导消息及系统运行时的 IO 错误、网络错误和其他系统错误等信息，要了解在系统中所发生的一些事情，都可以通过这个日志文件来获取。

日志文件/var/log/messages 是一个 ASCII 文件，因此可以通过 cat 等命令可以直接查看它的内容，日志信息记录的格式如下：

```
    Aug 10 03:37:02 Engineserver2 kernel: imklog 4.6.2, log source = /proc/kmsg
started.
    Aug 10 03:37:02 Engineserver2 rsyslogd: [origin software="rsyslogd"
swVersion="4.6.2" x-pid="1133" x-info="http://www.rsyslog.com"] (re)start
    Aug 10 03:37:46 Engineserver2 xinetd[1521]: START: nrpe pid=5168
from=::ffff:192.168. 68.160
    Aug 10 03:37:46 Engineserver2 xinetd[1521]: EXIT: nrpe status=0 pid=5168
duration=0(sec)
    Aug 10 03:37:47 Engineserver2 xinetd[1521]: EXIT: nrpe status=0 pid=5171
duration=1(sec)
    Aug 10 03:38:46 Engineserver2 xinetd[1521]: START: nrpe pid=5324
from=::ffff:192.168.68.160
    Aug 10 03:38:47 Engineserver2 xinetd[1521]: EXIT: nrpe status=0 pid=5324
duration=1(sec)
```

```
    Aug 10 03:39:46 Engineserver2 xinetd[1521]: START: nrpe pid=5487
from=::ffff:192.168. 68.160
```

通过对/var/log/messages日志文件的查看分析，就可以知道系统当前最活跃的进程是xinetd下的nrpe，该进程是由IP地址192.168.68.160触发的（nrpe是nagios的一个远程控件，用于采集信息并将这些信息反馈到nagios的队列中，nagios是一个监控软件）。

另外，在查看动态日志信息时，可以使用带有-f选项的tail命令，这样能够实时看到写入日志的信息。

7.3.5 远程访问的信息记录文件

系统建立远程连接时会把相关的信息记录在日志文件中。本节将对远程登录服务器的工具和远程登录信息记录日志文件/var/log/secure两方面的内容进行介绍。

1. 远程登录的工具使用

对于服务器的运维工作，工作地点并不一定是固定的，有的需要在客户环境驻点，有的需要定时进行巡检维护，有的需要在公司远程维护，甚至是在出差的途中，因此对服务器的维护要做到时刻在场是不容易满足的。

出于工作地点的流动性且要能够及时处理服务器的各种问题，远程维护是一种非常有必要且非常有效的方法，这也是运维工作中最基本的技能。常见到的远程工具有PuTTY、Secure Shell（SSH）、Secure CRT和XShell等，且考虑到环境的不同，要使用不同的工具，要尽可能避免在服务器上安装软件。当然，在上门给客户的服务器进行维护时，也应该尽量避免在客户计算机上安装软件。

另外，不同的远程工具的功能也有所不同，比如PuTTY就没有上传和下载文件的功能；Secure CRT同样没有上传和下载文件的功能，但只要安装lrzsz工具，就可以使用rz和sz命令来传输文件；SSH和XShell就有专门的xftp工具来传输文件。

2. 远程登录日志文件/var/log/secure

远程登录使用的协议包括Telnet和SSH两种，其中SSH的使用最为广泛（数据传输过程被加密），它由sshd这个服务提供支持。使用SSH来登录远端的服务器时，相关的信息就被写入/var/log/secure日志文件中，但也记录包括相关安全认证过程中的信息，通过这些信息可以获取到相关的安全策略存在的问题。以下是该文件的部分记录信息。

```
    Jan 25 12:16:01 ytgroup systemd[412460]: pam_unix(systemd-user:session):
session opened for user postgres by (uid=0)
    Jan 25 12:16:01 ytgroup systemd[412462]: pam_unix(systemd-user:session):
session closed for user postgres
    Jan 25 14:04:52 ytgroup sshd[587551]: Accepted password for root from
172.16.4.30 port 52017 ssh2
    Jan 25 14:04:52 ytgroup sshd[587551]: pam_unix(sshd:session): session opened
for user root by (uid=0)
    Jan 25 15:21:58 ytgroup sshd[587551]: pam_unix(sshd:session): session closed
for user root
    Jan 25 15:41:31 ytgroup su[684244]: pam_unix(su-l:session): session closed for
user postgres
    Jan 25 15:42:57 ytgroup sshd[747635]: pam_unix(sshd:auth): authentication
failure; logname= uid=0 euid=0 tty=ssh ruser= rhost=172.16.4.30  user=root
```

```
Jan 25 15:43:03 ytgroup sshd[747635]: Failed password for root from 172.16.4.30
port 52229 ssh2
Jan 25 15:43:06 ytgroup sshd[747635]: error: Received disconnect from
172.16.4.30 port 52229:13: The user canceled authentication.  [preauth]
```

通过该文件的记录可以看到登录服务器的客户端地址、登录日期时间、主机名、协议和登录结果的状态（成功/失败）等。

比如发现 sshd 行中有“Failed”的记录非常多，这就意味着服务器已经被非法尝试登录，此时可以考虑更改 sshd 服务的端口，或配置脚本来专门处理非法尝试登录的问题。

sshd 使用的端口默认是 22，该系统具体使用的是哪个端口，可查看 sshd 服务的配置文件/etc/ssh/sshd_config 中的定义：

```
#Port 22
#AddressFamily any
#ListenAddress 0.0.0.0
#ListenAddress ::
```

更改端口后重启 sshd 进程才生效。

7.4 本章小结

本章介绍了系统的日志文件管理，包括审计系统的日志和应用程序的日志。

对于审计系统的日志，需要掌握它的基本配置和日志信息的查看。

对于应用程序的日志，主要掌握其中记录的信息的查找和筛选，并将找到的关键信息结合脚本、计划任务来使用，以实现自动化运维。

第 8 章

软件开发日志管理实战

软件开发是一个周而复始的过程，对开发过程的跟踪显得非常重要，借助相关的工具可以使开发的一系列工作变得清晰明了，从而更好地进行工作。

本章介绍一款运维人员常用的记录软件开发过程事件的软件管理系统——禅道，从它的搭建、应用管理和维护策略来介绍。

8.1 禅道系统环境搭建

禅道是一款国产开源、主要用于软件开发工作的日志管理系统，它能够对软件开发的整个过程进行记录和跟踪。本节将对该系统的基础环境搭建进行介绍，主要包括禅道的基本概念、集成包的禅道系统部署和禅道系统的 MySQL 管理三方面的内容。

8.1.1 禅道的基本概念

禅道一般指僧侣所修之道，但这里所说的“禅道”实际上是一款软件。

禅道是一款国产的、基于 ZPL 协议的开源产品管理和项目管理机制的软件系统，它集成了测试管理、计划管理、发布管理、文档管理、事务管理等功能，可以对软件研发过程中的需求、任务、Bug、用例、计划、发布等要素进行跟踪管理，完整地覆盖整个项目管理的核心流程。

禅道基于 ZenTaoPHP 框架的 PHP 语言开发并集成 MySQL 数据库，因此在部署上只需要把它放在 Web 服务器环境上就可以运行。另外，禅道还内置完整的扩展功能（如语言支持、多风格支持、搜索功能和统计功能等），使得用户可以非常方便地通过它开发插件或定制软件。同时，它还为每一个页面提供 JSON 接口的 API，使得与其他语言灵活调用交互。

下面对禅道的主要功能进行总结。

1）产品管理：包括产品、需求、计划、发布等功能。

2）项目管理：包括项目、任务、团队等功能。

3）质量管理：包括 Bug、测试用例、测试任务、测试结果等功能。

4）文档管理：包括产品文档库、项目文档库、自定义文档库等功能。

5）事务管理：包括任务、Bug、需求等个人事务管理功能。

6）组织管理：包括部门、用户、分组、权限等功能。

7）搜索功能：强大的搜索，能够快速找到相应的数据。

8）灵活的扩展机制，几乎可以对禅道的任何地方进行扩展。

9）强大的 API 机制，方便与其他系统集成。

8.1.2 集成包的禅道系统部署

以集成包发布的禅道，通常集成包括 Apache、MySQL 和 ProFTPD 等各种中间件和工具的包，集成包中的环境可以在不依赖其他包的情况下满足在禅道系统程序各平台下运行。禅道的安装方式有多种，选择哪种安装方式可根据实际的环境而定。

1. 禅道系统集成包的部署

对于禅道软件管理系统，使用集成包安装非常简单。

集成包其实就是把支持禅道系统运行环境的中间件集成在一起，集成了包括 XXD、Apache、PHP 及 MsSQL 这些应用程序，因此不存在单独安装其他组件的问题，只需要把禅道系统的集成包 ZenTaoPMS 解压后放在特定的位置下就可以完成基础环境的搭建。

本次部署使用的禅道系统集成包为 ZenTaoPMS.biz4.0.2.zbox_64.tar.gz。

安装时将其解压后放到/opt/目录下就可以（放到/opt/目录下是由于配置文件默认使用该目录），但需要注意的是权限问题，不要随便更改文件的权限以免导致文件的所有者和读写权限改变而影响禅道系统的正常运行。

现在开始安装部署禅道系统，先创建禅道系统运行的根目录/opt（如果存在就不需要创建），并把集成包解压后移动到/opt/目录下：

```
[root@zentaopms ~]# mkdir /opt
[root@zentaopms ~]# tar vzxf ZenTaoPMS.biz4.0.2.zbox_64.tar.gz
……
zbox/data/mysql/aria_log.00000001
zbox/data/mysql/multi-master.info
zbox/auth/
zbox/auth/users
zbox/auth/adduser.sh
zbox/tmp/
zbox/tmp/mysql/
zbox/tmp/apache/
zbox/tmp/php/
[root@zentaopms ~]# mv zbox/ /opt/
```

完成基础环境的搭建后，就可以启动禅道系统进程（实际上是启动 Apache 和 MySQL 的进程），如下：

```
[root@zentaopms ~]# /opt/zbox/zbox start
Start Apache success
Start Mysql success
```

至此，禅道系统已处于运行状态。

打开浏览器，通过地址“http://禅道服务器 ip:apache 端口”来访问和登录禅道系统（Apache 默认使用 80 端口），其欢迎界面如图 8-1 所示。

图 8-1　禅道系统欢迎界面

要登录时单击该页面的“企业版 试用”按钮，并在弹出的用户名和密码认证窗口处输入管理员账号和密码（默认管理员账号是 admin，密码是 123456），首次登录时需要初始化密码，即重新设置禅道系统管理员的 admin 密码。

登录后可能要填写一些调查表，在提交后就可以进入禅道系统的首页，如图 8-2 所示。

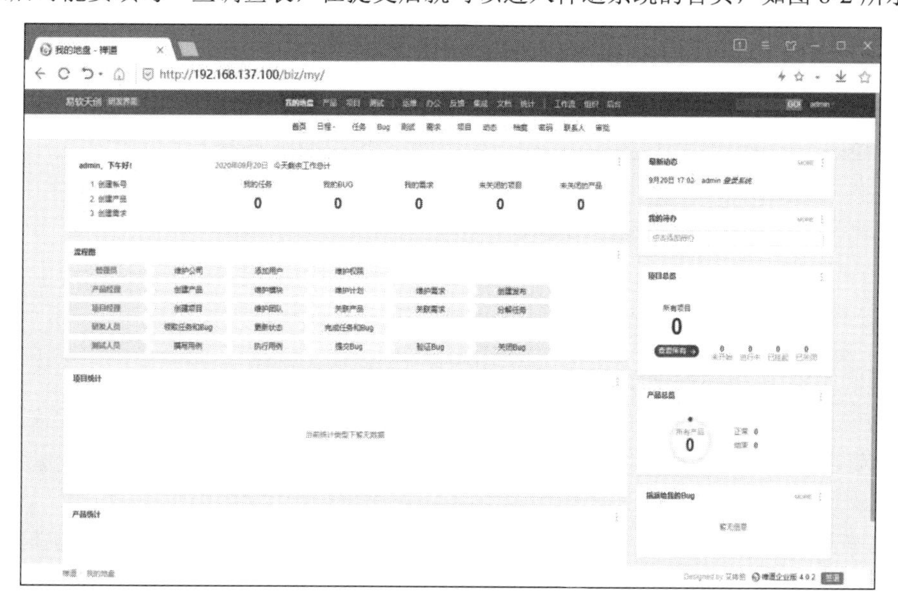

图 8-2　禅道系统首页

至此，禅道系统正常登录。

关于该系统的更多应用，将在后面的章节中介绍。

2. 禅道系统进程基本维护

禅道系统的集成有 Apache、MySQL 及其他一些相关的工具，这些都是支持禅道系统运行的基础（或依赖）环境，因此在运行时属于一个独立的空间，几乎不涉及其他的组件。

关于禅道系统的进程，可以使用以下命令来维护（实际上是启动 Apache 和 MySQL 进程）：

- 启动进程：/opt/zbox/zbox start。
- 关闭进程：/opt/zbox/zbox stop。
- 重启进程：/opt/zbox/zbox restart。
- 查看进程状态：/opt/zbox/zbox status。

另外，如果要实现开机自动启动，可以把启动进程的命令加入/etc/rc.local 文件（需要先启动 CentOS-S8 的 rc-local 服务）：

```
su - root -c "/opt/zbox/zbox start"
```

最后补充一个问题，那就是 Apache 和 MySQL 端口的问题，这两款集成在禅道系统包中的软件使用的端口分别是 80 和 3306，如果当前的操作系统已经使用这两个端口，那么在启动禅道系统进程前需要对端口进行更改，关于更改端口的命令选项，可以使用以下命令来获取相关的帮助信息：

```
[root@zentaopms ~]# /opt/zbox/zbox -h
Usage: zbox.php {start|stop|restart|status}

Options:
    -h --help Show help.
    -ap --aport Apache port, default 80.
    -mp --mport Mysql port, default 3306.
```

通过输出的信息可以看到对 Apache 和 MySQL 端口更改的命令和选项，比如要把它们的端口分别更改为 8080 和 3307，可以使用以下命令，但在更改前建议关闭禅道系统的进程。

```
[root@zentaopms ~]# /opt/zbox/zbox stop
[root@zentaopms ~]# /opt/zbox/zbox -ap 8090 -mp 3308
```

注 意 本小节没有对服务的端口进行更改。

8.1.3 禅道系统的 MySQL 管理

本小节的主要内容是对数据库的访问进行介绍。

通过网页方式登录 MySQL 数据库，在登录前先对禅道内置的数据库的用户及相关的配置进行介绍，禅道管理系统数据库使用的是 adminer，但出于安全考虑，在访问时需要身份验证，因此需要先给数据库设置用户名和密码。

在禅道系统进程运行的状态下，还需要以下命令来给 MySQL 添加用户 root 并为该用户设置命令 123456（生产环境下应该增加密码的复杂度）：

```
[root@zentaopms ~]# /opt/zbox/auth/adduser.sh
This tool is used to add user to access adminer
Account: root    <===新增的 MySQL 账号
Password: Adding password for user root
```

打开禅道系统管理的登录界面，并在该界面下找到“数据库管理”的功能选项，单击打开时会出现安全认证窗口，此时输入刚创建的 root 用户名和密码就可以打开 MySQL 的登录认证界面，如图 8-3 所示。

图 8-3　基于禅道系统 MySQL 的登录认证界面

说明：依次设置的参数如下：

服务器：127.0.0.1:3306。

用户名：root。

密码：123456（当然，这个输入自己设置就可以）。

数据库：mysql。

完成后登录就可以，登录成功后看到的数据库 mysql 相关信息如图 8-4 所示。

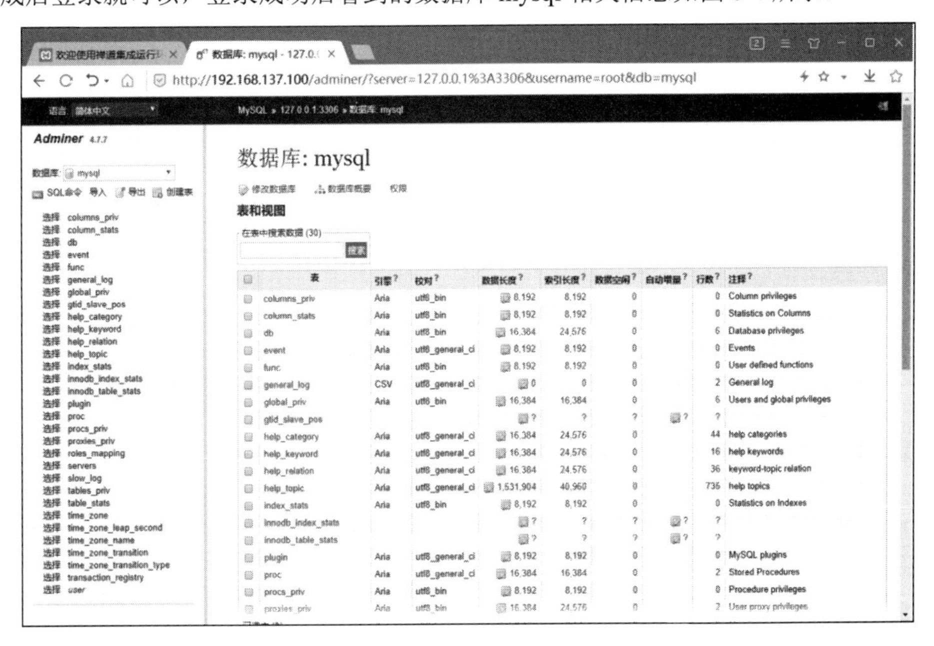

图 8-4　数据库 mysql 相关信息

实际上，禅道系统所使用的 MySQL 数据库的库是 zentaoep，可以在图 8-4 的界面左上角的“数据库”处的下拉菜单中选择禅道系统的数据库 zentaoep。

另外，在该 Web 界面上还可以对数据库进行基本的维护，这些功能可以自己去了解。毕竟运维岗的工作更多还是靠自己去熟悉。

8.2 禅道系统的应用

禅道系统的主要作用就是对软件开发、测试及日常工作中的问题进行记录，本节将重点对它的应用进行介绍，涉及的内容主要包括更改禅道系统的使用单位名称更改、禅道项目的用户和组及软件开发 Bug 跟踪三部分。

8.2.1 更改禅道系统的使用单位名称

在默认配置下，禅道系统的首页上显示的名称是“易软天创”，如果是搭建给企业、单位使用，该名称应该更改为该企业、单位的名称或一些特定的名称（至少这样看着比较顺眼），出于这个需求，根据实际的环境需要对该名称进行更改。

更改该名称时，在禅道系统的首页的上菜单栏处找到“组织”选项，并在单击打开的新界面中的二级菜单栏处找到“公司”选项，单击后就可以打开更改公司信息的界面，对相关的信息编辑后保存就可以，如图 8-5 所示的界面信息是经过更改的公司名称信息。

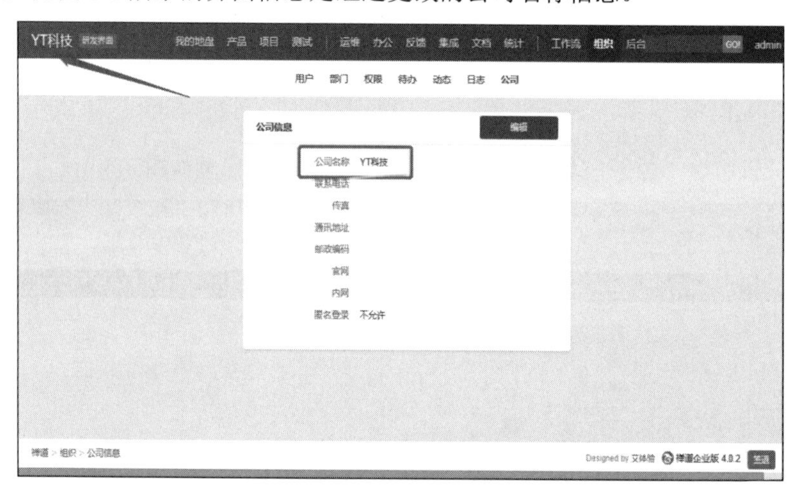

图 8-5 禅道系统的使用单位名称

当然，公司名称不改也不对系统的使用造成影响，这视实际需要而定。

8.2.2 禅道项目的用户和组

用户和组是禅道系统的重要使用者，作为禅道系统的管理员，在正式使用该系统前第一件要做的事就是初始化系统的用户账号，本小节的主要内容是对这些账号进行介绍，涉及的内容包括用户账号的分配和管理、研发部门体系构建和权限管理体系三部分。

1. 用户账号的分配和管理

禅道系统安装成功后只是最初的系统，此时系统只是最基本的配置（或功能框架），因此在使用之前需要建立使用该系统的用户账号。

关于用户账号的创建，在首页的上菜单栏处单击“组织”并在打开的界面下的二级菜单栏处找到“用户”，之后在打开的界面下就可以看到添加用户的界面，如图 8-6 所示。

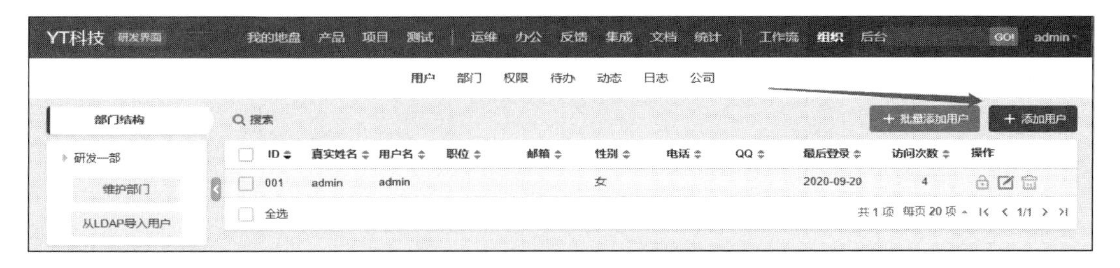

图 8-6　禅道系统下的用户管理界面

2. 研发部门体系构建

部门结构是公司从组织角度来讲的一个划分，它决定了公司内部人员上下级之间的关系，而禅道里面的用户分组则主要用来区分用户权限。因此，用户账号创建后，在使用前为了能够更好地对软件开发的进度及其他相关的事项进行管理，因此还需要创建部门及该部门下相关的组。

建立部门机构时，在首页的上菜单栏处选择“组织”选项，并在打开的界面下选择二级菜单栏的“部门”或单击左侧的“维护部门”选项，打开组织结构创建界面，如图 8-7 所示。

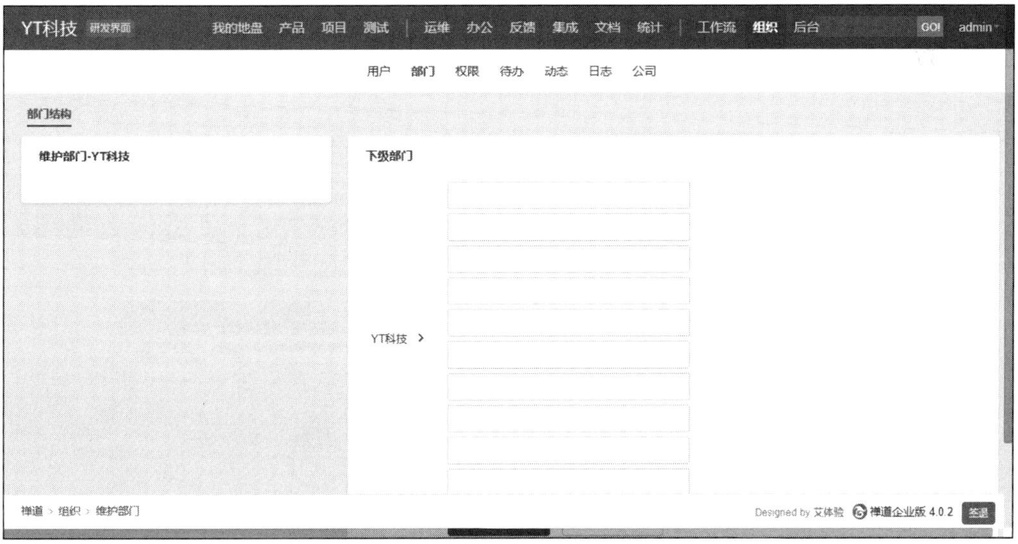

图 8-7　禅道系统的组织结构创建界面

在创建部门后，还可以往下延伸创建分组等。

另外，在禅道系统中，用户的权限都是通过分组来获得的，所以在完成部门结构划分后，就应该建立用户分组，并为用户组分配相对应的权限。

3. 权限管理体系

权限管理体系用于对用户列表进行维护（见图 8-8），在该列表下涉及各类级别、权限不同的人员，还可以支持管理员根据实际的需求增减人员，并且可以查看不同用户的相关权限以及设置这些用户的权限。

图 8-8 用户列表维护

8.2.3 软件开发 Bug 跟踪

禅道系统能够将测试功能独立出来使用，这种方式很适合测试团队使用，而其中的 Bug 管理机制是其中一项重要的工作。在禅道中，Bug 管理的基本流程是：测试人员提出 Bug→开发人员解决 Bug→测试人员验证→关闭 Bug 跟踪。

关于如何使用禅道系统来对 Bug 进行跟踪管理，下面将对此过程进行介绍。

1. 创建产品的跟踪机制

使用禅道系统的 Bug 管理功能之前，首先需要创建产品，这是由于禅道的设计理念是将 Bug 附属在产品概念之下，因此需要先有产品，才能出现产品的 Bug 问题。

要在禅道系统中添加产品，在上菜单栏处找到“产品”，单击打开产品主页后就可以添加产品，即产品主页→添加产品或单击右侧的“添加产品”按钮来添加产品，如图 8-9 所示。

图 8-9 添加产品

此时打开所添加产品的相关信息，包括产品名称、代号、几个负责人及相关的描述等信息，完成后保存新增产品的信息就可以。

2. 产品 Bug 的提出

完成产品的添加，接着就可以对该产品提出 Bug。

关于产品 Bug 的提出，在上菜单栏处单击“测试”选项并打开产品的测试界面，在此界面处的二级菜单栏找到 Bug 后就可以打开 Bug 的管理界面，此时可以开始添加并提出 Bug，如图 8-10 所示。

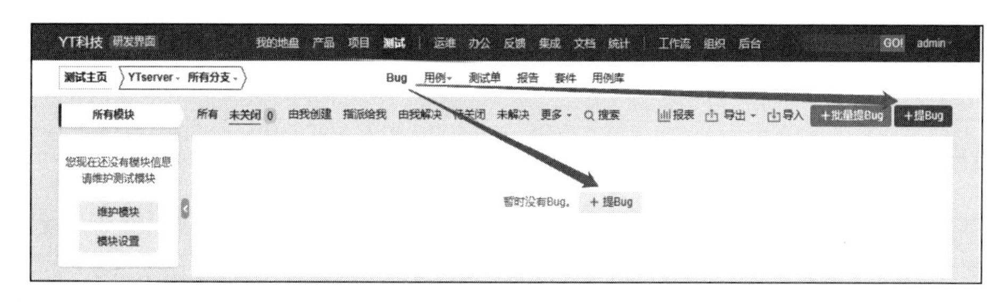

图 8-10 添加产品 Bug

在打开的提出Bug界面上填写产品Bug的相关信息，图8-11所示的是提出的产品Bug相关信息。

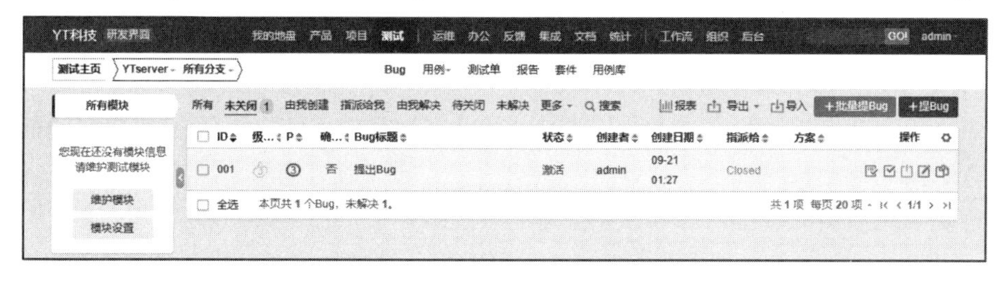

图 8-11 产品 Bug 相关信息

另外，在创建 Bug 时有些信息应该填写清楚，至少包括当前的版本号、Bug 标题和所属模块等，而对于 Bug 所属项目、相关产品和需求等信息可以忽略。当然，在创建 Bug 时是允许直接给某一个人直接指派的。

3. 处理 Bug

当给研发人员指派 Bug 后，此时他就可以来确认、解决这个 Bug 问题，但在处理 Bug 之前肯定需要找到需要自己处理的 Bug。

当然，对于有不少 Bug 的情况，如果不容易找，那么可以使用禅道提供各种各样的检索方式来查找，比如“指派给我”这个功能就能够列出所有需要我处理的 Bug 信息。

相关术语补充说明如下：

- 确认 Bug：确认该 Bug 确实存在后，可以将其指派给某人，包括指定 Bug 类型、优先级、备注、抄送等。
- 解决 Bug：当 Bug 修复问题处理后单击解决，指定解决方案、日期、版本，并将其再指派给测试人员。
- 关闭 Bug：当研发人员解决 Bug 后，它就会重新指派到 Bug 的创建者处，这时测试人员可以验证这个 Bug 是否已修复，如果没有问题，关闭对应的 Bug 就可以。
- 编辑 Bug：对 Bug 进行编辑操作。
- 复制 Bug：复制创建当前 Bug 并在此基础上再做改动，避免重新创建的麻烦。

8.3 禅道系统的维护

数据的有效管理是保证禅道系统出现故障时快速恢复的一种方式，因此对数据的管理需要预先做好方案。本节将重点对数据的管理方式进行介绍，涉及的内容包括系统的用户数据维护和禅道系统管理员密码管理。

8.3.1 用户数据维护

作为禅道系统的管理员，其中一个非常重要的职责就是定期备份数据，以便在系统出现故障时能够及时恢复。本小节将对禅道系统下的数据备份进行介绍。

1. 基于命令行的数据备份策略

从数据的类型来说，禅道系统数据的备份分为配置文件、修改过的代码、数据库和附件 4 部分，这些文件的备份是根据环境和实际的需要而定的。

（1）禅道系统的数据文件备份

从禅道系统的部署和运行方式来看，这是一种独立运行的系统，因此在部署时不需要对环境进行特定的配置。

对于禅道系统数据的备份，可以直接把禅道系统的整个根目录文件都备份，但考虑到有些文件不需要，因此对其中的部分文件备份就可以。可考虑备份的目录包括以下几个：

```
/opt/zbox/app/
/opt/zbox/data/
```

当然，在备份这些数据时如果担心数据丢失，可以关闭服务的进程。

考虑到实际的环境问题，可以使用 rsync 工具来实现不需要关闭服务进程的备份。

（2）禅道系统的MySQL数据库备份

对于禅道系统数据库数据的备份，可以把整个库都备份或只备份部分文件，换种说法，就是直接备份数据库原始文件或导出备份文件。对于这两种备份数据的方式，接下来将逐一介绍。

对于直接备份数据库原始文件的备份方式，进入禅道系统的 MySQL 数据库的主目录/opt/zbox/data/mysql/下找到需要备份数据的数据库，再对数据源文件进行备份就可以。对于该目录下的数据库，需要备份的是 zentaoep 这个库，可以直接把此目录或此目录下的全部数据文件都备份，如可以使用 rsync 命令来备份，或结合脚本和计划任务来实现自动化备份的目的。

如果只是备份数据库的数据（仅导出备份文件），这时可以使用 MySQL 数据库所提供的管理工具 mysqldump 来将数据库的数据导出，命令如下：

```
/opt/zbox/run/mysql/mysqldump -u root -p zentaoep > zentaoep.sql
```

命令以 root 用户权限执行，备份的数据库是 zentaoep，所导出的数据是 zentaoep.sql。另外，如果没有指定存放导出数据的位置，数据就被导出到当前执行命令的位置。

另外，也可以使用以下命令在备份的数据上加上日期时间：

```
/opt/zbox/run/mysql/mysqldump -u root -p zentaoep > zentaoep-`date +%Y%m-%d-%H:%M`.sql
```

当然，要执行自动化备份，可以通过计划任务来实现。

另外，在禅道系统的登录界面打开“数据库管理”，进入 zentaoep 数据库的维护界面，也可以实现对数据库数据的备份，如图 8-12 所示。

图 8-12　数据库的数据导出备份

2. 禅道后台系统的备份机制

要使用禅道系统的后台系统来备份数据，需要以系统管理员的身份登录禅道系统，并在系统的一级菜单栏处找到“后台”，并在二级菜单栏处找到“数据”后再找到“备份”来打开数据备份的操作界面，如图 8-13 所示。

YT科技 研发界面　我的地盘 产品 项目 测试 | 运维 办公 反馈 集成 文档 统计 | 工作流 组织 后台　GO! admin

首页 客户端 通知 自定义 集成 插件 二次开发 翻译 数据 安全 系统

备份

备份历史　设置　开始备份

备份时间	备份文件	总文件数	备份文件数	大小	状态	操作
2020-09-21 10:11:44	/opt/zbox/app/zentaoep/tmp/backup/202009211011441.sql.php	1	1	631.43KB	成功	去除安全设置 还原 删除
	/opt/zbox/app/zentaoep/tmp/backup/202009211011441.file	4	4	98.05KB	成功	
	/opt/zbox/app/zentaoep/tmp/backup/202009211011441.code	6356	6356	49.65MB	成功	

还原功能只还原附件和数据库，如果需要还原代码，可以手动还原。备份保留最近 14 天

图 8-13　禅道系统的后台备份界面

通过此界面的相关信息可以知道，禅道系统已经在自动执行数据备份，所备份的数据包括附件和数据库两类，这些数据保存的时间为 14 天，需要还原时可以手动执行。

当然，对于禅道系统默认的数据备份机制，可以通过“设置”选项来对备份策略进行重新设置，不过出于系统的安全考虑，在单击“设置”时需要确认操作员的身份，因此会出现如图 8-14 所示的提示信息。

根据提示信息，需要先进入禅道系统的/opt/zbox/app/zentaoep/www/目录下，并在该目录下创建一个名为 ok.txt 的文件（当然，如果文件存在，就删除后重建）。

```
[root@zentaopms ~]# cd /opt/zbox/app/zentaoep/www/
[root@zentaopms www]# touch ok.txt
```

重建后回到禅道系统的 Web 管理界面，把原先打开“设置”时所弹出的提示信息菜单关闭，重新打开时就会弹出如图 8-15 所示的设置相关参数界面。

对于参数具体的设置，根据实际的需要进行设置就可以。

图 8-14 设置备份策略的身份确认

图 8-15 设置数据保留时间

8.3.2 管理员密码管理

禅道系统的默认管理员账号是 admin，系统已经给该用户设置了初始化密码，且在首次登录时已经被强制性更改密码，如果需要再次更改密码，可以在禅道系统的上菜单栏处找到 admin 用户，并在其下拉菜单中找到“更改密码”来打开更改密码的界面。

系统对密码的复杂度是有要求的，因此在设置密码时要由各类字母、数字、特殊符号组成，且长度要达到一定的位数。

如果已经忘记 admin 用户密码，此时在用户认证窗口处单击“忘记密码”，就会弹出如何更改密码的提示信息，如图 8-16 所示。

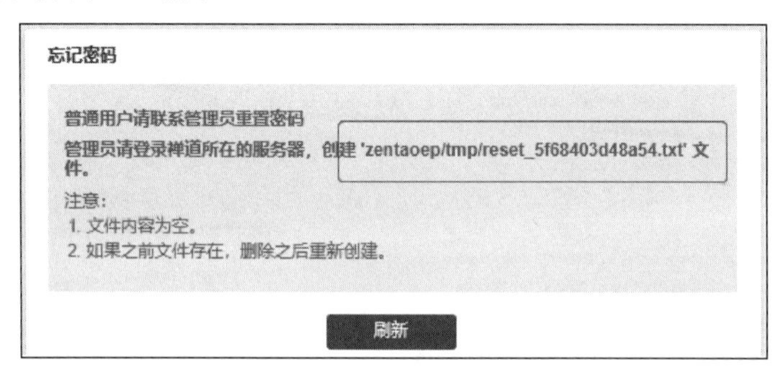

图 8-16 提示更改密码的方式

根据提示，此时需要进入/opt/zbox/app/zentaoep/tmp/目录下，重建指定名称的文件。注意，该文件名称通常只出现一次，重复出现的情况不多。

```
[root@zentaopms ~]# cd /opt/zbox/app/zentaoep/tmp/
[root@zentaopms tmp]# touch reset_5f68403d48a54.txt
```

创建指定名称的文件后，回到 Web 界面单击“刷新”按钮，就会弹出重置密码的窗口界面。

8.4 本章小结

本章介绍了禅道系统平台的搭建和使用。

禅道系统是软件开发中可用于协同工作的服务器平台，对于它要能够安装和配置，且了解该系统的一些日常维护工作，如禅道的用户角色、用户分组、密码管理和数据备份管理等基本的工作。

第 9 章

资源共享平台搭建实战

对于协同办公的环境，资源的共享是非常有必要的，这能够在一定程度上有效解决资源不足的问题。本章将对资源共享服务平台搭建进行介绍，内容包括资源共享平台概述、CentOS-S 资源共享平台和 Windows 共享服务应用。

9.1 资源共享平台概述

资源共享系统是指参与资源共享的主体，被共享的资源通过各种协调机制实现有效的流动，以满足需求方对部分或全部资源的需求，实现资源共享管理的系统化，达到共赢。

进一步说，资源共享是指通过共有或共用的方式使资源稀缺方获得所需的资源，从而在一定程度上使得资源需求方能够快速解决问题。因此，从源头来看，资源共享是一种协同工作的方式。

仅从服务器的角度来看，资源共享在很多方面都有使用，比如数据库中的数据共享、Web 服务器提供 HTTP 访问等。在日常的工作中也常见到数据的共享，比如文件的相互传阅、信息的转发等，这些都涉及资源的共享，在工作上通过资源共享获得的最直接好处就是更快进入工作状态，提高工作效率。

从资源共享的方式来看，比较常见的主要有一对一和一对多两种，或者说由某个人给某个人或某些人直接发送共享的文件，这种共享的方式更适合在范围比较小的环境中使用，要实现更大范围的资源共享，就需要搭建资源共享平台。

对于企业来说，搭建共享平台是非常有必要的，通过平台实现资源的共享，可使各部门的人员更快熟悉必要的工作环境，更好地协作完成各项工作，因此作为运维人员，有必要掌握如何在 Linux/Windows 操作系统上搭建和维护各种数据共享平台。

9.2 CentOS-S 资源共享平台

资源共享是在日常工作中经常用到的服务，本节将对 CentOS-S 和 Windows 系统下的资源共享平台的搭建进行介绍，这也是运维工作的基本技能。

9.2.1 基于 Samba 的平台搭建

Samba 是一种采用服务器/客户端工作方式的资源共享平台，它能够实现跨平台的、局域网环境下的资源共享服务，并结合对不同账号的权限控制，在实现资源共享的同时还能够对账号的权限进行控制。对于 Samba 资源共享平台，本小节将对它的架构、平台搭建和维护进行介绍。

1. Samba 平台架构

Samba 是一种基于网络实现资源共享的方式，它允许局域网内不同操作系统的计算机用户访问共享资源，这些共享资源包括各类文件、目录和打印机等（它的网络结构示意图如图 9-1 所示），但通常需要对访问这些资源的用户进行权限控制和管理。

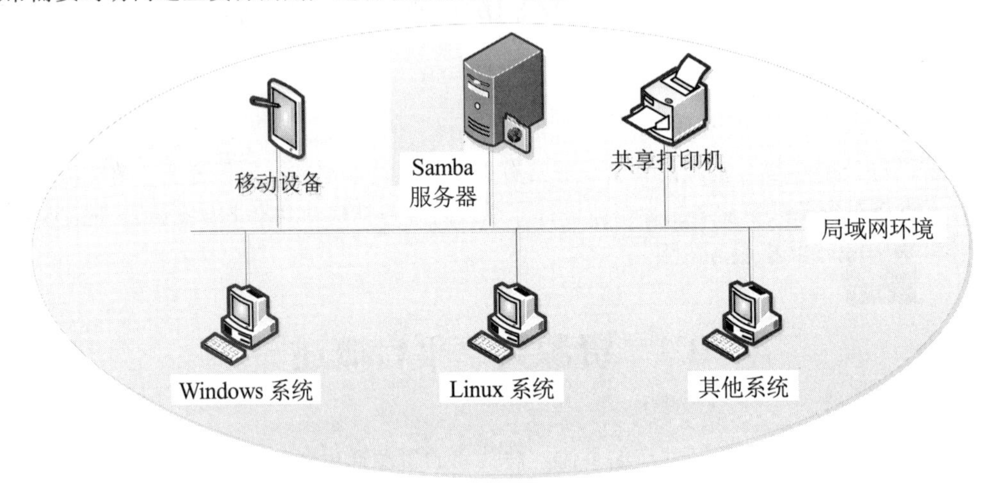

图 9-1 Samba 服务网络结构示意图

常见的权限设置和作用有以下几类：

- 共享目录：在局域网的环境下开放某个或某些目录的访问权限，使得在同一个网络内的客户端可以访问这些目录。
- 共享目录权限：用于决定每个目录的访问权限，Samba 服务的目录访问权限可以设置给局域网内的一个人、某些人、组或者所有人。
- 共享打印机：在局域网内的 Samba 共享打印机，通常是基于 Linux 操作系统的 CUPS 打印机，在 Samba 服务器上配置并连接到打印机就可以使用。
- 打印机使用权限：决定哪些用户可以使用 Samba 打印机。

通过这些权限的控制，用户仅能够访问特定目录下的资源，这在实现资源共享的同时也有利于对资源的保护。

2. Samba 资源共享平台搭建

接下来将对 Samba 资源共享平台的搭建进行介绍，内容涉及 Samba 的传输协议、平台软件安装和配置 Samba 资源共享库三部分。

（1）Samba的传输协议概述

Samba 是一种使 Linux 系统支持 SMB 协议的软件，在工作时它通过 SMB 来实现文件和打印机的共享，并利用 NetBIOS（Network Basic Input Output System，网络基本输入输出系统）的域名解析功能使得 Linux/Windows 系统之间实现资源的共享。

NetBIOS 是工作在会话层的协议，它定义一种软件接口和为应用程序与连接介质之间提供通信接口的标准方法，具有占用系统资源少、传输效率高等特点，更重要的是应用程序可以通过标准的 NetBIOS API 实现命令和数据在各种协议中传输。另外，NetBIOS 支持会话和数据报两种通信模式，通过数据报模式来对局域网进行广播，实现在两台计算机间建立一个连接，从而达到处理大量信息的目的。

SMB（Server Message Block，服务信息块）是在 NetBIOS 上开发的一种用于局域网内文件和打印共享的开放式通信协议，主要提供名称注册和名称解析、连接的可靠和无连接的不可靠通信，客户端通过 SMB 就可以在局域网环境下读、写服务器上的文件。

（2）资源共享平台Samba软件部署

Samba 平台软件的安装过程涉及相关的依赖包，要安装它需要先解决依赖包的问题，但由于它涉及的依赖包和相关的工具比较多，因此建议采用 yum 服务器来安装，以快速且简单地解决依赖包的问题。

关于本地 yum 服务器的搭建，这里不再重复介绍，搭建完成后就可以执行以下命令来安装 Samba 软件及其相关的依赖包：

```
[root@samba ~]# yum install samba -y
……
  samba-libs-4.12.3-12.el8.3.x86_64
Installed:
  libicu-60.3-2.el8_1.x86_64                    samba-4.12.3-12.el8.3.x86_64
Complete!
```

这样，Samba 软件及相关依赖包的安装工作就完成了。

安装完成后，还需要对 Samba 服务进行配置。

Samba 服务的进程由 nmb 和 smb 组成，其中 nmb 主要负责提供 NetBIOS 的域名解析和浏览共享资源的服务，smb 进程主要负责管理服务器上的共享目录和打印机、提供登录认证、创建对话进程和对 SMB 资源进行共享等。这就意味着要启动这两个进程才能使用 Samba 服务，可执行以下命令来启动进程：

```
[root@samba ~]# systemctl start nmb.service
[root@samba ~]# systemctl start smb.service
```

启动后可以执行以下命令来查看这两个进程的状态（仅截取部分输出信息）：

```
[root@samba ~]# systemctl status nmb.service
● nmb.service - Samba NMB Daemon
   Loaded: loaded (/usr/lib/systemd/system/nmb.service; disabled; vendor
preset: disabled)
   Active: active (running) since Wed 2020-12-09 21:29:34 CST; 2min 29s ago
     Docs: man:nmbd(8)
           man:samba(7)
           man:smb.conf(5)
```

```
 Main PID: 3200 (nmbd)
……
[root@samba ~]# systemctl status smb.service
● smb.service - Samba SMB Daemon
   Loaded: loaded (/usr/lib/systemd/system/smb.service; disabled; vendor
preset: disabled)
   Active: active (running) since Wed 2020-12-09 21:29:37 CST; 2min 38s ago
     Docs: man:smbd(8)
           man:samba(7)
           man:smb.conf(5)
 Main PID: 3203 (smbd)
……
```

从输出的信息（状态为 running）可以确定 Samba 处于运行状态。

另外，还可以使用以下命令对进程的重启、关闭等状态进行管理：

```
systemctl restart/stop nmb.service/smb.service
```

最后，分别执行以下命令将 Samba 的进程设置为开机启动：

```
[root@samba ~]# systemctl enable nmb.service
Created symlink /etc/systemd/system/multi-user.target.wants/nmb.service →
/usr/lib/systemd/system/nmb.service.
[root@samba ~]# systemctl enable smb.service
Created symlink /etc/systemd/system/multi-user.target.wants/smb.service →
/usr/lib/systemd/system/smb.service.
```

如果要取消开机启动，可以使用 disable 参数来代替 enable 参数。

（3）配置Samba资源共享库

资源共享平台 Samba 的共享资源放在特定的目录（或称库）下，在访问资源共享库时需要特定的用户账号，因此要创建资源共享库就需要对配置文件进行配置，且要创建该服务专用的用户账号。

其中，Samba 的主配置文件是/etc/samba/smb.conf，不过该配置文件中只是简单地定义了一些能够实现资源共享的项目。下面简单介绍如何创建可用的资源共享服务。

在主配置文件/etc/samba/smb.conf 中添加以下参数：

```
[smbdata]
   comment = share directory
   path = /data/smbdata
   browseable = Yes
   read only = No
#    hosts allow = 127.0.0. 192.168.1.
   valid users = smbuser
   guest ok = No
   create mask = 0666
```

保存配置后退出。

其中，/data/smbdata/是共享资源存放的目录；hosts allow 用于指定允许访问共享服务的 IP 段主机，IP 地址段之间以空格符隔开；valid users 是允许访问共享的用户账号，如果有两个或两个以上的账号，账号之间使用逗号隔开。

如果使用/data/smbdata（取消它前面的“#”），就需要创建该共享目录。

```
[root@samba ~]# mkdir -p /data/smbdata
```

其中，-p 选项的作用是以递归的方式创建目录。

创建用户账号 smbuser 并设置密码。注意，由于该 smbuser 账号不需要登录系统（仅用于登录共享），因此创建用户账号时将其登录系统的权限取消。另外，还需要把该账号设置为 Samba 服务的账号，并给该账号设置登录 Samba 共享服务的密码。

```
[root@samba ~]# useradd -s /sbin/nolog smbuser
[root@samba ~]# smbpasswd -a smbuser
New SMB password:
Retype new SMB password:
```

由于创建共享目录/data/smbdata/使用的是 root 权限，为了让 smbuser 账号对该目录有控制权，需要更改该目录的用户和组，即将该目录的用户和组更改为 smbuser。

```
[root@samba ~]# chown -R smbuser:smbuser /data/smbdata/
```

完成以上准备工作后，现在重启 Samba 服务的进程来重新加载相关的配置参数。

进程重启完成后，在 Windows 系统的导航栏输入 Samba 主机的 IP 地址（如\\192.168.1.50），按回车键后在弹出的认证窗口中进行认证，认证通过后就可以看到如图 9-2 所示的共享目录。

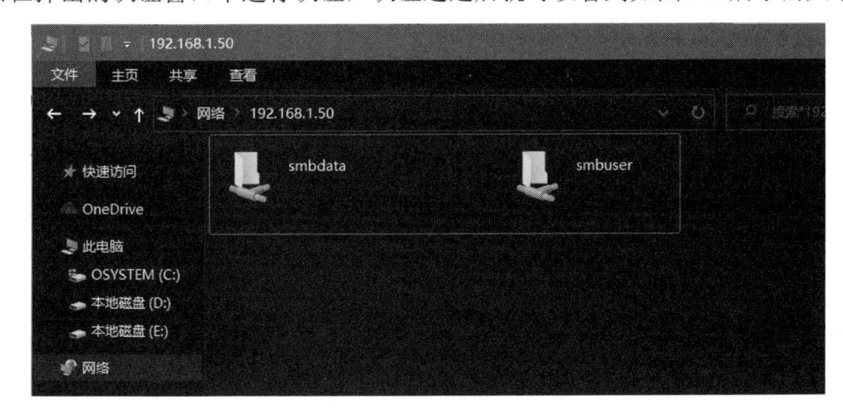

图 9-2　Samba 共享主窗口的目录

其中的smbuser是用户smbuser的主目录（/home/smbuser/），如果把该目录删除，在该窗口中还可以看到它，但已无法访问。另外，如果把配置文件/etc/samba/smb.conf中的path = /data/smbdata项注释掉，在该窗口中将看不到smbdata目录。

至此，共享目录配置完成。

对于共享目录下的资源，可以通过“拖”或“拉”的方式来下载或上传共享资源。

运维前线

在系统中如果启动防火墙，那么在访问 Samba 服务时就会提示无法访问，此时应该检查防火墙是否启动。

```
[root@samba ~]# systemctl status firewalld.service
● firewalld.service - firewalld - dynamic firewall daemon
```

```
   Loaded: loaded (/usr/lib/systemd/system/firewalld.service; disabled;
vendor preset: enabled)
   Active: active (running) since Sat 2020-12-12 07:20:52 CST; 7min ago
     Docs: man:firewalld(1)
 Main PID: 1255 (firewalld)
    Tasks: 2 (limit: 12224)
……
```

从输出的信息中可以确定防火墙处于运行状态，此时说明Samba不能访问可能与防火墙有关，因此简单的测试办法就是先关闭防火墙（执行命令systemctl stop firewalld.service），再确认是否能够登录，如果关闭防火墙后能够登录Samba，就说明是防火墙阻挡了访问。

对于这个问题，如果不需要防火墙就把它关闭，执行以下命令来关闭防火墙的开机启动功能：

```
[root@samba ~]# systemctl disable firewalld.service
Removed /etc/systemd/system/multi-user.target.wants/firewalld.service.
Removed /etc/systemd/system/dbus-org.fedoraproject.FirewallD1.service.
```

如果需要使用防火墙，就执行以下命令在防火墙上开放Samba的相关端口：

```
[root@samba ~]# firewall-cmd --zone=public --permanent --add-port=137/udp
success
[root@samba ~]# firewall-cmd --zone=public --permanent --add-port=138/udp
success
```

其中，137和138的UDP端口都用于NetBIOS服务。

执行以下命令重新加载防火墙配置，并查看在防火墙上所添加的端口：

```
[root@samba ~]# firewall-cmd --reload
success
[root@samba ~]# firewall-cmd --list-all
public (active)
  target: default
  icmp-block-inversion: no
  interfaces: ens32
  sources:
  services: cockpit dhcpv9-client ssh
  ports: 137/udp 138/udp
  protocols:
  masquerade: no
  forward-ports:
  source-ports:
  icmp-blocks:
  rich rules:
```

另外，如果要使用打印共享的服务，就要开放139的TCP端口。

添加端口后，再次确认Samba是否能够登录。

3. Samba资源共享平台维护

接下来将对Samba的基本配置进行介绍，主要包括Samba配置文件应用、基于企业级共享资源方案实施和共享平台上数据的维护三部分。

（1）Samba配置文件应用

Samba的主配置文件/etc/samba/smb.conf的配置信息比较简单，主要由全局配置参数项global、家目录配置项home、打印共享配置项组成（具体配置参数详见配置文件，这里不再列举），这些配置项的主要作用如下：

- 全局配置项，它定义的参数可以用于控制Samba服务的总特征。
- 家目录配置项，这是一个特殊的区域，用于配置Samba服务器用户对应的主目录，比如之前创建smbuser用户并使用它登录共享时会看到smbuser目录，该目录就是在此处的参数中定义的。
- 打印共享配置项，用于定义Samba共享打印机的相关选项。

关于该配置文件中的默认参数，其实仅仅用于文件资料的共享，可以直接清空该配置文件并配置需要的共享目录，比如把该文件的配置信息清空并使用以下参数来重建该文件，这样在认证并登录共享平台后就只会看到smbdata这个共享目录：

```
[smbdata]
   comment = share directory
   path = /data/smbdata
   browseable = Yes
   read only = No
#   hosts allow = 127.0.0. 192.168.1.
   valid users = smbuser
   guest ok = No
   create mask = 0666
```

关于Samba配置文件的更多配置参数，可在/etc/samba/smb.conf.example文件中找到。

（2）基于企业级共享资源方案实施

Samba能够为共享资源提供不同等级的安全保护机制，实现对共享目录及其子目录和文件的访问权限的有效控制，使得在公用数据共享平台的同时对数据进行有效保护。

使用Samba来实现数据的共享，无论是在一些院校还是企业中都比较常见。接下来，将以企业使用Samba来实现各个部门之间的数据共享为例介绍共享目录的配置和权限管理。

通常，公司都由多个部门组成，但出于共享数据要相对保密，需要建立独立的共享目录来存放数据。比如，需要给公司的技术部、行政部、客服部这三个部门设置独立的共享目录，并重建一个公共的数据共享目录。出于这个需求，需要重建三个账号分别用于特定的部门，再建一个账号用于公共的共享目录数据的访问。

以上需求说明如下：

- 技术部：共享目录为jishudata，账号/密码为jsuser/pjsuser。
- 行政部：共享目录为xingzhengdata，账号/密码为xzuser/xzuserp。
- 客服部：共享目录为kefudata，账号/密码为kfuser/kfpuser。
- 公共目录：ytdata，账号/密码为ytuser/ytuserp。

根据以上需求，需要在/etc/samba/smb.conf配置文件中配置如下信息（建议把该配置文件的配置信息清空后写入以下配置）：

```
[jsdata]
   comment = share directory
   path = /data/jishudata
   browseable = Yes
   read only = No
#    hosts allow = 127.0.0. 192.168.1.
   valid users = jsuser
   guest ok = No
   create mask = 0666
[xzdata]
   comment = share directory
   path = /data/xingzhengdata
   browseable = Yes
   read only = No
#    hosts allow = 127.0.0. 192.168.1.
   valid users = xzuser
   guest ok = No
   create mask = 0666
[kfdata]
   comment = share directory
   path = /data/kefudata
   browseable = Yes
   read only = No
#    hosts allow = 127.0.0. 192.168.1.
   valid users = kfuser
   guest ok = No
   create mask = 0666
[ytdata]
   comment = share directory
   path = /data/ytdata
   browseable = Yes
   read only = No
#    hosts allow = 127.0.0. 192.168.1.
   valid users = ytuser,jsuser,xzuser,kfuser
   guest ok = No
   create mask = 0666
```

根据需求，公共目录的数据允许全部人员访问，因此权限等同于允许其他账号访问，故在配置公共目录的参数时将其他的用户账号也指定，且这些账号之间需要用逗号隔开。

根据指定的共享目录，需要创建以下 4 个目录：

```
[root@samba ~]# mkdir /data/jishudata
[root@samba ~]# mkdir /data/xingzhengdata
[root@samba ~]# mkdir /data/kefudata
[root@samba ~]# mkdir /data/ytdata
```

接着创建指定的 4 个账号：

```
[root@samba ~]# useradd -s /sbin/nolog jsuser
[root@samba ~]# useradd -s /sbin/nolog xzuser
[root@samba ~]# useradd -s /sbin/nolog kfuser
```

```
[root@samba ~]# useradd -s /sbin/nolog ytuser
```

将这 4 个账号加入 Samba 服务中，并设置密码：

```
[root@samba ~]# smbpasswd -a jsuser
New SMB password:
Retype new SMB password:
Added user jsuser.
[root@samba ~]# smbpasswd -a xzuser
New SMB password:
Retype new SMB password:
Added user xzuser.
[root@samba ~]# smbpasswd -a kfuser
New SMB password:
Retype new SMB password:
Added user kfuser.
[root@samba ~]# smbpasswd -a ytuser
New SMB password:
Retype new SMB password:
Added user ytuser.
```

最后，更改各个目录所属的用户和组：

```
[root@samba ~]# chown -R jsuser.jsuser /data/jishudata
[root@samba ~]# chown -R xzuser.xzuser /data/xingzhengdata
[root@samba ~]# chown -R kfuser.kfuser /data/kefudata
[root@samba ~]# chown -R ytuser.ytuser /data/ytdata
```

由于/data/ytdata是公共的共享目录，因此在设置所属的用户和组后，还需要设置其他权限，否则其他用户账号就无法使用该公共目录下的共享资源。

```
[root@samba ~]# chmod 757 /data/ytdata/
```

完成以上准备工作后，现在重启 Samba 的服务进程，并逐一登录认证。如图 9-3 所示是登录后看到的信息。

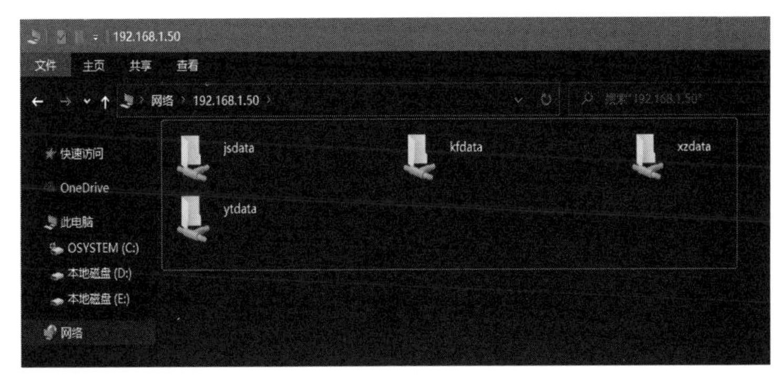

图 9-3　共享平台的共享目录信息

运维前线

由于 Windows 本身具有记忆 Samba 密码的功能，因此在使用 smbuser 用户登录后，如果没有重启或注销 Windows 系统，它就一直记忆该用户的登录信息，这样就会影响其他用户的登录。

要解决这个问题，简单的办法是在 DOS 窗口中执行以下命令行来清除已记忆的用户名信息：

```
net use \\192.168.1.50 /del /y
```

其中，192.168.1.50 是 Samba 主机的 IP 地址。

至此，企业级共享服务方案配置完成。

最后，建议重启系统以确认 Samba 是否开机就能够使用。

（3）共享平台上数据的维护

共享平台上的数据基本是长期存放的，但如果出现磁盘空间用完的情况，就需要对一些数据进行清理，以腾出磁盘空间存放新的数据。

在这样的情况下，建议先让各部门的人先清除自己不要的数据，如果还是腾不出多少空间，建议把 ISO 文件、应用程序包等文件清空，或移动到其他的服务器或 PC 主机上。另外，对于这些数据，没必要进行备份，除非有重要的数据需要维护。

9.2.2 基于 VSFTP 的平台搭建

VSFTP（Very Secure File Transfer Protocol，非常安全的文件传输协议）是一款更适合向服务器传送文件的服务平台，在一些小型企业的软件开发项目中常用于代码文件的上传，因此搭建 VSFTP 是一项基本的技能。本小节将介绍该平台的基本概念和平台的搭建这两方面的内容。

1. VSFTP 的基本概念

简单来说，VSFTP 是基于 FTP 的安全文件传输方式，服务器间的文件传输常用到。

进一步说，VSFTP 是一种基于传输控制协议的、用于将文件从一台计算机传送到另一台计算机的协议，这个协议与计算机所处的位置、连接方式甚至操作系统无关，但在文件的传送过程中它需要通过不同的工作方式并结合其他相关的功能共同完成数据的传送。

VSFTP 是基于服务器端/客户端的工作模式，通过主动和被动方式来传输文件，工作时服务器端数据的传输过程使用基于 TCP 的 21 号端口和 20 号端口，而客户端与服务器在数据的交互过程中所使用的端口是大于 1024 的一个端口（1024 之前的端口已被预定用于系统的其他服务），至于使用的是哪个端口，由客户端向服务器端发送的信息来确认。

2. 基于 VSFTP 的共享平台搭建

接下来将主要介绍基于 vsftpd 软件搭建 VSFTP 数据共享平台的过程。

由于 vsftpd 软件与其他的软件包之间不存在依赖关系，这就使它的安装变得更简单，直接使用系统的 ISO 文件中携带的安装包来安装就可以。但在安装之前还需要做一些简单的工作，就是先把系统的 ISO 文件挂载（如果已挂载到系统上就不用再次挂载），如把它挂载到系统的/mnt/目录下：

```
[root@vsftpd ~]# mount /dev/sr0 /mnt/
mount: /mnt: WARNING: device write-protected, mounted read-only.
```

挂载后执行以下命令来安装（关于vsftpd安装包所在的位置，要么在BaseOS中，要么在AppStream中，可逐一检查）：

```
[root@vsftpd ~]# rpm -ivh /mnt/AppStream/Packages/vsftpd-3.0.3-33.el8.
x86_64.rpm
```

```
Verifying...                          ################################# [100%]
Preparing...                          ################################# [100%]
Updating / installing...
   1:vsftpd-3.0.3-33.el8              ################################# [100%]
```

安装完成后，vsftpd 的进程处于关闭状态，可执行以下命令来启动它并将它的进程设置成开机自启动：

```
[root@vsftpd ~]# systemctl start vsftpd.service
[root@vsftpd ~]# systemctl enable vsftpd.service
Created symlink /etc/systemd/system/multi-user.target.wants/vsftpd.service
→/usr/lib/systemd/system/vsftpd.service.
```

这样，就完成了 VSFTP 的安装和进程的设置。

（1）基于VSFTP配置文件的初始化

在安装 vsftpd 软件后，默认的配置并不满足实际的需求，因此要根据环境的具体需求对相关的配置进行更改。

接下来将对配置文件进行简单初始化，即仅开放指定的本地账号远程访问 VSFTP 服务，这个过程中需要对/etc/vsftpd/vsftpd.conf 和/etc/pam.d/vsftpd 这两个配置文件进行更改。

其中，对于配置文件/etc/vsftpd/vsftpd.conf 的更改，包括以下配置。

找到以下这几行，并将其前面的注释号“#”去掉。

```
chroot_local_user=YES
chroot_list_enable=YES
chroot_list_file=/etc/vsftpd/chroot_list
```

找到以下两项并对其值进行更改：

```
listen=YES
listen_ipv6=NO
```

另外，如果系统中开启了防火墙，还需要在该配置文件中加入以下配置参数：

```
pasv_min_port=30000
pasv_max_port=30020
allow_writeable_chroot=YES
```

这些参数是指定客户端使用的端口范围（端口的范围可根据实际情况调整），并设置登录用户的权限。

至此，/etc/vsftpd/vsftpd.conf 文件初始化完成。

以下是/etc/pam.d/vsftpd 文件中需要更改的配置，即在该文件中找到以下配置项：

```
auth    required   pam_shells.so
```

把该配置项中的 pam_shells.so 更改为 pam_nologin.so，之后保存退出就可以。

至此，VSFTP 基本初始化完成。

最后，重启 VSFTP 的服务进程就可以。

```
[root@vsftpd ~]# systemctl restart vsftpd.service
```

（2）配置VSFTP的访问用户

VSFTP 的用户可分为本地用户、虚拟用户和任何用户三类，在使用该服务时，通常需要创建专用的账号。

在生产环境下对 VSFTP 的使用比较常见的有开发上传代码（如 PHP 开发）、在两个服务器之间传输文件等。至少在使用 VSFTP 的过程中通常只是传输信息，而不需要登录系统的权限，而且出于对系统安全的考虑，VSFTP 用户通常是虚拟用户，即一个专门用于该服务的用户账号。

创建虚拟的VSFTP用户账号时可以使用useradd命令，使用相关参数指定该用户的shell类型，如创建 VSFTP 服务的专用用户账号 ftp-user 并指定它的 shell 为/sbin/nologin。当然，设置它的登录认证密码也是不可忽略的工作。

```
[root@vsftpd ~]# useradd -s /sbin/nologin ftp-user
[root@vsftpd ~]# passwd ftp-user
Changing password for user ftp-user.
New password:
BAD PASSWORD: The password is shorter than 8 characters
Retype new password:
passwd: all authentication tokens updated successfully.
```

用户在初始化 VSFTP 服务时需要指定用户名认证配置文件/etc/vsftpd/chroot_list，因此此时需要把刚创建的 ftp-user 账号加入该文件中。

```
[root@vsftpd ~]# echo ftp-user >> /etc/vsftpd/chroot_list
```

关于>>和>这两个符号的用法，其中>>用于在文件的末尾加入新的内容且不覆盖源文件的内容，>是直接清空源文件的内容，或在清空时写入新的内容。

VSFTP 服务默认使用 20 和 21 的 TCP 端口传输数据，如果系统开启防火墙，就加入这两个端口。当然，如果系统没有启动防火墙，以下添加端口及相关的操作命令可直接跳过：

```
[root@vsftpd ~]# firewall-cmd --zone=public --permanent --add-port=20/tcp
success
[root@vsftpd ~]# firewall-cmd --zone=public --permanent --add-port=21/tcp
success
```

开放客户端使用的 TCP 端口段：

```
[root@vsftpd ~]# firewall-cmd --zone=public --permanent
--add-port=30000-30020/tcp
success
```

重新加载防火墙配置：

```
[root@vsftpd ~]# firewall-cmd --reload
success
```

为了测试账号是否可以用到 VSFTP 服务上，打开 Windows 的 DOS 窗口并执行 ftp 命令连接到 VSFTP 服务，其中 IP 地址是 VSFTP 的主机 IP 地址。

```
C:\Users\chenxianglin>ftp 192.168.1.50
连接到 192.168.1.50。
220 (vsFTPd 3.0.3)
200 Always in UTF8 mode.
```

```
用户(192.168.1.50:(none)): ftp-user   <=== 输入用户账号
331 Please specify the password.
密码:      <=== 账号 ftp-user 用户的密码
230 Login successful.
ftp>
```

至此，服务配置完成。

（3）基于VSFTP主目录的维护

通过以上配置测试可以确认 VSFTP 已可以使用，但在实际的生产环境下，VSFTP 在使用的过程中所使用的目录并不一定是所创建账号的家目录，接下来针对这个问题进行介绍。

比如，需要使用 VSFTP 来上传开发的代码文件，在这样的情况下程序的主目录可能与所创建的用户主目录不一致，比如要上传的代码主目录为/data/webserver/，而 VSFTP 账号的主目录为/home/ftp-user/，这样上传代码文件时这个路径就明显不对。

对于这个问题，可以利用用户组与文件权限之间的关系来解决。简单来说，就是把用户 ftp-user 加入/data/webserver/目录所有者的组中，再开放同组用户权限就可以。

如创建程序的运行主目录为 root 用户，则把用户加入 root 用户的组中，即在/etc/group 文件中“root:x:0:”这行的末尾加入 ftp-user（root:x:0:ftp-user）。另外，还需要在/etc/passwd 文件中找到 ftp-user 用户的主目录，将其更改为/data/webserver/：

```
ftp-user:x:1000:1000::/data/webserver:/sbin/nologin
```

最后，执行以下命令来更改/data/webserver/目录的用户组权限，即添加 w 权限：

```
[root@vsftpd ~]# chmod g+w /data/webserver/
```

这样，使用 ftp-user 用户登录 VSFTP 服务时，它的主目录就是/data/webserver/，且对该目录有各种权限，包括文件上传、下载、创建和删除等。

另外，对于 VSFTP 的访问方式，可以使用相关的客户端工具（如 flashfxpFTP 等），也可以使用浏览器打开或在打开的“计算机”（或文件夹）的地址栏处输入 VSFTP 的主机地址，经过认证后就可以访问，输入的地址为 ftp://192.168.1.50/（IP 地址是 VSTP 主机地址）。

9.2.3　基于 NFS 的平台搭建

NFS（Network File System，网络文件系统）是一种比较有历史的资源共享平台，它主要用于实现磁盘资源的共享，因此在一些磁盘空间不足的环境下常使用该服务来实现跨服务器的磁盘资源共享。本小节将介绍 NFS 服务的平台搭建和应用。

1. NFS 服务的基本概念

NFS 是分布式计算机系统的组成部分，它是基于 UDP/IP 的应用，采用远程过程调用机制并能够在异构网络上实现远程资源共享，且这种调用机制通过提供一种与机器、操作系统及底层传送协议无关的存取方式来实现。

NFS 已成为文件服务的一种标准，它采用基于服务器/客户端的工作模式，并通过基于 UNIX 系统表示层协议的应用程序，实现文件共享，就好比访问本地文件资源一样。

通过 NFS 实现数据资源的共享可以减少移动设备的使用带来的安全威胁，且它支持客户端对共享资源的自由访问，而对于不同系统间的数据存在权限问题，可预先通过开放相关的权限（如可读、可写及可执行）来解决，使得各服务器之间能够不受权限影响读取文件，对于一些老旧且磁盘空间小的服务器这也是解决磁盘使用问题的好方法。

2. NFS 服务平台搭建

NFS 是基于网络的应用，它通过网络的方式为客户端提供数据资源共享服务。接下来将对 NFS 服务平台的搭建和进程的管理进行介绍。

在搭建 NFS 平台时需要安装的软件包有 nfs-utils 和 rpcbind，这两个软件包又涉及其他的相关依赖包，因此建议搭建本地 yum 服务器来解决依赖包的安装问题（关于本地 yum 服务的搭建可参考之前章节的内容）。搭建本地 yum 服务器后可以使用以下命令来安装 NFS 服务组件及相关的依赖包：

```
[root@nfsserver ~]# yum install nfs-utils rpcbind -y
……
  Verifying        : quota-nls-1:4.04-11.el8.noarch              7/8
  Verifying        : rpcbind-1.2.5-8.el8.x86_64                  8/8
Installed products updated.
Installed:
  gssproxy-0.8.0-19.el8.x86_64          keyutils-1.5.10-6.el8.x86_64
libverto-libevent-0.3.0-5.el8.x86_64      nfs-utils-1:2.3.3-40.el8.x86_64
  python3-pyyaml-3.12-12.el8.x86_64     quota-1:4.04-11.el8.x86_64
quota-nls-1:4.04-11.el8.noarch            rpcbind-1.2.5-8.el8.x86_64
Complete!
```

至此，NFS 的软件包安装完成。

要让 NFS 提供服务，需要启动它的进程 rpcbind 和 nfs-server，其中 rpcbind 是一个独立启动的进程，而 nfs-server 启动时通常还要启动其他相关的进程。另外，NFS 是通过 RPC 来辅助提供服务的，也就是说 NFS 服务要启动多个进程，这些进程包括 NFS 的 services、mountd、daemon 和 RPC 的 idmapd，它们协同为来自客户端的请求提供服务。

其中，services、mountd、daemon 这三个进程提供不同的服务。services 是基本守护进程，主要作用是为客户端提供登录服务器的许可；mountd 用于管理文件系统的资源；而 daemon 则是后台守护进程，负责监控 NFS 的总体状态。

对于 NFS 服务的进程，可使用以下命令来启动：

```
[root@nfsserver ~]# systemctl start rpcbind.service
[root@nfsserver ~]# systemctl start nfs-server.service
```

执行以下命令将进程设置为开机自启动：

```
[root@nfsserver ~]# systemctl enable rpcbind.service
[root@nfssever ~]# systemctl enable nfs-server.service
Created symlink /etc/systemd/system/multi-user.target.wants/
nfs-server.service  →/usr/lib/systemd/system/nfs-server.service.
```

运维前线

对于 NFS 软件的安装，如果系统能够连接到外网且网络 yum 服务器可以使用，在安装 NFS 服务时可以执行以下命令进行安装，而不需要搭建本地 yum 服务器：

```
[root@nfsserver ~]# yum install nfs-utils rpcbind -y
```

---

3. NFS 服务的配置

对于 NFS 服务的配置，过程还是比较简单的，主要涉及文件的读写权限和路径的问题，而这些只需要在相应的配置文件中设置就可以。

在整个 NFS 服务的体系中，主要是由服务器端向客户端提供磁盘空间或文件等各项资源，且这些资源被挂载到客户端使用。根据 NFS 配置的需要，要先准备两台主机分别用于 NFS 服务器端和客户端。

在配置的过程中需要用到/etc/exports文件来设置权限，该文件中的配置项都有固定的配置格式，格式如下：

```
hostname 或 IP Address (argument1, argument2 ……)
```

该文件中的每行配置相当于一个共享服务，直接允许挂载到本地（客户端）共享目录。

（1）NFS资源共享服务配置

接下来将介绍如何通过 NFS 服务来使用远程主机的磁盘资源，即假设在本机磁盘不足的情况下，通过 NFS 来实现将本机运行的程序数据存储到远程主机上。

下面先对本次配置需求进行描述。

将 NFS 服务主机（IP 地址为 192.168.1.50）的磁盘空间分配给 NFS 客户端主机使用（IP 地址为 192.168.1.60），并允许客户端对 NFS 服务的主机指定的目录有读写和同步数据的权限。

根据以上需求，先在 NFS 服务器端上进行相关的配置。现在需要创建共享目录（设共享目录为/nfsdata/60data/），且该目录仅允许客户端主机（192.168.1.60，包括 root 用户）访问。

在 NFS 服务器端创建客户端共享目录/nfsdata/60data/：

```
[root@nfsserver ~]# mkdir -p /nfsdata/60data/
```

在/etc/exports 文件中添加以下配置：

```
/nfsdata/60data/   192.168.1.60(rw,sync,no_root_squash)
```

完成配置后重启 NFS 服务的进程：

```
[root@nfsserver ~]# systemctl restart rpcbind.service
[root@nfsserver ~]# systemctl restart nfs-server.service
```

执行 exportfs 命令检查并确认配置是否正确。其中，-r 用于重新加载配置，-v 用于显示配置信息。

```
[root@nfsserver ~]# exportfs -rv
exporting 192.168.1.60:/nfsdata/60data
```

对于该命令所输出的信息，后半部分是客户端用于挂载 NFS 服务的地址。

最后是配置防火墙的问题（如果系统不使用防火墙，以下配置直接跳过），NFS 默认使用 111 和 2049 号端口，但由于 rquotad nlockmgr mountd 服务的端口是不定的，这就导致防火墙无法设置。为了解决这个问题，创建/etc/sysconfig/nfs.rpmsave 文件来固定该服务的端口，即在配置文件中添加以下配置参数（端口可自定义，但不要与其他端口相同）：

```
LOCKD_UDPPORT=32769
MOUNTD_PORT=892
```

重启 NFS 服务进程：

```
[root@nfsserver ~]# systemctl restart nfs-server.service
```

在防火墙上添加111、2049、32769和892端口，添加端口的命令格式如下：

```
firewall-cmd --zone=public --permanent --add-port=port/tcp
```

其中，参数port/tcp中的port是要添加的端口。

最后，执行以下命令来重新加载防火墙配置：

```
[root@nfsserver ~]# firewall-cmd --reload
success
```

关于NFS端口的使用状态信息，可执行rpcinfo -p命令来查看。

至此，NFS服务器端的配置完成。

下面开始配置NFS的客户端，在客户端主机上需要用到showmount命令，因此需要安装nfs-utils软件包，安装后不需要启动进程，而是直接使用该命令来获取NFS服务器端主机上所共享出来的目录。

```
[root@nfsclient ~]# showmount -e 192.168.1.50
Export list for 192.168.1.50:
/nfsdata/60data 192.168.1.60
```

从输出的信息来看，可以确认获取到NFS服务器上指定给客户端使用的共享目录，而要挂载这个目录就要先有挂载点。

在客户端上创建挂载点/appdata/（即挂载NFS服务共享资源的目录），之后执行mount命令挂载NFS服务器上的/nfsdata/60data/目录到客户端本地的/appdata/目录下。

```
[root@nfsclient ~]# mkdir /appdata
[root@nfsclient ~]# mount -t nfs 192.168.1.50:/nfsdata/60data /appdata/
```

至此，挂载完成。

此时，为了验证本次操作是否符合需求，可在NFS服务器端主机上的/nfsdata/60data/目录下执行创建文件、删除文件等操作，并在每次操作时都查看NFS客户端的/appdata/目录是否出现文件的变化；反过来，也在NFS客户端上执行文件的创建、删除等操作，并在NFS服务器端的对应目录下查看文件是否有变化。

运维前线

1）对于一些老旧的服务器设备可以使用NFS服务。过于老旧的设备可能已经停产，但由于各种原因没有更换且一直运行业务，这样的设备只能在现有的环境下维护，就是通过现有资源的调动来解决，比如向其他磁盘空间充足的服务器借用磁盘空间，这时就可以使用NFS来解决这个问题。

2）在使用NFS的过程中，如果在客户端看到NFS上的挂载数据信息，但无法写入新的数据，则可能是NFS服务器重启导致的，建议把挂载的NFS卸载后重新挂载。

卸载命令是：[root@nfsclient ~]# umount /appdata/。

（2）NFS服务配置参数说明

下面对配置NFS共享服务中用到的参数进行说明，这些参数涉及建立连接、读写、执行等操作及安全设置等。

- all_squash：将所有登录NFS主机的用户全部映射成匿名用户。
- anonuid：登录NFS主机用户的ID必须在/etc/passwd文件中。

- async：数据暂时保存在内存中。
- insecure：允许非授权用户访问。
- no_all_squash：保留共享文件的 UID 和 GID。
- no_root_squash：允许 root 用户登录 NFS 服务。
- no_wdelay：多个用户可将数据立即写入 NFS 目录。
- rw：设置可读可写的权限。
- ro：设置只读的权限。
- root_squash：将 root 用户的所有请求都映射成匿名用户的权限（默认）。
- sync：数据同步写入磁盘中。
- subtree_check：如果共享/usr/bin 之类的子目录，NFS 服务会强制检查父目录权限。
- wdelay：如果多个用户要写入 NFS 目录，就把这些写操作一起执行（这也是 NFS 默认的操作方式）。

9.3　Windows 共享服务的应用

对于 Windows 系统下的共享服务设置，在日常的工作中是比较常见的，特别是非计算机公司中更是常见。

Windows 系统下的共享服务设置比较简单，做法就是先选择需要共享的文件夹，并右击打开该共享文件夹的“属性”，这时在属性窗口中就可以看到“共享”功能选项，在该选项下共有两个设置共享的选项（分别是网络文件和文件夹共享、高级共享），这两个设置都能够实现文件夹的共享。

（1）基于网络文件和文件夹共享的设置

对于使用网络文件和文件夹共享来设置文件夹共享，单击其下的“共享”选项，打开能够访问共享的用户账号的窗口，指定用户就可以，用户账号可以选择现有的或重新创建（见图 9-4），这可根据实际的需要而定，在设置完成后保存就可以。

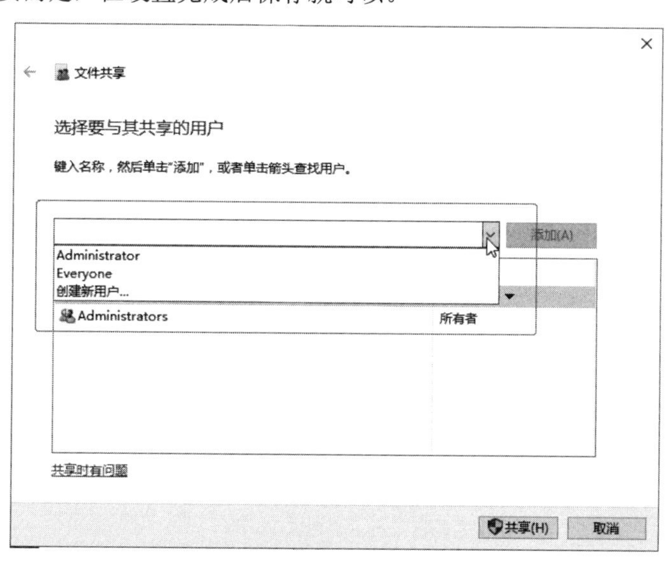

图 9-4　选择允许访问共享的用户账号

日常办公的计算机上的 IP 地址是随机分配的，因此建议使用静态方式来分配 IP 地址，如果办公环境比较复杂不能静态分配，建议使用计算机主机名来访问共享。

当然，如果设置共享服务后无法访问，建议检查是否开启了主机的网络发现，在更改高级共享设置（控制面板\网络和 Internet\网络和共享中心\更改高级共享设置）中启动网络发现就可以。

另外,还可能存在一种情况,就是开启共享访问的主机和客户端主机的 IP 地址不在一个网段，比如公司的网关是 192.168.0.1，而存在的网段有 192.168.1.X、192.168.2.X 等，这样就会导致共享找不到的错误提示。对于这样的问题，简单的解决办法就是把客户端的 IP 地址段固定成共享主机同地址段，如果地址段不能更改，就先固定 IP 地址，并在固定 IP 地址的“Internet 协议版本 4（TCP/IPv4）属性”界面（见图 9-5）单击“高级”按钮，在打开的“高级共享”界面的“设置”中给客户端新增与共享主机同网段的 IP 地址和网关。

还要一个原因，就是检查防火墙。

（2）基于高级共享的设置

关于另外的一种共享设置（即高级共享），打开后就看到如图 9-6 所示的“高级共享”设置界面，在该界面中选择共享此文件夹，或通过“添加”来指定其他的共享文件夹（服务器版本系统支持此功能），并在共享的并发用户数处设置允许的并发数。

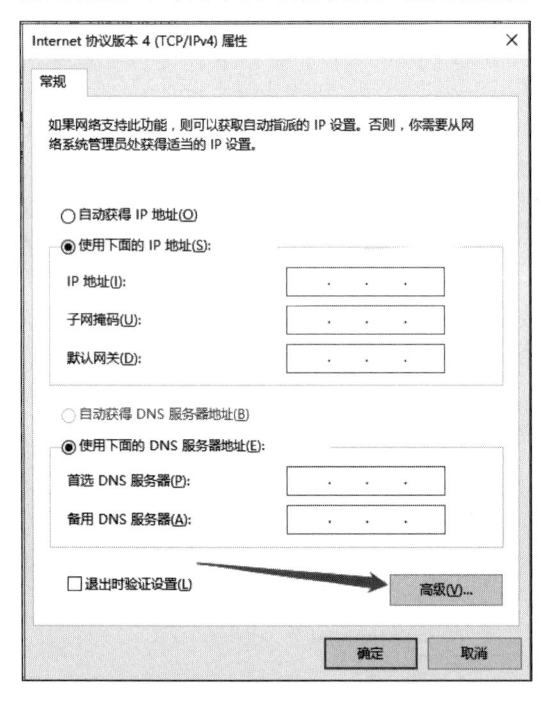

图 9-5 单击“高级”按钮

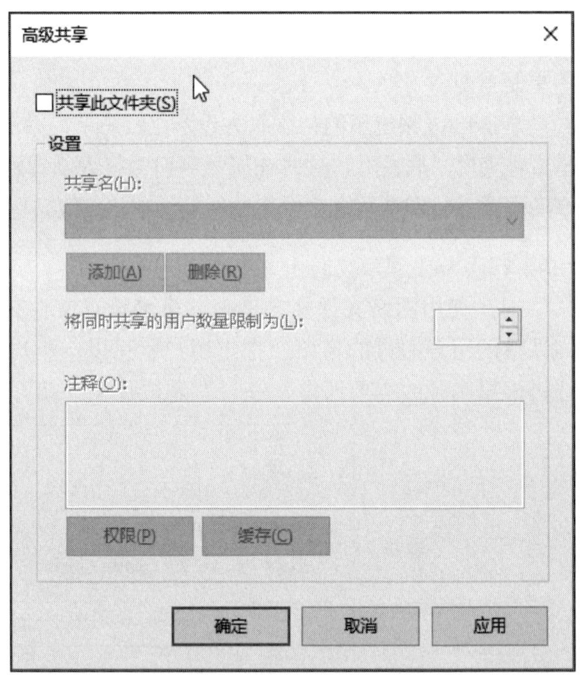

图 9-6 “高级共享”界面

关于权限的设置（就是允许哪个用户访问），打开权限的设置窗口后选择允许的账号就可以，要是该界面上没有需要的账号，那就选择“添加(D)”并在弹出的“选择用户或组”界面上打开“高级(A)”后进行查找（即点击“立即查找”），找到后确认就可以。

9.4　使用 Rsync 工具同步数据

Rsync（Remote Synchronize，远程同步）是基于 Linux/Windows 平台支持本地和远程数据同步的工具，它通过 LAN/WAN 快速将多台主机间的文件同步，并在同步数据的同时保持文件的权限、时间节点、软硬链接等附加信息与源文件的一致。

在同步数据时，Rsync 通过它的算法来实现源数据和目的数据（就是备份后的数据）的同步。也就是说它实现数据同步时是先计算源数据和目的数据之间数据的差异，且只是将源数据中的新数据同步到目的数据中，因此这个传输的过程所用的时间相当少，消耗的资源也少，可以满足生产环境下对额外资源开销的要求，这也是使用该工具的原因。

在日常的运维工作中，对数据的备份就常使用相关的工具来辅助完成。Rsync 是一款备份数据有效的工具，本节将介绍这款工具的使用。

9.4.1　Rsync 对数据的同步过程

Rsync 具有更新整个目录树和文件系统的能力，且可以有选择性地保持（硬/软）链接、文件特性及时间等问题，支持匿名同步等功能，并提供不同的模式来满足用户在不同环境下使用的要求，以适应多变的生产环境需要。

下面假设主机 B 将数据同步到主机 A，并以此来介绍数据的同步过程。

1）主机 B 把要同步的数据文件划分成不重合且大小为 K 字节的若干块（不足 K 字节时结尾部分加上 Padding 加以区别），然后根据每一块的 Hash（散列，也称哈希）值进行处理。Hash 分弱 Hash 和强 Hash 两类，这里用 WH 表示弱 Hash，SH 表示强 Hash。

2）主机 B 把每个块的 WH 和 SH 值发送给主机 A。

3）主机A把被同步的数据中每一个长度为K的块（就是以每个字节开头的长度为K的块）计算出WH（这过程中主机A消耗更多的资源），之后与来自主机B的值进行匹配，如果出现不同就说明需要更新。这里不用担心数据被遗漏，再小的数据也躲不过SH的筛选。

4）通过计算和对比之后，主机 A 就知道哪些数据存在差异，并把存在差异的数据的编码发送给主机 B。

5）主机 B 根据编码的记录将需要更新的数据同步到主机 A 中覆盖原先的数据。

Rsync 在远程同步数据时对数据的处理涉及“推”和“抓”两个动作。“推”是指在本地把需要备份的数据向远程的数据备份机送过去，“抓”是指在备份机上把远程数据“拿”过来。另外，在远程同步数据时必须有客户端和服务器端，客户端和服务器端的选择不受限制，可以选择任何一方，但需要有 Rsync 工具的支持。

9.4.2　Rsync 工具应用实例

Rsync 工具在使用前需要进行配置，配置时涉及服务器端和客户端的选择。

对于服务器端的选择要根据服务器的性能来定，但在一些特殊的场合下（如备份机是普通的台式机）应该考虑将应用服务器作为 Rsync 客户端，具体的选择应根据实际情况而定。作为 Rsync 的客户端，它的主要工作是执行数据备份的命令，在执行过程中所消耗的资源由其自身承担。而

Rsync 服务端只负责将本地数据的参数与由客户端传送来的参数进行对比，并根据出现的差异告知客户端哪些数据需要更新。

在数据同步的过程中，对于客户端和服务器端的选择可根据“抓”和“推”这两个操作，并结合服务器的性能、服务器运行的业务及服务器的运行时间等因素，这对于 Rsync 的服务器端和客户端的选择有很大的参考。

1. 同步数据需求分析

在公司的工作环境中有十多台办公计算机，这些计算机中存有实验的相关数据及客户的相关资料，但由于这些计算机经常出现各种问题导致工作不能正常进行，而其他的办公计算机需要从这些计算机上获取相关的数据来工作，又没有考虑更换新计算机，因此为了保证其他计算机能够使用这些数据，就要将数据备份到其他地方。

考虑到其他人可能忘记备份数据或备份不及时的问题，决定采用 Rsync 来实现数据的自动备份。假设保存在办公计算机上的实验数据有几十 GB，每天都产生不少新数据，考虑到磁盘空间的问题，决定把数据放到公司一台比较空闲、有足够的磁盘空间的服务器上，并决定把这台服务器当作 Rsync 的服务端，而其他的办公计算机就作为 Rsync 的客户端。

总的来说，由办公计算机主动向服务器推送数据。

具体参数描述如下：

- Rsync 服务端为 CentOS8，其中的一个 IP 地址为 192.168.8.15。
- Rsync 客户端为 Windows 系统，IP 地址段与服务器同段，范围为 192.168.8.50~200。

2. Rsync 实现数据远程自动同步

配置 Rsync 的服务端，需要在服务器上安装 Rsync 的服务端工具，并在安装后打开它的配置文件/etc/rsyncd.conf（该文件可能不存在，如果不存在新建就可以），在该文件中配置相关的参数。以下是基本的配置：

```
uid=root
gid=root
max connections=36000
use chroot=no
log file=/var/log/rsyncd.log
pid file=/var/run/rsyncd.pid
lock file=/var/run/rsyncd.lock

[dbak]                     # 服务名可自定义
path=/data/160_bak/        # 数据被同步到的路径（或被同步的数据的路径）
comment = data backup      # 描述信息，可自定义
ignore errors
read only = no
write only = no
list = no
hosts allow = 192.168.8.160  # 只允许指定 IP 的客户端主机访问
#auth users = www
#secrets file = /etc/rsyncd.secrets
```

配置说明：在配置中，前半部分的代码是通用的，后半部分是一个服务的配置，这个服务名必须是唯一的且其指向的路径（备份数据存储的目录）要存在，不同的服务名可以指向相同的路径。关于认证，先把它取消（目的是避免在认证方面的麻烦）。

根据在配置文件中指定的路径创建这个目录，完成后就可以启动 Rsync 的进程。

Rsync 服务默认使用 873 号端口（可以从/etc/services 文件中找到），如果系统开启防火墙就需要添加这个端口，最后执行以下命令启动并刷新配置文件：

```
rsync --daemon --port=873
rsync --daemon --config=/etc/rsyncd.conf
```

如果执行启动命令时出现"failed to create pid file /var/run/rsyncd.pid: File exists"这样的错误提示，此时根据提示把"/var/run/rsyncd.pid"文件删除后重新启动就可以。

现在开始配置 Rsync 的客户端，即在办公计算机上先安装 Rsync 的客户端（目的是使用 Rsync 这个命令），安装后找到 cwrsync.cmd 这个文件（比如在 C:\Program Files (x86)\cwRsync\文件夹下），在该文件中有相关命令行的语法格式，参考使用就行。

以下命令对应 Rsync 服务端的配置，把它加入 cwrsync.cmd 文件并保存就可以：

```
rsync -avr --ignore-errors --force /cygdrive/e/te01 192.168.8.16::dbak
```

其中，/cygdrive/e/te01 是把本地 D 盘的 te01 文件夹（包括其下的全部数据）推送到远端的服务器上，而 192.168.8.16::dbak 是远端 Rsync 主机的地址和 Rsync 的服务名。

其实，个人更推荐自定义脚本（即自己重新编写 bat 脚本），以下是一个实现相同功能且非常简单的 BAT 脚本（脚本可放在任何文件夹下，但要以 bat 为后缀）。

```
C:
cd C:\Program Files (x86)\cwRsync\bin\
rsync -avr --ignore-errors --force /cygdrive/d/Program 172.16.4.63::dbak
```

最后测试脚本是否能够实现同步，直接运行就可以。

9.4.3　常见的 Rsync 报错解决方法

以下内容属于 Rsync 同步失败的知识补充，即 Rsync 服务中常见的错误提示及出现错误的原因和解决的方法。

（1）auth failed on module bak类错误

错误提示信息：

```
@ERROR: auth failed on module bak
rsync error: error starting client-server protocol (code 5) at main.c(1522)
[receiver=3.0.3]
```

错误的原因：Rsync 服务所指定的模块（bak）需要用户名和密码认证，不过客户端未提供正确的用户名和密码。

解决方法：检查Rsync服务器的配置文件，确定配置文件中的用户名正确，或给予正确的密码。

（2）daemon security issue -- contact admin类错误

错误提示信息：

```
@ERROR: daemon security issue -- contact admin
rsync error: error starting client-server protocol (code 5) at main.c(1530)
[sender=3.0.6]
```

错误的原因：被同步的目录中有软链接文件。

解决方法：在 Rsync 服务的配置文件/etc/rsyncd.conf 中设置“use chroot = yes”，这样就可以忽略软链接文件。

（3）Connection reset by peer (104)类错误

错误的提示信息：

```
rsync: read error: Connection reset by peer (104)
rsync error: error in rsync protocol data stream (code 12) at io.c(794)
[receiver=3.0.2]
```

错误的原因：Rsync 服务器端的 Rsync 服务未开启。

解决方法：启动 Rsync 服务。

（4）chroot failed类错误

错误提示信息：

```
@ERROR: chroot failed
rsync error: error starting client-server protocol (code 5) at main.c(1522)
[receiver=3.0.3]
```

错误的原因：Rsync 服务器端配置文件中所指定的目录不存在或无权限。

解决方法：检查所指定的目录是否存在或者对该目录是否具有读写权，如果目录不存在就需要创建目录，或者添加权限。

（5）Connection refused (111)类错误

错误提示信息：

```
rsync: failed to connect to 10.10.10.170: Connection refused (111)
rsync error: error in socket IO (code 10) at clientserver.c(124)
[receiver=3.0.5]
```

错误的原因：Rsync 服务器端的 Rsync 服务进程未启动。

解决方法：执行“rsync --daemon --config=/etc/rsyncd.conf”命令启动 Rsync 服务进程。

（6）Connection timed out类错误

错误提示信息：

```
rsync: failed to connect to 192.168.8.160: Connection timed out (110)
rsync error: error in socket IO (code 10) at clientserver.c(124)
[receiver=3.0.5]
```

错误的原因：可能因客户端或服务端的防火墙启动时未开放 Rsync 的端口而导致无法通信。

解决方法：检查防火墙的状态（有些系统可能使用 shell 脚本防火墙，因此建议使用带有-L 选项的 iptables 命令检查），或者使用 telnet 命令测试，如果不使用防火墙就关闭。

（7）No route to host (113)类错误

错误提示信息：

```
rsync: failed to connect to 218.107.243.2: No route to host (113)
rsync error: error in socket IO (code 10) at clientserver.c(104)
[receiver=2.6.9]
```

错误的原因：目标服务器未开机、系统防火墙未开端口或网络上有防火墙。

解决方法：检查服务器和防火墙的状态（有些服务器 ping 不通可能是禁 ping，而不一定是关机），如果是防火墙的原因，就开放 Rsync 所使用的端口。

（8）No space left on device类错误

错误的提示信息：

```
rsync: write failed on "/data/16_bak/etc": No space left on device (28)
rsync error: error in file IO (code 11) at receiver.c(302) [receiver=3.0.7]
rsync: connection unexpectedly closed (2721 bytes received so far) [generator]
rsync error: error in rsync protocol data stream (code 12) at io.c(601)
[generator=3.0.7]
```

错误的原因：因磁盘空间不够已无法再存放更多的数据，数据同步被终止执行。

解决方法：检查磁盘的空间（如可以用 du 命令找出占用磁盘空间的数据的路径），并将一些无用的数据清除，否则添加磁盘。

（9）Unknown module 'bak_nonexists'类错误

错误的提示信息：

```
@ERROR: Unknown module 'bak_nonexists'
rsync error: error starting client-server protocol (code 5) at main.c(1522)
[receiver=3.0.3]
```

错误的原因：Rsync 客户端所指定的 Rsync 服务模块（也可能存在，但路径不正确）。

解决方法：检查 Rsync 服务器端设置的模块名与客户端执行 Rsync 命令时的服务名是否相同，或者检查模块名中所指定的路径是否存在。

（10）failed to open lock file类错误

错误提示信息：

```
@ERROR: failed to open lock file
rsync error: error starting client-server protocol (code 5) at main.c(1495)
[receiver=3.0.2]
```

错误原因和解决方法：检查 Rsync 的配置文件/etc/rsync.conf 中是否有 lock file = rsyncd.lock 这项，没有就需要添加。

（11）其他错误

错误提示信息：

```
rsync error: error starting client-server protocol (code 5) at main.c(1524)
[Receiver=3.0.7]
```

解决方法：引起这种错误的是/etc/rsyncd.conf 配置文件配置有错误，检查该配置并对错误的配置进行校正。

错误的提示信息：

```
rsync: chown "" failed: Invalid argument (22)
```

解决方法：这种错误因权限不够导致，去掉同步权限的参数即可（这种情况多出现在 Linux 向 Windows 同步数据时）。

9.5 本章小结

本章主要对资源共享的配置和使用进行了介绍，包括不同类型系统下的各种资源共享服务平台和工具的配置。

对于在 CentOS/Windows 下的资源共享方式，要掌握一些常见的共享服务的安装和配置。

要掌握 Rsync 这款同步数据工具的配置和使用，并通过它解决数据自动备份的问题。

第 10 章

HTTP 服务器的搭建与维护

HTTP（Hypertext Transfer Protocol，超文本传输协议）是一款属于 Apache 且功能较为齐全的 Web 服务组件，这是一款“重型”软件，因此在一些对功能要求较多的环境中可以考虑使用该软件来搭建 Web 环境。

本章的内容主要包括 HTTP 服务器概述、HTTP 服务器搭建和 HTTP 服务器安全配置这三方面。

10.1 HTTP 服务器概述

HTTP 这款 Web 服务组件集成了多种不同的模块，使得它具有强大的功能。本节将从它的基本特点和通信原理这两部分来介绍。

10.1.1 HTTP 的基本特点

HTTP 是面向事务、用于从万维网服务器传输超文本到本地浏览器的传送协议，它是万维网上能够可靠交换文件（包括文本、声音和图像等各种多媒体）的重要基础，在浏览器和服务器之间的请求和响应的格式与规则是在应用层协议上进行规定的。

HTTP 的特点基本决定了它的使用领域，同样用于 Web 服务，但有些环境中并不选择 HTTP 作为 Web 服务组件，因此在使用 HTTP 之前有必要了解它的一些特点。HTTP 的主要特点有以下几个：

- 无连接：即限制每次连接只处理一个请求，也就是说服务器处理完客户端的请求并收到客户端的应答后就断开连接，这种连接方式，在一定程度上能够节省数据传输的时间。
- 灵活：HTTP 允许传输任意类型的数据对象，而正在传输的类型由 Content-Type 加以标记。
- 简单快速：客户端向服务器端请求服务时只需传送请求方法和路径，由于 HTTP 的协议简单，使得它的程序规模小，通信速度也快。

- 无状态：HTTP 属于无状态协议，无状态是指协议对于事务处理没有记忆能力，在这样的条件下，如果出现数据断传，就必须重传，当然这样做可能会导致每次连接传送的数据量增大，但如果服务器不需要先前的数据，应答就反应比较快。
- 支持的模式：支持客户/服务器模式。

10.1.2 HTTP 的通信原理

在 HTTP 的客户端与服务器之间可能存在多个中间层（如代理、网关、隧道等），尽管（目前）TCP/IP 是互联网上最流行的应用协议，不过 HTTP 并没有规定必须使用它或基于它支持的层。由于HTTP只假定其下层协议传输得可靠，因此任何能够提供这种保证的协议都可以被HTTP使用。

在浏览器或其他的客户端工具通过这个应用层协议使用 URL 向服务器发起请求来与服务器（默认使用 80 号端口）建立 TCP 连接，负责监听请求的服务进程监听到客户端发送过来的请求时，它在接到客户端的请求后就向客户端返回一个状态码，这时就完成了客户端与服务器端的连接。

客户端通过 HTTP 与服务器间的通信总的来说大致可以分为发送请求和应答请求两个阶段，它们间基于 HTTP 工作的原理示意图如图 10-1 所示。

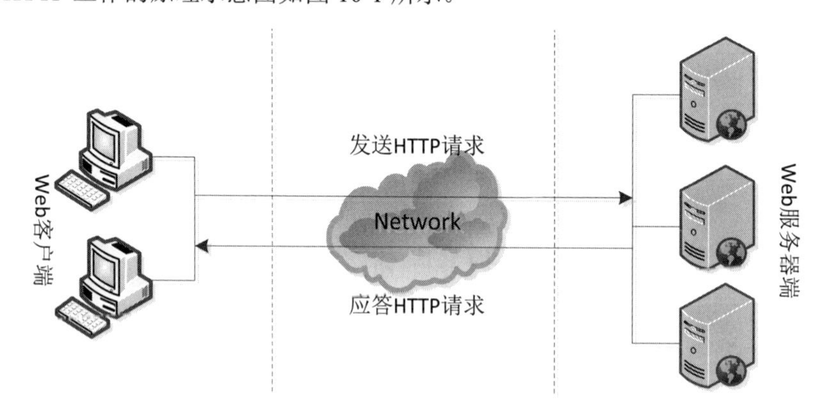

图 10-1 HTTP 的通信工作模式

客户端的应用程序与服务器通过 HTTP 进行一次完整的 TCP 通信共涉及 7 个步骤，具体过程如下：

1）建立 TCP 连接：在 HTTP 开始工作前，客户端的应用程序首先要通过网络与服务器结合因特网协议（Internet Protocol，IP）来建立 TCP 连接，也就是常说的 IP/TCP（根据规则，只有低层协议建立后才能进行更高层协议的连接，因此需先建立 TCP 连接）。

2）客户端应用程序向服务器发送请求命令：客户端与服务器一旦建立 TCP 连接，它就向服务器发送请求命令。

3）客户端应用程序向服务器发送请求头信息：客户端应用程序在向服务器发送请求命令后，通常还需要以头信息的形式向服务器发送一些别的信息，在头信息发送结束时，它以空白行的形式通知服务器。

4）服务器应答：服务器收到客户端的请求后，它就需要应答客户端，应答的信息中通常要包括协议的版本号和应答状态码。

5）服务器发送应答头信息：服务器在向客户端发送应答信息的同时，它也会将头信息（通常包括关于它自己的数据及被请求的文档）随同应答一起发送。

6）服务器向客户端应用程序发送数据：服务器向浏览器发送头信息后，它就向客户端发送一个空白行来表示头信息发送结束，然后它就以连接类型应答头信息所描述的格式发送用户所请求的实际数据。

7）关闭 TCP 连接：通常情况下，在服务器向客户端发送数据后，它就关闭 TCP 连接，如果在（客户端或服务器的）头信息中加入 Connection:keep-alive 命令，即使完成给客户端发送数据，TCP 仍然保持连接的状态，这样可以避免建立连接时进行请求消耗的时间和网络带宽，不过这种方式更适合用于频繁建立 TCP 连接的环境。

10.2　HTTP 服务器搭建

本节将通过源码编译的方式来介绍 HTTP 的安装和应用配置，涉及的内容主要包括 HTTP 基础环境的搭建、应用程序的部署和 HTTP 相关配置文件的介绍三方面。

10.2.1　搭建 HTTP 的基础环境

对于 HTTP 平台的搭建，可以使用 ISO 文件中自带的 rpm 来安装，不过相对来说版本并不是最新的，如果对版本的要求不高，使用 rpm 包来安装就可以，否则就使用源码包编译安装。

注 意

建议先向开发人员或其他运维人员咨询使用的是什么版本，或自己去查找测试环境使用的版本后进行安装。

接下来将基于源码包的方式来介绍 HTTP 软件的安装，这种安装方式适合在对于版本有要求或测试新版本 HTTP 对应用程序支持程度的环境中使用。HTTP 源码可以从其官网上获取，并将获取到的源码包上传到服务器上以备安装。另外，建议把 SELinux 和防火墙都先关闭。

在安装源码包的 HTTP 前，需要先安装相关的依赖包和工具，关于依赖包和相关的工具有如下几个：

依赖包：redhat-rpm-config、apr-devel、pcre-devel、apr-util-devel。

工具：make、gcc、openssl-devel。

这些工具和依赖包的安装建议使用 yum 服务器来解决，安装完成后就开始编译和安装 HTTP 服务器。另外，可以创建 uhttp 用户来安装和运行，还需要创建 HTTP 的安装目录并授权给 uhttp 用户，把源码包都放到 uhttp 的家目录下并授权后，切换到 uhttp 用户下就开始编译和安装。

开始解压和编译源码并安装：

```
[uhttp@httpd ~]$ tar vzxf httpd-2.4.46.tar.gz
……
httpd-2.4.46/server/util_expr_private.h
httpd-2.4.46/server/mpm_common.c
httpd-2.4.46/server/util.c
httpd-2.4.46/server/util_expr_parse.h
httpd-2.4.46/server/request.c
[uhttp@httpd ~]$ cd httpd-2.4.46
[uhttp@httpd httpd-2.4.46]$ ./configure --prefix=/usr/local/httpd/
```

```
......
configure: summary of build options:

    Server Version: 2.4.46
    Install prefix: /usr/local/httpd/
    C compiler:    gcc
    CFLAGS:         -pthread
    CPPFLAGS:       -DLINUX -D_REENTRANT -D_GNU_SOURCE
    LDFLAGS:
    LIBS:
    C preprocessor: gcc -E
```

如果编译源码没有提示错误，接着就开始安装。

```
[uhttp@httpd httpd-2.4.46]$ make && make install
......
mkdir /usr/local/httpd/man
mkdir /usr/local/httpd/man/man1
mkdir /usr/local/httpd/man/man8
mkdir /usr/local/httpd/manual
make[1]: Leaving directory '/home/uhttp/httpd-2.4.46'
```

至此，基于源码包的 HTTP 服务器搭建完成。

对于启动 HTTP 的进程直接执行/usr/local/httpd/bin/httpd 文件就可以，但在启动前需要注意端口的问题。

运维前线

HTTP 默认使用的是 80 端口，因此先确认 80 端口是否已被占用，如果没有被占用，直接启动进程就可以。另外，进程的启动需要 root 用户的权限，原因是进程启动过程中有些资源普通用户没有权限调用。

```
[root@httpd ~]# /usr/local/httpd/bin/httpd
AH00558: httpd: Could not reliably determine the server's fully qualified domain name, using fe80::3f16:143e:c79b:d11b. Set the 'ServerName' directive globally to suppress this message
```

进程启动后，打开浏览器并输入主机的地址来确认安装是否成功，即是否能够打开它的测试页。其实，它的测试页上只有“It works!”的内容。

如果系统的 80 端口已经被占用，就在 HTTP 的配置文件/usr/local/httpd/conf/httpd.conf 中找到定义端口的配置并更改端口，该端口有 Listen 参数定义，找到它后进行更改并重启进程使更改生效，重启进程时可先将进程停止后再启动。

```
[root@httpd ~]# pkill httpd
[root@httpd ~]# /usr/local/httpd/bin/httpd
AH00558: httpd: Could not reliably determine the server's fully qualified domain name, using fe80::3f16:143e:c79b:d11b. Set the 'ServerName' directive globally to suppress this message
```

这样，我们就完成了对 HTTP 服务平台的搭建和进程的基本维护。

10.2.2 基于 HTTP 的应用部署

要在 HTTP 上部署应用程序，在部署前需要先了解 HTTP 的根目录在哪里。

对于 Web 服务来说，它们主页的信息基本放在一个名字为 index.html 的文件中，因此找到这个文件也就差不多能够找到它们的根目录所在。对于 HTTP 服务来说，要找它的根目录，可以使用 find 命令进行搜索，或在它的配置文件中找到 DocumentRoot 关键字，这样就能够很快找到根目录所在。

HTTP 的根目录在/usr/local/httpd/目录下（htdocs 目录），其实对于使用源码包来编译安装的软件，大部分文件都可以在安装路径下找到。

确认根目录所在，可以在根目录/usr/local/httpd/htdocs/下看到一个 index.html 文件，该文件的内容也就只有简单的“It works!”。在部署应用程序时，需要先把该文件删除，或重命名后把应用程序程序直接解压到该根目录下，并重启 HTTP 的进程。

这里说的直接解压，是把开发中应用程序的根目录迁移（或解压）到/usr/local/httpd/htdocs/目录下，而不是根目录下还存在二级根目录（根目录→应用程序文件，而不是根目录→二级根目录→应用程序文件）。

如解压应用程序的程序文件到/usr/local/httpd/htdocs/目录后，就能够直接看到它的各文件间的结构关系。

```
[uhttp@httpd ~]$ tree /usr/local/httpd/htdocs/ | more
/usr/local/httpd/htdocs/
├── css
│   └── 2common.css
├── favicon.png
├── forward.html
├── images
│   ├── cg_01.jpg
│   ├── bg_02.jpg
……
```

而不是以下这样的关系：

```
[uhttp@httpd ~]$ tree /usr/local/httpd/htdocs/ | more
/usr/local/httpd/htdocs/
```

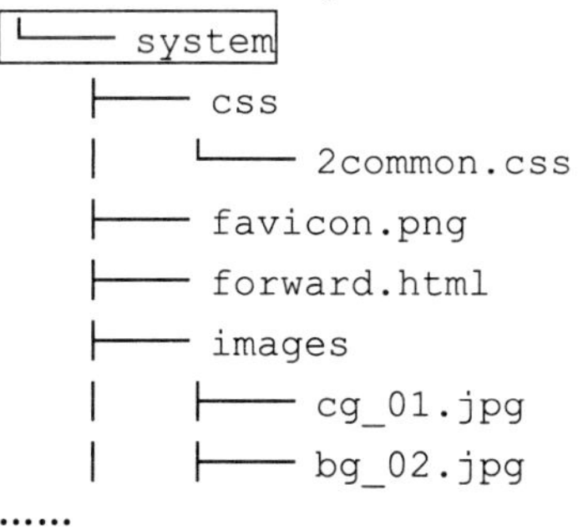

```
└── system
    ├── css
    │   └── 2common.css
    ├── favicon.png
    ├── forward.html
    ├── images
    │   ├── cg_01.jpg
    │   ├── bg_02.jpg
……
```

以上这两种结构关系还是需要注意的，路径不同配置参数就不一样，打开的方式也存在区别。

运维前线

1）对于使用rpm包来安装的，相关的文件可以在/etc/httpd/目录下找到，更多的信息可以从主配置文件中获取。

2）由于HTTP主目录的所属用户和组都是uhttp用户，而在它的主配置文件中定义的用户和组都是daemon，因此建议把默认配置的用户和组都更改为uhttp。

3）关于部署应用程序时所在的根目录路径，这个可以在HTTP的主配置文件中通过关键字DocumentRoot来定义，也可根据需要来设定。

10.2.3 HTTP相关配置文件管理

安装HTTP后，相关的配置文件在主目录/usr/local/httpd/中可以找到，这些文件主要包括主配置文件、日志文件及其他应用的配置文件。本小节主要对它的主配置文件和日志文件进行介绍，内容包括主配置文件的配置和如何获取日志中的“重要”信息两部分。

1. 主配置文件配置概要

HTTP提供目录访问控制、访问认证和授权、虚拟主机的配置等功能的支持，提供的这些功能都可以通过对主配置文件/usr/local/httpd/conf/httpd.conf的更改来实现。在该配置文件中的内容主要分为全局配置、主服务器配置及虚拟主机配置三部分。

由于主配置文件/usr/local/httpd/conf/httpd.conf的配置内容比较多（其中，注释就占了很大的一部分），这里只挑出一些对HTTP运行和安全比较重要的配置进行说明（包括额外添加的一些功能模块的补充）。

1）Prefork MPM：使用多个子进程，每个子进程只使用一个线程，一次处理一个请求。

```
<IfModule prefork.c>
StartServers         8
MinSpareServers      5
MaxSpareServers      20
ServerLimit          256
MaxClients           256
MaxRequestsPerChild  4000
</IfModule>
```

- StartServers：启动时的httpd进程数。
- MinSpareServers：空闲时最少的httpd子进程数。
- MaxSpareServers：空闲时最大的httpd子进程数。
- ServerLimit：最大的httpd子进程数。
- MaxClients：最大的客户端连接数。
- MaxRequestsPerChild：最大的请求数。

MPM（Multi-channel Processing Module，多路处理模块）实现一个非线程型的、预派生的Web服务，MPM单独控制进程产生和管理子进程，因此它更适合应用在没有线程安全库及兼容性问题的系统中。

2）Worker MPM：使用多个子进程，每个子进程创建多个线程，可以同时处理多个请求。

```
<IfModule worker.c>
StartServers          4
MaxClients            300
MinSpareThreads       25
MaxSpareThreads       75
ThreadsPerChild       25
MaxRequestsPerChild    0
</IfModule>
```

- StartServers：初始化环境下的进程数。
- MaxClients：最大的并发连接数。
- MinSpareThreads：工作状态下最小的线程总数。
- MaxSpareThreads：工作状态下最大的线程总数。
- ThreadsPerChild：每个进程可产生的线程数。
- MaxRequestsPerChild：每个进程最多可处理的请求数量。

3）Each Directory：设置根目录访问的权限。

```
<Directory />
   Options FollowSymLinks
   AllowOverride None
</Directory>
```

- Options FollowSymLinks：允许创建符号链接到根目录下。
- AllowOverride None：不允许将目录中的.htaccess 文件覆盖。

4）.ht 类文件访问权限：设置访问以.ht 为后缀的文件的权限，以保证.htaccess 文件不被客户端访问。

```
<Files ~ "^\.ht">
    Order allow,deny
    Deny from all
    Satisfy All
</Files>
```

- ^\.ht：表示以.ht 为后缀的文件。
- Order：用于执行指定访问规则的顺序，顺序有先允许后拒绝和先拒绝后允许的规则。
- allow：配置可访问 HTTP 的客户端。
- deny：配置拒绝 HTTP 的客户端。
- Satisfy All：允许所有的用户访问。

5）设置服务别名：用于配置一个服务的别名，在访问某个新增的服务时直接访问这个服务的别名就可以。

```
Alias /icons/ "/usr/local/httpd/icons/"

<Directory "/usr/local/httpd/icons">
    Options Indexes MultiViews FollowSymLinks
    AllowOverride None
    Order allow,deny
```

```
    Allow from all
</Directory>
```

- Options Indexes MultiViews：以 MultiViews 来定义被发送的网页性质。

6）CGI 目录访问权限：CGI（Computer Graphics Interface）是一种标准的图形接口，通过它就可以使用 HTTP 提供的图形界面。

```
ScriptAlias /cgi-bin/ "/usr/local/httpd/cgi-bin/"
#
# "/usr/local/httpd/cgi-bin" should be changed to whatever your ScriptAliased
# CGI directory exists, if you have that configured.
#
<Directory "/usr/local/httpd/cgi-bin">
    AllowOverride None
    Options None
    Order allow,deny
    Allow from all
</Directory>
```

7）网页错误信息：设置网页错误的目录别名和错误的提示信息，这些错误的信息往往是错误的配置、访问权限等引起的。

```
Alias /error/ "/usr/local/httpd/error/"
<IfModule mod_negotiation.c>
<IfModule mod_include.c>
    <Directory "/usr/local/httpd/error">
        AllowOverride None
        Options IncludesNoExec
        AddOutputFilter Includes html
        AddHandler type-map var
        Order allow,deny
        Allow from all
        LanguagePriority en es de fr
        ForceLanguagePriority Prefer Fallback
    </Directory>
<IfModule mod_negotiation.c>
<IfModule mod_include.c>
    <Directory "/usr/local/httpd/error">
        AllowOverride None
        Options IncludesNoExec
        AddOutputFilter Includes html
        AddHandler type-map var
        Order allow,deny
        Allow from all
        LanguagePriority en es de fr
        ForceLanguagePriority Prefer Fallback
    </Directory>
```

8）虚拟主机配置：配置基于 Web 服务的虚拟主机，虚拟主机的配置有基于主机名和 IP 地址两种。

```
# VirtualHost example:
# Almost any HTTP directive may go into a VirtualHost container.
# The first VirtualHost section is used for requests without a known
# server name.
#
#<VirtualHost *:80>
#    ServerAdmin webmaster@dummy-host.example.com
#    DocumentRoot /www/docs/dummy-host.example.com
#    ServerName dummy-host.example.com
#    ErrorLog logs/dummy-host.example.com-error_log
#    CustomLog logs/dummy-host.example.com-access_log common
#</VirtualHost>
```

还有一些比较零散的配置行，这些配置行中值的设定对 HTTP 的性能都有影响，因此除了安全的配置之外，性能的调优也是不可缺少的。

另外，HTTP 所支持的功能模块还是比较多的，但默认仅开启一部分，其余的功能模块在有需要时可以自己开启，以满足实际的工作环境需要。

2. HTTP 服务的日志文件

HTTP 服务的日志文件位于/usr/local/httpd/logs/目录下，日志的类型主要包括访问日志（access_log）和错误日志（error_log）两种，这两种日志文件记录着 HTTP 的日常互动及互动所产生的相关影响，因此对于服务器的日常活动情况、性能、访问权限、配置错误等问题都可以从日志文件中查出问题所在。

（1）访问日志文件

访问日志的主要内容是记录服务器处理的请求，信息记录的格式及相关的其他信息（如文件名称、位置等）由 CustomLog 指令定义。以下是 access_log 日志文件中记录的内容，格式如下：

```
    192.168.1.4 - - [01/Jan/2021:06:03:29 +0800] "GET /lib/winui/winui.js?v=
1.0.0-beta HTTP/1.1" 200 36843
    192.168.1.4 - - [01/Jan/2021:06:03:29 +0800] "GET /lib/layui/lay/modules/
layer.js?v=1.0.0-beta HTTP/1.1" 200 22041
    192.168.1.4 - - [01/Jan/2021:06:03:29 +0800] "GET /lib/layui/css/modules/
layer/default/layer.css?v=3.1.1 HTTP/1.1" 200 14425
    192.168.1.4 - - [01/Jan/2021:06:03:29 +0800] "GET /lib/layui/lay/modules/
element.js?v=1.0.0-beta HTTP/1.1" 200 7264
    192.168.1.4 - - [01/Jan/2021:06:03:29 +0800] "GET /lib/layui/lay/modules/
form.js?v=1.0.0-beta HTTP/1.1" 200 9463
```

日志中每个记录以 IP 地址作为开始的标识符，其格式为：客户端 IP 地址、访问者标识符（若标识符为空，则使用“—”来表示）、访问者的验证名字（若无验证名字，则使用“—”来表示）、请求连接发生的日期和时间（+0800 表示请求的 HTTP 代码）、客户端版本类型、发送给客户端的字节数和其他的操作。

（2）错误日志文件

错误日志文件中记录的是 Web 服务器启动以来在运行中所出现的问题、错误配置问题等，在此日志文件中，除了可以查到所出现的错误外，还可以找到一些对错误处理的提示信息。错误日志的写入由 ErrorLog 指令设定，其记录的内容格式如下：

```
[Fri Jan 01 05:04:02.618903 2021] [mpm_event:notice] [pid 1380:tid 140133964892032] AH00491: caught SIGTERM, shutting down
[Fri Jan 01 05:12:38.160510 2021] [mpm_event:notice] [pid 1482:tid 140676471809920] AH00489: HTTP/2.4.46 (Unix) configured -- resuming normal operations
[Fri Jan 01 05:12:38.160606 2021] [core:notice] [pid 1482:tid 140676471809920] AH00094: Command line: '/usr/local/httpd/bin/httpd'
[Fri Jan 01 06:02:09.712184 2021] [mpm_event:notice] [pid 1482:tid 140676471809920] AH00491: caught SIGTERM, shutting down
[Fri Jan 01 06:02:11.185239 2021] [mpm_event:notice] [pid 1615:tid 139822137739136] AH00489: HTTP/2.4.46 (Unix) configured -- resuming normal operations
```

在 error_log 日志文件中，其记录事件的基本格式为：发生错误的日期以及时间、错误的级别、引发错误的客户端 IP 地址及一些提示性信息。

日志中的错误级别如下：

- emerg：系统不可用，级别为 1。
- alert：需要立即引起注意，级别为 2。
- crit：情况危急，级别为 3。
- error：错误信息，级别为 4。
- warn：警告性信息，级别为 5。

除了以上 5 个级别之外，日记错误级别也包括级别 6（notice）、info（一般信息）以及 debug（运行在 debug 中的程序所输出的信息）等。

10.3 HTTP 服务器安全配置

维护 HTTP 的安全是一项重要的工作，这涉及服务的质量和数据的安全等相关的问题。基于这个问题，本节将通过数据的安全传输、安全控制策略和账号认证配置三方面的内容来介绍如何配置 HTTP 的安全环境。

10.3.1 HTTP 数据安全传输

本小节从安全模块是 MOD_SSL 和密钥认证功能这两方面简单介绍万维网数据传输的安全。通常数据在传输过程中由 MOD_SSL 模块提供对数据加密的功能，而数据在传输前需要与服务器建立连接，采用密钥认证就能在一定程度上给客户端提供安全的源数据。

1. MOD_SSL 数据安全加密模块

在 HTTP 中使用的是 MOD_SSL 模块，该模块使用 OpenSSL 工具加密来给 HTTP 服务器增加一个通信加密功能，这个功能能够避免浏览器和服务器之间的数据以明码方式传输，使得数据在传输过程中被截获时需要破解密码。

要在 HTTP 中使用 MOD_SSL 功能模块，需要一些安装包的支持，同时还需要在 HTTP 的主配置文件中开启对这些功能的声明（该声明默认包括在 HTTP 服务器配置文件中），只有这两者结合才能使得 MOD_SSL 功能模块发挥作用。

支持 MOD_SSL 功能模块的（部分）安装包及相关的功能描述如下：

- httpd 安装包：httpd 包含守护进程和相关的工具、配置文件、HTTP 服务器模块和其他被 HTTP 服务使用的文件。
- mod_ssl 安装包：通过 SSL（Security Socket Layer，安全套接层）和 TLS（Transport Layer Security，传输层安全）协议为 HTTP 服务提供了强大的加密能力。
- httpd-devel 安装包：该安装包中包含 HTTP 服务的包含文件、头文件和 APXS 等工具，它们用于支持额外模块的加载。
- OpenSSH 安装包：提供一组远程登录和执行命令的网络连接工具，可对通信过程中的数据进行加密以防止数据被监听和截取。
- openssh-server 安装包：安装包中包括 sshd、shell 守护进程及相关文件，用于支持客户端使用 SSH 连接到服务器。
- openssh-client 安装包：用于加密使用 SSH 连接服务器的客户端程序，包括 SSH（RSH 安全替换）、SFTP（FTP 安全替换）、Slogin（用于远程登录的 Rlogin 和通过 Telnet 与另一主机通信的 Telnet 安全替换）。
- openssl-devel 安装包：包含各类加密算式和协议支持的应用程序所需的静态库和包含文件，可用于开发包括 SSL 支持的应用程序。

2. 密钥和证书的配置应用

客户机的浏览器与 Web 服务器之间建立连接前需要经过一系列的安全认证，并在成功通过认证后建立起一个加密的通信通道供客户端与 Web 服务器之间交换数据。由于加密的密钥和证书是权威认证中心（Certificate Authority，CA）的数字证书，这些数字证书提供验证来保证数据传输的安全性，其主要标记是在 URL 开头处有一个“https://”的前缀。

对于密钥技术而言，传统或对称的加密技术是在事务的两端使用同一把密钥，两端之间可以用这把密钥来破译彼此间传送来的数据。在公共或非对称加密技术中通常并存两把密钥（公钥和私钥），对于这种加密技术的使用，通常只公开公钥，而私钥则用于本身数据的加密。

（1）证书的基本类型

客户端与 Web 服务器之间数据的安全传输需要搭建起一个安全的数据传输通道，因此需要在数据传输之前为服务器上的用户生成密钥并获取正确标记该用户身份的证书和密钥，这样就可以在数据传输前得到安全的认证。

证书的来源要么自己创建一个自签的证书，要么从某 CA 处购买一份由 CA 签名的证书。对于自创的证书而言，它不能提供与 CA 签发的证书相同的功能，这类证书未被多数浏览器识别，且不会提供网站机构的身份认证。而由 CA 签发的证书就可以为 Web 服务器提供这两项重要的能力，如果服务器处于生产环境中，那么建议使用由 CA 签发的证书。

目前多数支持 SSL 的浏览器都有一个自动接受证书的 CA 列表，如果浏览器“遇到”一份来自列表之外授权的证书（如自创建的证书），此时浏览器会提示用户存在安全隐患并询问用户是否要接受连接，如图 10-2 所示。

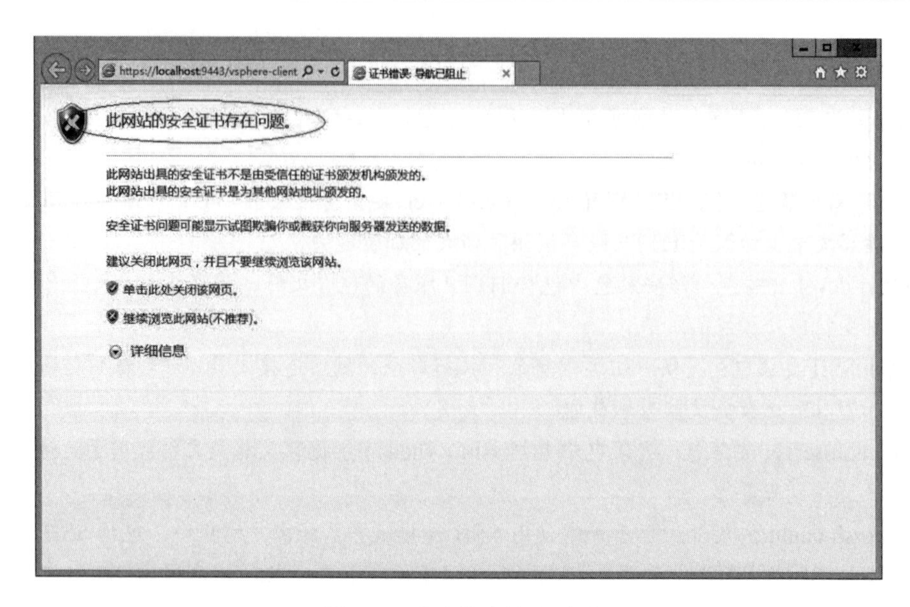

图 10-2　安全隐患认证页面

（2）基于HTTPS的安全访问

相对于 HTTP 而言，数据在 HTTPS 中传输更加安全，但在默认配置下使用的是 HTTP，如果要使用 HTTPS 就需要配置，要配置 HTTPS 需要 MOD_SSL 模块（也就是一个软件包）的支持，因此需要先安装该模块，安装完成后就会生成/usr/local/httpd/conf.d/ssl.conf 文件。

要使用基于 HTTPS 的安全访问，如果不考虑从 CA（Certificate Authority）那里购买签名的证书，可以考虑自创签名的证书（当然，自签名证书是不会提供与由 CA 签发的证书那样安全的担保），要创建自签证书，首先要创建随机私钥，之后创建证书，过程如下：

1）进入/etc/pki/tls/certs/后创建私钥（如果无特殊说明，本节中的操作都是在该目录下完成的），私钥名字可自定义，但后缀名必须是.key 格式。

```
[root@httpd certs]# make web_16.key
umask 77 ; \
    /usr/bin/openssl genrsa -aes128 2048 > web_16.key
Generating RSA private key, 2048 bit long modulus
.........................................................................
.............................................................................
.............+++
.............................+++
e is 65537 (0x10001)
Enter pass phrase:                     # 输入私钥密码
Verifying - Enter pass phrase:         # 再次输入私钥密码
```

2）证书签发请求。

```
[root@httpd certs]# make web_16.csr
umask 77 ; \
    /usr/bin/openssl req -utf8 -new -key web_16.key -out web_16.csr
Enter pass phrase for web_16.key:
You are about to be asked to enter information that will be incorporated
```

```
into your certificate request.
What you are about to enter is what is called a Distinguished Name or a DN.
There are quite a few fields but you can leave some blank
For some fields there will be a default value,
If you enter '.', the field will be left blank.
-----
Country Name (2 letter code) [XX]:CN
State or Province Name (full name) []:hainan
Locality Name (eg, city) [Default City]:haikou
Organization Name (eg, company) [Default Company Ltd]:web.com
Organizational Unit Name (eg, section) []:com
Common Name (eg, your name or your server's hostname) []:web.com
Email Address []:chenxl@163.com

Please enter the following 'extra' attributes
to be sent with your certificate request
A challenge password []:network
An optional company name []:net
```

3）通过以上操作得到相关信息，然后使用这些信息来创建自己的CA证书。

```
[root@httpd certs]# openssl x509 -in web_16.csr -req -signkey web_16.key -days
365 -out web_16.crt
Signature ok
subject=/C=CN/ST=hainan/L=haikou/O=web.com/OU=com/CN=web.com/emailAddress=
chen@163.com
Getting Private key
Enter pass phrase for web_16.key:
```

其中，x509表示创建一个自签名的证书，web_16.csr表示证书的名字，365表示证书的有效期为365天。

如果以上操作成功，就会在/etc/pki/tls/certs/下产生web_16.crt、web_16.csr和web_16.key这三个文件。至此，就完成了证书的自签名。不过还存在一个问题，由于创建了服务器的私钥，因此现在只要重启HTTP的进程就要求输入私钥，为了不输入私钥，建议将私钥清除。

```
[root@httpd certs]# openssl rsa -in web_16.key -out web_16.key
Enter pass phrase for web_16.key:
writing RSA key
```

4）要使用自签名的证书，还需要修改/usr/local/httpd/conf.d/ssl.conf 文件中的默认配置。在该文件中找到DocumentRoot "/usr/local/httpd/html"这行并将其前的“#”去掉，然后找到以下这两行：

```
SSLCertificateFile /etc/pki/tls/certs/localhost.crt
SSLCertificateKeyFile /etc/pki/tls/private/localhost.key
```

将这两行改成指向刚才所创建的私钥和证书的路径。

```
SSLCertificateFile /etc/pki/tls/certs/web_16.crt
SSLCertificateKeyFile /etc/pki/tls/web_16.key
```

重启HTTP进程后，使用HTTPS访问Web服务器（不过以上这种配置方式同时支持HTTP和HTTPS这两种访问方式，实际意义并不大）。另外，对于客户端导入证书问题，可将服务器上生成的/etc/pki/tls/certs/web_16.csr 证书下载到客户端，然后以直接运行的方式导入客户端的浏览器，或打开浏览器的 Internet 选项，并在如图 10-3 所示的“内容”选项卡下单击“证书（C）”按钮，在如图 10-4 所示的“证书”界面单击“导入（I）”按钮来打开导入证书的向导。

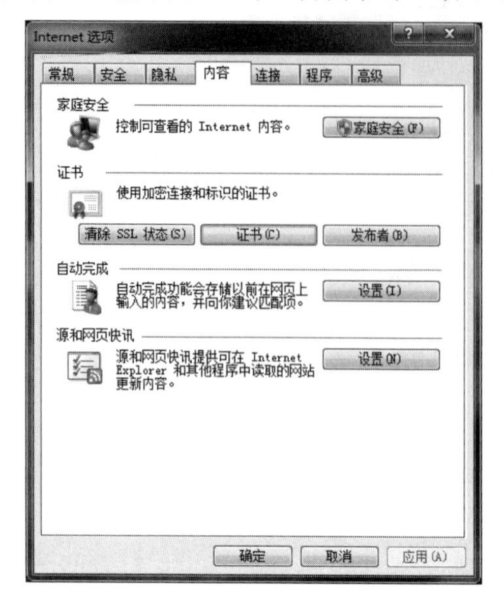

图 10-3 “内容”选项卡

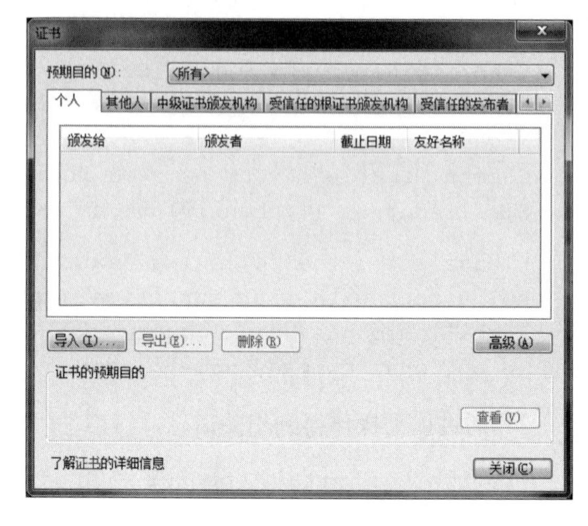

图 10-4 “证书”界面

由于使用的是自签名的证书，未得到合法机构的认证，因此使用该证书通过 HTTPS 连接 Web 服务器时会出现证书错误的信息，这属于正常现象，不必担心存在安全问题。

下面介绍一种强制性使用 HTTPS 来访问的配置，在创建证书前需要做一些准备工作：进入/etc/httpd/conf/目录，然后创建 ssl.key 和 ssl.crt 这两个子目录，这两个子目录的作用是存放一些生成的文件。

1）创建随机密钥：切换到 ssl.key 目录，然后执行 openssl 命令创建密钥。

```
[root@httpd ssl.key]# openssl genrsa -out web_16s.key 1024
Generating RSA private key, 1024 bit long modulus
.........++++++
.++++++
e is 65537 (0x10001)
```

随机密钥创建完成，参数说明如下：

- genrsa：建立 RSA 加密的密钥。
- req：建立凭证要求文件或凭证文件。
- -out：后接输出的文件名，就是存放随机密钥的文件。
- 1024：以 bits 为单位，加密密钥的长度。

2）创建凭证文件：切换到 ssl.crt 目录，然后执行 openssl 命令创建凭证文件。

```
[root@httpd ssl.key]# cd ../ssl.crt/
[root@httpd ssl.crt]# openssl req -new -x509 -key ../ssl.key/web_16s.key -days 365 -out web_16s.crt
You are about to be asked to enter information that will be incorporated
```

```
into your certificate request.
What you are about to enter is what is called a Distinguished Name or a DN.
There are quite a few fields but you can leave some blank
For some fields there will be a default value,
If you enter '.', the field will be left blank.
-----
Country Name (2 letter code) [XX]:CN
State or Province Name (full name) []:hainan
Locality Name (eg, city) [Default City]:haikou
Organization Name (eg, company) [Default Company Ltd]:web.com
Organizational Unit Name (eg, section) []:com
Common Name (eg, your name or your server's hostname) []:web.com
Email Address []:chenxl@163.com
```

其中，-new 是新建文件，-x509 是表示自创建的安全认证的证书。

3）修改/usr/local/httpd/conf.d/ssl.conf 文件的默认配置，以下配置实现强行使用 HTTPS 访问 Web 服务，建议将它们放在该文件的末尾处。

```
</VirtualHost>
 NameVirtualHost 192.168.1.306:80
 <VirtualHost 192.168.1.306:80>
   ServerName web.com
   DocumentRoot /usr/local/httpd/html
   DirectoryIndex index.html index.htm
   SSLEngine on
   SSLCertificateFile      /etc/httpd/conf/ssl.crt/web_16s.crt
   SSLCertificateKeyFile   /etc/httpd/conf/ssl.key/web_16s.key
</VirtualHost>
```

配置完成后，重启 HTTP 进程，然后验证配置是否成功。如果配置成功，那么用 HTTP 来访问时就会出现空白页，而使用 HTTPS 来访问就会出现如图 10-5 所示的界面。

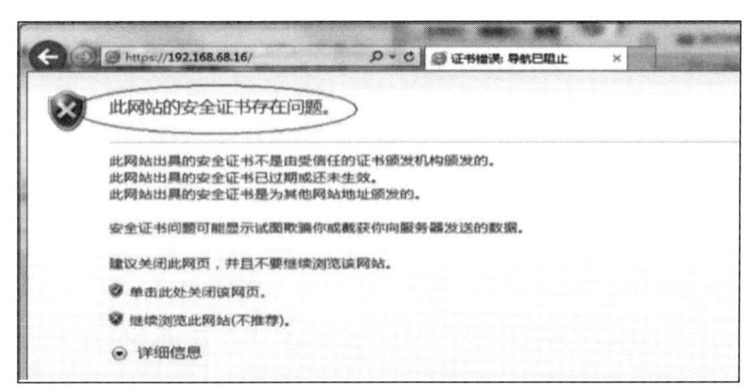

图 10-5　交互式安全认证界面

10.3.2　HTTP 安全控制策略

虽然 HTTP 本身具有一定的安全防护功能，不过在默认配置下一些安全功能并不能发挥作用，因此应该充分、高效地挖掘和利用 HTTP 自身的安全能力来防止各种网络攻击。本小节主要从安全设置、访问限制等 4 方面剖析 HTTP 的安全防护。

1. 服务器端的安全设置

（1）限制root用户运行HTTP服务

通常，启动 HTTP 服务的进程需要来自 root 的权限，但由于 root 权限太大而存在潜在安全威胁，这种威胁已经影响到系统的安全，因此应该使用普通用户的权限来启动服务进程。对于这个配置，可以在主配置文件/usr/local/httpd/conf/httpd.conf 中找到通过 User 和 Group 定义运行进程的用户和组。

```
User HTTP
Group HTTP
```

如果定义的不是 HTTP，那么应该对其更改以确保降低服务器的危险性。通常，这两个配置在主配置文件中是默认选项，在采用 root 用户身份运行 httpd 进程后，系统就会自动将该进程的用户、组及相关的权限改为 HTTP，这样就限制了 httpd 进程只能在 HTTP 用户和组的范围运行，使得安全有了一定的保证。

（2）隐藏HTTP服务相关信息

运维前线

不同版本的 HTTP 存在不同程度的安全漏洞，如果 HTTP 的这些信息被非法人员掌握，他们就会通过各种途径来获取该版本存在的漏洞，再通过相关的技术手段和工具进行针对性的入侵。因此，为了避免这些信息可能带来的安全隐患以及引起的麻烦，应该将这些信息全部都隐藏。

开启显示 HTTP 版本及相关信息的配置选项位于主配置文件中，配置项分别是 ServerTokens 和 ServerSignature 这两项。

- ServerTokens 配置项：该选项用于控制服务器在响应来自客户端的请求时是否向客户端输出服务器系统类型或相应的内置模块等重要信息。在默认配置下，控制阈值为 OS（ServerTokens OS），这说明服务器向客户端公开一些敏感的信息，如果不向客户端公开这些信息，将 OS 更改为 ProductOnly（ServerTokens ProductOnly）。
- ServerSignature 配置项：该选项控制由系统生成的页面（错误信息等），这些页面往往显示关于 HTTP 的版本及其他相关的信息。默认配置下，该项的值为 On（ServerSignature On），也就是说 HTTP 会向客户端输出一些敏感的信息，为了保证这些信息的安全，应该将该选项的值设为 off（ServerSignature Off）。

（3）设置HTTP相关目录的权限

通过 HTTP 发布程序时，要从它的主目录以外的其他目录发布，这就需要虚拟目录来发布。虚拟目录不包含在 HTTP 的主目录中，但用户在访问由这个目录发布的 Web 站点时，就好像是在主目录。

实际上虚拟目录相当于一个别名，访问时也就是访问这个别名。在创建虚拟目录并指定该目录的别名时，可在主配置文件中使用 Alias 选项来定义，不过还需要根据所定义的路径来创建对应的目录，如下：

```
Alias /files "/usr/local/httpd/icons/"
Alias /manual "/usr/local/httpd/manual"
```

如果涉及权限问题，那么可以在主配置文件中加入如下语句：

```
AllowOverride None
Options Indexes
Order allow,deny
Allow from all
```

2. 限制 HTTP 服务的运行环境

在 HTTP 提供服务时，它需要绑定某个端口（默认是 80 端口）来监听请求，而这个权限是 root 所有的，因此在服务器出现一些漏洞被利用后就会获取 root 的权限并控制整个系统。为了提高系统的安全级别，因此系统内核引入了 chroot 机制，这个机制就是将 HTTP 的进程限制在一个独立的空间中运行，使得 HTTP 威胁不到系统的安全。

chroot 是内核中的一个系统调用，可以利用软件调用函数库中的 chroot 函数，再通过函数来更改某个进程所能见到的根目录。如果要将某个应用放在 chroot 中运行，那么该应用运行时需要的程序、配置文件和库文件等都必须事先安装到 chroot 目录（这个目录也被称为“监牢”）。对于运行在 chroot 目录中任何用户，系统的文件系统对于它们来说都是不透明的，因此在一定程度上保证了系统的安全。

将 HTTP 环境 chroot 化的一个问题是将该软件运行时所需的所有程序、配置文件和库文件都必须先安装到 chroot 目录（这个目录通常称为 chroot jail），比如在这个“监牢”中运行/usr/sbin/时，实际上根本看不到文件系统中那个真正的/usr/sbin/目录，因此需要先创建这个目录，再把 HTTP 相关的必要文件都复制到这个目录下。

要将HTTP环境的chroot化，首先要搭建一个jail环境，对于chroot jail环境的搭建，可以通过jailkit工具来解决复杂的chroot环境问题。jailkit的安装比较简单，以下是jailkit的安装配置过程。

（1）安装jailkit

```
[root@clamav ~]# tar vzxf jailkit-2.17.tar.gz
......
jailkit-2.17/ini/jk_lsh.ini
jailkit-2.17/ini/jk_socketd.ini
jailkit-2.17/INSTALL.txt
jailkit-2.17/configure.ac
jailkit-2.17/README.txt
jailkit-2.17/install-sh
[root@clamav ~]# cd jailkit-2.17
[root@clamav jailkit-2.17]# ./configure && make && make install
......
if test -w /etc/shells; then \
            if ! grep /usr/sbin/jk_chrootsh /etc/shells ; then \
                  echo "appending /usr/sbin/jk_chroots to /etc/shells";\
                  echo /usr/sbin/jk_chrootsh >> /etc/shells ;\
            fi \
      fi
appending /usr/sbin/jk_chroots to /etc/shells
```

（2）配置jailkit环境

创建必要的目录和用户。

```
[root@clamav jailkit-2.17]# mkdir /home/jail
[root@clamav jailkit-2.17]# mkdir -p /home/jail/usr/sbin
[root@clamav jailkit-2.17]# useradd jailuser
[root@clamav jailkit-2.17]# passwd jailuser
Changing password for user jailuser.
New password:
Retype new password:
passwd: all authentication tokens updated successfully.
```

创建jailkit环境，依次执行以下命令（要在jailkit-2.17目录下执行）：

```
[root@clamav jailkit-2.17]# jk_init -v -j /home/jail basicshell
[root@clamav jailkit-2.17]# jk_init -v -j /home/jail editors
[root@clamav jailkit-2.17]# jk_init -v -j /home/jail extendedshell
[root@clamav jailkit-2.17]# jk_init -v -j /home/jail netutils
[root@clamav jailkit-2.17]# jk_init -v -j /home/jail ssh
[root@clamav jailkit-2.17]# jk_init -v -j /home/jail sftp
[root@clamav jailkit-2.17]# jk_init -v -j /home/jail scp
[root@clamav jailkit-2.17]# cp /usr/sbin/jk_lsh /home/jail/usr/sbin/jk_lsh
[root@clamav jailkit-2.17]# jk_jailuser -m -j /home/jail jailuser
```

编辑jailuser用户的shell环境。打开/home/jail/etc/passwd文件并将jailuser用户该行中的配置改成以下配置行：

```
jailuser:x:500:500::/home/sharon:/bin/bash
```

至此，chroot的jail环境搭建完成。

3. 启动HTTP自带安装保护模块

HTTP采用模块的方式来设计，因此它具有灵活的模块结构。在这些模块中，安全模块是非常重要的组成部分，它们负责提供HTTP服务的访问控制、认证和授权等一系列安全功能。与安全相关的部分功能模块如下：

- MOD_ACCESS模块：该模块可通过IP地址（或域名、主机名等）来控制客户端对HTTP服务器的访问，这种访问的控制机制称为基于主机的访问控制。
- MOD_AUTH模块：用于控制用户和组的认证授权，被授权的用户名和口令保存于纯文本文件中。
- MOD_AUTH_DB和MOD_AUTH_DBM模块：分别用于将用户相关信息（如用户名称、用户所属的组和口令等）保存于Berkeley-DB和DBM型的小型数据库中。
- MOD_AUTH_DIGEST模块：通过MD5数字签名方式来对用户进行认证，不过这个功能需要客户端的支持。
- MOD_AUTH_ANON模块：该模块的功能与MOD_AUTH模块的功能类似，只是它允许匿名登录，并视E-Mail地址为匿名用户的登录口令。

为了让HTTP能够使用这些模块的功能，模块通常以动态共享对象（Dynamic Shared Object）的方式构建，要使用这些模块时，在HTTP的主配置文件/usr/local/httpd/conf/httpd.conf中直接使用LoadModule指令来调用就可以（也就是在主配置文件中开启这些模块的功能）。以下是主配置文件中部分模块的配置。

```
LoadModule auth_basic_module modules/mod_auth_basic.so
LoadModule auth_digest_module modules/mod_auth_digest.so
LoadModule authn_file_module modules/mod_authn_file.so
LoadModule authn_alias_module modules/mod_authn_alias.so
LoadModule authn_anon_module modules/mod_authn_anon.so
LoadModule authn_dbm_module modules/mod_authn_dbm.so
LoadModule authn_default_module modules/mod_authn_default.so
LoadModule authz_host_module modules/mod_authz_host.so
LoadModule authz_user_module modules/mod_authz_user.so
```

4. 访问控制策略配置

对于 HTTP 的安全功能模块，虽然已在配置文件中开启，但还需要配置 HTTP 的访问控制策略才能让这些功能模块发挥作用。HTTP 的访问控制策略有多种不同的方式，每种安全控制策略都可以独立工作或与其他的策略协同工作以发挥更好的作用。

（1）用户和组的认证和授权

目前，常见的认证类型有基本认证和摘要认证两类。基本认证是指用户名和密码方式的认证，它是目前最基本的认证方式；摘要认证是在基于基本认证的基础上再额外使用一个针对客户端的认证，不过目前还未得到所有浏览器的支持。

对于认证配置及相关指令的设置，都可以在/usr/local/httpd/conf/httpd.conf 文件的 Directory 或.htaccess 文件中找到，对于这些配置 HTTP 允许用户灵活地使用。以下是在认证配置过程中常用的指令选项：

- AuthName：定义被保护区域的名称。
- AuthType：指定使用的认证方式。
- uthGroupFile：指定认证组文件的位置。
- AuthUserFile：指定用户认证口令文件的位置。

通过以上认证指令配置用户和组的认证后，还需要为访问 HTTP 服务器的用户和组进行授权（目的是使它们对 HTTP 服务器所提供的目录和文件具有访问权限），授权时需要使用 Require 指令，授权的方式有以下三种：

- 授权一个或者多个用户：Require user user_name1 user_name2 ....。
- 授权一个或者多个组：Require group group _name1 group _name2 ....。
- 为密码文件中的所有用户授权：Require valid-user。

（2）认证密码和认证组文件管理

要实现 HTTP 中的用户认证功能，需要创建用于保存用户名和密码的文件，不过这个文件可以通过 HTTP 的 htpasswd 命令去建立。为了保证文件的安全，所建立的这个文件应该放在不能被网络访问的位置，这样可以避免信息被泄漏。

为了安全考虑，通过 htpasswd 命令所创建的密码文件应该放在/etc/httpd/目录下，创建密码文件时可创建一个空的认证文件或在创建认证文件的同时也指定用户和设置密码。创建空的认证文件可使用 touch 命令，或使用 htpasswd 命令同时创建认证文件并加入用户和设定密码。

```
[root@httpd ~]# htpasswd -c /etc/httpd/pafile_auth cat
New password:
```

```
Re-type new password:
Adding password for user cat
```

选项-c 的作用是在/ etc/httpd/目录下重新创建一个新的文件，如果所创建的文件与源文件名相同，这个旧文件中的内容就被清空，如果不想覆盖源文件中的信息（如更改某个用户的密码），在执行这个命令时就不要使用这个选项。

10.3.3 基于 HTTP 的账号认证配置

对于 HTTP 服务平台，在搭建好该平台后会在其上部署站点等，有时这些站点只需要打开就能够看到其中的内容，比如在开发环境下搭建基于 HTTP 的 Web 工作环境时，这种配置方式公司的每个同事不需要认证就能够看到代码信息。出于这个安全考虑，因此配置基于 HTTP 的认证机制。

在这样的认证机制中，只有指定密码的同事才能够登录，这样就可以拒绝其他无关用户登录，从而降低代码被更改后随意获取的问题。对于配置认证机制，所使用的参数及说明如下：

- AuthType：用于指定认证的类型，如 AuthType Basic/Digest。
- AuthName：用于指定认证领域的名称，如 AuthName file_name。
- AuthUserFile：用于指定认证领域文件的位置。
- Require：用于配置用户对目录的访问权限，包括指定一个或多个用户、指定一个或多个用户组和所有用户这三类。

下面通过一个实例来介绍以上所描述的问题，该配置信息中指定认证方式、密码文件等，在配置信息的行间建议不要留空格。

```
<Directory "/usr/local/httpd/html/apad">
    AllowOverride   None                    # 使用 none 来拒绝使用.htaccess 文件
    AuthType        Basic                   # 指定使用的认证方式
    AuthName        pasapau                 # pasapau 为存放用户名和密码的文件
    AuthUserFile    /usr/local/httpd/conf.d/password  #指定密码文件的位置
    Require         valid-user              # 指定将权限授予 pasapau 中的所有用户
</Directory>
```

其中，/usr/local/httpd/html/apad 是应用程序根目录的路径，应用程序相关文件就放在该目录下。

将这些配置放在主配置文件/usr/local/httpd/conf/httpd.conf 中（建议放在配置文件的末尾处），并根据配置创建/usr/local/httpd/html/apad 目录。为了测试配置是否正确，建议在创建该目录后再创建一个文件来测试，然后执行 htpasswd 命令创建访问/usr/local/httpd/html/apad 目录的 apau 用户和密码。

```
[root@httpd ~]# htpasswd -c /usr/local/httpd/conf.d/password apau
New password:
Re-type new password:
Adding password for user apau
```

注 意

所创建的用户允许不存在于操作系统的用户列表中。

完成以上操作后，就会在/usr/local/httpd/conf.d/目录下产生 password 文件，并且可以在该文件中看到刚才创建的 papu 用户和经过 MD5 加密的密码。另外，要再新增一个用户到相同的文件中不能用-c 选项，因为-c 选项会新建一个文件而把原先的数据清空，这点必须要记住。

最后，重启 HTTP 的进程后打开浏览器，输入 HTTP 服务器的主机 IP 地址和要访问的目录名称（其格式如 http://192.168.1.50/apad），如果配置没问题，就弹出认证窗口，通过认证后才能够登录应用程序。另外，默认只允许进行三次认证，若三次都没有成功，则会看到一些关于认证失败的原因及相关的提示信息。

10.4　本章小结

本章主要介绍了 HTTP 服务器的安装配置和日常维护。

读者需要掌握该服务器的源码编译和 rpm 包的安装方式，也要掌握基本参数和应用程序部署，对基本安全配置和认证也要有所了解。

第 11 章

Lighttpd 服务器的安装配置

在众多 Web 软件中，Lighttpd 是其中一款轻量级开源软件，它在内存开销、CPU 占用率等方面表现得比较优秀。本章将从 Lighttpd 的基本概念、Lighttpd 服务器搭建和 Lighttpd 服务器配置应用这三方面来介绍它的应用管理。

11.1 Lighttpd 的基本概念

目前，Web 服务组件的可选性比较大，因此各公司会根据自己的优势并结合实际的应用场合来选择投资成本最优的方案，Lighttpd 作为其中的一款 Web 服务组件且一直被使用，说明它具有一定的优势。

Lighttpd 是一款基于 BSD（Berkeley Software Distribution，伯克利软件套件）许可且基于 B/S 结构的轻量级开源 Web 服务组件，最初由德国的 Jan Kneschke 主导开发，根本目的是为网站提供安全、快速、兼容性好、性能高且灵活的 Web 服务器运行环境。

Lighttpd 能够轻松支撑上万的并发，并且请求的处理速度也非常快，在众多 OpenSource 轻量级的 Web 服务器中脱颖而出，因此对于负载高的 Web 服务器选用 Lighttpd 是一个不错的解决方案。另外，在消耗资源方面也表现得非常优越，它对内存开销、CPU 占用率非常低，效能好且具有丰富的模块，而且还支持 PHP、Python 和 Ruby 等脚本语言，在支持纯静态的对象（如图片、文件等）上优点更加突出。

发展至今，Lighttpd 已集成相当丰富的功能模块，且在平台的迁移方面表现出了很好的可扩展性，这也是它能够被广泛使用的原因之一。它也有属于自己独特的特性，这些特性主要体现在以下几个方面：

- 提供 FastCGI 和 SCGI 的负载平衡机制。
- 支持 Chroot 安全机制。
- 支持 select()/poll()及更有效率的 kqueue/epoll 连接状态判断。
- 虚拟主机，实现单个 Web 组件上运行多个 Web 站点。

- 模块化支持，可自由对模块进行增减。
- 元数据缓存语言。
- 支持基于 SSL 的安全加密连接方式。
- 在认证机制上，使用的是 LDAP Server 认证方式。

从性能的角度来说，首先考虑的是单进程与多进程间的问题，这也是选择 Lighttpd 而不选择 Apache 的原因，多进程服务器存在“惊群”的问题，简单来说就是多进程服务在一个请求发送时会唤醒所有 sleep 进程，但最终提供服务的只有一个，在进程数目多且请求频繁的环境中会给系统造成忙于切换进程的状态，因此会导致进程在切换方面的 CPU 占比很高，从而对系统的性能带来负面影响。Lighttpd 使用单进程来响应请求，使用 libevent poll()作为事件处理器，并使用 FastCGI 来做动态脚本处理且性能表现不错，因此对比 Apache，它在性能上的优势还是不错的。

11.2 Lighttpd 服务器搭建

Lighttpd 就是一个 Web 服务组件，因此在使用前需要先安装。本节的主要内容是介绍 Lighttpd 的安装配置，涉及 Lighttpd 运行环境搭建、服务组件安装配置和基于配置文件的基本应用这三部分的内容。

11.2.1 基础运行环境配置

本小节将介绍安装 Lighttpd 组件前的系统基础环境准备，所做的准备包括防火墙、运行服务的用户和组、SELinux、依赖包这几部分的内容。

对于 SELinux 的设置问题，这个功能不需要使用，因此直接打开其配置文件/etc/selinux/config 并将其中的 SELinux 值由 enforcing 改为 disabled 就可以。

至此，建议重启系统使更改生效。

对于防火墙的问题，Lighttpd 默认使用的是 80 端口，因此在防火墙开启的状态下需要开放该 80 端口，不过在测试环境下建议关闭防火墙。

```
    [root@lighttpd ~]# systemctl stop firewalld.service
    [root@lighttpd ~]# systemctl status firewalld.service
    ?firewalld.service - firewalld - dynamic firewall daemon
       Loaded: loaded (/usr/lib/systemd/system/firewalld.service; disabled;
vendor preset: enabled)
       Active: inactive (dead)
         Docs: man:firewalld(1)
```

另外，需要注意对于要安装 Lighttpd 服务组件的系统，要确保系统的 80 端口没有被占用，否则在启动 Lighttpd 这个进程时就会出现端口冲突。如果 80 端口已被其他的进程占用，就对 Lighttpd 的默认端口进行更改。

接着要解决依赖包问题，使用源码安装 Lighttpd 时需要安装的依赖包和编译工具有 make、pcre-devel、bzip2-devel、openssl-devel、php-devel、gcc、perl 和 zlib-devel 这几个，这些依赖包系统自带的 ISO 映像文件中都有，且可以使用 rpm 命令来安装，不过工作量还是挺大的，因此建议搭建 yum 服务来安装。

最后要做的事情是给 Lighttpd 服务创建用户，由于该用户不需要登录系统，因此只需要创建一个虚拟用户并给它设置密码就可以。

```
[root@lighttpd ~]# useradd -s /sbin/nologin lighttpd
[root@lighttpd ~]# passwd lighttpd
Changing password for user lighttpd.
New password:
BAD PASSWORD: The password is shorter than 8 characters
Retype new password:
passwd: all authentication tokens updated successfully.
```

当然，如果系统中已存在同名用户，只需要进入/etc/passwd 文件并把该用户的 shell 改为/sbin/nologin 就可以。

运维前线

默认 Lighttpd 服务使用 lighttpd 用户来运行，这是在配置文件中定义的，如果不想使用配置文件定义的用户，可根据实际的需要对配置文件中的运行服务用户进行更改，这个并没有硬性要求，只是在考虑安全、易管理等方面做的配置。

11.2.2 Lighttpd 服务组件安装

Lighttpd 的安装过程还是比较简单的，通过 11.2.1 节解决依赖包的问题后，安装就没什么问题了。Lighttpd 的安装可以使用 RPM 格式的安装包或源码包，相对来说源码包的版本会高些。本小节将介绍使用源码包来安装 Lighttpd 服务组件并配置它的进程。

1. 使用源码包来安装 Lighttpd 服务组件

通过 11.2.1 节对 Lighttpd 的基础运行环境进行配置后，本小节将对它的安装进行介绍，以下是使用源码包来安装的过程。

将源码上传到系统后进行解压，需要注意源码包的压缩格式，不同压缩格式需要使用不同的命令或不同的功能选项。

```
[root@lighttpd ~]# tar vzxf lighttpd-1.4.55.tar.gz
……
lighttpd-1.4.55/m4/
lighttpd-1.4.55/m4/lt~obsolete.m4
lighttpd-1.4.55/m4/ltversion.m4
lighttpd-1.4.55/m4/ltsugar.m4
lighttpd-1.4.55/m4/ltoptions.m4
lighttpd-1.4.55/m4/libtool.m4
```

解压完成后切换到解压得到的目录，然后执行 configure 文件来安装。安装时仅执行该文件就可以，需要指定安装路径时使用--prefix 选项来指定。

```
[root@lighttpd ~]# cd lighttpd-1.4.55
[root@lighttpd lighttpd-1.4.55]# ./configure --prefix=/usr/local/lighttpd
--with-openssl
……
  pam
```

```
  postgresql
  stat-cache-fam
  storage-gdbm
  storage-memcached
  webdav-locks
  webdav-properties
```

以下命令执行完成后，如果没有出错，就可以接着执行命令来编译和安装。

```
[root@lighttpd lighttpd-1.4.55]# make && make install
......
make[1]: Entering directory '/root/lighttpd-1.4.55'
make[2]: Entering directory '/root/lighttpd-1.4.55'
make[2]: Nothing to be done for 'install-exec-am'.
make[2]: Nothing to be done for 'install-data-am'.
make[2]: Leaving directory '/root/lighttpd-1.4.55'
make[1]: Leaving directory '/root/lighttpd-1.4.55'
```

至此，安装工作完成。

不过这时 Lighttpd 还不能使用，接下来介绍如何对它进行配置，使得它能够运行，实现基本的 Web 服务功能。

创建 Lighttpd 的配置文件，先创建配置文件的目录/etc/lighttpd/，并将源码包中的相关配置文件复制到新建的配置文件目录中。

```
[root@lighttpd lighttpd-1.4.55]# mkdir /etc/lighttpd
[root@lighttpd lighttpd-1.4.55]# cp doc/config/lighttpd.conf /etc/lighttpd/
[root@lighttpd lighttpd-1.4.55]# cp doc/config/modules.conf /etc/lighttpd/
```

此时还需要将源码包中的两个目录复制到/etc/lighttpd/目录下。

```
[root@lighttpd lighttpd-1.4.55]# cp -R doc/config/conf.d/ /etc/lighttpd/
[root@lighttpd lighttpd-1.4.55]# cp -R doc/config/vhosts.d/ /etc/lighttpd/
```

至此，相关配置文件的复制工作结束，但现在还不能启动，如果此时启动，就会看到相关的错误提示，如下：

```
    [root@lighttpd lighttpd-1.4.55]# /usr/local/lighttpd/sbin/lighttpd -f
/etc/lighttpd/lighttpd.conf
    2020-04-27 11:13:31: (network.c.166) warning: please use server.use-ipv6 only
for hostnames, not without server.bind / empty address; your config will break if
the kernel default for IPV6_V6ONLY changes
    2020-04-27 11:13:31: (server.c.752) opening errorlog '/var/log/lighttpd/
error.log' failed: No such file or directory
    2020-04-27 11:13:31: (server.c.1485) Opening errorlog failed. Going down.
    daemonized server failed to start; check error log for details
```

通过错误提示信息可知，一个错误和日志文件的目录有关，另一个和配置文件有关。

对于和日志文件的目录有关的问题，是由于 Lighttpd 使用的是 lighttpd 用户来运行服务的，因此在 Lighttpd 启动并创建日志文件的目录时没有权限，这时只需要使用 root 用户创建日志文件的目录/var/log/lighttpd/并授权就可以。

```
[root@lighttpd lighttpd-1.4.55]# mkdir /var/log/lighttpd/
[root@lighttpd lighttpd-1.4.55]# chown -R lighttpd.lighttpd
/var/log/lighttpd/
```

对于提示“server.use-ipv6”这样的问题，直接在其配置文件/etc/lighttpd/lighttpd.conf 中找到“server.use-ipv6 = "enable"”这行（在第 93 行处的位置），并将其注释掉就可以。

2. Lighttpd 服务进程管理

接下来主要介绍 Lighttpd 进程的管理，通过 11.2.1 节的配置后，Lighttpd 的服务进程已经能够启动，由于配置文件和其他的文件之间没有关联，因此在启动服务进程时需要指定它的配置文件，如下：

```
[root@lighttpd lighttpd-1.4.55]# /usr/local/lighttpd/sbin/lighttpd -f
/etc/lighttpd/lighttpd.conf
```

此时可以使用 ps 命令来查看进程的状态：

```
[root@lighttpd lighttpd-1.4.55]# ps -ef | grep lighttpd
lighttpd  1677     1  0 11:21 ?      00:00:00 /usr/local/lighttpd/sbin/lighttpd
-f /etc/l
ighttpd/lighttpd.conf
root      1683  1585  0 11:29 pts/0    00:00:00 grep --color=auto lighttpd
```

此时可以通过浏览器来打开 Lighttpd 的默认页，不过由于 Lighttpd 默认页是不存在的，因此打开后页面提示 404 错误，如图 11-1 所示。另外，对于 Lighttpd 服务所使用的默认端口，它由配置文件中的 server.port 来定义，需要更改端口时找到该参数后更改就可以。

图 11-1　Lighttpd 的 404 错误页

当然，如果不确认 Lighttpd 的进程是否启动，此时可以把当前启动的进程关闭后，再次打开浏览器来访问 Lighttpd 的 Web 页面，此时如果访问网页就会看到访问页面找不到的提示信息。

接着介绍如何使用 system 来管理 Lighttpd 进程。在 Lighttpd 的源码包中有它的进程管理 unit 文件（/root/lighttpd-1.4.55/doc/system/lighttpd.service），直接使用该文件作为模板进行更改就可以，在更改该文件前，先把它复制到/usr/lib/systemd/system/目录下。

```
[root@lighttpd lighttpd-1.4.55]# cp doc/systemd/lighttpd.service
/usr/lib/systemd/system/
```

由于该配置文件默认使用的路径和安装 Lighttpd 使用的路径不同，因此在使用前需要根据实际的路径参数对它进行更改，以下是更改后的配置参数：

```
[Unit]
Description=Lighttpd Daemon
After=network-online.target
```

```
[Service]
Type=simple
PIDFile=/run/lighttpd.pid
ExecStartPre=/usr/local/lighttpd/sbin/lighttpd -tt -f /etc/lighttpd/
lighttpd.conf
ExecStart=/usr/local/lighttpd/sbin/lighttpd -D -f /etc/lighttpd/lighttpd.conf
ExecReload=/bin/kill -USR1 $MAINPID
Restart=on-failure

[Install]
WantedBy=multi-user.target
```

这样就可以使用以下命令来启动它的服务进程：

```
[root@lighttpd ~]# systemctl start lighttpd.service
```

另外，要实现开机启动，可以执行以下命令：

```
[root@lighttpd ~]# systemctl enable lighttpd.service
Created symlink from /etc/systemd/system/multi-user.target.wants/
lighttpd.service to /usr/lib/systemd/system/lighttpd.service.
```

11.2.3　配置文件的配置项应用

对于 Lighttpd 的主配置文件，其中有一大部分是说明性的内容，通过这些说明性文字就能够知道一些配置的作用和如何配置。另外，不同版本的 Lighttpd 在配置文件的配置参数上有所区别，因此在配置时需要注意。

接下来主要对配置文件中一些比较重要的配置项进行介绍。

（1）mimetype.assign配置项

该配置项主要用于指定 mime 类型的映射列表，对于没有映射的 mime 类型，使用配置项 application/octet-stream 来设置，配置如下：

```
mimetype.assign = ( ".png" => "image/png",
                    ".jpg" => "image/jpeg",
                    ".jpeg" => "image/jpeg",
                    ".html" => "text/html",
                    ".txt" => "text/plain" )
```

在映射表中按从上到下的顺序进行匹配搜索，找到匹配的项就停止搜索，因此在配置时映射顺序不能颠倒，否则在匹配搜索时不能正确匹配*.tar.gz 类型的文件，如下：

```
".tar.gz" => "application/x-tgz",
".gz" => "application/x-gzip",
```

使用下面的语句来实现默认的映射关系时，需要注意缺省映射要放到映射表的最后一项。

```
…,
"" => "text/plain" )
```

（2）mimetype.use-xattr配置项

该配置项如果有效（或启动），就使用 XFS 类型的扩展属性接口来检索每个文件的“网页类型（Content-Type）”属性，并使用检索到的类型作为 mime 类型；如果配置文件中没有定义该参数或禁止该参数（mimetype.use-xattr = enable），则使用 mimetype.assign 的类型映射。

（3）server.bind配置项

该配置项用于指定 Lighttpd 服务监听的 IP 地址、主机名或 UNIX 域的 socket 绝对路径，如下：

```
server.bind = "127.0.0.1"
server.bind = "www.example.org"
server.bind = "/tmp/lighttpd.socket"
```

在默认配置下，该服务基于 IPV4 来监听所有的端口，但也支持通过 server.use-ipv6 配置项来启动 IPV6。

（4）server.chroot配置项

该配置项用于指定 Lighttpd 服务的根目录，用于存放它的程序文件。

（5）server.core-files配置项

该配置项用于设置是否记录信息，即在 Lighttpd 服务崩溃时是否对存储器状态相关信息进行记录。该配置项需要用到操作系统级的 core dump，用户可以通过 ulimit 命令来启动/禁止 core dump 以达到控制该配置项的目的。

（6）server.document-root配置项

该配置项用于指定存放应用程序程序文件的根目录，配置文件必需指定该参数，如下：

```
server.document-root = "/home/usrxxxxx/lighttpd-1.4.19/web"
```

（7）server.errorlog配置项

该配置项用于指定错误日志文件存放的路径，在配置文件中该命令只出现一次，默认值为 STDERR 或 server.errorlog-use-syslog。

（8）server.error-handler-404配置项

如果网址不能被定位到静态网页文件，就调用该参数指定的页面；如果网址不能被定位到动态页面，就不会调用该参数指定的页面。

```
server.error-handler-404 = "/error-404.php"
```

（9）server.errorfile-prefix配置项

该配置项用于指定出错时显示哪个目录下的页面，功能类似于配置项 server.error-handler-404，但不同的是此配置项能够根据错误代码调用不同的用户页面，如下：

```
server.errorfile-prefix = "/srv/www/htdocs/errors/status-"
```

以上语句指定当出现错误时读取指定路径的出错显示页面内容，这个可以根据实际的需要编辑错误的页面信息，如下：

```
/srv/www/htdocs/errors/status-404.html
/srv/www/htdocs/errors/status-500.html
/srv/www/htdocs/errors/status-501.html
```

（10）server.force-lowercase-filenames配置项

该配置项用于设置大小写，启用就意味着强制性将所有的文件名改为小写。

（11）server.groupname配置项

该配置项用于指定可以运行 Lighttpd 服务的组名，通常要求 Lighttp 服务以 root 权限启动。

（12）server.max-connections配置项

该配置项用于设置允许的最大连接数。

该配置项与配置项server.max-fds的参数设置有关联，它们的参数值之间是倍数关系，即server.max-connections==server.max-fds/2（或/3），比如server.max-connections=1024，那么server.max-fds的参数值需要设置为2048或3072。

（13）server.max-fds配置项

该配置项用于设置允许的最大文件描述符个数，默认数量为 1024。

Lighttpd 是单线程的服务，它最大的资源限制就是文件描述符的数量，不过该参数值要根据实际的环境而定，对于一些高负荷的站点，该值要增大。例如对于比较繁忙的服务器，该值建议设置为 2048。

（14）server.modules配置项

该配置项用于指定要装载的模块。

被装载的模块会按照顺序执行，这就意味着装载模块的顺序很重要，如果存在先后顺序的模块顺序不对，就会出现模块功能失效的问题，如在模块 mod_fastcgi 之后装载模块 mod_auth 可能导致 FastCGI 下的身份验证功能无效（如果 check-local 被设置为 disable）。

当然，这些模块是自动加入的，不需要手动去执行（也不建议手动添加），因此出错的概率降低很多。

```
server.modules = ( "mod_rewrite",
"mod_redirect",
"mod_alias",
"mod_access",
"mod_auth",
"mod_status",
"mod_simple_vhost",
"mod_evhost",
"mod_userdir",
"mod_secdownload",
"mod_fastcgi",
"mod_proxy",
"mod_cgi",
"mod_ssi",
"mod_compress",
"mod_usertrack",
"mod_expire",
"mod_rrdtool",
"mod_accesslog" )
```

（15）server.name配置项

该配置项用于指定服务器/虚拟服务器的名称。

（16）server.pid-file配置项

该配置项用于指定存储服务 PID 的文件（完整的路径），此参数多用于自己编写的管理进程的脚本中，即通过此参数来重新指定存储 PID 的文件所在的位置。

（17）server.username配置项

该配置项用于指定可以运行服务器的用户名，Lighttpd 是以 root 权限启动的。

（18）server.upload-dirs配置项

该配置项用于设置上传目录，默认为/var/tmp（server.upload-dirs = ("/var/tmp")）。

11.2.4 配置 Lighttpd 的虚拟主机

Lighttpd 是一个 Web 服务组件，可以在其上部署应用程序。

在 Lighttpd 上配置虚拟主机，主要的目的就是用于运行站点，换句话说就是创建存放项目应用程序程序的主目录。

Lighttpd 支持的虚拟主机类型有基于域名和端口这两种，它们都是在配置文件中实现的，且配置都比较简单。在配置虚拟主机时需要先对主配置文件进行配置，目的就是通过主配置文件来调用虚拟主机（Virtual Host）站点的配置文件。

在 Lighttpd 的主配置文件/etc/lighttpd/lighttpd.conf 中加入或开启以下配置行就可以（可以考虑添加到该配置文件的末尾）：

```
include_shell "cat vhosts.d/*.conf"
```

至此，准备工作完成。这时就可以开始创建虚拟主机。

1. 基于域名的虚拟主机

要创建虚拟主机的配置文件，这样的配置文件通常以虚拟主机来命名（通常对应的就是域名），这样做的目的是便于后期的维护，只要查看配置文件的名称就知道是哪个虚拟主机，对应的是哪个站点。另外，这些虚拟主机的配置文件建议都放在同一个地方，集中式管理能够给后期的维护带来非常大的便利性，因此建议把该文件存放在/etc/lighttpd/vhosts.d/目录下，即/etc/lighttpd/vhosts.d/www.lighttpdapp.com.conf。以下是该配置文件的相关配置信息。

```
$HTTP["host"] == "www.lighttpdapp.com" {
   server.name = "www.lighttpdapp.com"
   server.document-root = "/etc/lighttpd/www.lighttpdapp.com"
   server.errorlog = "/var/log/lighttpd/www.lighttpdapp.com-error.log"
   accesslog.filename = "/var/log/lighttpd/www.lighttpdapp.com-access.log"
}
```

根据配置文件中的参数，现在创建配置文件中指定的虚拟主机的目录，并将该目录的运行权限授予 lighttpd 用户和组。

```
[root@lighttpd ~]# mkdir /etc/lighttpd/www.lighttpdapp.com
[root@lighttpd ~]# chown -R lighttpd:lighttpd /etc/lighttpd/
www.lighttpdapp.com/
```

至此，配置完成。只要重启 Lighttpd 服务就能使得配置生效。

对于要部署到 Lighttpd 的站点项目代码，只需要放在/etc/lighttpd/www.lighttpdapp.com/目录下就可以，也就是说/etc/lighttpd/www.lighttpdapp.com/就是一个站点的根目录。

另外，对于域名 www.lighttpdapp.com 和 IP 地址之间的问题，如果使用域名来访问，就需要对域名与 IP 地址之间进行映射。

2. 基于端口的虚拟主机

基于端口实现的 Lighttpd 虚拟主机是一种共享 IP 地址，使用不同端口实现的虚拟主机，以下是一个例子。

```
$SERVER["socket"] == "10.20.3.100:8000" {
  server.document-root = "/etc/lighttpd/www/appweb/"
  server.errorlog = "/etc/lighttpd/www/appweb-error.log"
  accesslog.filename = "/etc/lighttpd/www/appweb-access.log"
}
```

11.3　Lighttpd 服务器配置应用

本节将从数据的传输和功能模块这两方面来介绍Lighttpd服务器安全配置，以及服务器优化配置。

11.3.1　基于 SSL 安全模式的应用

搭建 Lighttpd 服务器后，默认访问它时使用的是 HTTP 方式，在这种传输模式下采用的是明码的方式，因此在信息的安全性方面存在很大的安全隐患。为了解决这个问题，不少 Web 服务采取基于 HTTPS 的访问方式，这样数据在传输过程中采取的是加密的方式，避免了信息被截取后读取的风险。

基于以上问题，本小节将介绍基于 Lighttpd 的 SSL 配置，配置时使用免费版的 OpenSSL 并建议使用新版本。对于通过 OpenSSL 创建的证书，它由 CA 根证书、中级证书、域名证书和证书密钥这 4 部分组成，当然这里仅创建免费版的证书，因此简单多了，以下是证书创建的过程。

在一切准备就绪后，首先创建证书签名请求（Certificate Sign Request，CSR）。对于 SSL 证书的创建，第一个要求是创建私钥和 CSR。其中，CSR 是一个文件，它包含公钥在内和有关域的所有详细信息。通常，为了便于对文件的管理，将这些被创建的 CSR 和密钥放在一个目录下，因此创建存放这些文件的目录，所创建的目录为/etc/lighttpd/ssl/并切换到该目录下进行操作。

执行 openssl 命令来创建 CSR 和密钥文件，设文件名（可自定义）分别为 lighttpd.com.key 和 lighttpd.com.csr，执行命令时根据要求输入相关的信息就可以：

```
[root@lighttpd ssl]# openssl req -new -newkey rsa:2048 -nodes -keyout
lighttpd.com.key -out lighttpd.com.csr
Generating a 2048 bit RSA private key
.................................+++
..............+++
writing new private key to 'lighttpd.com.key'
-----
You are about to be asked to enter information that will be incorporated
into your certificate request.
What you are about to enter is what is called a Distinguished Name or a DN.
There are quite a few fields but you can leave some blank
For some fields there will be a default value,
If you enter '.', the field will be left blank.
```

```
-----
Country Name (2 letter code) [XX]:CN
State or Province Name (full name) []:HAINAN
Locality Name (eg, city) [Default City]:HAIKOU
Organization Name (eg, company) [Default Company Ltd]:ZHKJ
Organizational Unit Name (eg, section) []:YW
Common Name (eg, your name or your server's hostname) []:lighttpd
Email Address []:chenxl1419@163.com

Please enter the following 'extra' attributes
to be sent with your certificate request
A challenge password []:XXX   <—设定密码
An optional company name []:XXXX   <—设定密码
```

命令执行完成后，会在/etc/lighttpd/ssl/目录生成 CSR 文件和密钥文件这两个文件。

创建 CSR 后，接着获取 CA 请求证书，该证书可以从 geotrust、comodo、digicert 或 godaddy 等证书提供商处获取，也可以自己签发证书。下面使用 openssl 命令来自签发一个 SSL 证书。

```
[root@lighttpd ssl]# openssl x509 -req -days 365 -in lighttpd.com.csr -signkey lighttpd.com.key -out lighttpd.com.crt
Signature ok
subject=/C=CN/ST=HAINAN/L=HAIKOU/O=ZHKJ/OU=YW/CN=lighttpd/emailAddress=chenxl1419@163.com
Getting Private key
```

命令执行完成后，会在当前目录下获取到名为 lighttpd.com.crt 的文件。现在通过将密钥文件和证书组合在一个文件中来创建 PEM 文件：

```
[root@lighttpd ssl]# cat lighttpd.com.key lighttpd.com.crt > lighttpd.com.pem
```

此时生成以下 4 个文件：

```
[root@lighttpd ssl]# ll
total 16
-rw-r--r-- 1 root root 1273 Jun  4 09:59 lighttpd.com.crt
-rw-r--r-- 1 root root 1102 Jun  4 09:12 lighttpd.com.csr
-rw-r--r-- 1 root root 1704 Jun  4 09:12 lighttpd.com.key
-rw-r--r-- 1 root root 2977 Jun  4 10:08 lighttpd.com.pem
```

至此，可以使用 SSL 来设置访问虚拟主机的协议。

SSL 运行的站点默认端口是 443，使用的是 HTTPS 协议，该协议能够通过加密服务器与客户端间的数据来提供安全的数据通信。要在 Lighttpd 上使用该协议，需要在其配置文件中设置，在配置文件/etc/lighttpd/lighttpd.conf 中添加以下配置信息（要注意路径问题）：

```
$SERVER["socket"] == ":443" {
   ssl.engine = "enable"
   ssl.pemfile = "/etc/lighttpd/ssl/lighttpd.com.pem"
   server.name = "site1.tecadmin.net"
   server.document-root = "/etc/lighttpd/www.example.com"
   server.errorlog = "/var/log/lighttpd/www.example.com.error.log"
   accesslog.filename = "/var/log/lighttpd/www.example.com.access.log"
}
```

最后，需要 Lighttpd 服务进程来测试，并使用 HTTPS 来访问就可以。

11.3.2　Lighttpd 的功能模块及其作用

Lighttpd 属于轻型的 Web 服务组件，是由多个功能不同的模块组成的。下面对部分模块和它的作用进行介绍。

- mod_accesslog：默认为通用日志格式模块，配置比较灵活。
- mod_access：访问模块，其作用是对部分文件的访问进行控制。
- mod_alias：用来对一个 url-subset 指定一个专门的 documentroot。
- mod_auth：用于身份认证，Lighttpd 支持 RFC 2617 描述的两种身份验证方法。
- mod_cgi：该程序提供非常直接和简单的方法用来增强服务器的功能。
- mod_compress：用于对传输的数据进行压缩，此模块可以支持 Deflate、Gzip 和 Bzip2 压缩方式（其中，Deflate 和 Gzip 依赖 Zlib，Bzip2 依赖 Libbzip2，只有 Lynx 和一些其他的文本浏览器才支持 Bzip2）。对数据在传输前进行压缩，并以压缩后的形式再传输，这能够降低网络负载且对 Web 服务器吞吐量的整体性能有所改善。
- mod_dirlisting：列出目录模块信息，这是默认的加载模块之一，它不需要在 server.modules 中指定就可以工作，在请求一个目录且此目录中没有索引文件，就会生成一个列表。
- mod_evasive：用于限制每一个 IP 的链接。
- mod_evhost：基于一种包含通配符的模式构建文件主机，这些通配符可以代表提交的部分主机名。
- mod_expire：控制缓存和缓存中内容的过期时间。对于 HTTP 1.0 和 1.1 响应头中的 max-age 字段，该模块用来设置一些需要缓存的静态文件，如图像样式表等，这是非常有用的。
- mod_extforward：用于从 X-Forwarded-For 报头中提取出客户端的真实 IP，该报头是 Squid 或其他代理添加的，这对反向代理服务器后端的服务器是非常有用的。
- mod_fastcgi：这是 FastCGI 的接口，简单来说就是 Lighttpd 为支持 FastCGI 接口的外部程序提供接口，也是平台独立、服务器独立的 Web 程序与 Web 服务器之间的接口。
- mod_magnet：用来控制请求处理的模块，主要作用是进行复杂的 URL 重写和缓存。
- mod_mysql_vhost：用于指定存储数据的 MySQL 虚拟主机，即指定存储数据的目录所在。
- mod_proxy：支持代理服务的模块。
- mod_redirect：URL 重定向，就是用来指定一组 URL 的重定向。
- mod_rewrite：URL 重写，就是用于内部重定向和 URL 重写。
- mod_rrdtool：用来存储和显示基于时间轴的数据，如网络带宽、机房温度和服务器平均负载等参数值。
- mod_scgi：在涉及配置时，该模块是基于 FastCGI 的 SCGI 接口，只有服务器和客户端之间的内部协议替换。
- mod_secdownload：安全和快速下载模块，通过提供多种机制来实现数据下载过程中的安全性。对于这种安全机制，通过以下两种方式来实现：
  - 使用网络服务器和内部 HTTP 认证：快速下载，无额外增加系统负担，僵化认证处理。
  - 使用应用程序认证并且通过应用程序发送文件确认：集成到整个系统中，灵活的权限管理方式，下载时仅占用一个进程或线程。

当然，可以把这两种方式结合起来，简单的实现方式就是：

- 由应用程序验证用户并检查下载文件的权限。
- 由应用程序重定向用户到文件，此文件可以被服务器访问以便提供下载。
- Web 服务器把文件传输给用户。

- mod_simple_vhost：简单虚拟主机的功能模块。
- mod_status：该模块用于生成和记录 Web 服务器的状态概述，这些状态信息包括以下几项内容：

  1）正常运行时间。
  2）平均吞吐量。
  3）当前吞吐量。
  4）当前活动的连接和状态。

- mod_userdir：该模块可以简单地把用户目录和 Web 服务器全局命名空间连接起来。
- mod_usertrack：用于记录站点的点击流，点击流是网站的访问者浏览网站时执行的页面访问和相关的点击，该模块设置一个用户端的 Cookie，以便点击流日志来跟踪用户的活动。

11.3.3 Lighttpd 服务器优化配置

对于服务器的优化是一项重要且需要时间比较长的工作，本小节将简单介绍 Lighttpd 几个性能优化的参数。关于更多的性能优化参数调整，可根据其配置文件中的相关介绍进行更改，在配置文件中都有详细的介绍。

（1）最大连接数

最大连接数默认值为 1024，它由 server.max-fds 指定的参数来控制，对于一些流量比较大的站点建议加大此值，推荐值为 2048。

（2）stat()缓存

对于一些数据读取频率比较高的环境，缓存的使用在很大程度上能够节约时间和环境切换次数给系统造成的额外开销，因此 stat()的使用能减缓这些开销，从而提高系统的性能。

要开启 stat()缓存功能，在 Lighttpd 配置文件中添加 server.stat-cache-engine=fam 配置就可以。另外，Lighttpd 还提供 simple（缓存 1 秒内的 stat()），在需要时启动就行。

（3）常连接

通常，一个系统能够打开的文件个数是有限的（由文件描述符限制），且这些文件描述符的数量和日志文件数量、并发数等有关，再加上常连接对文件描述符的占用，使得本来有限的文件描述符就更少，在默认配置下 Lighttpd 定义 keep-alive 的值如下：

```
server.max-keep-alive-requests = 16
server.max-keep-alive-idle = 5
```

简单来说，就是 Lighttpd 最多可以同时承受 5 秒的常连接，每个连接最多请求 16 个文件。当然，这样的默认值对于一些并发量大的环境并不适用，因此需要根据实际环境来设定该值。如果生产环境的并发量实在太大，可以把 lighttpd keep-alive 这项关闭，即设值为 0 就可以。

（4）网络处理

对于网络延迟等问题，Lighttpd 通过大量使用 sendfile()这样高效的系统调用来处理，从而减少应用程序到网卡间的距离，同时也减少 Lighttpd 对 CPU 的占用。在 Lighttpd 上实现这个功能是通过 server.network-backend 配置项来实现的，其值有 sendfile 和 write 两种，它们是根据文件发送的类型而定的，其中 write 在需要发送大量大文件的环境中使用，而 sendfile 在发送小文件的环境中使用。

（5）Lighttpd服务进程

Lighttpd 也属于多进程服务，但默认只启动单个进程进行工作，在启动多个进程同时工作时并不能提高性能。控制进程的配置项为 server.max-worker，可根据实际需要来决定是否启动多进程或单进程。

（6）对流量进行控制

Lighttpd 可以通过以下配置项来实现限制每个连接或特定虚拟机的流量，从而达到对流量的有效控制，避免某个连接或虚拟机过度消耗流量而影响到 Lighttpd 的正常运行。

```
connection.kbytes-per-second,server.kbytes-per-second
```

（7）文件压缩传输

在文件的传输上，由于文件过大时在传输过程中会造成时间延迟、占用大量流量等问题，因此对于稍微大点的文件在传输时可以考虑使用压缩算法，在减少带宽的同时也能提高效率。

```
compress.cache-dir, compress.filetype
compress.cache-dir = "/var/www/cache/"
compress.filetype = ("text/plain", "text/html")
```

11.4 本章小结

Lighttpd 是一款轻量级的 Web 服务组件，本章对它的安装配置和使用进行了介绍。

读者至少要知道怎么安装 Lighttpd，并掌握一些基础的配置和系统的部署。

第 12 章

Tomcat 服务器的搭建与配置

Tomcat 是一款基于 Apache 项目的开源 Web 服务软件，在一些基于 Java 开发的应用程序中常使用它来支撑运行。本章将对 Tomcat 服务器的搭建和应用进行介绍，内容包括基础环境搭建、应用环境配置和应用的部署这三方面。

12.1 Tomcat 基础环境搭建

Tomcat 是一款免费开源的轻量级 Web 应用服务器，在中小型系统和并发访问用户不是很多的场合下被普遍使用。本节将介绍 Tomcat 的基本结构模型、服务组件安装和服务进程管理。

12.1.1 Tomcat 的基本结构模型

最初，Tomcat 由 Sun 的软件架构师詹姆斯·邓肯·戴维森开发，变成开源项目后交给 Apache 软件基金会，目前是 Jakarta 项目中的一个核心项目，主要由 Sun 和 Apache 共同维护。

Tomcat 采用的是模块化设计方式，结构有些复杂，但它以 Connector（连接器）和 Container（容器）两个模块作为结构的核心部分。Tomcat 的总体结构示意图，如图 12-1 所示。

在整个结构中，Service 是 Tomcat 的控制中心，也是一个集合，它的核心组件由一个或多个 Connector 和一个 Container 组成，作为其他组件中的 Engine（引擎），负责处理所有 Connector 所获得的客户请求；每个 Connector 将在某个指定端口上监听客户请求，并将获得的请求交给 Engine 来处理，从 Engine 获得回应后返回客户端。

Tomcat 有两个典型的 Connector，一个直接监听来自浏览器的 HTTP 请求，另一个负责监听来自其他 Web Server 的请求，但所监听的端口号会因客户端协议而不同。每个 Service 中的每个 Container 可以选择对应多个 Connector，这就意味着 Connector 组件是可以被替换的，采用这种方式可以给服务器设计者提供更多选择的余地。

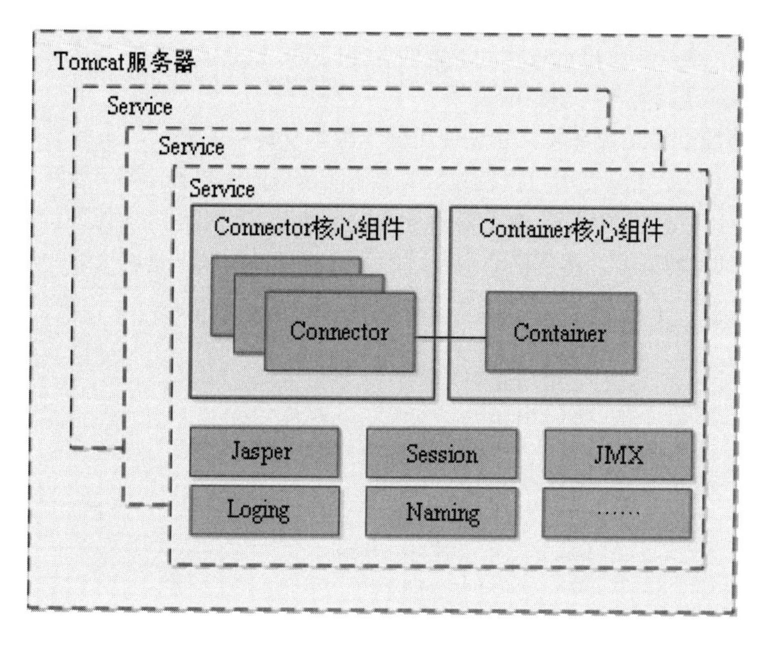

图 12-1 Tomcat 的总体结构示意图

12.1.2 安装配置 Tomcat 服务器

本小节主要介绍 Tomcat 的安装配置，内容包括基础控件的安装配置和 Tomcat 的安装配置。Tomcat 的安装过程比较简单，但在安装前需要安装 JDK 及配置相关的环境变量，否则无法正常工作。

1. 基础控件的安装配置

JDK 是 Tomcat 运行的辅助组件，安装 JDK 可以使用源码包或 RPM 格式包，可以在官网下载，本次使用的 JDK 格式为 RPM，其版本为 jdk-11.0.6。由于安装过程中几乎不涉及依赖关系，因此安装 JDK 时直接使用 rpm 命令来安装就可以，安装过程如下：

```
[root@tomcat ~]# rpm -ivh jdk-11.0.6_linux-x64_bin.rpm
warning: jdk-11.0.6_linux-x64_bin.rpm: Header V3 RSA/SHA256 Signature, key ID ec551f03: NOKEY
Preparing...                        ################################# [100%]
Updating / installing...
   1:jdk-11.0.6-2000:11.0.6-ga      ################################# [100%]
```

使用 rpm 命令安装后不需要设置环境变量，因此为了确认是否安装完成，可以使用以下命令来查看 JDK 版本：

```
[root@tomcat ~]# java -version
java version "11.0.6" 2020-01-14 LTS
Java(TM) SE Runtime Environment 18.9 (build 11.0.6+8-LTS)
Java HotSpot(TM) 64-Bit Server VM 18.9 (build 11.0.6+8-LTS, mixed mode)
```

至此，JDK 安装完成。

2. 服务组件的安装配置

关于 Tomcat 的安装，在安装前版本的选择非常重要。通常，Tomcat 这种系统没有自带的组件，需要通过网络获取，这就涉及稳定版和测试版的选择问题，也会涉及服务器版和单机版，因此后期出现的问题与版本的选择有不可忽略的关系。

无论是测试环境还是正式环境，建议使用同一版本且是服务器版。服务器版是针对特殊环境需要设计的，因此无论是在最终用户授权数、本身所能承受的用户数、可用的网络连接数还是其他方面都能达到一个比较理想的状态，更重要的是在安全性上有一定程度的保证。我们使用的 Tomcat 版本为 8.5，安装时先解压缩，然后移动到合适的位置就可以，以下是解压缩的过程。

```
[root@tomcat ~]# tar vzxf apache-tomcat-8.5.51.tar.gz
......
apache-tomcat-8.5.51/bin/daemon.sh
apache-tomcat-8.5.51/bin/digest.sh
apache-tomcat-8.5.51/bin/setclasspath.sh
apache-tomcat-8.5.51/bin/shutdown.sh
apache-tomcat-8.5.51/bin/startup.sh
apache-tomcat-8.5.51/bin/tool-wrapper.sh
apache-tomcat-8.5.51/bin/version.sh
```

解压缩完成后得到 apache-tomcat-8.5.51 的目录，为了便于后期维护，建议重命名并放到合适的目录下，如放到/usr/local/目录下。

```
[root@tomcat ~]# mv apache-tomcat-8.5.51 /usr/local/tomcat-8.5
```

至此，Tomcat 安装完成。

12.1.3 Tomcat 服务进程管理

实际上，Tomcat 部分功能是 Apache 的扩展，但它是独立运行的，因此 Tomcat 在运行时可作为一个与 Apache 独立的进程单独运行。结束 Tomcat 的安装工作后，接着测试它是否能够使用。我们需要启动它的进程，管理 Tomcat 进程的文件是在/usr/local/tomcat-8.5/bin/目录下的 startup.sh 和 shutdown.sh 这两个文件。

另外，Tomcat 默认使用的是 8080 端口，因此在启动它的服务进程前建议先检查该端口是否已被使用或防火墙是否关闭该端口，否则启动后会导致端口冲突而影响其他服务的正常运行；然后检查防火墙是否启动，并在启动防火墙时开放 8080 端口，否则无法访问 Tomcat 服务。

1. 启动/关闭 Tomcat 服务进程

完成以上工作，就可以通过以下命令行启动 Tomcat 服务进程：

```
[root@tomcat ~]#        /usr/local/tomcat-8.5/bin/startup.sh
Using CATALINA_BASE:    /usr/local/tomcat-8.5
Using CATALINA_HOME:    /usr/local/tomcat-8.5
Using CATALINA_TMPDIR: /usr/local/tomcat-8.5/temp
Using JRE_HOME:         /usr
Using CLASSPATH:        /usr/local/tomcat-8.5/bin/bootstrap.jar:/usr/local/
tomcat-8.5/bin/tomcat-juli.jar
Tomcat started.
```

从命令的输出信息来看，Tomcat 服务进程已经启动，但并不意味着启动成功，因此此时可以使用浏览器来打开 Tomcat 的测试页面。Tomcat 的测试页面如图 12-2 所示。

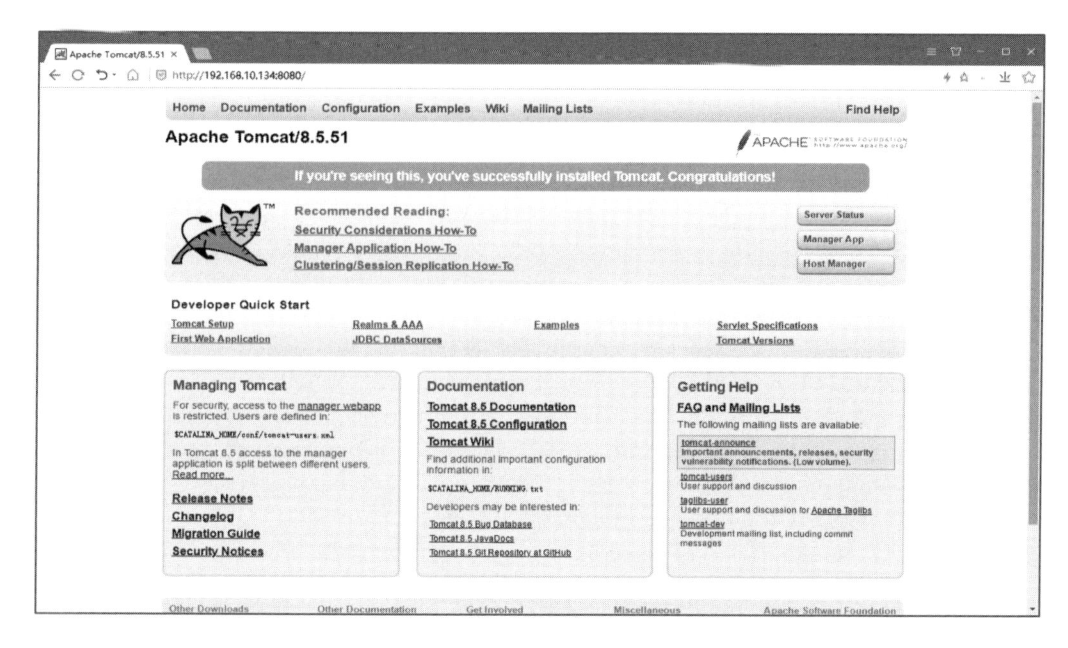

图 12-2　Tomcat 的测试页面

如果需要关闭 Tomcat 的服务进程，可通过 shutdown.sh 文件来关闭：

```
[root@tomcat ~]# /usr/local/tomcat-8.5/bin/shutdown.sh
Using CATALINA_BASE:   /usr/local/tomcat-8.5
Using CATALINA_HOME:   /usr/local/tomcat-8.5
Using CATALINA_TMPDIR: /usr/local/tomcat-8.5/temp
Using JRE_HOME:        /usr
Using CLASSPATH:       /usr/local/tomcat-8.5/bin/bootstrap.jar:/usr/local/
tomcat-8.5/bin/tomcat-juli.jar
NOTE: Picked up JDK_JAVA_OPTIONS:  --add-opens=java.base/java.lang=
ALL-UNNAMED --add-opens=java.base/java.io=ALL-UNNAMED --add-opens=java.rmi/
sun.rmi.transport=ALL-UNNAMED
```

运维前线

如果启动失败或启动后 Tomcat 测试页面不能访问，使用/usr/local/tomcat-8.5/bin/startup.sh 文件来启动也看不到相关的启动过程，此时，启动失败不容易找到问题，这样配置就很容易进入被动状态。在这种情况下，可以查看/var/log/messages 文件的内容，该日志文件记录着 Tomcat 启动的过程，通过它所记录的信息就可以知道问题出在哪里。

2. Tomcat 异常进程处理

通常，在测试环境或生产环境下，有时会发现 Tomcat 进程已经启动但不能正常访问，且在关闭并启动后依然出现这样的问题，这种情况可以检查是否同时启动了多个进程：

```
[root@tomcat ~]# ps -ef | grep java
root       2462      1 17 22:06 pts/0    00:00:02 /usr/bin/java
-Djava.util.logging.config.file=/usr/local/tomcat-8.5/conf/logging.properties
-Djava.util.logging.manager=org.apache.juli.ClassLoaderLogManager
-Djdk.tls.ephemeralDHKeySize=2048 -Djava.protocol.handler.pkgs=org.apache.
```

```
catalina.webresources -Dorg.apache.catalina.security.SecurityListener.
UMASK=0027 -Dignore.endorsed.dirs= -classpath /usr/local/tomcat-8.5/bin/
bootstrap.jar:/usr/local/tomcat-8.5/bin/tomcat-juli.jar -Dcatalina.base=
/usr/local/tomcat-8.5 -Dcatalina.home=/usr/local/tomcat-8.5 -Djava.io.tmpdir=
/usr/local/tomcat-8.5/temp org.apache.catalina.startup.Bootstrap start
   root       2492      1 15 22:06 pts/0    00:00:01 /usr/bin/java
-Djava.util.logging.config.file=/usr/local/tomcat-8.5/conf/logging.properties
-Djava.util.logging.manager=org.apache.juli.ClassLoaderLogManager
-Djdk.tls.ephemeralDHKeySize=2048
-Djava.protocol.handler.pkgs=org.apache.catalina.webresources
-Dorg.apache.catalina.security.SecurityListener.UMASK=0027
-Dignore.endorsed.dirs=-classpath /usr/local/tomcat-8.5/bin/bootstrap.jar:/
usr/local/tomcat-8.5/bin/tomcat-juli.jar -Dcatalina.base=/usr/local/tomcat-8.5
-Dcatalina.home=/usr/local/tomcat-8.5 -Djava.io.tmpdir=/usr/local/
tomcat-8.5/temp org.apache.catalina.startup.Bootstrap start
   root       2522   2175  0 22:06 pts/0    00:00:00 grep --color=auto java
```

我们当然不希望出现这样的问题，但出现了就需要解决。多个 Tomcat 进程同时运行时，Tomcat 服务会出现异常而导致不能正常运行，出现这样的问题或许是服务进程被重复启动，当然也可能是 JDK 异常引起的。但无论是什么原因引起的，出现这样的情况都需要对 Tomcat 的进程重新启动。

但在启动之前，需要关闭异常进程，然而，在这样的状态下使用/usr/local/tomcat-8.5/bin/shutdown.sh 文件并不一定能够全部关闭异常进程，建议多执行几次该文件，以确保能够关闭全部进程。

也可以使用 kill 命令来杀死 Tomcat 的进程，如果由该命令来杀死进程，需要先获取该进程的 ID，如获取到该进程的 ID 为 2462，可以使用以下命令来杀死：

```
[root@tomcat ~]# kill -9 2462
```

注 意

需要先获取每个进程的 ID 才能够杀死它们。

3. 设置 Tomcat 服务自动启动

在生产环境下很难保证服务器不间断运行，因此服务器异常重启是有可能的。服务器异常重启后，其上的应用程序如果采取手动执行命令的方式来启动，这在大量服务器的生产环境下很难做到，因此配置随机启动是非常有必要的。

Tomcat 服务进程开机启动的设置方式有两种，其一是在/etc/rc.local 文件中设置，其二是在/usr/lib/systemd/system/目录下给 Tomcat 配置“服务”。下面对这两种随机启动设置方式进行介绍。

（1）通过/etc/rc.local文件来实现开机启动

在/etc/rc.local 文件中设置 Tomcat 开机启动，把以下启动命令加入该文件就可以：

```
su - root -c "/usr/local/tomcat-8.5/bin/startup.sh"
```

但还需要处理一个非常重要的问题，那就是先启动 rc-local.service 服务（在其他章节已介绍过配置），并为/etc/rc.local 文件添加可执行权。

至此，重启服务器来测试就可以。

（2）使用“服务文件”来实现开机启动

为了避免配置之间相互影响，建议使用“服务文件”实现开机启动前，先使用/etc/rc.local文件将进程开机自启动的这个配置关闭，另外还需要将Tomcat关闭。

在/usr/lib/systemd/system/目录下创建 Tomcat 服务随机启动的“服务文件”，所创建的文件名称为 tomcat8.service，文件的配置内容如下：

```
[Unit]
Description=Tomcat8
After=syslog.target network.target remote-fs.target nss-lookup.target

[Service]
Type=forking
Environment='CATALINA_PID=/usr/local/tomcat-8.5/bin/tomcat.pid'
Environment='CATALINA_HOME=/usr/local/tomcat-8.5/'
Environment='CATALINA_BASE=/usr/local/tomcat-8.5/'
Environment='CATALINA_OPTS=-Xms512M -Xmx1024M -server -XX:+UseParallelGC'

WorkingDirectory=/usr/local/tomcat-8.5/

ExecStart=/usr/local/tomcat-8.5/bin/startup.sh
ExecReload=/bin/kill -s HUP $MAINPID
ExecStop=/bin/kill -s QUIT $MAINPID
PrivateTmp=true

[Install]
WantedBy=multi-user.target
```

授予该文件可执行权。

```
[root@tomcat ~]# chmod +x /usr/lib/systemd/system/tomcat8.service
```

添加服务到后台，设置 Tomcat 服务进程开机启动。

```
[root@tomcat systemd]# systemctl enable tomcat8
ln -s '/usr/lib/systemd/system/tomcat8.service' '/etc/systemd/system/
multi-user.target.wants/tomcat8.service'
```

至此，服务配置完成。

此时建议使用 systemctl 命令来启动 Tomcat 服务，并查看状态来确认配置是否有问题。另外，建议打开测试页来确认。

```
[root@tomcat ~]# systemctl start tomcat8.service
[root@tomcat ~]# systemctl status tomcat8
tomcat8.service - Tomcat8
   Loaded: loaded (/usr/lib/systemd/system/tomcat8.service; enabled)
   Active: active (running) since Sun 2020-05-16 00:05:49 CST; 3s ago
  Process: 2301 ExecStop=/bin/kill -s QUIT $MAINPID (code=exited,
status=0/SUCCESS)
  Process: 2314 ExecStart=/usr/local/tomcat-8.5/bin/startup.sh (code=exited,
status=0/SUCCESS)
 Main PID: 2330 (java)
   CGroup: /system.slice/tomcat8.service
           └─2330 /usr/bin/java -Djava.util.logging.config.file=/usr/local
```

```
/tomcat-8.5//conf/logging...
    Feb 16 00:05:49 tomcat systemd[1]: Starting Tomcat8...
    Feb 16 00:05:49 tomcat startup.sh[2314]: Existing PID file found during start.
    Feb 16 00:05:49 tomcat startup.sh[2314]: Removing/clearing stale PID file.
    Feb 16 00:05:49 tomcat startup.sh[2314]: Tomcat started.
    Feb 16 00:05:49 tomcat systemd[1]: Started Tomcat8.
```

最后建议重启服务器，目的是测试所配置的服务是否能够开机启动。另外，关于使用“服务文件”来管理进程，还可以使用以下命令来进行：

启动服务：systemctl start tomcat8。

停止服务：systemctl stop tomcat8。

重启服务：systemctl restart tomcat8。

检查状态：systemctl status tomcat8。

更改配置后，使更改生效：systemctl daemon-reload。

最后做一下总结，在生产环境下为了避免因应用程序等问题导致 Java 无限消耗内存进而导致服务器性能受影响，可通过设定 Java 内存的使用范围来避免这个问题，这个范围的大小根据实际环境而定，可以让程序开发人员给一个建议值，运维人员再根据服务器的资源来增加或减少建议值。

12.2 Tomcat 应用环境配置

上一节已经完成了 Tomcat 基础环境搭建，本节将对它的环境配置进行介绍。本节主要介绍 Tomcat 的配置文件应用、后台管理服务设置、服务性能参数调整和基于 HTTPS 的访问策略这 4 部分内容。

12.2.1 Tomcat 的配置文件应用

对于服务器运维人员而言，配置文件是调整应用程序性能和安全保证最为常见的文件之一，因此有必要熟悉这些配置文件。Tomcat 的安装过程比较简单，主要是对配置文件的管理，内容主要包括目录结构、配置文件的管理和 Tomcat 端口配置。

1. Tomcat 的主要目录结构

对 Tomcat 采取源码方式安装，并将其放在/usr/local/下，Tomcat 服务目录下的相关文件和子目录的相关信息如下：

```
……
-rw-r----- 1 root root  1726 Feb  6 06:30 NOTICE
-rw-r----- 1 root root  3255 Feb  6 06:30 README.md
-rw-r----- 1 root root  7136 Feb  6 06:30 RELEASE-NOTES
-rw-r----- 1 root root 16262 Feb  6 06:30 RUNNING.txt
drwxr-x--- 2 root root    29 Feb 15 21:35 temp
drwxr-x--- 7 root root    76 Feb  6 06:28 webapps
drwxr-x--- 2 root root     6 Feb  6 06:26 work
```

在这些子目录和文件中，conf 是相关的配置文件；webapps 是根目录，用于存放部署的项目。这里先介绍主配置文件，应用程序的部署在后面专门讲解。

2. 主配置文件的管理

Tomcat 的主配置文件在/usr/local/tomcat-8.5/conf/目录下，该目录下有不少配置文件，以下是这些配置文件的相关信息。

```
……
-rw------- 1 root root   2313 Feb  6 06:30 jaspic-providers.xsd
-rw------- 1 root root   3916 Feb  6 06:30 logging.properties
-rw------- 1 root root   7588 Feb  6 06:30 server.xml
-rw------- 1 root root   2164 Feb  6 06:30 tomcat-users.xml
-rw------- 1 root root   2633 Feb  6 06:30 tomcat-users.xsd
-rw------- 1 root root 171882 Feb  6 06:30 web.xml
```

下面对个别文件的作用进行介绍。

1）server.xml：这是 Tomcat 的主配置文件，Tomcat 是否正常主要通过该文件控制。

2）web.xml：该文件用于配置 servlet，并为所有的 Web 应用程序提供包括 MIME 映射等默认配置信息。

3）tomcat-users.xml：用于在 Tomcat 中添加/删除用户、为用户指定角色等。另外，Tomcat 自带的 manager 就使用该文件来实现认证。

4）catalina.policy：配置 Java 安全策略的文件，在系统资源级别上提供访问控制的能力。

5）catalina.properties：Tomcat 内部 package 的定义及访问相关的控制，也包括对通过类装载器装载的内容的控制，在 Tomcat 启动时会先读取此文件的相关设置。

6）logging.properties：此文件用于配置日志记录器相关的信息，可以用来定义日志记录的组件级别以及日志文件的保存位置等。

7）context.xml：记录所有 host 的配置信息。

这里主要对 server.xml 文件的配置进行介绍，但限于文件的内容幅度，这里不列出文件的内容，仅对它的一些关键词进行介绍。

- <Server>元素：代表整个容器，是 Tomcat 实例的顶层元素，由 org.apache.catalina.Server 接口来定义，包含一个<Service>元素，并且它不能作为任何元素的子元素，其下包括以下这几个属性。
  - className：指定实现 org.apache.catalina.Server 接口的类，默认值。
  - port：用于指定监听关闭 Tomcat 进程的命令端口，终止服务进程时必须是本机发出的。
  - shutdown：用于指定终止 Tomcat 服务运行时，给 shutdown 监听端口发送的字符串。
- <Service>元素：该元素由 org.apache.catalina.Service 接口定义，它包含一个<Engine>元素以及一个或多个<Connector>，这些 Connector 元素共享同一个 Engine 元素，其中第一个<Service>处理所有直接由 Tomcat 接收的 Web 请求，第二个<Service>处理所有由 Apahce 转发过来的 Web 请求。该元素的属性及属性的作用介绍如下：
  - className：指定实现 org.apahce.catalina.Service 接口的类。
  - name：定义 Service 的名字。

- <Engine>元素：每个 Service 元素只能有一个 Engine 元素，该元素处理同一个<Service>中所有<Connector>元素接收到的客户请求，它由 org.apahce.catalina.Engine 接口定义。该元素的属性及属性的作用介绍如下：
    - className：指定实现 Engine 接口的类，默认值为 StandardEngine。
    - defaultHost：指定处理客户的默认主机名，在<Engine>的<Host>子元素中必须定义。
- <Host>元素：由 Host 接口定义，一个 Engine 元素可以包含多个<Host>元素，每个<Host>的元素定义了一个虚拟主机，它包含一个或多个 Web 应用。该元素的属性及属性的作用介绍如下：
    - className：指定实现 Host 接口的类，默认值为 StandardHost。
    - appBase：指定虚拟主机的目录，可以指定绝对目录，也可以指定相对目录，如果没有此项，默认为<CATALINA_HOME>/webapps。
    - autoDeploy：如果此项设为 true，就表示 Tomcat 服务处于运行状态，它能够监测 appBase 下的文件，如果有新 Web 应用加入，就会自动发布，这个配置对 WAR 格式包能够自动解压。
    - unpackWARs：如果此项设置为 true，就表示把 Web 应用的 WAR 文件先展开为开放目录结构再运行，如果设置为 false，将直接运行为 WAR 文件。
    - alias：指定主机别名，可以指定多个别名。
    - deployOnStartup：如果此项设为 true，就表示 Tomcat 服务器启动时会自动发布 appBase 目录下所有的 Web 应用，如果 Web 应用中的 server.xml 没有相应的<Context>元素，将采用 Tomcat 默认的 Context。
    - name：定义虚拟主机的名字。
- <Context>元素：由 Context 接口定义，是使用比较频繁的元素。每个<Context>元素代表运行在虚拟主机上的单个 Web 应用，一个<Host>可以包含多个<Context>元素，每个 Web 应用有唯一的一个相对应的 Context 来代表 Web 应用自身。该元素的属性及属性的作用介绍如下：
    - className：指定实现 Context 的类，默认为 StandardContext 类。
    - path：指定访问 Web 应用的 URL 入口。
    - reloadable：这个属性值设为true时，Tomcat服务在运行状态下就会监听WEB-INF/classes和Web-INF/lib目录的Class文件，如果该文件被更新，服务器就会自动重新加载Web应用。
    - cookies：指定是否通过 Cookies 来支持 Session，默认值为 true。
    - useNaming：指定是否支持 JNDI，默认值为 true。
- <Connector>元素：由 Connector 接口定义，该元素负责接收客户请求，并向客户返回响应结果，其中第一个 Connector 元素定义 HTTP Connector，通过 8080 端口接收 HTTP 请求；第二个 Connector 元素定义 JD Connector，通过 8009 端口接收由其他服务器转发过来的请求。该元素的属性及属性的作用介绍如下：
    - className：指定实现 Connector 接口的类。
    - enableLookups：如果值设置为 true，就表示支持域名解析，可以把 IP 地址解析为主机名，并通过在 Web 应用中调用 request.getRemoteHost 方法返回客户机主机名。
    - redirectPort：指定转发端口，如果当前端口只支持 non-SSL 请求，在需要安全通信的场景下将把客户请求转发至 SSL 的 redirectPort 端口。

3. Tomcat 的端口配置

端口是每个服务都需要使用的，因此一个系统中的服务不能共用一个对外端口，否则会导致端口冲突而使得应用程序无法访问。当然，服务使用的默认端口都是公开的，因此默认端口常被非法使用，另外考虑到实际生产环境需要，更改端口也是生产环境中常有的事。

Tomcat 默认使用的是 8080 端口，对于实际的生产环境，虽然不强调使用某个端口，不过出于实际的需要和安全的考虑，建议更改默认端口以避免不必要的问题。端口的定义文件是/usr/local/tomcat-8.5/conf/server.xml，位于该文件大概第 70 行处，代码如下：

```
……
   Java AJP  Connector: /docs/config/ajp.html
   APR (HTTP/AJP) Connector: /docs/apr.html
   Define a non-SSL HTTP/1.1 Connector on port 8080
-->
<Connector port="8080" protocol="HTTP/1.1"
       connectionTimeout="20000"
       redirectPort="8443" />
<!-- A "Connector" using the shared thread pool-->
……
```

当然，在更改端口时建议先确认该端口是否已经被使用，否则在更改端口后会出现端口冲突而导致其他服务异常。在生产环境中需要特别注意这个问题，当然在测试环境中也需要注意，以避免不必要的麻烦。

12.2.2 后台管理服务设置

后台管理的存在很大程度上便于管理者使用，但这会给服务器的安全带来隐患。事实上非法人员也可以利用后台管理功能作为跳板进入服务器，因此建议关闭该功能或加强安全级别。

默认配置下，启动 Tomcat 进程后使用 http://IP:8080/manager/html 的方式来打开后台管理界面，不过实际上这是一个后台认证窗口，在默认配置下是拒绝被访问的，并提示如图 12-3 所示的相关错误提示信息，但这些错误提示信息在/usr/local/tomcat-8.5/webapps/目录下都能找到。

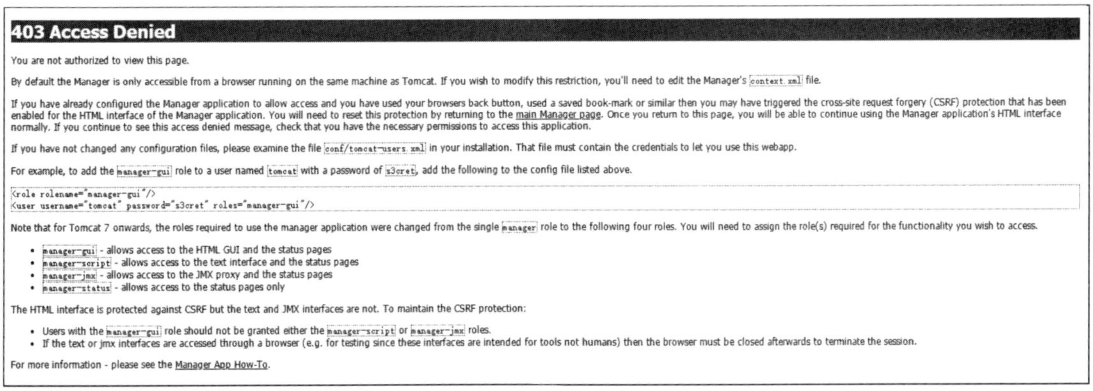

403 Access Denied

You are not authorized to view this page.

By default the Manager is only accessible from a browser running on the same machine as Tomcat. If you wish to modify this restriction, you'll need to edit the Manager's `context.xml` file.

If you have already configured the Manager application to allow access and you have used your browsers back button, used a saved book-mark or similar then you may have triggered the cross-site request forgery (CSRF) protection that has been enabled for the HTML interface of the Manager application. You will need to reset this protection by returning to the main Manager page. Once you return to this page, you will be able to continue using the Manager application's HTML interface normally. If you continue to see this access denied message, check that you have the necessary permissions to access this application.

If you have not changed any configuration files, please examine the file `conf/tomcat-users.xml` in your installation. That file must contain the credentials to let you use this webapp.

For example, to add the `manager-gui` role to a user named `tomcat` with a password of `s3cret`, add the following to the config file listed above.

```
<role rolename="manager-gui"/>
<user username="tomcat" password="s3cret" roles="manager-gui"/>
```

Note that for Tomcat 7 onwards, the roles required to use the manager application were changed from the single `manager` role to the following four roles. You will need to assign the role(s) required for the functionality you wish to access.

- `manager-gui` - allows access to the HTML GUI and the status pages
- `manager-script` - allows access to the text interface and the status pages
- `manager-jmx` - allows access to the JMX proxy and the status pages
- `manager-status` - allows access to the status pages only

The HTML interface is protected against CSRF but the text and JMX interfaces are not. To maintain the CSRF protection:

- Users with the `manager-gui` role should not be granted either the `manager-script` or `manager-jmx` roles.
- If the text or jmx interfaces are accessed through a browser (e.g. for testing since these interfaces are intended for tools not humans) then the browser must be closed afterwards to terminate the session.

For more information - please see the Manager App How-To.

图 12-3 Tomcat 后台登录认证失败提示信息

当然，要使用后台登录功能就要启动，而所需的认证信息可以在相关的文件中找到。支持后台登录的相关文件都可以在/usr/local/tomcat-8.5/webapps/目录下找到，不过对于该目录下的相关子目录，它们的存在给 Tomcat 和操作系统的安全带来威胁，在生产环境下建议将它们全部重命名或更改其中的配置，甚至直接删除。

如果要使用后台登录功能，可以对配置文件进行更改，该配置文件的完整路径为/usr/local/tomcat-8.5/webapps/manager/META-INF/context.xml，该文件中的内容大部分是说明性的，配置代码如下：

```
<Context antiResourceLocking="false" privileged="true" >
  <Valve className="org.apache.catalina.valves.RemoteAddrValve"
        allow="127\.\d+\.\d+\.\d+|::1|0:0:0:0:0:0:0:1" />
  <Manager sessionAttributeValueClassNameFilter="java\.lang\. (?:Boolean|
Integer|Long|Number|String)|org\.apache\.catalina\.filters\.CsrfPreventionFilt
er\$LruCache(?:\$1)?|java\.util\.(?:Linked)?HashMap"/>
</Context>
```

要在启动后登录认证，只需要把配置中以下这行注释就可以：

```
<!--  <Valve className="org.apache.
catalina.valves.RemoteAddrValve"-->
```

完成后重启 Tomcat 进程，输入后台登录地址就会出现如图 12-4 所示的登录认证窗口。

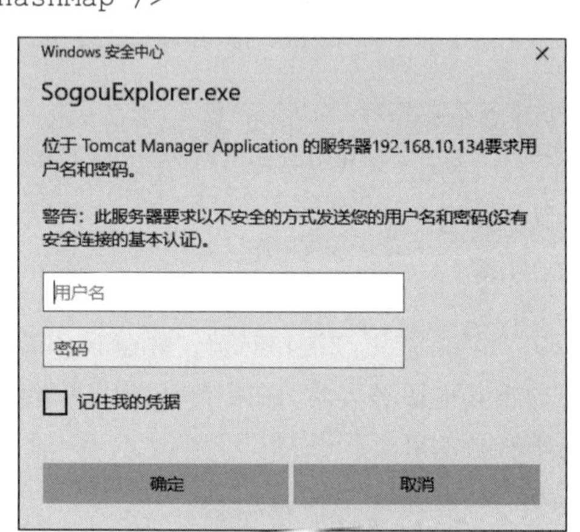

图 12-4 Tomcat 后台登录认证窗口

12.2.3 服务性能参数调整

默认配置下，Tomcat 能够满足不少生产环境的需要，但在特殊环境下需要通过调整参数来达到更好的运行效果。服务参数的调整通常涉及操作系统、辅助组件和应用程序本身，本小节将对这方面的内容进行介绍。

1. Tomcat 环境性能安全优化

Tomcat 的安全涉及服务器的安全，因此安全问题是不可忽略的。接下来将对 Tomcat 的一些基本安全配置进行介绍，包括并发访问、权限和版本管理的内容。

（1）调整线程数量

实际上，Tomcat 是借助 JDK（Java）来运行的，并使用线程池加速响应速度来处理客户端请求。在 Java 中，线程是程序运行时的路径，是在一个程序中与其他控制线程无关的、能够独立运行的代码段，但它们共享相同的地址空间。多线程的设计能够帮助程序员写出 CPU 最大利用率的高效代码，使空闲时间保持最低，从而接受更多的请求。

Tomcat 使用 minProcessors 和 maxProcessors 这两个参数的值来控制线程数，这些默认值在 Tomcat 中已经设定，通常它们能够满足业务量不大的环境使用，但随着业务量不断增加，就会出现压力过大而导致请求处理缓慢的问题，这就需要对默认值进行更改以满足过大的业务量。通常，对于 minProcessors 而言，在 Tomcat 进程启动时创建的处理请求线程数足够处理一定范围的负载，但如果出现更大的访问量，就需要设置更大的线程数，这时需要使用 maxProcessors 这个参数来设置，但 maxProcessors 的值应该根据实际的需要来配置（比如参考业务访问量、网络带宽、CPU 等），合理设置该参数会使 Tomcat 能够抵抗一定程度的恶意攻击，不然可能造成内存溢出。

当然，每个版本的 Tomcat 在这些参数上可能存在区别，毕竟随着信息化水平不断增加导致业务量猛增，新版本的 Tomcat 能够处理更多的业务才是价值所在。下面对 Tomcat 中一些控制进程的参数进行说明。

- maxThreads：用于配置 Tomcat 可启动的最大线程数。
- acceptCount：用于设置请求队列中排队的最大数值，在队列中排队时，由于处理请求的线程数量已使用完，因此需要在队列中排队。
- connectionTimeout：用于设定网络连接请求超时的时间值，单位是毫秒。
- minSpareThreads：初始化时创建的线程数。
- maxSpareThreads：创建的线程数超过这个值，Tomcat 就会关闭还没使用的 Socket 线程。

在生产环境下要更改配置时，建议在正式上线前多做测试，以便能够掌握Tomcat响应时间和内存等的使用情况。另外，在投入使用后还是需要监控的，可以通过日志文件的记录来获取相关的信息。

（2）基于目录权限的安全管理

通常运行的 Tomcat 来自 root 用户，这是经常存在的问题，不过从安全的角度来说，这样并不安全，毕竟如果 Tomcat 被非法使用，就会对服务器造成安全威胁，因此建议使用普通用户来负责 Tomcat 的运行，而不是 root 用户。

Tomcat 能够实现这样的配置，是由于 Java 的 JVM 是与系统无关的，它是建立在操作系统之上的，因此使用什么用户来启动 Tomcat 进程，它就继承该所有者的权限，为了防止 Tomcat 被非法植入 Web Shell 程序后可以修改项目文件，因此将 Tomcat 和项目属主进行分离，这样即便 Tomcat 被非法获取权限，也无法创建和编辑相关的文件。

基于以上需要，创建普通用户 tomcat，将 Tomcat 目录所有权授予该用户，并用该用户来管理服务进程启动的问题。首先创建用户并设置密码。

```
[root@tomcat ~]# groupadd tomcat
[root@tomcat ~]# useradd -g tomcat tomcat
[root@tomcat ~]# passwd tomcat
Changing password for user tomcat.
New password:
BAD PASSWORD: The password is shorter than 8 characters
Retype new password:
passwd: all authentication tokens updated successfully.
```

授权并启动进程。

```
[root@tomcat ~]# chown tomcat.tomcat -R /usr/local/tomcat-8.5/
[root@tomcat ~]# su - tomcat /usr/local/tomcat-8.5/bin/startup.sh
Last login: Mon Feb 17 01:06:56 CST 2020 on pts/0
Using CATALINA_BASE:   /usr/local/tomcat-8.5
Using CATALINA_HOME:   /usr/local/tomcat-8.5
Using CATALINA_TMPDIR: /usr/local/tomcat-8.5/temp
Using JRE_HOME:        /
Using CLASSPATH:       /usr/local/tomcat-8.5/bin/bootstrap.jar:/usr/local/
tomcat-8.5/bin/tomcat-juli.jar
```

启动后打开测试页进行确认。

最后，可以把以下命令加入/etc/rc.local 文件中实现开机启动：

```
su - tomcat -c"/usr/local/tomcat-8.5/bin/startup.sh"
```

（3）基于版本号的管理

默认 Tomcat 是将其版本号显示出来的，这就在安全问题上有很大隐患，毕竟其他人获取到版本号后，可以通过版本号来获取该版本 Tomcat 存在的一些 Bug，并利用 Bug 作为跳板非法连接 Tomcat 后进入系统，这对操作系统而言是非常危险的。

对于这个问题，建议把 Tomcat 的版本号隐藏或修改，通过这种方法来使其他人无法获取到 Tomcat 真实版本号的信息。要更改或隐藏版本号，需要对配置文件进行更改，首先对 catalina.jar 文件进行解压：

```
[root@tomcat ~]# cd /usr/local/tomcat-8.5/lib/
[root@tomcat lib]# unzip catalina.jar
……
  inflating: org/apache/naming/factory/ResourceEnvFactory.class
  inflating: org/apache/naming/factory/ResourceFactory.class
  inflating: org/apache/naming/factory/ResourceLinkFactory.class
  inflating: org/apache/naming/factory/SendMailFactory$1.class
  inflating: org/apache/naming/factory/SendMailFactory.class
  inflating: org/apache/naming/factory/TransactionFactory.class
  inflating: org/apache/naming/java/javaURLContextFactory.class
  inflating: META-INF/NOTICE
  inflating: META-INF/LICENSE
```

配置文件就在刚解压的catalina.jar中，解压完成后就可以对版本信息配置文件进行更改。配置文件的完整路径为/usr/local/tomcat 8.5/lib/org/apache/catalina/util/ServerInfo.properties，以下是该文件的默认配置信息（忽略部分注释内容）。

```
……
# See the License for the specific language governing permissions and
# limitations under the License.

server.info=Apache Tomcat/8.5.51
server.number=8.5.51.0
server.built=Feb 5 2020 22:26:25 UTC
```

可以看到当前的版本是 8.5.51，其中 server.info 用于定义在测试页上的主题内容。另外，更改其版本号时建议统一更改，更改完成后重启 Tomcat 进程就好了。

（4）Tomcat的连接池配置

在 Web 程序中使用 JDBC 时，每次处理客户端请求都需要重新建立数据库连接，这样的客户端请求在业务量比较小的环境中不会给服务器带来性能等方面的影响，但在业务量非常大的环境中，就需要频繁建立数据库连接请求，这样会消耗大量的系统资源，从而直接给服务器的性能带来影响。

对这个问题的处理可以使用 Tomcat 提供的数据库连接池技术，通过该技术来允许程序重复使用一个现有的数据库连接，避免重新建立大量数据连接而带来的性能问题。要启动重复使用连接的配置，需要对主配置文件/usr/local/tomcat-8.5/conf/server.xml 的代码进行更改，以下是相关的代码。

```
<Executor name="tomcatThreadPool" namePrefix="catalina-exec-"
    maxThreads="150" minSpareThreads="4"/>
```

不过在默认配置下这段代码会被注释，也就是不期待重复使用连接，因此要启用时把这两行前后的注释号去掉就可以了，即直接删除“<!--”和“-->”就可以。

运维前线

关于 maxThreads 定义的最大线程数和 minSpareThreads 定义的最小线程数，这两个数值的更改需要根据实际的环境和服务器资源而定，至于数值是多少建议询问程序开发人员，至少能够知道一个建议值。

---

2. 关于 Tomcat 高并发问题

对于 Tomcat 并发的问题已经介绍过，之前介绍的是基于主配置文件的，还可以通过操作系统的配置文件来实现对并发的控制。控制并发能够防止并发访问过高导致服务器响应缓慢甚至宕机，特别是涉及资金流的业务中，服务器宕机是非常严重的问题，因此必须要解决。

同样，对于 Tomcat 而言，大量用户并发访问可能会导致 Tomcat 的“too many open file”异常，这部分要优化 Tomcat 来处理，对于 Tomcat 上出现这样的问题这里不再重复，如果在并发的情况下导致 Linux 系统出现“too many open file”异常，就需要进行操作系统级别的配置，这涉及两部分内容的更改。

（1）修改系统默认软/硬连接数

对于系统能够打开的最大文件数，在系统中存在默认值，在系统上部署应用程序后，该默认值就不好控制，因此需要针对性地更改配置。

打开/etc/security/limits.conf 文件，在该文件中添加以下内容：

```
tomcat soft nofile 10240
tomcat hard nofile 10240
```

其中，tomcat 指定该用户的打开文件数限制，如果使用“*”就表示对所有用户有效；而 soft 或 hard 指定软/硬连接限制，就是最大打开文件数。

更改后保存就可以。

（2）指定调用的模块

修改/etc/pam.d/login 文件，在该文件中指定要调用的模块。

```
session required /lib/security/pam_limits.so
```

这是告诉系统要调用 pam_limits.so 模块来限制指定的用户对各种资源的最大使用量，系统会从/etc/security/limits.conf 文件中读取配置来设置相关的限制值。

完成后保存就可以。

12.2.4　基于 HTTPS 的访问策略

讲到 HTTPS（Hyper Text Transfer Protocol over Secure Socket Layer 或 Hypertext Transfer Protocol Secure，超文本传输安全协议）的访问策略，首先要了解 HTTP。HTTP 是互联网的核心协议，用于指定客户端可能发送给服务器什么样的消息以及得到什么样的响应，但在这些数据的传送过程中，它是采用明文的方式传输的，因此存在很大的安全隐患，为了解决 HTTP 的这个缺陷，因此出现了另一种更加安全的协议，即 HTTPS。

HTTPS 是在 HTTP 的基础上加入 SSL 协议（SSL+HTTP），通过证书来验证服务器的身份并对浏览器和服务器之间的通信进行加密处理，简单来说就是提供身份验证与加密通信方法，但需要注意 HTTP 和 HTTPS 使用的是完全不同的连接方式，使用的端口也不同。

HTTPS 使用的是 HTTP 通道，但在通道上加了保护层，简单来说就是 HTTP 的安全版，它的安全建立在 SSL 的基础上，加密问题主要由 SSL 负责。

HTTPS 现在被广泛用于万维网上安全敏感的通信，如交易支付平台、物联网平台及学信网等平台。如果客户端使用 HTTPS 来传输数据，它与 Web 服务器建立通信时经过以下几个步骤：

1）客户端程序通过 HTTPS 使用 URL 访问服务器，并要求与服务器建立 SSL 连接。

2）服务器收到请求后，就将网站的证书信息（证书中包含公钥）传送一份给客户端。

3）客户端的应用程序与服务器协商 SSL 连接的安全等级（信息传输时加密的等级）。

4）客户端程序根据协定的安全等级并利用网站的公钥建立会话密钥，然后发送给服务器。

5）服务器收到加密的数据后，利用自己的私钥解密出会话密钥。

6）服务器利用会话密钥加密与客户端之间的通信。

要使用 HTTPS 需要有相关的证书，这个证书一般由证书认证中心（Certification Authority，CA）签发，需要先向 CA 支付一定的费用（免费证书很少）才能获得证书。当然，还有一种办法是自己给自己签发，这种证书可以使用，但没得到认可，因此在访问时会出现类似“证书错误”的提示信息。

接下来主要介绍自己如何签发 HTTPS 的证书，以下是自己签发证书的过程。

创建自签的 HTTPS 证书，需要做的工作是：创建证书→移动证书到适合的位置（可选操作）→更改 Tomcat 的配置文件→启动/重启 Tomcat 进程→使用浏览器测试配置结果。

（1）创建证书

执行以下命令开始创建密钥证书：

```
[root@tomcat ~]# keytool -genkey -alias .keystore -keyalg RSA
Enter keystore password:    # 用于证书的密钥
Re-enter new password: #
What is your first and last name?
  [Unknown]:  tomcat# 建议此名称与主机名一致
What is the name of your organizational unit?
  [Unknown]:  KEJI      # 这些信息自己根据实际设置就好
What is the name of your organization?
  [Unknown]:  KEJI
What is the name of your City or Locality?
  [Unknown]:  HAIKOU
What is the name of your State or Province?
  [Unknown]:  HAINAN
What is the two-letter country code for this unit?
  [Unknown]:  CN
Is CN=named, OU=KEJI, O=KEJI, L=HAIKOU, ST=HAINAN, C=CN correct?
  [no]:  yes # 确认就可以

Enter key password for <.keystore>
    (RETURN if same as keystore password):     # 再次输入密码，要与开始输入的一致
Re-enter new password:
```

```
Warning:
    The JKS keystore uses a proprietary format. It is recommended to migrate to
PKCS12 which is an industry standard format using "keytool -importkeystore
-srckeystore /root/.keystore -destkeystore /root/.keystore -deststoretype
pkcs12".
```

至此，证书创建完成。

注意，如果执行命令出现以下提示，就意味着在相同的路径下已经存在一样的文件。

```
[root@tomcat ~]# keytool -genkey -alias .keystore -keyalg RSA
Enter keystore password:
keytool error: java.io.IOException: Keystore was tampered with, or password
was incorrect
```

（2）证书的存放

从输出的信息可以获知证书密钥文件的路径为/root/.keystore。通常，为了对相关文件统一管理，会把该证书文件放到Tomcat的主目录下，这样能够避免被误删且更好管理。

```
[root@named ~]# mv /root/.keystore /usr/local/tomcat-8.5/
```

当然，这不是必要的操作，也可以选择放在默认路径。

（3）更改配置文件

打开Tomcat的配置文件/usr/local/tomcat5.5/conf/server.xml，并将以下这部分配置注释或删除，这个配置基于HTTP的8080端口。

```
<Connector port="8080" protocol="HTTP/1.1"
       connectionTimeout="20000"
       redirectPort="8443" />
```

可以在当前的位置加入以下配置，主要作用是启动HTTPS访问机制。

```
<Connector port="443" protocol="HTTP/1.1" SSLEnabled="true"
       maxThreads="150" minSpareThreads="25" maxSpareThreads="75"
       enableLookups="false" disableUploadTimeout="true"
       acceptCount="100" scheme="https" secure="true"
       keystoreFile="/usr/local/tomcat-8.5/.keystore"
       keystorePass="123@456"
       clientAuth="false" sslProtocol="TLS" />
```

下面对该配置进行说明。

- Connector port：指定端口，默认端口是443，可根据实际的环境来更改。
- clientAuth：如果该值设为true，表示Tomcat要求所有的SSL客户出示安全证书，对SSL客户进行身份验证。
- keystoreFile：指定证书密钥文件keystore文件的存放位置，建议以绝对路径的方式来指定。当然，也可以使用环境变量的方式来指定。如果此项没有设定，Tomcat就默认从系统用户主目录下读取名为.keystore的文件。
- keystorePass：指定keystore文件的密码，如果此项没有设定，Tomcat就使用changeit作为默认密码。

（4）启动或重启Tomcat进程

至此，准备工作结束。现在就可以启动或重启 Tomcat 进程。

```
[root@named ~]#         /usr/local/tomcat-8.5/bin/startup.sh
Using CATALINA_BASE:    /usr/local/tomcat-8.5
Using CATALINA_HOME:    /usr/local/tomcat-8.5
Using CATALINA_TMPDIR: /usr/local/tomcat-8.5/temp
Using JRE_HOME:         /usr
Using CLASSPATH:        /usr/local/tomcat-8.5/bin/bootstrap.jar:/usr/local/
tomcat-8.5/bin/tomcat-juli.jar
Tomcat started.
```

启动没有报错，不过建议使用 ps 等命令来确认，以防止启动多个进程。

```
[root@named ~]# ps -ef | grep java
root      7220     1 99 17:48 pts/1    00:00:01 /usr/bin/java
-Djava.util.logging.config.file=/usr/local/tomcat-8.5/conf/logging.properties
-Djava.util.logging.manager=org.apache.juli.ClassLoaderLogManager
-Djdk.tls.ephemeralDHKeySize=2048 -Djava.protocol.handler.pkgs=org.apache.
catalina.webresources -Dorg.apache.catalina.security.SecurityListener.
UMASK=0027 -Dignore.endorsed.dirs= -classpath /usr/local/tomcat-8.5/bin/
bootstrap.jar:/usr/local/tomcat-8.5/bin/tomcat-juli.jar -Dcatalina.base=
/usr/local/tomcat-8.5 -Dcatalina.home=/usr/local/tomcat-8.5 -Djava.io.tmpdir=
/usr/local/tomcat-8.5/temp org.apache.catalina.startup.Bootstrap start
root      7238  1532  0 17:48 pts/1    00:00:00 grep --color=auto java
```

从输出的结果来看，只启动了一个 Tomcat 服务进程。

（5）打开浏览器进行测试

启动完成后，使用浏览器进行测试，这时基于 HTTPS 的 443 端口来访问，不过端口不需要输入，这是 HTTPS 默认使用的端口，可以在浏览器地址栏打开，如使用地址 https://10.0.3.101/。其中，IP 地址是 10.0.3.101。

这是自签的证书，首次打开时通常会弹出确认信息，确认后就可以。

12.3 基于 Tomcat 的应用部署

通过前面的讲解，我们已经对 Tomcat 的安装配置有了一定了解，在实际环境中通常面临复杂的用户需求，因此需要考虑各种不同的可能出现的需求。本节将介绍如何在 Tomcat 上使用不同的方式来部署应用程序，以满足多样化的需求。

12.3.1 应用程序部署的路径

简单来说，应用程序是给用户使用的软件的前端，是直接呈现在用户面前，可见的、可使用的系统。部署简单理解就是安装，对于搭建好的 Tomcat 平台，可以将开发好的软件系统放在其上运行，简单来说 Tomcat 需要承担起用户与应用程序间沟通的桥梁。

那么，问题来了，那就是开发出来的系统放到 Tomcat 的哪里，对于部署中需要注意什么问题、更改什么配置以及多个应用程序时怎么配置，这些问题在接下来的内容中将逐一介绍。

通常，开发出来的系统会放在 Tomcat 根目录的 webapps/下（本次安装在/usr/local/目录，因此完整路径为/usr/local/tomcat-8.5/webapps/），默认该目录下已存在一些相关的文件，但这些文件都可以直接清除。另外，由于默认配置下配置文件的配置代码指向的是默认的站点路径，因此在清除默认站点后，打开 Tomcat 的测试页时就会看到无法访问的错误提示页面。

当然，如果觉得有必要保留这些默认的信息，出于安全的考虑，建议对默认的配置（如后台管理的端口、用户名和密码等）进行更改，以确保系统的安全。

下面开始介绍系统的部署，部署的方式包括在 Tomcat 部署一个应用程序和同一个 Tomcat 部署多个应用程序两种，其中同个 Tomcat 部署多个应用程序还可以划分成同个端口部署多个和多个端口部署多个两种。

12.3.2　单个应用程序的部署

在一个 Tomcat 上一般只部署一个应用程序，因此在配置好 Tomcat 这个平台后，就可以把开发好的应用程序放在/usr/local/tomcat-8.5/webapps/目录下，并启动或重启 Tomcat 的服务进程。比如要部署一个名为 webapp 的项目（应用程序），只需要把这个项目的代码包放到该目录下，重启 Tomcat 后打开浏览器输入地址就可以，比如输入地址 http://10.0.3.101:8080/webapp/。

以上部署方式在默认配置下每次访问都需要输入项目名（代码包名称，比如以上输入的地址 http://10.0.3.101:8080/webapp），出于实际需要或减少麻烦时可以更改，如更改成在浏览器上仅输入 Tomcat 服务器 IP 地址就可以访问，这时需要在配置文件中把端口更改为 80，然后在主配置文件的 Host 标签中更改默认的子标签名称，或新加入子标签，以下是子标签的配置。注意，不要把该配置行加入被注释的代码段内。

```
<Context path="" docBase="webapp" debug="0" reloadable="true"/>
```

- docBase：指向项目根目录所在的路径，如果在 XXX 目录下，只需要指定项目的名称就可以。
- path：这是一个虚拟的目录，设置成 appsystem 并启动 Tomcat 后，就需要通过 http://ip:8080/appsystem/*.jsp 的方式来访问项目的相关页面。
- reloadable：如果设置的值为 true，表示当修改 JSP 文件后，不需要重启 Tomcat 服务就可以实现页面显示的同步。

项目部署完成并能够打开页面后，接着连接数据库，即要指定数据库所在的服务器的 IP 地址以及分配给项目使用的数据库用户名和密码。对于这几项的设置需要询问开发人员，并从开发人员处获取需要更改哪些文件，以及怎么修改等（毕竟有些参数涉及加密）。

关于应用程序代码包的问题，通常以打包的形式迁移出来，因为应用程序的开发使用的工具不同，代码打包的形式也可能存在差异，所以在压缩包的格式（后缀名）上有所区别，至于不同压缩格式的代码包是否需要解压，建议询问代码打包的那个人或提交代码给你的那个人，而如果是自己打包源代码，可以选择自己熟悉或之前使用的格式，但个人建议使用统一的格式，且便于区分代码包（就是应用程序的版本），建议名称后加日期（如 appsystem-yyyy-MM-dd.tar.gz，如果当天有多个更新包，那么可以 appsystem-yyyy-MM-dd-N.tar.gz 的形式打包，N 是正整数），这样看了就知道什么时候更新及当天第几次更新，且统一名称格式有利于后期的维护。

一般比较常见的应用程序压缩包后缀名有 war 和 tar.gz 两种，war 的压缩包只需要放到 Tomcat 的根目录就可以，Tomcat 会自动把它解压，而 tar.gz 格式的压缩包在部署时需要手动解压再启动 Tomcat 进程。当然，从 Windows 上打包的建议选择 ZIP 格式。

12.3.3 共用端口部署多个系统

关于在同一个 Tomcat 的同一个端口上部署多个应用程序，需要注意存放应用程序代码的主目录名称不能相同，否则在访问时会出现混乱。另外，还需要做的重要事情是更改 Tomcat 主配置文件中指向应用程序路径的代码，否则在访问时会找不到路径。

现在我们需要在这个 Tomcat 上部署两个应用程序，相关的信息描述如下：

- 应用程序分别是：appsystem、appsystem-test。
- 使用的端口：8081。
- 应用程序程序存放的路径：/usr/local/tomcat-8.5/webapps/。

先把待发布的这两个应用程序程序包放到 Tomcat 的根目录下，并进行解压或其他必要的处理，如果是.war 格式的包，就在等待项目自动解压后进行重命名，并等待再次解压就可以。此时可以使用项目名的方式来访问。

在访问前先打开主配置文件并将原先的端口更改为 8081，完成后重启 Tomcat 进程，并使用以下访问方式：

http://10.0.3.101:8081/appsystem/
http://10.0.3.101:8081/appsystem-test/

最后需要更改指向的数据库 IP 地址、数据库用户名和密码。

12.3.4 多端口对应多应用程序

要在同一个 Tomcat 上部署多个项目且每个项目都有属于自己的端口，需要对配置文件进行相关的更改，接下来将对这样的需求如何配置进行介绍。

为了实现这样的需求，需修改主配置文件/usr/local/tomcat-8.5/conf/server.xml，为该配置文件创建新的 Service 节点，即直接复制该配置文件中的 Service 节点的配置信息并进行修改。以下是去掉注释性信息并更改参数后的配置，此配置信息要放在最后一个</Server>之前，就是放在最后那个</Engine>和</Service>之间的位置。

```
<Service name="Catalina2">
  <Connector port="8082" protocol="HTTP/1.1"
          connectionTimeout="20000"
          redirectPort="8445" />
  <Connector port="8010" protocol="AJP/1.3" redirectPort="8445" />
  <Engine name="Catalina" defaultHost="localhost">
    <Realm className="org.apache.catalina.realm.LockOutRealm">
      <Realm className="org.apache.catalina.realm.UserDatabaseRealm"
          resourceName="UserDatabase"/>
      </Realm>
      <Host name="localhost"  appBase="webapps2"
          unpackWARs="true" autoDeploy="true">
      <Valve className="org.apache.catalina.valves.AccessLogValve"
directory="logs"
          prefix="localhost_access_log" suffix=".txt"
          pattern="%h %l %u %t &quot;%r&quot; %s %b" />
```

```
        </Host>
    </Engine>
</Service>
```

完成后保存退出。

接着根据新建的配置创建/usr/local/tomcat-8.5/webapps2/目录用于存放要部署的项目代码包，还需要创建/usr/local/tomcat-8.5/conf/Catalina2/目录，直接使用带有-r 选项的 cp 命令来把原先的整个 Catalina 目录复制并重命名为 Catalina2（完整路径为/usr/local/tomcat-8.5/conf/Catalina2/）。

通过以上配置和更改，接下来对相关的信息进行汇总描述。

端口 8080 对应的信息：

```
/usr/local/tomcat-8.5/webapps/
/usr/local/tomcat-8.5/conf/Catalina/
```

端口 8082 对应的信息：

```
/usr/local/tomcat-8.5/webapps2/
/usr/local/tomcat-8.5/conf/Catalina2/
```

现在开始测试，将项目程序包分别放在 Tomcat 的根目录 webapps/和 webapps2/下，这时启动 Tomcat 的服务进程，并分别使用不同的端口来访问就可以。

运维前线

在单个 Tomcat 上部署多个应用程序，在系统的开发中有时会用到。出于工作需要，程序开发员 A 要搭建自己的测试环境，程序测试员 B 也需要搭建一样的测试环境，在这样的需求下，使用两台服务器来分别安装 Tomcat 不太现实，这会消耗大量不必要的资源，因此在一台服务器上使用单个 Tomcat 来部署多个应用程序是一种不错的选择。

12.4　本 章 小 结

本章主要介绍了 Tomcat 这款开源、免费的 Web 服务器软件的安装配置。

读者要掌握其安装配置、基本维护及在应用程序上的部署，在安装时需要注意权限的问题，安全配置方面需要对基础的配置有所了解，并且掌握在应用上的部署方式，这在生产环境下都会用到。

第 13 章

Nginx 的安装配置与集群搭建

Nginx 是一款高并发的轻量级开源 Web 服务组件，可在高并发的环境下用于负载均衡及反向代理，应用十分广泛。本章主要介绍 Nginx 的基础环境搭建、配置文件管理、应用程序部署和集群环境搭建这 4 方面的内容。

13.1 Nginx 基础环境搭建

Nginx 是一款高性能的轻型 Web 软件，是目前受到众多企业青睐的开源软件，常用来搭建 Web 服务。本节将介绍 Nginx 的基本概念和基础环境搭建。

13.1.1 Nginx 的基本概念

Nginx 是一款轻量级、高性能的服务应用组件，可用在 Web 服务、反向代理服务和电子邮件（IMAP/POP3）代理服务上。Nginx 以源代码并按照 BSD 许可的形式发布，具有占用内存少、并发能力强和稳定性好等特点，目前已被广泛用于网页服务器中。

Nginx 由俄罗斯的伊戈尔·赛索耶夫开发并用于 Rambler.ru 站点，采用的是 master-slave 模型，使得它能够充分利用 SMP（Symmetrical Multi-Processing，对称多处理器）的优势，同时能够减少工作进程在磁盘 I/O 的阻塞延迟。可以说，Nginx 是专为性能优化而开发的，它对资源的分配采用的是分阶段资源分配技术，这使得它在高并发连接的环境下对 CPU 和内存的占用率依然非常低，因此对于类似于 DOS 这样的攻击，它具有一定的抵抗性。

实际上，Nginx 所具备的功能和支持的功能非常多，这得益于它的架构设计。目前，Nginx 具备的 HTTP 基础功能体现在能够处理静态文件、索引文件以及自动索引，反向代理加速（无缓存）、简单的负载均衡和容错，以及对 SSL 和 TLS SNI 的支持等。同样，Nginx 也设计了具备 IMAP/POP3 代理服务的功能，这些功能主要体现在使用外部 HTTP 认证服务器重定向用户到 IMAP/POP3 后端，外部 HTTP 认证服务器认证用户后了解重定向到内部的 SMTP 后端。当然，还支持各种类型的操作系统及结构的扩展等。

13.1.2 搭建 Nginx 基础环境

Nginx 是各个互联网企业首选的 Web 服务插件，运维人员在进入企业工作时，可能需要维护现有的 Nginx，也可能需要搭建 Nginx 服务并进行后期的维护，但无论是维护还是搭建环境，首先需要做的都是搭建属于自己的 Nginx 环境，简单来说就是需要学会安装 Nginx 这个软件。

本小节将介绍基于源码包的 Nginx 的编译安装过程，使用源码来安装前，需要先解决 Nginx 的依赖包和相关工具的问题，如果这些依赖包和工具已经安装，就不需要再次安装，不过可以对它们进行升级。以下是编译安装 Nginx 时需要解决的依赖包和相关的工具：

依赖包：pcre、pcre-devel、openssl、openssl-devel、zlib、zlib-devel。

工具：gcc、tar。

对于这些依赖包和工具的安装，同样涉及其他相关的依赖包，因此建议使用 yum 服务器来安装，如果能够使用外网 yum 服务器，执行 yum 命令就可以安装。

如果不能使用外网 yum 服务器（常见于内网用户环境），可以考虑搭建本地 yum 服务器来安装相关的依赖包和工具。关于如何搭建本地 yum 服务器已经介绍过，这里不再重复介绍。接下来在解决依赖包和工具的基础上进行操作。

建议从 Nginx 的官网（书写时地址 http://nginx.org/en/download.html）上获取它的源码包并下载，另外考虑到系统安全和防止 Nginx 中的文件权限过大等问题，创建名为 unginx 的用户来存放 Nginx 的相关文件，包括在 Nginx 上运行的应用程序程序。

下面对安装 Nginx 的基础环境的准备进行介绍。

创建存放 Nginx 相关程序的目录/usr/local/nginx，创建 unginx 用户并将目录/usr/local/nginx 所属的用户和组都授权给 unginx。

```
[root@nginxs ~]# mkdir /usr/local/nginx
[root@nginxs ~]# useradd unginx
[root@nginxs ~]# chown -R unginx.unginx /usr/local/nginx/
```

把源码上传到 CentOS-S 系统（如上传源码到/root/目录下）后移动到/home/unginx/目录下，并授权给 unginx 用户。

```
[root@nginxs ~]# mv nginx-1.19.6.tar.gz /home/unginx/
[root@nginxs ~]# chown -R unginx.unginx /home/unginx/
```

切换到 unginx 用户并对 Nginx 的源码包进行解压。

```
[root@nginxs ~]# su - unginx
[unginx@nginxs ~]$ tar vzxf nginx-1.19.6.tar.gz
……
nginx-1.19.6/auto/cc/msvc
nginx-1.19.6/auto/cc/name
nginx-1.19.6/auto/cc/owc
nginx-1.19.6/auto/cc/sunc
```

切换到解压后得到的目录并执行命令对源码进行编译和安装。

```
[unginx@nginxs ~]$ cd nginx-1.19.6
[unginx@nginxs nginx-1.19.6]$ ./configure --prefix=/usr/local/nginx/
```

```
......
  nginx http proxy temporary files: "proxy_temp"
  nginx http fastcgi temporary files: "fastcgi_temp"
  nginx http uwsgi temporary files: "uwsgi_temp"
  nginx http scgi temporary files: "scgi_temp"
[unginx@nginxs nginx-1.19.6]$ make && make install
......
test -d '/usr/local/nginx//html' \
       || cp -R html '/usr/local/nginx/'
test -d '/usr/local/nginx//logs' \
       || mkdir -p '/usr/local/nginx//logs'
make[1]: Leaving directory '/home/unginx/nginx-1.19.6'
```

至此，Nginx 安装完成。

为了检验安装是否成功，使用 root 权限来启动 Nginx 的进程。使用 root 权限是由于在启动进程时有些资源普通用户没有权限调用，因此需要 root 权限。

```
[root@nginxs ~]# /usr/local/nginx/sbin/nginx
```

打开浏览器并输入 Nginx 主机的 IP 地址来访问（该版本的 Nginx 端口为 80，默认使用 HTTP 来访问），如果一切正常，就会看到如图 13-1 所示的 Nginx 测试页面信息。

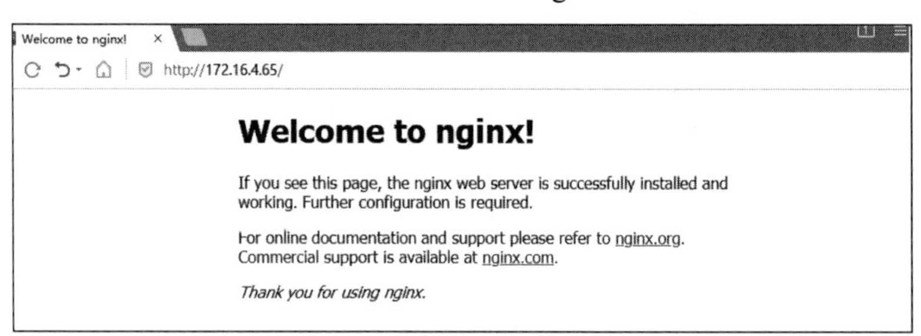

图 13-1　Nginx 测试页面信息

至此，Nginx 服务组件安装完成。

另外，可以使用以下命令对 Nginx 的进程进行管理：

重新加载配置：/usr/local/nginx/sbin/nginx -s reload。

关闭进程：/usr/local/nginx/sbin/nginx -s stop。

查看进程状态：ps axu | grep nginx。

最后要实现 Nginx 的开机启动，在/etc/rc.d/rc.local 文件中加入以下命令就可以：

```
su - root -c "/usr/local/nginx/sbin/nginx"
```

关于默认控制执行/etc/rc.d/rc.local 文件的 rc-local.service 不能使用的问题，需要在该服务配置文件（/usr/lib/systemd/system/rc-local.service）的末尾添加[Install]字段，以下是所需要添加字段的配置参数。

```
[Install]
WantedBy=multi-user.target
```

添加参数后，需要重新加载配置，然后执行添加 rc-local.service 服务开机启动的命令。

```
[root@nginxs ~]# systemctl daemon-reload
[root@nginxs ~]# systemctl enable rc-local.service
Created symlink /etc/systemd/system/multi-user.target.wants/
rc-local.service → /usr/lib/systemd/system/rc-local.service.
```

授权/etc/rc.d/rc.local 文件可执行权，并在条件允许的情况下重启系统以验证 Nginx 服务进程是否能够开机启动。

运维前线

如果 Nginx 是使用 yum 服务器或 rpm 包来安装的，它被默认安装在/usr/share/目录下（完整路径为/usr/share/nginx/），配置文件在/etc/nginx/目录。当然，如果不在这些目录，可以使用 find 命令来查找。例如查找配置文件时可以执行以下命令：

```
[root@nginxs ~]# find / -name nginx.conf
```

如果要查找它的根目录，可以执行以下命令：

```
[root@nginxs ~]# find / -name index.html
```

另外，查找到的文件可能在不同目录，这就需要核实到底是哪个文件。

13.2　Nginx 的配置文件

配置文件是对Nginx管理和使用的一种有效方式，通过配置文件能够实现对系统的部署和安全配置。本节将通过配置文件来实现安全方面的设置，内容涉及配置文件的结构和安全配置这两方面。

13.2.1　Nginx 主配置文件的结构

通过前面对 Nginx 的安装，它的相关配置文件可以在/usr/local/nginx/目录下找到，以下子目录是 Nginx 中目录的主要组成部分。

- conf：配置文件目录。
- html：网站默认根目录。
- logs：日志文件、PID 文件的目录。
- sbin：软件二进制可执行文件的目录。

在这些目录下包括 Nginx 的主配置文件 nginx.conf，它位于/usr/local/nginx/conf/目录下，该文件的配置由多个功能模块代码组成，最外面的是 main，main 包含 Events 和 HTTP，而 HTTP 包含 upstream 和多个 server，server 又包含多个 location，它们之间的关系如图 13-2 所示。

下面对各功能模块的作用进行说明。

- main：用于全局设置，其中定义的指令会影响其他所有设置。
- server：用于主机设置，指令主要用于指定主机和端口。
- upstream：用于负载均衡，即设置一系列的后端服务器。
- location：用于 URL 匹配站点的位置。

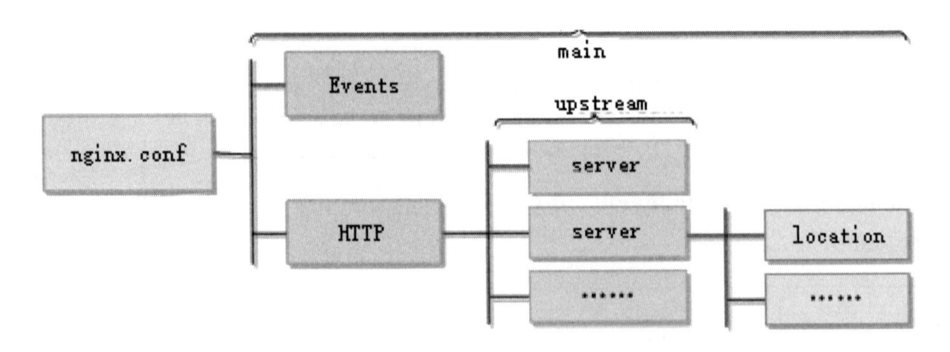

图 13-2 Nginx 主配置文件中各功能模块组成

这 4 者之间的关系为：server 继承 main，location 继承 server，upstream 既不会继承其他设置，也不会被继承。

关于 Nginx 主配置文件的配置参数，直接查看/usr/local/nginx/conf/nginx.conf 文件就可以，这里不再列举。

13.2.2 文件的安全配置应用

安全配置是每个服务都需要重视的部分，或者说不可或缺的步骤。通常，默认的配置下的服务基本满足日常的使用需要，但在一些生产环境下建议对默认的配置及一些不需要的功能进行关闭或裁剪，以增加服务的安全性和精简性。

仅从 Nginx 本身的安全配置，可以通过其主配置文件/usr/local/nginx/conf/nginx.conf 来加固，一般来说，默认的配置是为了适用于大众场合，但在服务器环境下通常需要根据实际需要进行更改。本小节的主要内容是总结 Nginx 配置文件中与安全有关的一些配置。

1. 隐藏版本号

通常，Nginx 的发行版可能会存在安全漏洞，为了避免因发行版出现漏洞而被攻击，对于能够获取到版本的可能设置都尽量关闭，并且在条件允许的情况下建议及时升级修复漏洞，让 Nginx 时刻处于比较高级别的安全环境中。

对于 Nginx 版本号的隐藏，在主配置文件中找到如下配置并把 on 更改为 off 就可以，已经是 off 时就不需要更改。

```
http {
    server_tokens off;
}
```

2. 开启 HTTPS 安全传输模式

目前，Web 服务使用的主要是基于 HTTP 的 80 端口，为了数据在传输时更加安全，建议更改 HTTP 或启动更加安全的 HTTPS，以保证数据在传输上的安全。

在 Nginx 中开启 HTTPS 功能时，只需要启动开关并指定相关认证文件的路径就可以。以下是经过配置的 HTTPS 功能配置代码块。

```
server {
    listen 443;
    server_name ops-coffee.cn;
```

```
    ssl on;
    ssl_certificate /etc/nginx/server.crt;
    ssl_certificate_key /etc/nginx/server.key;
    ssl_protocols      TLSv1 TLSv1.1 TLSv1.2;
    ssl_ciphers        HIGH:!aNULL:!MD5;
}
```

下面是对配置代码选项的作用进行介绍。

- ssl on：开启 HTTPS。
- ssl_certificate：配置 Nginx SSL 证书的路径。
- ssl_certificate_key：配置 Nginx SSL 证书 key 的路径。
- ssl_protocols：指定客户端建立连接时使用的 SSL 协议版本，如果不需要兼容 TSLv1，就不需要设置该选项。
- ssl_ciphers：指定客户端连接时所使用的加密算法。

3. 图片防盗链

现在很多商业网页上都有属于自己的图片，但总避免不了他人的使用。为了避免图片被他人使用，Nginx 提供保护站点图片不被使用的功能，配置代码如下：

```
location /images/ {
    valid_referers none blocked www.ops-coffee.cn ops-coffee.cn;
    if ($invalid_referer) {
        return  403;
    }
}
```

在代码中，valid_referers 选项用于验证 referer，其中 none 允许 referer 为空，blocked 允许不带协议的请求。

除了以上设定的这两类外，仅允许 referer 为 www.ops-coffee.cn 或 ops-coffee.cn 时才能访问 images 下的图片资源，否则返回 403。

当然，也可以把不符合 referer 规则的请求重定向到一个默认的图片：

```
location /images/ {
    valid_referers blocked www.ops-coffee.cn ops-coffee.cn
    if ($invalid_referer) {
        rewrite ^/images/.*\.(gif|jpg|jpeg|png)$ /static/qrcode.jpg last;
    }
}
```

4. 控制并发连接数

并发访问是每个站点都避免不了的，并发量越大，站点的压力就越大，从商业的角度来看就意味着价值越大，但这并不排除出现恶意的并发访问。为了避免单个 IP 地址出现大量恶意的并发访问导致站点服务器崩溃，可以在 Nginx 的配置文件中设置并发访问数。

可通过 ngx_http_limit_conn_module 模块来实现对单个 IP 地址的并发访问，以下配置只允许单个 IP 地址并发数为 10。

```
http {
    limit_conn_zone $binary_remote_addr zone=ops:10m;
    server {
        listen       80;
        server_name  ops-coffee.cn;
        root /home/project/webapp;
        index index.html;
        location / {
            limit_conn ops 10;
        }
        access_log  /tmp/nginx_access.log  main;
    }
}
```

代码块的配置参数选项说明如下：

- limit_conn_zone: 用于设置保存各个键（如$binary_remote_addr）状态的共享内存空间的参数。
- limit_conn: 指定一块已经设定的共享内存空间（如 name 为 ops 的空间），以及每个给定键值的最大连接数。

当然，当有多个 limit_conn 指令被配置时，所有的连接数限制都会生效，配置如下：

```
http {
    limit_conn_zone $binary_remote_addr zone=ops:10m;
    limit_conn_zone $server_name zone=coffee:10m;
    server {
        listen       80;
        server_name  ops-coffee.cn;
        root /home/project/webapp;
        index index.html;
        location / {
            limit_conn ops 10;
            limit_conn coffee 2000;
        }
    }
}
```

以上配置不仅会限制单个 IP 地址的并发连接数为 10，同时会限制单个虚拟服务器的总连接数为 2000。

5. 防止.htaccess 被下载

通常，对于网站的设置有时候会导致网站的.htaccess 文件被下载，为了避免这样的问题，可以在 Nginx 的规则中添加如下配置：

```
location ~ ^.*\.(zip|htaccess|htpasswd|ini|php|sh)$ {
deny all;
}
```

或

```
location ~ /\.ht {deny all;}
```

重启服务进程可以解决.htaccess 文件被下载的问题。

13.3　Nginx 常见的应用部署方式

在应用程序的部署上，Nginx 提供了非常灵活的部署方式。本节将对比较常见的部署方式进行介绍，包括基于根目录的部署、基于虚拟站点的部署和基于.NET 环境的部署这三类。

本次配置不涉及 PHP，在涉及 PHP 时只需要在原有的配置上添加就可以，具体参数可直接询问开发人员或查看之前部署时留下的配置文件。

13.3.1　部署应用到 Nginx 根目录

要在 Nginx 的根目录下部署应用程序，首先要明白 Nginx 的根目录是/usr/local/nginx/html/，也就是说开发的应用程序可以直接部署到这个目录下，这种部署方式比较简单，不需要更改配置文件，通常在单个 Nginx 运行单个应用程序的环境中部署。

在根目录下的 index.html 文件中的内容就是浏览器上测试页的内容，因此要在该目录下部署应用，这个文件就不能存在，而在应用程序的程序包中有一个同名文件，但内容不同，应用程序中的 index.html 文件实现的是显示应用程序的主页，用于登录应用程序的认证输入。

要部署应用程序，先把/usr/local/nginx/html/下的两个文件清空或重命名，再把应用程序的程序包上传后进行解压，接着把解压后得到的程序相关文件移动到根目录下或直接解压到根目录下。下面以程序包 app-system2.1.zip（/home/unginx/app-system2.1.zip）为例进行介绍。

app-system2.1.zip 压缩包解压后有两种结果，一种是得到一个放有相关程序文件的子目录，另一种是没有子目录（就是相关的程序文件直接解压到当前目录下），所以在上传或上传后解压前建议先看此程序包是否存在二级目录（如 appsystem2.1.zip 中有 app-system2.1 这个子目录）。

另外，上传到 CentOS-S 上的包，尽量不要使用 RAR/RAR5 格式，而是优先使用 ZIP 格式（程序员打包时建议使用 ZIP 格式，如果是格式，就解压后重新打包成 ZIP 格式），因此在上传前建议先确认。

1. 程序包中有二级目录的部署方式

对于程序包中存在二级目录的情况，不能将该程序包直接解压到 Nginx 的根目录下，就是解压到根目录下也没法运行，因此一般先把该程序包解压到当前的目录下，再把解压后得到的目录下的全部文件都复制或移动到 Nginx 的根目录下。

比如对 appsystem2.1.zip 包进行解压，解压后发现只有一个目录。

```
[unginx@nginxs ~]$ unzip app-system2.1.zip
……
  inflating: app-system2.1/views/transmitclient/index.html
  inflating: app-system2.1/views/validateFriends.html
   creating: app-system2.1/views/videoConversion/
  inflating: app-system2.1/views/videoConversion/index.html
[unginx@nginxs ~]$ ll
total 21132
drwxrwxr-x 8 unginx unginx     152 Dec 29  2020 app-system2.1
-r-------- 1 unginx unginx 21638821 Dec 29  2020 app-system2.1.zip
```

在这样的情况下，就需要把 app-system2.1/目录下的全部文件和子目录都复制或移到 Nginx 的根目录下。

```
[unginx@nginxs ~]$ mv app-system2.1/* /usr/local/nginx/html/
```

完成文件的移动后，检查/usr/local/nginx/html/目录是否存在相关的文件和子目录，并在确认后启动或重启 Nginx 的进程。

```
[root@nginxs ~]# /usr/local/nginx/sbin/nginx -s stop
[root@nginxs ~]# /usr/local/nginx/sbin/nginx
```

打开浏览器并输入主机的地址确认是否能够打开应用程序的主页，能打开说明部署成功。至于登录应用程序的认证信息通常存放在数据库中，因此在登录应用程序前还需要在应用程序的某个配置文件中设定它所使用的数据库，关于应用程序所使用的数据库配置文件及相关参数的设置，需要咨询之前部署的人员或开发人员。

运维前线

由于有些应用程序使用 PHP 开发，需要安装 PHP 相关插件，至于应用程序的部署涉及哪些插件，建议询问之前部署的人员或直接询问开发人员。

2. 程序包中无二级目录的部署方式

对于程序包中没有二级目录，最简单的部署方式就是先清空 Nginx 的根目录，再把源码包的文件解压到根目录，即把程序包移动到根目录/usr/local/nginx/html/下后直接解压。

```
[unginx@nginxs ~]$ mv app-system2.1.zip /usr/local/nginx/html/
[unginx@nginxs ~]$ unzip /usr/local/nginx/html/app-system2.1.zip
```

解压后建议确认是否有相关的文件和子目录，并在确认后启动或重启 Nginx 的进程。另外，可以把程序包移动到其他的位置或删除，没必要在/usr/local/nginx/html/下留不必要的文件。

3. 重新指定应用程序的根目录

相对于默认配置使用根目录来部署，是基于配置文件/usr/local/nginx/conf/nginx.conf 实现的，即在该配置文件中指定根目录路径，以下配置节选是在主配置文件中定义根目录及相关信息，其中 location 参数下的 root 就是指定根目录的路径。

```
server {
    listen       80;
    server_name  localhost;
    #charset koi8-r;
    #access_log  logs/host.access.log  main;
    location / {
        root   html;
        index  index.html index.htm;
    }
```

如果要重新指定根目录的位置，直接指定新的根目录路径就可以，比如要重新定义它的根目录为/data/system/webserver/，此时直接更改 html 就可以，如下：

```
location / {
    root   /data/system/webserver ;
    index  index.html index.htm;
}
```

至此，要部署的应用程序的程序就放在该目录下运行。

另外，还需要注意一个非常重要的问题，那就是/data/system/webserver/目录的权限，即要将该目录的用户和组都设置成 unginx 用户和 unginx 组，否则使用过程中会报错。授权时只需要给 webserver 目录授权就可以，该子目录的父目录保留原先的权限不变。

13.3.2　虚拟站点模式配置

基于虚拟站点的部署方式更加灵活，可借助这种部署方式来实现将应用程序的程序放在不同的位置、使用不同的目录和端口，实现在单个 Nginx 服务上同时部署并运行多个应用程序的目的。

实现这样的部署方式的基本原理是在 Nginx 的主配置文件中指定创建虚拟站点的配置文件，并创建对应的虚拟站点配置文件，在该配置文件中指定站点的相关配置参数，包括站点的端口、程序的路径等。下面通过实例来进一步介绍。

在开始配置前，首先需要明白的是，本次基于 unginx 用户来配置 Nginx，因此创建虚拟站点的相关配置文件和程序包上传存放的位置应该在 unginx 的权限范围内，这是简单的做法。如果重新指定其他的目录，就需要创建目录和授权，否则运行时会出现授权不够等问题。基于这个问题和需求，先在/usr/local/nginx/conf/目录下创建名为/usr/local/nginx/conf/vhost 的目录，并在该目录下创建配置文件，该文件命名为 app-system2.1.conf（文件的后缀名必是.conf）。以下该配置文件的基本参数信息。

```
server {
    listen 6070;
    server_name localhost;
    index index.html index.htm index.php;
    root /usr/local/nginx/app-system2.1;
    location ~ .*\.(gif|jpg|jpeg|png|bmp|swf)$
    {
        expires     30d;
    }
    location ~ .*\.(js|css)?$
    {
        expires     12h;
    }
    location ~ /.well-known {
        allow all;
    }
    location ~ /\.
    {
        deny all;
    }
}
```

根据以上的配置文件参数，需要创建/usr/local/nginx/app-system2.1/目录作为应用程序程序的根目录（该根目录的名称建议与它的配置文件相同，这样便于查找），接着需要在 Nginx 的主配置文件/usr/local/nginx/conf/nginx.conf 中的最后一个“}”前添加参数来指定要匹配的虚拟站点配置文件的路径。以下配置是匹配指定路径下所有以 conf 结尾的文件。

```
……
public/
    #        index  index.html index.htm;
    #    }
    #}
include vhost/*.conf;
}
```

完成以上配置后，把应用程序程序直接解压到/usr/local/nginx/app-system2.1/目录下，重新启动 Nginx 进程（重启报错时要根据报错信息解决问题），重启完成后使用 6070 端口来访问。另外，这种部署方式不会对原先部署的应用程序有影响，原先部署的应用程序还可以继续使用。

运维前线

基于这样的部署方式，可以继续创建多个虚拟站点的配置文件和对应的站点根目录来部署多个应用程序，但需要注意端口不能出现冲突、根目录路径不能相同、配置文件不能同名。

13.3.3 基于.NET 环境的应用部署

本小节主要介绍在 CentOS-S8 环境下部署基于.NET 运行的应用程序程序。

在工作环境中可能会遇到一种情况，那就是公司本来开发的系统是在 Windows 下基于 IIS 来运行的，这样的应用程序就需要依托.NET 来运行，但由于客户环境下仅运行 Linux 系统，这就需要把运行在 Windows 系统下的应用程序迁移到 Linux 系统下运行。

运维前线

在遇到系统迁移问题时，通常先由开发人员来确定应用程序使用的代码是否能在另一个系统下（比如 Linux 系统）运行，在此基础上确定要使用的中间件（可具体涉及中间件的版本），并由开发人员安装调试，确定可行后才交给运维人员进行部署的测试，测试时需要运维人员自己搭建测试环境来进行重复部署测试，这可能涉及客户环境的操作系统版本、对应的中间件版本等，同时建议给测试人员搭建基于 Linux 系统的测试环境。

针对以上需求，接下来介绍基于.NET+Nginx 方式的部署，其中.NET 用于运行应用程序中需要.NET 支持的功能模块，而 Nginx 用于做（反向）代理，就是实现 Web 服务的功能。

通过图 13-3 我们可以知道这种基于.NET 开发的应用程序迁移到 Linux 系统上时各插件之间的关系，更加明确各组件的架构关系。

至此，需要先在 CentOS-S 8 系统搭建 Nginx 服务（本节不再重复介绍），而.NET 的组件就是 dotnet（可能是 dotnet-sdk 和 dotnet-host，这两种存在依赖关系），dotnet 组件在系统的 ISO 文件中带有 RPM 包（3.1 和 5.0 版本，版本的选择建议询问开发人员或自己分别安装测试），它们的安装涉及比较多的依赖包，建议搭建本地 yum 服务器或使用外网 yum 服务器来安装，当然也可以选择使用源码编译安装。

在 Nginx 上部署应用不再重复介绍，可参考之前的内容。

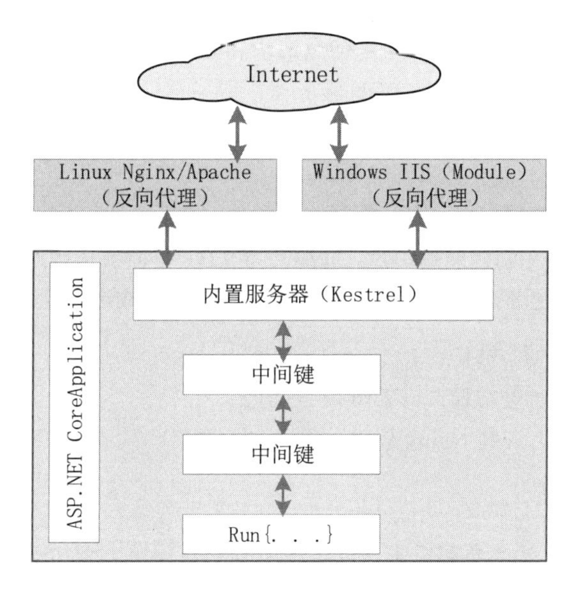

图 13-3 基于.NET 架构的 Web 服务实现

安装 dotnet 相关插件后就可以使用 dotnet 命令，启动.NET 的程序就使用该命令，相当于使用 dotnet 来执行某个.NET 文件以达到启动服务进程的目的，至于执行的是哪个文件，这个要询问开发人员或部署过此应用程序的人。

对于安装和运行这些服务使用 root 用户还是普通用户，这需要测试验证，有些服务运行需要使用普通用户权限，否则会出错。

13.4 基于 Nginx 的集群部署

在对 Nginx 的应用中，它可以作为单纯的 Web 服务器使用，也可以用于代理服务器，甚至两者可以同时存在。本节将通过集群的搭建来介绍 Nginx 作为代理和代理+Web 结合的应用环境配置，以及介绍基于 Nginx 集群对应用程序发布和更新的方式。

13.4.1 单主机分发负载模式

首先简单介绍 Nginx 服务器组成环境，这里所说的“单主机分发负载”是指做负载的主机同时也是基于 Nginx 的 Web 服务器。此架构服务器的结构示意图如图 13-4 所示。

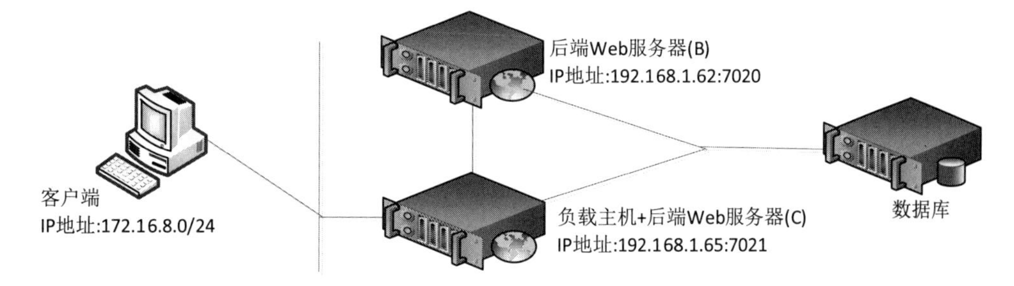

图 13-4 基于单主机分发的负载架构

在这样的结构中，服务器（C）的作用是转发请求和处理请求，这个请求是它本身转发过来的，因此服务器（C）既是代理服务器又是 Web 服务器；服务器（B）仅需要处理从服务器（C）转发过来的请求。这种架构适用于应用负载不大、小微型企业环境，毕竟成本不会太高，且能够实现服务器负载问题。

在这样的结构中，服务器（C）的配置要比服务器（B）复杂一些，简单的解决方案就是在服务器（C）上配置负载机制并创建虚拟站点，而服务器（B）只需要搭建站点就行。为了统一部署，分别在两台服务器上都创建虚拟站点。下面对环境中的相关参数进行说明。

应用服务器（B）IP 地址/端口：192.168.1.62:7020。

应用服务器（C）IP 地址/端口：192.168.1.65:7021。

分别在这两台服务器上安装 Nginx 软件，并分别配置。

1. 服务器（C）的配置

需要在服务器（C）上配置负载机制，以实现所有的访问请求到达该服务器后分发处理。在服务器（C）的 Nginx 主配置文件 nginx.conf 中最后一个“}”前添加以下配置参数来实现对指定目录下以.conf 为后缀的所有配置文件进行匹配。

```
include vhost/*.conf;
```

根据新增的配置参数指定的路径，需要创建/usr/local/nginx/conf/vhost/目录，并在该目录下创建两个配置文件 index.conf 和 app-system2.1.conf。其中，配置文件 index.conf 的作用是指定后端的主机，就是后端用于实现负载均衡的主机群。

以下是该配置文件的配置参数。

```
upstream my-server {
   server    192.168.1.62:7020;
   server    192.168.1.65:7021;
}
server {
   listen      80;
   server_name  192.168.1.65;

   location / {
      proxy_pass http://my-server;
      #proxy_redirect default;
      proxy_set_header Host $host;
      proxy_set_header X-Real-IP $remote_addr;
      proxy_set_header X-Forwarded-For $proxy_add_x_forwarded_for;
   }
}
```

app-system2.1.conf 文件的作用主要是指定应用程序程序的位置，配置参数如下（配置可参考 13.2.2 节）：

```
server {
    listen 7021;
    server_name localhost;
    index index.html index.htm index.php;
```

```
    root /usr/local/nginx/app-system2.1;
    location ~ .*\.(gif|jpg|jpeg|png|bmp|swf)$
    {
       expires     30d;
    }
    location ~ .*\.(js|css)?$
    {
       expires     12h;
    }
    location ~ /.well-known {
       allow all;
    }
    location ~ /\.
    {
       deny all;
    }
}
```

把应用程序程序放在/usr/local/nginx/app-system2.1/目录下，这样就完成了负载中的单节点配置。最后，启动 Nginx 的进程来检查配置是否成功。

2. 服务器（B）的配置

对于服务器（B）的配置，简单的做法就是安装 Nginx 软件后，把默认的 80 端口更改为 7072 端口。当然，为了保证节点间部署环境的一致性，创建虚拟站点就可以，配置过程可参考前面小节和节点服务器（C）中的配置，这里不再重复介绍。

另外，关于配置完成后如何确定节点是否正常工作，最简单的做法就是在负载分发的配置文件/usr/local/nginx/conf/vhost/index.conf 中依次关闭后端站点，即直接注释掉后端服务器配置参数行以实现将节点关闭。以下是关闭节点 192.168.1.65：

```
upstream my-server {
  server   192.168.1.62:7020;
#   server   192.168.1.65:7021;
```

关闭后重启 Nginx 的进程，使用主机 IP 地址单个访问，这样如果 192.168.1.65:7021 没法访问，说明该节点已经关闭。同样，使用相同的方式对其他节点进行验证。

以上这种负载机制是 1∶1 的方式，简单来说就是每个节点都轮一遍再回到起点，这样的机制适合在服务器配置相同或相近的环境中。

13.4.2　前端单主机负载模式

在一些访问量比较大的站点下，Nginx 会被使用来作为代理服务器，这体现出它具备一定的并发处理和负载承受能力，以应对短时间内访问量过大。

通常，对于一些访问量大的环境，如果只部署一台图片服务器，那么这台图片服务器就需要承担一定的压力，因此在有条件的环境下会将 Nginx 和 FTP 分离，甚至构建均衡负载的环境以满足实际环境的需要。本小节将介绍基于单台 Nginx 实现的负载均衡环境，即由 Nginx 服务器作为前置机直接与客户端沟通，而 Nginx 后端的设备就是 FTP 服务器，客户端需要访问的图片由 Nginx

提交到某台 FTP 上进行查找，然后提交给 Nginx 返回结果给客户端。基于 Nginx 负载均衡服务器的结构示意图，如图 13-5 所示。

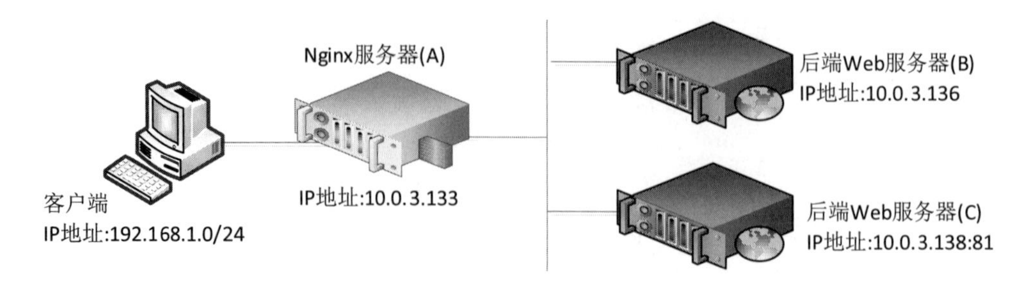

图 13-5　基于 Nginx 负载均衡服务器的结构示意图

在配置前先介绍一下配置环境，此环境架构需要用到三台服务器，其中的一台作为 Nginx 服务器，另外两台作为图片存储服务器（服务器都安装 FTP 服务来专门管理图片，该服务使用的端口分别是 80 和 81），描述如下：

Nginx 服务器（A）：IP 地址为 10.0.3.133。
应用服务器（B）：IP 地址为 10.0.3.136。
应用服务器（C）：IP 地址为 10.0.3.138:81。

配置基于 FTP 图片存储的均衡服务器，根据需求描述在图片存储服务器（B 和 C）上安装 FTP 服务并启动进程，另外还需要关闭防火墙和 SELinux 功能。

在 Nginx 服务器（A）上，需要重新更改/usr/local/nginx/conf/nginx.conf 配置文件的内容、以下是一个比较简单的配置，配置实现通过 http://10.0.3.133 来访问应用服务器。

```
#user  nobody;
worker_processes  1;
events {
   use  epoll;
   worker_connections  1024;
}
http {
   include      mime.types;
   default_type  application/octet-stream;
   #access_log  logs/access.log  main;
   sendfile       on;
   keepalive_timeout  65;

upstream 10.0.3.133 {      # 用 IP 地址或域名都可以，多个时要以空格隔开
     server  10.0.3.136;
     server  10.0.3.138:81;
}
server{
   listen 80;
   server_name 10.0.3.133;
   location / {
      proxy_pass        http://10.0.3.133;
```

```
        proxy_set_header   Host             $host;
        proxy_set_header   X-Real-IP        $remote_addr;
        proxy_set_header   X-Forwarded-For  $proxy_add_x_forwarded_for;
      }
    }
  }
```

注 意

如果在 upstream 中使用域名，此时在 server 下的 server_name 中也要使用域名；如果 Nginx 对多种服务器做负载均衡（如 Web、Postfix 等），那么在相同的位置插入配置即可，但 upstream 不应该是相同的。

13.4.3 Rsync 在程序发布中的应用

在集群环境下，常遇到将代码发布到多台服务器的问题，在这样的情况下可以逐台发布、手动同步、做计划任务按时同步或实时自动同步。无论采取哪种方式，目的就是把集群上的应用程序程序一致更新。

本小节将对集群环境下的应用程序程序实时自动更新进行介绍，首先了解基本的环境，如图 13-6 所示为双机集群服务器间的拓扑图。

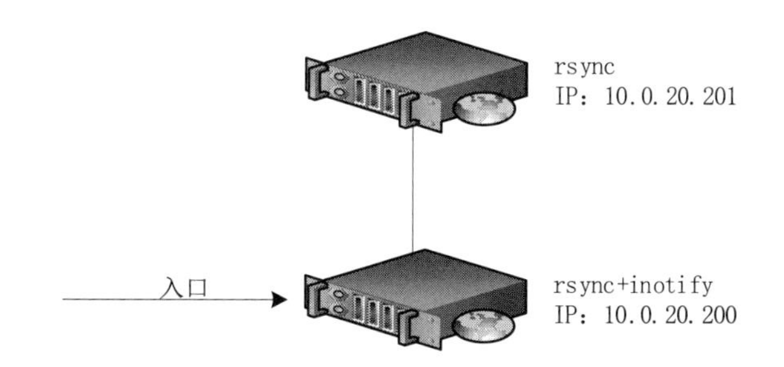

图 13-6　双机集群服务器间的拓扑图

需求描述：程序员通过 FTP 将最新的程序发布到 10.0.20.200 服务器的/data/appsystem/目录下，现在需要把该目录下全部被更改过的文件以“自动+实时”的方式同步到 10.0.20.201 服务器的/data/code/目录下。

实时同步工具选择：基于对程序文件实时同步的需求，使用 Rsync+Inotify 的方式来实现，即由 Rsync 负责传输文件，Inotify 负责实时监听有变化的文件。

实现同步服务配置描述：在对 Rsync 服务器端和客户端的选择上，由于需要实时对 10.0.20.200 服务器上的程序文件进行监听，并将有变化的文件马上同步到 10.0.20.201 服务器上（监听和同步这两个动作是相关关联、前后进行的，监听到有变化就同步），因此要把 10.0.20.200 配置成 Rsync 的客户端，由它主动向 Rsync 服务器 10.0.20.201 推送最新数据。

基于上述需求，需要在 10.0.20.200 上安装 Rsync 和 Inotify，而 10.0.20.201 只需要安装 Rsync 就可以。

1. 配置 Rsync 服务器端

先在 Rsync 的服务器端（10.0.20.201）安装 Rsync 这个工具，安装后打开（或创建）它的配置文件/etc/rsyncd.conf，在该文件中加入以下配置信息：

```
uid=root    <====== uid 是指用户，它根据所同步目录所属的用户而定
gid=root    <====== 指的是目录的属组，通常与 uid 相同
max connections=36000
use chroot=no
log file=/var/log/rsyncd.log
pid file=/var/run/rsyncd.pid
lock file=/var/run/rsyncd.lock
#############################################
[from200]
path = /data/code/
comment = code data form 200
ignore errors
read only = no
write only = no
list = no
hosts allow = 10.0.20.200
#auth users = www
#secrets file = /etc/rsyncd.secrets
```

完成配置后，需要启动/重启Rsync服务的进程，即启动Rsync端口和重加载它的配置文件参数。

```
/usr/bin/rsync --daemon --port=1865
/usr/bin/rsync --daemon --config=/etc/rsyncd.conf
```

注意 在执行启动的过程中，如果提示/var/run/rsyncd.pid 已经存在，就把这个文件删除后再次启动。

如果系统开启防火墙，就需要在防火墙上添加 1865 端口，如果没有启动防火墙，此步骤直接忽略。

添加端口：firewall-cmd --zone=public --permanent --add-port=1865/tcp。

重载配置：firewall-cmd --reload。

使用以下 ss 命令来监听端口是否已经启动：

```
[root@system-2 ~]# ss -lnt | grep 1865
LISTEN     0      5             *:1865                              *:*
LISTEN     0      5             [::]:1865                           [::]:*
```

最后，创建存放数据的/data/code/目录。

至此，Rsync 服务器端（10.0.20.201）配置完成。

2. 配置 Rsync 客户端

在 Rsync 的客户端（10.0.20.200）上，先在防火墙上开放 1865 端口，如果没有启动防火墙，就忽略此操作。

添加端口：firewall-cmd --zone=public --permanent --add-port=1865/tcp。

重载配置：firewall-cmd --reload。

安装 Rsync 工具，并执行以下命令来测试配置是否正常，即将/data/appsystem/目录下的数据同步到 10.0.20.201 服务器（Rsync 服务器端）上。

```
    [root@system-1 ~]# /usr/bin/rsync -vzrtopg /data/appsystem/
10.0.20.201::from200/ --port=1865
    ……
    src/.libs/inotifywait
    src/.libs/inotifywatch

    sent 757,005 bytes  received 1,832 bytes  1,517,674.00 bytes/sec
    total size is 2,724,661  speedup is 3.59
```

出现以上输出说明配置一切正常。

现在开始安装实时监测文件变化的工具 inotify，安装使用的是 inotify-tools-3.14.tar.gz，下面介绍安装过程。

先对 inotify 的源码包进行解压。

```
    [root@system-1 ~]# tar vzxf inotify-tools-3.14.tar.gz
    ……
    inotify-tools-3.14/INSTALL
    inotify-tools-3.14/ltmain.sh
    inotify-tools-3.14/depcomp
```

开始编译和安装（安装要用到 GCC 和 Make 工具，确保系统已安装这两款工具）。

```
    [root@system-1 ~]# cd inotify-tools-3.14
    [root@system-1 inotify-tools-3.14]# ./configure && make && make install
    ……
    make[2]: Nothing to be done for 'install-data-am'.
    make[2]: Leaving directory '/root/inotify-tools-3.14'
    make[1]: Leaving directory '/root/inotify-tools-3.14'
```

安装 inotify 后就可以使用 inotifywait 命令，现在使用该命令来测试被监听目录/data/appsystem/下出现有文件变动时是否能够监听到有变化的信息。

```
    [root@system-1 inotify-tools-3.14]# inotifywait -mrq --timefmt
'%Y-%m-%d %H:%M' --format '%T %w %f' -e create,delete,moved_to,close_write
/data/appsystem/
```

执行命令后重新打开一个 Shell 窗口，并切换到/data/appsystem/目录下创建任何文件，如果一切正常，文件创建完成后就可以监听到该目录下有文件变动，并输出文件变动的日期、时间和位置以及文件的名称等信息，如图 13-7 所示。

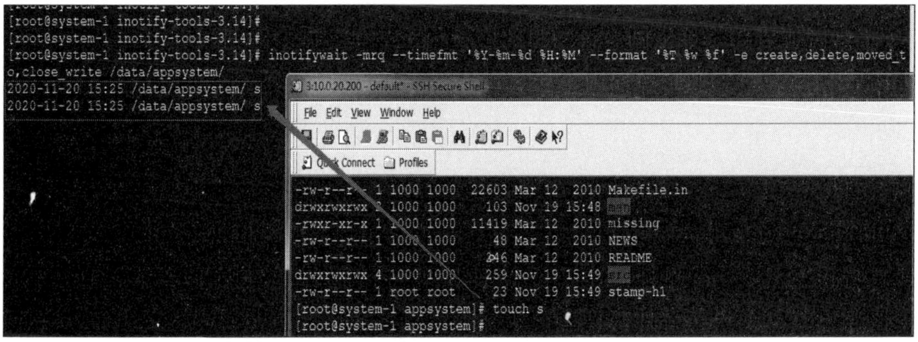

图 13-7　实时监听文件变化

通过以上测试发现一切正常，现在创建脚本来实现 Inotify+Rsync 对文件的实时监听和同步，以下是脚本代码：

```
#!/bin/sh
#
inotifywait -mrq --timefmt '%Y-%m-%d %H:%M' --format '%T %w %f' -e
create,delete,moved_to,close_write /data/appsystem/ | while read DATE TIME DIR
FILE;do
    FILEPATH=${DIR}${FILE}
    /usr/bin/rsync -vzrtopg /data/appsystem/ 10.0.20.201::from200/ --delete
--port=1865
    echo "At ${TIME} on ${DATE}, file $FILEPATH was backuped up via rsync" >>
/tmp/changelist.log
done
```

授权脚本可执行权限，并检查脚本正常工作后就可以投入使用。

以上配置只能在当前窗口执行，如果关闭当前执行脚本的 Shell 窗口命令就停止，再加上对实时的要求，因此配置计划任务不太现实。

为了解决这个问题，可以将脚本放置在后台运行，或者在 Rsync 客户端（10.0.20.200）使用 screen 命令打开后端的终端窗口，此时在该窗口中执行命令后，要退出窗口时直接把窗口关闭即可，而被执行的命令就自己在后台运行且不受影响，这样就能够达到实时运行、实时监听和实时同步数据的目的。

要查看 screen 中执行的任务或者停止任务，可以执行以下命令来获取相关的信息：

```
[root@system-1 ~]# screen -ls
There is a screen on:
        17385.pts-1.system-1    (Detached)
1 Socket in /var/run/screen/S-root.
```

要关闭以上任务，直接使用 kill 命令杀死 ID 为 17385 的进程就可以。

至此，全部配置完成。

13.5 本章小结

本章主要介绍了 Nginx 这款轻量级、高并发的 Web 服务器软件。读者应当掌握它的安装配置和基本维护，在部署方面需要了解各种部署的方式，对集群环境的配置也需要有所了解，并且能够搭建集群环境，解决集群环境中代码实时更新的问题。

第 14 章

MySQL 的安装与维护

MySQL 是一款开源的数据库软件，它具有承担高并发的能力，且能够免费获得和使用，无论是获得成本还是版权问题都满足中小型企业的要求，因此成为众多中小型企业的选择。

本章将对 MySQL 的安装和维护进行介绍，内容包括数据库平台搭建、数据库应用和数据库的维护这三方面。

14.1 MySQL 数据库平台搭建

MySQL 是目前中小型应用程序普遍使用的数据库，本节将从 MySQL 的发展历程、安装和环境配置来介绍它。

14.1.1 MySQL 数据库的发展历程

关于 MySQL 的起源最早可以追溯到 1979 年（当然，那时不叫 MySQL），不过其发布是在 1996 年（1.0 版本且只在小范围内使用），Linux 系统版的 MySQL 也是在 1996 年发布的，不过功能比较简单。

直到 1999~2000 年，在瑞典成立了一家叫 MySQL AB 的公司，该公司雇了少数的员工并与 MySQL 的最初开发者合作，从而开发出了 Berkeley DB 引擎，这才使得 MySQL 从此开始支持事务处理，从此 MySQL 进入快速发展的时代。

2000 年，MySQL 的源代码公开在互联网上，并采用 GPL（GNU General Public License）许可协议发行，从此 MySQL 进入开源的世界。同年 4 月，MySQL 也对旧的存储引擎进行了整理，重新命名为 MyISAM。

2001 年，MySQL 集成了存储引擎 InnoDB 和 MyISAM，同时也支持事务处理和行级锁，更重要的是此时的 MySQL 已支持大多数基本的 SQL 操作。

2005 年，MySQL 的版本 5.0 迎来了它的里程碑，在该版本中加入了游标、存储过程、触发器、视图和事务的支持，从此标记着它打开了高性能数据库发展的大门。

自 2008 年起，MySQL 进入了被收购的命运，2008 年 1 月，它被 Sun 公司收购，2009 年 4 月，

Oracle 收购 Sun 公司时也把 MySQL 一起收购了，从此 MySQL 就转入 Oracle 门下，由 Oracle 对外发行，但它依然开源且遵循 GPL 许可协议。

14.1.2 搭建 MySQL 数据库平台

相对来说，MySQL 的安装比较简单，在安装后只需要做简单的初始化工作就可以使用，其安装方式有源码包和 rpm 包两种，无论是哪种包都可以从它的官网上免费获取（书写时地址 https://dev.mysql.com/downloads/mysql/）。另外，对于使用什么版本的 MySQL，应该先和开发人员确认后再决定安装。

1. 安装 MySQL 数据库的程序

相对于 rpm 安装包，源码包适用于在各种平台上安装和运行，不过建议根据平台的类型来选择源码包，毕竟操作系统平台不同，路径的标识符也不一样，这会给日常的管理工作带来一些不必要的麻烦。

源码包安装 MySQL 其实很简单，只需要将源码包解压后，再把它重命名后移到合适的路径下就可以。当然，在开始安装和配置前，建议把 SELinux 和防火墙关闭。当然，如果需要启动防火墙，就在防火墙上添加 MySQL 的 3306 端口。另外，MySQL 运行还需要 libncurses.so.5 这个库的支持（需要安装 ncurses-compat-libs 和 ncurses-c++-libs 这两个软件），因此至少在登录数据库前先安装该库，否则无法登录数据库。

完成准备工作后，开始解压数据库源码包，并将解压得到的目录移动到合适的位置。

```
[root@mysqls ~]# tar vzxf mysql-8.0.22-el7-x86_64.tar.gz
……
mysql-8.0.22-el7-x86_64/lib/private/sasl2/libscram.so
mysql-8.0.22-el7-x86_64/lib/private/sasl2/libscram.so.3
mysql-8.0.22-el7-x86_64/lib/private/sasl2/libscram.so.3.0.0
mysql-8.0.22-el7-x86_64/share/
mysql-8.0.22-el7-x86_64/share/install_rewriter.sql
mysql-8.0.22-el7-x86_64/share/uninstall_rewriter.sql
[root@mysqls ~]# mv mysql-8.0.22-el7-x86_64 /usr/local/mysql
```

创建用于运行 MySQL 数据库的用户组 mysql，并更改/usr/local/mysql/目录所属的用户和组。由于 MySQL 用户和组仅用于 MySQL 数据库的运行，因此不需要有登录系统的权限。对于数据库的配置和日常维护，主要由 root 用户来协助完成。

```
[root@mysqls ~]# groupadd mysql
[root@mysqls ~]# useradd -r -g mysql -s /bin/false mysql
```

2. 设置 MySQL 数据库进程

接下来将介绍如何启动和设置 MySQL 的进程。

先创建数据目录/usr/local/usr/local/mysql/data/，并执行命令来获取数据库的初始化密码。

```
[root@mysqls ~]$ mkdir /usr/local/mysql/data
[root@mysqls ~]# chown -R mysql.mysql /usr/local/mysql
[root@mysqls ~]# /usr/local/mysql/bin/mysqld --user=mysql --basedir=/usr
/local/mysql --datadir=/usr/local/mysql/data --lower_case_table_names=1
--initialize
```

```
    2021-01-02T04:40:58.854706Z 0 [System] [MY-013169] [Server] /usr/local/
mysql/bin/mysqld (mysqld 8.0.22) initializing of server in progress as process 9504
    2021-01-02T04:40:58.861332Z 1 [System] [MY-013576] [InnoDB] InnoDB
initialization has started.
    2021-01-02T04:40:59.189060Z 1 [System] [MY-013577] [InnoDB] InnoDB
initialization has ended.
    2021-01-02T04:40:59.944348Z 6 [Note] [MY-010454] [Server] A temporary password
is generated for root@localhost: D&)P=27Fq/3s
```

从输出的信息中能够获取到一个非常重要的参数，那就是数据库最高权限用户 root 的初始化密码（D&)P=27Fq/3s，该密码是随机生成的），在登录数据库时就需要使用该密码。

下面对命令中的相关参数进行说明。

- --user=mysql：以 mysql 用户的身份来启动 mysql 服务的进程。
- --basedir=/usr/local/mysql：指定 mysql 的根目录。
- --datadir=/usr/local/mysql/data：指定 mysql 的数据目录。

接下来设置服务进程的文件和 my.cnf 文件，这两个配置文件都可以在源码包中找到（/usr/local/mysql/目录下，如果没有就创建），先在/usr/local/mysql/support-files/目录下查看进程管理文件 mysql.server 中对数据库主目录路径、数据库路径及其他相关主要配置文件路径的定义，并使用这些参数来进行基本的初始化操作。

数据库进程管理文件/usr/local/mysql/support-files/mysql.server 中有以下配置参数，这些参数用于对数据库主目录和数据库目录进行定义。

```
if test -z "$basedir"
then
  basedir=/usr/local/mysql
  bindir=/usr/local/mysql/bin
  if test -z "$datadir"
  then
    datadir=/usr/local/mysql/data
  fi
  sbindir=/usr/local/mysql/bin
  libexecdir=/usr/local/mysql/bin
else
  bindir="$basedir/bin"
  if test -z "$datadir"
  then
    datadir="$basedir/data"
  fi
  sbindir="$basedir/sbin"
  libexecdir="$basedir/libexec"
fi
```

从默认的定义中，可以确认所创建的数据库主目录和数据库目录的路径没有问题，因此不需要进行更改。当然，如果不一致就需要更改，这个更改操作可能涉及比较多的相关参数，因此在更改时需要注意。

另外，从该文件的以下配置中可以确定 my.cnf 文件在/etc/目录下。

```
if test -x "$bindir/my_print_defaults";  then
  print_defaults="$bindir/my_print_defaults"
else
  # Try to find basedir in /etc/my.cnf
  conf=/etc/my.cnf
  print_defaults=
  if test -r $conf
  then
    subpat='^[^=]*basedir[^=]*=\(.*\)$'
    dirs=`sed -e "/$subpat/!d" -e 's//\1/' $conf`
    for d in $dirs
    do
      d=`echo $d | sed -e 's/[  ]//g'`
      if test -x "$d/bin/my_print_defaults"
      then
        print_defaults="$d/bin/my_print_defaults"
        break
      fi
    done
  fi
```

完成信息的确认后，现在配置/etc/my.cnf 文件，该文件中的配置参数如下：

```
[mysqld]
port=3306
basedir=/usr/local/mysql
datadir=/usr/local/mysql/data
max_connections=10000
max_connect_errors=10
character-set-server=UTF8MB4
default-storage-engine=INNODB
lower_case_table_names=1
sql_mode=STRICT_TRANS_TABLES,NO_ZERO_IN_DATE,NO_ZERO_DATE,ERROR_FOR_DIVISI
ON_BY_ZERO,NO_ENGINE_SUBSTITUTION
```

管理 MySQL 进程的文件是/usr/local/mysql/support-files/mysql.server，该文件不需要移动位置就可以执行启动/关闭数据库的进程，可使用以下方式来启动数据库进程：

```
[root@mysqls ~]# /usr/local/mysql/support-files/mysql.server start
Starting MySQL.Logging to '/usr/local/usr/local/mysql/data/mysqls.err'.
 SUCCESS!
```

启动成功后，可使用以下命令来登录数据库：

```
[root@mysqls ~]# /usr/local/mysql/bin/mysql -uroot -p
Enter password:    <=== 输入数据库 root 用户的密码
Welcome to the MySQL monitor.  Commands end with ; or \g.
Your MySQL connection id is 8
Server version: 8.0.22
```

```
Copyright (c) 2000, 2020, Oracle and/or its affiliates. All rights reserved.

Oracle is a registered trademark of Oracle Corporation and/or its
affiliates. Other names may be trademarks of their respective
owners.

Type 'help;' or '\h' for help. Type '\c' to clear the current input statement.

mysql>
```

退出时，直接执行\q 命令就可以。

至此，MySQL 数据库基本配置完成。

在测试环境下，完成以上工作后就可以供开发人员使用，关于数据库的库创建和数据的导入问题，以及后期对/etc/my.cnf 文件的配置，这些通常由开发人员或测试人员在使用过程中根据实际的需要进行更改。当然，如果我们自己搭建、自己测试，就自己调整参数。

另外，关于设置数据库进程开机自启动的问题，简单的方法就是把启动数据库进程的命令添加到/etc/rc.local 文件中，但在使用该文件来实现数据库进程的启动前，需要先配置 rc-local.service 服务，并授权/etc/rc.local 文件可执行权。

下面介绍如何配置 MySQL 的后台进程。关于 MySQL 后台进程的设置，需要给它创建 Unit 文件，即创建/usr/lib/systemd/system/mysql.service 文件并给该文件配置以下参数：

```
[Unit]
Description=MySQL Server
After=network.target
After=syslog.target

[Install]
WantedBy=multi-user.target

[Service]
User=mysql
Group=mysql

Type=forking
# Execute pre and post scripts as root
PermissionsStartOnly=true

# Start main service
ExecStart=/usr/local/mysql/support-files/mysql.server start
ExecStop=/usr/local/mysql/support-files/mysql.server stop
Restart=on-/usr/local/mysql/support-files/mysql.server restatrt
CheStatus=/usr/local/mysql/support-files/mysql.server status

RestartPreventExitStatus=1
PrivateTmp=false
```

授予该文件 754 的权限，这样就可以使用以下命令来管理 MySQL 的服务进程：

```
systemctl start/restart/status/stop mysql.service
```

注意，此时要更改该文件的参数，记得要使用“systemctl daemon-reload”命令来重新加载该单元文件的配置。

最后，执行以下命令行来将 MySQL 的服务进程加入后台，以实现开机启动。

```
[root@mysql mysql]# systemctl enable mysql.service
Created symlink from /etc/systemd/system/multi-user.target.wants/
mysql.service →/usr/lib/systemd/system/mysql.service.
```

至此，建议重启系统以测试是否能实现开机启动。

14.1.3 设置 MySQL 的环境变量

在前面的操作中，执行有关 MySQL 的命令时都需要以绝对路径的方式来执行（就是直接调用命令对应的文件），这是由于还没设置环境变量，如果此时以相对路径的方式来执行命令就会报错。例如使用相对路径的方式来登录数据库就会报命令不存在的错误。

```
[root@mysqls ~]# mysql -uroot -p
-bash: mysql: command not found
```

为了在任何路径都可以直接调用这些命令，需要设置 MySQL 数据库的环境变量。关于环境变量的设置，可在/etc/profile 文件中指定 MySQL 命令文件所在的位置，即可在该文件中加入以下命令来设置它的环境变量：

```
export PATH=$PATH:/usr/local/mysql/bin
```

添加后执行 source 命令重新加载/etc/profile 文件就可以。

至此，环境变量设置完成，此时可以在任何路径下直接执行 MySQL 相关的命令。

14.2 MySQL 数据库应用

本节的主要内容是介绍 MySQL 数据库的基本操作，内容主要涉及数据库配置管理、用户权限管理和数据管理策略等，这些配置管理是日常管理中比较基础的内容，因此建议掌握。另外，没有特别说明时默认是在源码包安装的 MySQL 上操作。

14.2.1 MySQL 数据库配置管理

本节主要介绍数据库的库的基本操作，在日常的工作中也涉及对库的操作，主要内容包括库的创建、删除和库目录路径的变更。

1. 创建或删除 MySQL 数据库

接下来介绍数据库的创建、基本信息的查询及删除数据库的操作。

创建数据库时先以 root 用户登录数据库上，然后执行 create 命令创建库。如果要创建名为 db_mysql 的数据库，则先登录再创建。

```
[root@mysqls ~]# mysql -u root -p
Enter password:
Welcome to the MySQL monitor.  Commands end with ; or \g.
Your MySQL connection id is 10
Server version: 8.0.22 MySQL Community Server - GPL

Copyright (c) 2000, 2020, Oracle and/or its affiliates. All rights reserved.

Oracle is a registered trademark of Oracle Corporation and/or its
```

```
affiliates. Other names may be trademarks of their respective
owners.

Type 'help;' or '\h' for help. Type '\c' to clear the current input statement.

mysql> create database db_mysql;
Query OK, 1 row affected (0.01 sec)
```

此时就完成了数据库 db_mysql 的创建，可使用 show 命令来查询数据库列表以确认该库是否存在。

```
mysql> show databases;
+--------------------------+
| Database                 |
+--------------------------+
| db_mysql                 |
| information_schema       |
| mysql                    |
| performance_schema       |
| sys                      |
+--------------------------+
5 rows in set (0.00 sec)
```

至此，数据库创建完成。

如果某个数据库不再需要使用或在创建时名称不符合要求，就可以对它进行删除或在删除后进行重建。在一些多库共用数据库服务器平台的环境下，重建的数据库的名称通常是根据单位名称、使用者名称、用途等来定义的，这也是为了维护的便利。

当然，如果出现名称需要重定义或删库等，可以使用 drop 命令来完成。例如使用该命令删除名为 db_mysql 的数据库。

```
mysql> drop database db_mysql;
Query OK, 0 rows affected (0.04 sec)
```

查看当前的数据库。

```
mysql> show databases;
+----------------------------+
| Database                   |
+----------------------------+
| information_schema         |
| mysql                      |
| performance_schema         |
| sys                        |
+----------------------------+
4 rows in set (0.00 sec)
```

至此，数据库的创建和删除介绍完成。

运维前线

数据库建议少删除甚至不要删除，特别是在生产环境下的库，如果不使用放着就行，除非是得到负责人（或上司）的书面文件或邮件之类的确认，指明要删除的是哪台服务器上的哪个库，该库原先是做什么的，删除它的原因，等等。如果负责人（或上司）不给你发书面文件或邮件等，你可以自己写并由负责人（或上司）签字确认，同时还要转发给相关的同事。

对于口头上删除数据库的建议不要马上去操作，一定要留必要的书面文件或相关的说明，且在删除前做好备份，否则误删库后所带来的麻烦不是几句话就能够解决的。

2. 更改 MySQL 数据库的主目录

接下来介绍如何更改数据库主目录的位置。

默认配置下，数据库主目录是/usr/local/mysql/data/，它在/etc/my.cnf 文件和进程管理文件/usr/local/mysql/support-files/mysql.server 中都有定义，因此更改时需要同时对这两个文件中定义的路径进行更改，否则在启动进程时会报错而导致无法启动。

另外，在更改数据库的主目录的路径时还需要注意用户的权限问题，如果不在数据库的家目录路径下，这时候需要授权给新的库目录，否则在执行操作时会因无权限而导致操作被拒绝。

如果要把数据库的路径更改为/usr/local/m_data/，可重建该目录并授权该目录的用户和组为mysql 所有，或把原先的库/use/local/mysql/data/移动并重命名为/usr/local/m_data/。另外，在更改路径前，先把数据库进程关闭，关闭后执行以下命令来重新定义库的目录：

```
[root@mysqls ~]# mkdir /usr/local/m_data
```

或挪动原先库的目录到对应的路径后重命名（建议使用这种方式）：

```
[root@mysqls ~]# mv /usr/local/mysql/data/ /usr/local/m_data
```

更改目录的所属用户和组（新建库的目录时一定要执行）：

```
[root@mysqls ~]# chown -R mysql.mysql /usr/local/m_data/
```

在配置文件/et/my.cnf 中对原先的数据库的库路径进行更改，由 datadir=/usr/local/mysql/data 更改为新库的路径，即 datadir=/usr/local/m_data。

更改后还不能启动，如果此时启动就会报错且启动失败。

```
[root@mysqls ~]# systemctl restart mysql.service
Job for mysql.service failed because the control process exited with error code.
See "systemctl status mysql.service" and "journalctl -xe" for details.
```

还可以从/var/log/messages 日志文件中找到类似以下的记录信息：

```
Jan  2 21:58:20 mysqls systemd[1]: Configuration file /usr/lib/systemd/system/
mysql.service is marked executable. Please remove executable permission bits.
Proceeding anyway.
```

打开/usr/local/mysql/support-files/mysql.server 并找到以下这段配置：

```
……
43 # If you change base dir, you must also change datadir. These may get
44 # overwritten by settings in the MySQL configuration files.
45
46 basedir=
47 datadir=
48
49 # Default value, in seconds, afterwhich the script should timeout waiting
```

```
50 # for server start.
51 # Value here is overriden by value in my.cnf.
52 # 0 means don't wait at all
53 # Negative numbers mean to wait indefinitely
54 service_startup_timeout=900
……
```

这段配置用于定义数据库的主目录路径和库的主目录路径，在默认配置下，由于没有定义这两个参数（第 46 行的 basedir 和第 47 行的 datadir 值为空），因此根据 if 判断语句来使用默认路径（从第 64 行处起），这也是源码包直接移动并重命名为/usr/local/mysql 的原因。

至此，分别重置第 46 行和第 47 行的值，如下：

```
basedir=/usr/local/mysql
datadir=/usr/local/m_data
```

更改后启动数据库进程（后面的内容中，数据库主目录默认指/usr/local/m_data/），条件允许时建议重启操作系统以验证数据库进程能否启动。

新建数据库的目录时，由于新建的目录下没有任何数据，因此需要对它就行初始化，否则不能启动。

14.2.2 数据库的用户权限管理

对于数据库来说，数据是非常重要的，但用户账号也不能忽略。MySQL 数据库中默认存在的是最高权限的账号，通过它可以对整个数据库进行管理。对于数据库的用户账号，本小节将从用户权限的类型、管理员账号远程连接配置这两方面来介绍。

1. 用户权限的类型

MySQL 数据库中用户的权限可分为普通用户权限、管理员权限和特殊权限三类，这些权限可分给数据库中的任何用户，但在设置用户权限时要遵循最少权限原则（分给用户的权限保证它基本的正常活动），这样做的目的是保证数据库的安全性和完整性。

用户的权限参数都被保存在一个名为 mysql 的数据库中（这是默认的基础库），该库是在初始化 MySQL 时自动生成的数据库，该数据库中包含各种作用不同的表，用户的权限等信息都存储在这些表中，接下来将对这三种用户的权限范围进行介绍。

（1）普通用户权限

普通用户通常只有表中数据的操作权限，主要包括对表中数据的查询、插入、更新及删除等各种操作权限。下面对这些权限进行介绍。

- select 权限：该权限允许对数据库的表和列进行记录查询的操作。
- insert 权限：该权限允许对数据库中的表和列进行插入数据记录的操作。
- update 权限：该权限允许对数据库中的表和列中记录的数据进行更改。
- delete 权限：该权限允许对数据库中的表中记录的数据进行删除。
- index 权限：该权限允许对数据库中的表索引进行创建或删除。
- alter 权限：该权限允许对数据库中表的结构进行更改。
- create 权限：该权限允许创建数据库和数据库中的表。
- drop 权限：该权限可以删除数据库，也可以只删除数据库中的表。

以上这些权限更多的是供开发人员使用的，再加上数据库中对用户权限的控制等级比较严格，因此这类权限的用户即使发生恶意的行为，也不会影响整个数据库服务器的运行。另外，对权限的控制是运维人员要做的工作，以防止出现不必要的麻烦。

（2）管理员权限

管理员拥有整个数据库系统的管理权限，因此在授权时应该特别注意，不要出现用户权限存在过大的问题，这可能会给数据库带来负面影响。

数据库的管理员拥有以下这些其他用户没有的权限：

- create temporary tables 权限：允许创建临时表。
- file 权限：允许把文件的数据导入表以及把表中的数据导出到文件。
- lock tables 权限：允许锁数据库的表，被锁的表不能再读写数据。
- process 权限：允许查看用户的服务进程。
- reload 权限：允许重新载入授权表，清空授权、主机、日志和表格。
- replication client 权限：允许从数据库连接到主数据库。
- replication slave 权限：允许查询所有数据库的表。
- shutdown 权限：允许关闭数据库进程。
- super 权限：允许关闭数据库中任何用户的线程。

（3）特殊权限

用户的特殊权限分为 all 和 usage，这两种权限对表的操作不同。其中，all 用于创建临时表；usage 允许将文件中的数据导入表，或将表中的数据导出到文件。

2. 管理员账号远程连接配置

默认 MySQL 数据库只有 root 用户，root 用户可以操作任何数据库，但默认只能在本机登录，不能远程登录。如果应用程序使用该账号来连接数据库，就只能在本机上使用（就是应用程序与数据库在同一个服务器上）；如果要跨服务器使用 MySQL 数据库，就需要开放 root 用户远程访问的权限，否则无法使用。

对于 MySQL 数据库默认的这种机制，从安全的角度考虑肯定是可取的，但在实际工作中存在应用程序与数据库分离、开发和测试远程登录数据库等各种多变的需求，因此开发远程登录是非常有必要的，为了解决这个问题，就需要开放 root 用户的远程访问权限。

开放 root 远程登录数据库的权限，先以 root 用户权限登录数据库，并切换到默认库 mysql 中，再执行相关的 SQL 命令就可以。

```
mysql> use mysql
Reading table information for completion of table and column names
You can turn off this feature to get a quicker startup with -A

Database changed
```

授权 root 用户可从任何主机登录。

```
mysql> update user set host = '%' where user = 'root';
Query OK, 1 row affected (0.01 sec)
Rows matched: 1  Changed: 1  Warnings: 0
```

查看数据库对 root 用户的登录权限，此时出现 root 同行的“%”，意思是匹配任何要连接数据库的主机（或 IP 地址），换个说法就是在任何网络到达该数据库主机的客户端都能够连接到数据库上。

```
mysql> select host, user from user;
+-----------+---------------------+
| host      | user                |
+-----------+---------------------+
| %         | root                |
| localhost | mysql.infoschema    |
| localhost | mysql.session       |
| localhost | mysql.sys           |
+-----------+---------------------+
4 rows in set (0.00 sec)
```

执行完以上 SQL 语句后，最后执行以下 SQL 语句来刷新系统权限相关的表或重启数据库进程，这样在远端的客户端主机就可以远程连接到数据库。

```
mysql> flush privileges;
Query OK, 0 rows affected (0.00 sec)
```

至此，MySQL 远程访问权限已开启，此时在客户端上可以远程连接到 MySQL 服务器上。注意，MySQL 默认使用的是 3306 的 TCP/IP 端口，在把数据库交给开发人员或测试人员使用时要告诉他们这个端口。如果不知道具体是什么端口，可以在/etc/my.cnf 文件中找或执行 ps 等相关的命令来获取。下面通过 ps 命令来获取 MySQL 使用的端口（此时 MySQL 要处于运行状态）。

```
[root@mysqls ~]# ps -axu | grep mysql
mysql       935  0.0  0.1  26212  3632 ?        S    10:15   0:00 /bin/sh
/usr/local/mysql/bin/mysqld_safe --datadir=/usr/local/m_data
--pid-file=/usr/local/m_data/mysqls.pid
mysql      1175  0.3 18.6 1750864 371736 ?     Sl   10:15   1:26
/usr/local/mysql/bin/mysqld --basedir=/usr/local/mysql
--datadir=/usr/local/m_data --plugin-dir=/usr/local/mysql/lib/plugin
--log-error=mysqls.err --pid-file=/usr/local/m_data/mysqls.pid --port=3306
root       1715  0.0  0.4  55996  8872 pts/2    S+   17:15   0:00 mysql -uroot
-p
root       1940  0.0  0.0  12108   976 pts/0    S+   17:39   0:00 grep
--color=auto mysql
```

通过输出的--port 参数指定的信息可以确定数据库使用的端口是 3306。

另外，如果系统开启防火墙，可执行以下命令在防火墙上开放 3306 端口。

```
firewall-cmd --zone=public --permanent --add-port=3306/tcp
firewall-cmd --reload
```

当然，如果没有启动防火墙，就不需要执行添加端口的命令。

14.2.3 数据库的数据管理策略

本小节将对数据库中数据的导入、导出和自动化备份这三方面的内容进行介绍。

对于 MySQL 数据库，在搭建数据库平台之前或之后需要知道数据库的库由谁创建，创建后数据的导入由谁去做，如果开发人员说要运维人员去做，就需要创建库后把数据导入，当然导入的数据需要向开发人员或相关的同事要，这类数据文件通常以.sql 为后缀。

1. 把数据导入数据库

需要把数据导入数据库，先将要导入的.sql 文件上传到数据库的主机上（本小节把该文件上传到/root/目录下），新建库时如果没有规定库的名称，通常选择与.sql 文件同名（不过建议先确认），创建后切换到该库就可以导入数据。例如要创建名为 cxl_db 的库并导入 adcxldb.sql 文件的数据，则在创建库后切换到该库，并设置库的字符集类型。

```
mysql> use cxl_db;
Database changed
mysql> set names utf8;
Query OK, 0 rows affected, 1 warning (0.00 sec)
```

库的字符集类型应该在导入数据前设置好，至于是哪种字符集要先确认。

完成以上操作后，就可以执行 source 命令来导入数据，该命令要以绝对路径的方式来指定数据所在的路径。

```
mysql> source /root/adcxldb.sql
……
Query OK, 0 rows affected, 3 warnings (0.00 sec)
Query OK, 0 rows affected, 3 warnings (0.01 sec)
Query OK, 0 rows affected, 3 warnings (0.01 sec)
Query OK, 0 rows affected, 2 warnings (0.00 sec)
Query OK, 0 rows affected, 4 warnings (0.01 sec)
```

导入完成后，就可以在该库的目录（/usr/local/m_data/db_cxl/）下看到相关的文件。

至此，数据导入完成。

当然，在数据库中导入数据，还可以在终端执行以下命令导入：

```
[root@mysqls ~]# mysql -uroot -p db2_cxl < /root/0103adcxldb.sql
Enter password:
```

2. 从数据库中导出数据

相对数据的导入，数据的导出就不需要创建数据库、切换数据库之类的操作，在不需要登录数据库的情况下直接执行 mysqldump 命令就可以导出数据。当然，至于要导出的数据是整个库的数据还只是表结构，在执行导入前需要先确认。

如果要导出整个数据库的数据，可以执行以下命令：

```
[root@mysqls ~]# mysqldump -uroot -p adcxldb > adcxldb0103.sql
Enter password:
```

其中，-u 选项用于指定要登录数据库的用户，如果该数据库的真正使用者不是 root，就需要具体指明；adcxldb 是数据库名；adcxldb0103.sql 是导出的数据文件。

导出完成后，就可以在当前目录下看到 adcxldb0103.sql 这个文件。

如果导出的不是整个库的数据，而是其中一张表结构，可以使用以下格式的命令来导出：

```
mysqldump -u userName -p dabaseName tableName > fileName.sql
```

如果要导出的是整个数据库中所有的表结构，可以执行以下格式的命令来导出：

```
mysqldump -u userName -p -d dabaseName > fileName.sql
```

另外，如果是远程备份，使用-h 选项来指定远程数据库主机的 IP 地址就可以。

3. 数据的自动化备份配置

自动化备份是线上环境必要存在的，毕竟考虑到备份时对系统资源的消耗、备份数量和时间上的要求等因素，因此配置自动化备份策略是运维工作的一项必不可少的工作。

要在 MySQL 数据库上实现自动化备份数据，编写脚本并配置任务计划就能够达到目的。这个过程中需要解决免密码输入的问题，还需要考虑到备份数据的命名（命名通常采取结合时间日期的方式）。

先解决免密码输入的问题，这个问题可以在/etc/my.cnf 文件中加入以下配置参数来指定数据库的用户名和密码（建议加到该文件的末尾处），添加后重启数据库进程。

```
[mysqldump]
user=root
password=db-890321
```

完成后执行以下命令来确认是否达到免密码输入的要求。

```
[root@mysqls ~]# mysqldump -u root -d adcxldb > adcxldb0103-1.sql
```

确认满足所需的条件，那就是解决命名和备份文件存储路径的问题。例如将备份数据放在/usr/local/mysqldb_bak/目录下（需创建该目录），脚本同样放在该目录下并命名为 e_mysql_db。以下是解决自动化备份的脚本代码。

```
#!/bin/sh
# author :
# describe : export database data
# versions : V1.0
date=`date +%Y%m%d_%H%M%S`
mysqldump -u root -d adcxldb > /usr/local/mysqldb_bak/adcxldb-$date.sql
```

授予该脚本可执行权，并执行脚本测试是否能够导出数据。在确认脚本正常执行的情况下，根据实际的情况设置计划任务的时间和执行的频率。

最后，关于自动化备份脚本不断增加并占据磁盘空间的问题，可以在脚本中加入自动删除这些数据的备份文件的命令，以实现控制备份文件只保存一定的份数。

14.2.4　MySQL 主从库同步配置

本小节将介绍基于 MySQL 数据库的主从同步库配置，在配置前先对环境进行描述。

主数据库主机 IP 地址为 182.168.1.65，主机名为 mysqls-1，安装好数据库。

从数据库主机 IP 地址为 182.168.1.62，主机名为 mysqls-2，安装好数据库。

搭建主从数据库主要是对/etc/my.cnf 文件和数据库进行设置，接下来介绍具体配置。

1. MySQL 主库上的配置

对于主数据库，先在其配置文件/etc/my.cnf 中的[mysqld]下加入以下配置参数，更改后建议重启数据库进程（或执行 systemctl daemon-reload 命令），以便重新加载配置参数。

```
server-id=1
log-bin=mysql-bin
```

其中，erver-id 的值在整个局域网中必须是唯一存在的。

登录数据库，执行以下命令来新增 2root 用户并设置密码，同时指定从服务器主机地址，新建的 2root 用户的作用是对数据进行同步。

```
mysql> CREATE USER '2root'@'182.168.1.62' IDENTIFIED WITH
mysql_native_password BY '2db-890321';
Query OK, 0 rows affected (0.10 sec)
```

执行 GRANT 命令来限制 2root 用户只能从指定的主机上连接数据库，且对主服务器上的库具有全部权限。

```
mysql> GRANT REPLICATION SLAVE ON *.* TO '2root'@'182.168.1.62';
Query OK, 0 rows affected (0.02 sec)
```

如果要指定具体的库，就可以用具体的库名代替“*.*”中第一个“*”，第二个“*”表示匹配该数据库下的所有数据。

执行命令刷新参数。

```
mysql> flush privileges;
Query OK, 0 rows affected (0.03 sec)
```

最后，执行以下命令来查看数据库的状态，该命令的目录是获取 File 和 Position 的值，在配置和完成从库的同步后检查此值是否一致。

```
mysql> show master status;
```

至此，主库配置完成。

2. MySQL 从库上的配置

在从库主机的/etc/my.cnf配置文件[mysqld]下加入以下配置参数，其中的log-bin参数是可选的，更改后重启数据库。

```
server-id=2
#log-bin=mysql-bin
```

登录数据库并执行以下命令来连接主数据库：

```
mysql> change master to master_host='182.168.1.65',
    -> master_user='2root',
    -> master_password='2db-890321',
    -> master_port=3306,
    -> master_log_file='mysql-bin.000002',
    -> master_log_pos=1183;
Query OK, 0 rows affected, 2 warnings (0.01 sec)
```

语句作用说明：

- master_log_file：对应主库中 show master status 命令获取到的 File 列的值。
- master_log_pos：对应主库中 show master status 命令获取到的 Position 列的值。

至此，开始启动 slave 数据同步。停止时使用 stop 替换 start 就可以。

```
mysql> start slave;
Query OK, 0 rows affected, 1 warning (0.01 sec)
```

最后，执行 show 命令来查看 slave 的相关信息。

```
mysql> show slave status\G;
************************** 1. row **************************
               Slave_IO_State: Waiting for master to send event
                  Master_Host: 182.168.1.65
                  Master_User: 2root
                  Master_Port: 3306
                Connect_Retry: 60
              Master_Log_File: mysql-bin.000002
          Read_Master_Log_Pos: 1183
               Relay_Log_File: mysqls-2-relay-bin.000002
                Relay_Log_Pos: 324
        Relay_Master_Log_File: mysql-bin.000002
             Slave_IO_Running: Yes
            Slave_SQL_Running: Yes
              Replicate_Do_DB:
          Replicate_Ignore_DB:
           Replicate_Do_Table:
       Replicate_Ignore_Table:
                  ......
```

在输出的信息中可以看出主要是获取 Slave_IO_Running 和 Slave_SQL_Running 这两个参数的值，只有值都是 Yes 时才说明同步成功。

3. 主从库间的数据同步验证

为了验证同步的效果，在主数据库上新建数据库 nadcxldb，创建完成后回到从库，执行 show 命令查看数据库时就会发现有 nadcxldb 这个数据库，此时初步确认从数据库能够从主数据库中同步到数据。

为了进一步确认主从同步问题，可以进入 nadcxldb 数据库后创建表，并在从库上查看是否存在刚刚在 nadcxldb 上创建的表。

运维前线

请注意验证一个问题，那就是在从库上新建数据库或表，并在主库上查看是否存在从库上的新库或新表。验证这个问题的原因是本次配置的是主从数据库，如果主数据库能够自动同步到从库的数据，或者这两个库之间的数据能够相互同步，那么配置肯定是有问题的，需要重新配置。

14.3　MySQL 数据库的维护

本节简单对数据库的基本维护进行介绍，数据库平台在搭建完成后需要后期维护，这也是保证数据库能够在后期良好运行的基本保障。本节主要对配置文件/etc/my.cnf和客户端工具的使用进行简单的介绍。

14.3.1 关于 my.cnf 文件的配置

/etc/my.cnf 配置文件的主要作用是调控各种参数来达到优化 MySQL 的目的，使得能够更充分地利用 MySQL 数据库的性能。不过该配置文件创建的配置参数仅仅能够保证数据库运行，接下来将深入介绍关于/etc/my.cnf 文件的更多配置参数。

之前创建的/etc/my.cnf 配置文件中所配置的[mysqld]项，实际上也是启动 MySQL 进程时的进程名，因此在调整该文件的参数（其实是调整 MySQL 的参数）时主要是在该项下完成的。接下来所介绍的参数配置只是一个参考，具体的参数值要根据实际的工作环境需要进行调整。

```
character_set_server = utf8
```

定义数据库的字符集类型。

```
log-bin=/usr/local/mysql/mylog/mysql-bin
```

定义 bin 日志文件的存储路径。

```
expire_logs_days = 10
```

定义 bin 日志文件保留的时间，超过规定的时间就自动删除。

```
max_binlog_size = 500M
```

定义每个 bin 日志文件存放数据的大小。

```
skip-external-locking
```

启动不使用系统锁定。

```
max_allowed_packet = 50M
```

接收数据包大小，即发出长查询或 MySQL 必须返回大的数据包时才分配内存。增加该值有利于 MySQL 的安全，在一些数据库比较大且频繁查询时建议使用，以防止影响 MySQL 的性能。

```
table_open_cache = 1024
```

MySQL 在打开一个表时会把一些数据写入 table_open_cache 缓存中，当这个缓存中找不到相应信息时它才去磁盘上读取。table_open_cache 值通常是每个连接所需文件描述符数目的乘值，如果把该参数值设置得很大且系统无法处理大量的文件描述符，就会出现客户端连接不上数据库的问题。

```
sort_buffer_size = 24M
```

MySQL 执行排序时使用缓冲的大小，想要增加 ORDER BY 的速度，可增加该值或使用索引。

```
net_buffer_length = 8K
read_buffer_size = 256K
```

数据包消息缓冲区初始化的最小和最大字节设置。

```
read_rnd_buffer_size = 512K
```

MySQL 随机读缓冲区大小，该值可根据查询量大小来定，在主从数据库中，建议将从库中的该值设置得大一些。另外，当按任意顺序读取行时将分配一个随机读缓存区，进行排序查询时，MySQL 会先扫描该缓冲以减少读磁盘来提高查询速度。

```
innodb_file_per_table = 1
```

独立表空间模式，即每个数据库的每张表都会生成一个数据空间。独立表空间的好处是每张表都有自己独立的空间且各自存储自己的数据和索引，更重要的是表可以在不同的数据库间迁移。

```
interactive_timeout = 18000
```

服务器关闭交互式连接之前等待活动的时间（单位是秒）。

```
wait_timeout = 18000
```

服务器关闭非交互连接之前等待会话断开的时间（单位是秒）。

```
max_connections = 5000
```

MySQL 最大连接数，如果并发连接请求量比较大，建议调高此值，但在增加该值时需要相应增加打开的文件描述符数（在主机的/etc/security/limits.conf 文件中调整参数值）。

```
skip-name-resolve
```

禁止 MySQL 对外部连接进行 DNS 解析，使用此项可减少 DNS 解析的时间，但开启此功能时所有远程主机连接授权都要使用 IP 地址方式。

```
join_buffer_size = 1024M
```

联合查询操作时所能使用的缓冲区大小。

```
binlog_format=mixed
thread_cache_size = 200
```

此参数表示可重新利用保存在缓存中的线程的数量。当断开连接时，如果缓存中还有空间，客户端的线程将被放到缓存中，如果该客户端再次连接，就从缓存中读取相关的参数，如果缓存中没有记录，就新建线程并分配相关的资源后再查询数据。当然，如果存在很多新的线程，就会对系统的性能造成影响。

```
query_cache_type = off
query_cache_size = 64M
```

MySQL 的查询缓冲大小，MySQL 会将一些语句和查询结果存放在缓冲区中，执行相同的语句时就直接从缓冲区中读取结果。

```
query_cache_limit = 2M
```

指定单个查询能够使用的缓冲区大小。

```
tmp_table_size = 500M
```

设置临时表的大小，如果超过该值，数据就被写入磁盘。

```
max_heap_table_size=500M
```

定义用户可创建内存表的大小，此值用来计算内存表的最大行数值。

```
innodb_buffer_pool_size = 2G
```

保存索引和原始数据的缓冲池，包括数据页、索引页、插入缓存、锁信息、自适应哈希以及数据字典信息。

```
innodb_additional_mem_pool_size = 2M
```

设置日志文件的大小，该值大小为 25 %的 buffer pool。

```
innodb_log_file_size = 512M
```

定义数据日志文件的大小，设置更大的值可以提高性能，但也会增加故障恢复所需的时间。

以上这些参数需要根据实际的环境来调整，通过这些参数的调整来达到对数据库性能的优化，这也是运维人员的重要工作。

14.3.2 MySQL 客户端工具的应用

远程工具的使用给日常的管理工作带来了很大的便利，而且在直观性和操作性上远比使用命令行的操作要好。目前，有不少的客户端工具是通用型的，它们支持连接不同类型的数据库且表现出良好的性能，比如 Navicat Premium（主页如图 14-1 所示）就是其中一款功能较齐全、操作简单和工作界面简洁的客户端工具。当然，使用客户端工具需要开放相关用户的远程登录权限。

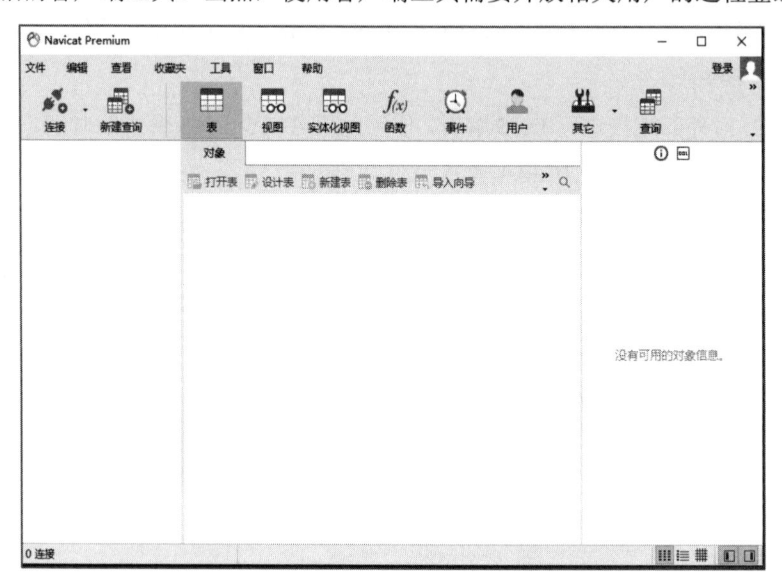

图 14-1　Navicat Premium 的主页

在该工具上打开“连接”就能够看到它支持连接的数据库类型，此时选择要连接的数据库并进行连接就可以。关于此款客户端工具的更多功能，这里不再介绍。

14.3.3 重置 MySQL 管理员密码

MySQL 数据库的最高权限用户是 root，它相当于 Linux 系统的 root 用户，这两个用户账号只是名称相同，但不能通用，也就是说在登录数据库时如果输入操作系统的 root 用户密码，是登录不上系统的，另外数据库和操作系统 root 用户的密码建议不要一样。

对于 MySQL 数据库的 root 用户密码，如果需要就更改。不过在公司内部的测试环境中建议更改得简单一些，这也是给开发人员或其他的同事减少密码输入的复杂度；如果属于外网服务器或线上系统，就更改得复杂一些，以减少密码的安全隐患。

要更改密码，在知道旧密码的情况下可以执行 mysqladmin 命令来更改，如把原先的密码更改成 db456-321，就可以执行以下命令：

```
[root@mysqls ~]# /usr/local/mysql/bin/mysqladmin -u root -p password db456-321
Enter password:   <==== 输入原先的密码
```

```
mysqladmin: [Warning] Using a password on the command line interface can be insecure.
Warning: Since password will be sent to server in plain text, use ssl connection to ensure password safety.
```

如果遇到忘记 root 密码的情况且需要使用密码，此时可以先去了解数据库是否可以停用一段时间，并在确认可以后关闭数据库进程，关闭后执行以下命令以忽略认证方式来启动数据库进程(放在后台执行)：

```
[root@mysqls ~]# /usr/local/mysql/bin/mysqld_safe --skip-grant-tables &
2021-01-02T11:05:09.184066Z mysqld_safe Logging to '/usr/local/usr/local/mysql/data/mysqls.err'.
2021-01-02T11:05:09.208172Z mysqld_safe Starting mysqld daemon with databases from /usr/local/mysql/data
......
```

登录数据库（此时不需要输入密码）并执行 use 命令来切换到初始的库 mysql 中，在该库中执行清空 root 密码的 SQL 语句。

```
mysql> use mysql
Reading table information for completion of table and column names
You can turn off this feature to get a quicker startup with -A

Database changed
mysql> update user set authentication_string='' where user='root';
Query OK, 1 row affected (0.01 sec)
```

这样，数据库的 root 用户的密码就被清空，此时退出数据库并关闭数据库进程，再以正常的启动方式来启动数据库进程，并以正常的方式登录（此时登录就不需要密码认证），登录后先切换到 mysql 这个初始的库，再执行 ALTER 命令来重新给 root 用户设置密码就可以。

重新将 root 的密码设置为 db-890321 的 SQL 语句如下：

```
ALTER user 'root'@'localhost' IDENTIFIED BY 'db-890321';
```

这样，root 的新密码就诞生了，数据库也恢复正常运行。

14.4 本章小结

本章介绍了 MySQL 数据库的安装配置和使用。

对于 MySQL 数据库的安装和基本的配置都需要掌握。对读写分离和主从数据库的配置也要有所了解。另外，在数据的备份上，要有比较完整的备份和恢复方案，能够及时进行灾后恢复。

第 15 章

高速存取数据库 Redis

对于高频率读写数据的环境，传统的数据库已体现出弱点，为了解决这个问题，出现了内存数据库 Redis，它的出现在很大程度上满足了生产环境下频繁读写数据的要求。

本章将对高速存取内存的数据库 Redis 进行介绍，内容包括 Redis 基础环境维护、集群环境配置以及服务的应用与管理。

15.1 Redis 基础环境维护

Redis 这款内存数据库是目前热门的软件，在一些高频率的读写环境下使用能够明显提高系统的性能。本节主要对 Redis 数据库基础环境的维护进行介绍，包括基本概念、服务平台搭建和配置文件管理这 3 方面。

15.1.1 Redis 的基本概念

Redis 是一款采用 ANSIC 语言编写、支持网络、数据基于内存存储但又可持久化的日志型高性能 key-value 数据库（存储系统）软件。其中，key 是 string（字符串）类型，而 value 可以是 string、list（链表）、set（集合）、zset（sorted set，有序集合）和 hash（哈希）类型。在 Redis 内部，它会将 key 和 value 都以二进制字节流的格式存储。

Redis 与 Memcached 有相似之处，它们都是为了保证查询数据的效率而将数据缓存在内存中，不同的是 Redis 会周期性地把更新的数据写入磁盘或把修改操作写入追加的记录文件，而 Memcached 仅把数据缓存在内存中。事实上，Redis 的出现在很大程度上弥补了 Memcached 这类 key/value 存储的不足，再加上它提供多种语言的 API，因此能够提供更多语言类型的客户端。

与其他的数据库不同，Redis 数据库是在内存中存储最新的数据供使用，同时通过异步的方式把数据写入磁盘（这是 Redis 实现数据持久化的方式），不采用直接存储到磁盘是为了减少磁盘 I/O 问题，以免影响性能。对于数据持久化，Redis 主要通过两种方式来实现，其一是使用 RDB（Redis Data Base）快照方式，将内存中的数据不断写入磁盘；其二是使用类似于 MySQL 的 AOF 日志方式，记录每次更新的日志。

当然，在有限的内存资源中，如果 Redis 不断地把大量数据写入内存中，最终的结果会导致系统运行缓慢甚至宕机。不过，实际上 Redis 只是把“热点”数据写入内存，而磁盘依然是大量数据存储的地方，当数据在内存中存储达到上限时，Redis 就启动数据淘汰策略清除一些“旧数据”，所使用的策略有以下几种：

- voltile-lru：从已设置过期时间的数据集中选出最近最少使用的数据。
- volatile-ttl：从已设置过期时间的数据集中选出将要过期的数据。
- volatile-random：从已设置过期时间的数据集中任意选择数据。
- allkeys-lru：从数据集中选出最近最少使用的数据。
- allkeys-random：从数据集中任意选择数据。
- no-enviction：禁止驱逐数据。

Redis 同时具备 Memcached 这类缓存服务和传统数据库的特征，使得它更适合所有数据都是 in-momory 的环境，但至于如何选择，还要根据实际的工作环境而定。

15.1.2　Redis 服务平台搭建

搭建 Redis 的基础环境是使用它的前提条件，本小节将介绍基于单主机的 Redis 环境和 Redis 服务组件的安装这两方面的内容。

1. 基于单主机的 Redis 环境

使用内存来完成数据存取的 Redis 应该是目前各种 Web 开发业务中比较常用的 key-value 数据库。在业务中常用它来存储用户登录态（如 Session 存储），从而加速一些热数据（使用率比较高的数据）的查询、简单的消息队列（LPUSH 和 BRPOP）和订阅发布（PUB/SUB）系统等。

对于搭建高可用的 Redis 服务平台，目前可用的方案比较多，其中的 Codis 和 Twemproxy 主要用于大规模的 Redis 集群环境，这也是 Redis 官方发布 Redis Sentinel 之前所能使用的开源解决方案。对于业务数据不大的环境没必要搭建集群，但要尽最大可能保证服务的高可用性。对于实际环境要求不高的场合，一般可以通过单机 Redis 解决，单实例 Redis 环境的架构如图 15-1 所示。

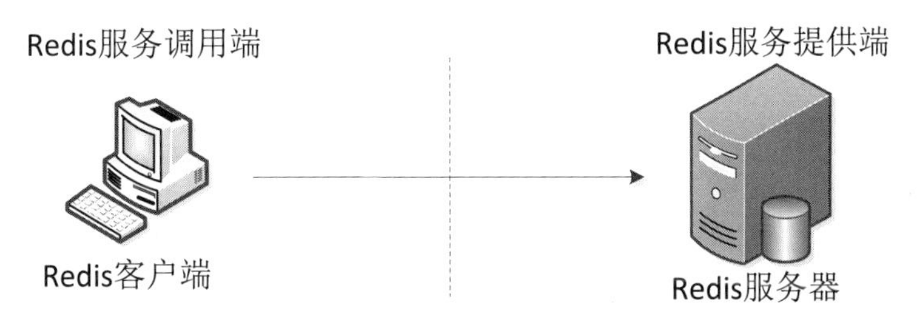

图 15-1　单实例 Redis 环境的架构图

通常，单实例 Redis 用于开发测试或要求不高的环境，在这样的环境下更像是客户端和 Redis 服务器端都处于同一台服务器上，而此时客户端（调用方）直接连接 Redis 服务就可以。当然，这样的环境肯定存在优缺点，单实例 Redis 的环境架构比较简单，部署也简单，采用单节点的部署架构，没有备用节点，没有同步数据，也不提供数据持久化和备份策略，因此要使用这样的环境，应该尽可能通过其他方式保护数据。

2. Redis 服务组件的安装

接下来对 Redis 组件的安装和进程管理进行介绍。

（1）安装Redis服务组件

Redis 组件的安装过程比较简单，且基本不涉及依赖包的问题，但在安装之前需要先确定系统已经安装一些编译工具（即 GCC、Make 和 TCL 这 3 个工具），系统环境准备完成后就可以开始安装 Redis 组件。

Redis 对 GCC 的版本有要求，版本越高的 Redis 就需要越高版本的 GCC，因此在安装高版本的 Redis 时需要对 GCC 进行升级，否则在编译时会报错。

安装 Redis 时需要先对源码包进行解压。

```
[root@redis ~]# tar vzxf redis-5.0.9.tar.gz
......
redis-5.0.9/utils/releasetools/
redis-5.0.9/utils/releasetools/01_create_tarball.sh
redis-5.0.9/utils/releasetools/02_upload_tarball.sh
redis-5.0.9/utils/releasetools/03_test_release.sh
redis-5.0.9/utils/releasetools/04_release_hash.sh
redis-5.0.9/utils/releasetools/changelog.tcl
redis-5.0.9/utils/speed-regression.tcl
redis-5.0.9/utils/whatisdoing.sh
```

解压后开始编译和安装。

```
[root@redis ~]# mkdir /usr/local/redis
[root@redis ~]# cd redis-5.0.9
[root@redis redis-5.0.9]# make MALLOC=libc
......
    LINK redis-cli
    CC redis-benchmark.o
    LINK redis-benchmark
    INSTALL redis-check-rdb
    INSTALL redis-check-aof

Hint: It's a good idea to run 'make test' ;)

make[1]: Leaving directory '/root/redis-5.0.9/src'
```

以上提示建议执行“make test”命令，用于检查环境是否满足安装条件，执行该命令开始逐项检查，并在没有问题时提示 OK。

运维前线

笔者在安装时使用一样的源码包，第一次安装是正常的，第二次安装出现错误提示，此时把解压得到的源码包删除，重新对源码包进行解压，再次安装，就没问题了。

```
[root@redis redis-5.0.9]# make test
......
```

```
  155 seconds - integration/replication

\o/ All tests passed without errors!

Cleanup: may take some time... OK
make[1]: Leaving directory '/root/redis-5.0.9/src'
```

最后安装。

```
[root@redis redis-5.0.9]# make PREFIX= /usr/local/redis/ install
......
Hint: It's a good idea to run 'make test' ;)

    INSTALL install
    INSTALL install
    INSTALL install
    INSTALL install
    INSTALL install
make[1]: Leaving directory '/root/redis-5.0.9/src'
```

至此，Redis 安装完成。

（2）Redis的进程管理

安装 Redis 组件后，在不更改配置的情况下就可以启动它的进程，不过启动时需要指定配置文件，出于对配置文件管理的便利性，创建相关的目录并把配置文件放在该目录下，即创建/etc/redis/目录并从源码包中把配置文件复制到该目录下。

```
[root@redis redis-5.0.9]# mkdir /etc/redis
[root@redis redis-5.0.9]# cp redis.conf /etc/redis/
```

完成后启动 Redis 的进程，如下：

```
[root@redis redis-5.0.9]# redis-server /etc/redis/redis.conf
......
2135:M 25 Sep 2020 12:35:29.374 # WARNING overcommit_memory is set to 0! Background save may fail under low memory condition. To fix this issue add 'vm.overcommit_memory = 1' to /etc/sysctl.conf and then reboot or run the command 'sysctl vm.overcommit_memory=1' for this to take effect.
2135:M 25 Sep 2020 12:35:29.374 # WARNING you have Transparent Huge Pages (THP) support enabled in your kernel. This will create latency and memory usage issues with Redis. To fix this issue run the command 'echo never > /sys/kernel/mm/transparent_hugepage/enabled' as root, and add it to your /etc/rc.local in order to retain the setting after a reboot. Redis must be restarted after THP is disabled.
2135:M 25 Sep 2020 12:35:29.375 * DB loaded from disk: 0.000 seconds
2135:M 25 Sep 2020 12:35:29.375 * Ready to accept connections
```

启动后可以使用以下命令来查看进程的状态：

```
[root@redis ~]# ps aux | grep redis
root      2157  0.1  0.1 144016  2460 pts/0    Sl+  12:42   0:00 /usr/bin/redis-server 127.0.0.1:6379
root      2162  0.0  0.0 112704   976 pts/1    S+   12:42   0:00 grep --color=auto redis
```

此时，可以使用以下命令来连接 Redis：

```
[root@redis ~]# redis-cli -h 127.0.0.1 -p 6379
127.0.0.1:6379>
```

至此，可以确定 Redis 的进程启动成功。需要退出连接时，执行 exit/quit 命令或按 Ctrl+C 组合键就可以。

如果需要关闭 Redis 的进程，可以使用以下命令：

```
[root@redis ~]# redis-cli shutdown
```

或使用以下命令：

```
[root@redis ~]# pkill redis-server
```

为了实现 Redis 服务进程开机自启动，可以在/etc/rc.local 文件中加入以下命令。当然，这里需要注意/etc/rc.loca 文件的可执行权问题，默认配置下系统并没有给该文件分配可执行权，因此要使用该文件来实现进程开机自启动，需要授予该文件可执行权。

```
/usr/bin/redis-server /etc/redis/redis.conf
```

15.1.3 Redis 配置文件管理

本小节对 Redis 服务的主配置文件 redis.conf（/etc/redis/redis.conf）进行介绍，默认该配置文件的内容还是挺多的，不过大部分都是注释性的内容，维护起来存在一定的不便。下面从该配置文件中提取出一些配置参数并对其作用进行说明。

1）参数 daemonize 用于设置进程运行的方式，在默认配置下，Redis 以前台的方式运行，为了将它的进程放置于后台运行（以守护进程方式运行），需要对默认的配置参数值进行更改，即将该值由原先的 no 更改为 yes。

```
daemonize  yes
```

2）当 Redis 以守护进程方式运行时，默认把 PID 写入/var/run/redis_6379.pid 文件中，如果需要更改文件的路径，可以使用 pidfile 参数来控制。

```
pid  /var/run/redis_6379.pid
```

3）默认 Redis 使用的是 6379 端口，它由参数 port 来控制，要更改端口时直接更改就可以。

```
port   6379
```

4）绑定的主机地址由 bind 参数来控制，默认绑定的是本机回环地址（127.0.0.1），此时意味着只能在主机上连接到 Redis 服务，如果需要远程连接，就要添加主机 IP 地址或主机名，但两个 IP 间需要用空格符隔开。

```
bind 192.168.137.100 127.0.0.1
```

5）timeout 参数用于控制客户端与服务器端在建立连接后闲置多长时间自动断开，默认该参数值为 0（不会自动断开连接），这个可根据实际的需要进行更改。

```
timeout  0
```

6）日志记录级别由参数 loglevel 控制，Redis 支持的级别有 debug、verbose、notice 和 warning 这 4 个，默认该参数的值是 notice，这也是在生产环境下使用的值。

```
loglevel  notice
```

7）日志记录方式由 logfile 参数来控制，默认为标准输出，如果 Redis 以守护进程方式运行且日志记录方式为标准输出，信息就被送到/dev/null。

```
logfile ""或 logfile stdout
```

8）设置 Redis 数据库的数量由 databases 参数来控制，默认配置的数据库为 16 个，这个数量可根据实际的环境需要进行设定。

```
databases 16
```

当然，可以使用 SELECT <dbid>命令在连接时指定数据库 ID。

9）参数 save 用于设置 Redis 在设定的时间内更新数据的频率，更新数据时可以由多个条件配合控制，命令格式如下：

```
save <seconds> <changes>
```

默认 Redis 提供了 3 个条件，如下：

```
save 900 1
save 300 10
save 60 10000
```

配置参数分别表示，900 秒（15 分钟）内有 1 个更新，300 秒（5 分钟）内有 10 个更新，60 秒内有 10000 个更新。更新的频率需要根据实际的环境需要进行设置。

10）参数 rdbcompression 用于指定存储到本地数据库时是否要压缩数据，默认 Redis 启用此功能并采用 LZF 进行压缩，但为了节省 CPU 时间可以关闭，不过在不压缩数据的情况下会导致数据库文件增加速度过快。

```
rdbcompression yes
```

11）参数 dbfilename 用于指定本地数据库备份的镜像文件名，默认名称为 dump.rdb。

```
dbfilename   dump.rdb
```

12）指定本地数据库镜像备份数据的存放目录，由参数 dir 定义。

```
dir  ./
```

13）在主从模式下使用 slaveof 参数来设置数据同步的问题，即将本机设置为 slav 服务，设置 master 服务的 IP 和端口后，在 Redis 启动时会自动从 master 上同步数据。当然，对于单主机的 Redis 就不需要使用参数了。

```
slaveof  <masterip>  <masterport>
```

14）在主从模式下，当 master 服务设置密码保护时，需要给 slav 服务设置连接 master 的密码。当然，如果是单主机模式，就不需要设置。

```
masterauth  <master-password>
```

15）使用requirepass来设置Redis连接密码，配置连接密码后，客户端在连接Redis时需要通过AUTH命令提供密码进行认证，不过默认配置下处于关闭状态。

```
requirepass  foobared
```

16）参数maxclients用于设置最大的客户端并发连接数，默认客户端最大并发连接数为10000，但它没有开启。

```
maxclients 10000
```

17）Redis启动时使用的是主机的内存，由maxmemory参数来限制内存的使用，设置该参数后，Redis使用的内存达到限定的值后，就会尝试清除已到期或即将到期的数据（Key），如果不能清除，新数据就无法写入，但这不影响读取。当然，Redis后来使用VM的机制，就是在过期数据不能清除时，就把数据写入swap区。

```
maxmemory  <bytes>
```

单位对比如下：

```
1k => 1000 bytes
1kb => 1024 bytes
1m => 1000000 bytes
1mb => 1024*1024 bytes
1g => 1000000000 bytes
1gb => 1024*1024*1024 bytes
```

18）指定是否在每次更新操作后进行写日志记录，此功能由appendonly参数来控制，默认不启用该功能。当然，不启用该功能造成的影响，是在写数据到硬盘的过程中，如果出现宕机等情况导致数据丢失，可能没法找回来。

```
appendonly   no
```

19）使用参数appendfilename来指定更新日志文件名，默认为appendonly.aof。

```
appendfilename "appendonly.aof"
```

20）使用appendfsync来指定更新日志的条件，其有3个可选值，即no表示等数据缓存同步到磁盘（快），always表示每次更新操作后手动调用fsync()将数据写到磁盘（慢，但安全），everysec表示每秒同步一次（在以上两者之间，也是默认值）。

```
appendfsync   everysec
```

21）使用activerehashing参数来设置是否激活重置哈希算法，该功能默认为开启。

```
activerehashing   yes
```

22）使用include参数来指定包含其他的配置文件，可以在同一主机上的多个Redis实例间使用同一个配置文件，同时各个实例又拥有自己特定的配置文件，不过默认该功能不启动。

```
include /path/to/local.conf
include /path/to/other.conf
```

15.2　Redis 集群环境配置

集群是为了解决高负载环境或单台服务器异常关闭等问题而出现的，这样的环境能够在单台服务器故障时及时替换上以接替工作。本节将对 Redis 集群环境的搭建进行介绍，内容包括 Redis 的主从模式和读写分离模式。

15.2.1　Redis 主从模式库的搭建

主从模式环境就是主机完成大部分工作，而从机辅助完成部分工作，主从模式在一定程度上解决了单机存在过大压力且无备用服务器的问题，这也是保证高可用性的一种手段。本节就 Redis 主从模式的基本概念和平台环境的搭建进行介绍。

1. 主从模式的基本概念

下面介绍 Redis 主从模式的基本概念，包括 Redis 主从复制的基本工作过程、主要特点和主从复制环境需要注意的问题。

（1）主从复制的基本工作过程

在 Redis 的主从环境中，从服务器在连接时会先发送一个 SYNC 命令（无论是第几次连接），主服务器开始后台存储，并开始缓存新连接进来的修改数据的命令，当后台存储完成后，主服务器就把数据文件发送给从服务器。从服务器把获取到的数据保存在磁盘上，并把这些数据加载到内存中。而主服务器还需要把刚才缓存的命令发送到从服务器，这是作为命令流来完成的，且要和 Redis 协议本身的格式相同。

当然，如果主从服务器之间的连接由于某些原因断开，从服务器可以自动重连。当连接断开又重连后，就会进行数据的同步，但这个同步仅是对新数据，而没有把全部数据都传送一遍。另外，如果出现多个从服务器同时请求同步，主服务器只进行一个后台存储。

（2）主从复制的主要特点

Redis 主从复制的特点如下：

1）采用异步复制的工作方式。

2）Redis 主从服务器存在一对多的关系，即一个主 Redis 可以含有多个从 Redis。

3）每个从 Redis 可以接收来自其他从 Redis 服务器的连接。

4）主从环境对于主 Redis 来说是非阻塞的，这意味着当从 Redis 在进行数据同步时，主 Redis 仍然可以处理外界的访问请求。

5）主从环境对于从 Redis 来说是非阻塞的，这意味着当从 Redis 在进行数据同步时，也可以接受外界的查询请求，只不过此时从 Redis 返回的是没有更新过的数据。

6）主从环境提高了 Redis 服务的扩展性，能够有效解决单个 Redis 服务器读写访问造成压力过大的问题，同时也可以为数据备份及冗余提供一种解决方案。

（3）主从同步中需要注意的问题

在配置 Redis 的主从服务器时需要注意以下问题：

1）数据同步问题：在数据的全量同步过程中，主服务器会将数据保存在 RDB 文件中，然后发送给从服务器。当然，如果主服务器上的磁盘空间有限，对于它来说这是一份压力非常大的工作，在这样的环境下可以通过无盘复制来达到目的，就是由主服务器直接开启一个 socket 将 RDB 文件发送给从服务器，但此操作需要稳定的网络状态。

2）主从服务器读写问题：在主从复制结构下，从服务器原则上是不进行写操作的，这样做的目的是保证主从服务器间数据的一致性。当然，也可以通过配置文件让从服务器支持写操作，但这样做要保证所有主从服务器都一致，否则会引发很多预想不到的问题。

3）主从服务器密码设置问题：主从服务器之间会定期进行通话，但是如果主服务器上设置了密码，那么不给从服务器设置密码就会导致它不能与主服务器进行任何操作，因此设置密码时主从服务器要一起设置，且建议密码是一致的。

4）过期键（数据）处理问题：关于从服务器上的过期键，由主服务器负责对过期键进行删除处理，它会把相关删除命令以数据同步的方式同步给从服务器，从服务器根据删除命令删除本地过期的键。

2. 主从模式 Redis 平台配置

对于 Redis 的主从数据库模式配置，首先需要准备两台安装 Redis 数据库服务器的主机，并且为了便于测试，需要把防火墙和 SELinux 都关闭。完成以上准备工作后，现在开始搭建主从 Redis 环境。关于 Redis 主从基本环境配置的描述如表 15-1 所示。

表 15-1　Redis 主从基本环境配置的描述信息

主 Redis 配置描述	从 Redis 配置描述
主机 IP/主机名：192.168.137.100/redis-1	主机 IP/主机名：192.168.137.200/redis-2
bind：192.168.137.100 127.0.0.1	bind：192.168.137.200 127.0.0.1
Redis 端口：6379	Redis 端口：6380
本机 Redis 密码：K3467dba	本机和主机 Redis 密码：K3467dba
pidfile：/var/run/redis_6379.pid	pidfile：/var/run/redis_6380.pid

现在开始介绍 Redis 的主从数据库模式配置，先对主 Redis 的配置进行介绍。

根据表 15-1 的介绍，在主 Redis 上先关闭它的进程，之后打开/etc/redis/redis.conf 文件并对该文件中的相关配置进行更改，以下是需要更改或添加的配置。

```
bind  192.168.137.100  127.0.0.1
port  6379
requirepass     K3467dba
pidfile         /var/run/redis_6379.pid
```

更改完成后启动 Redis 进程，并确定是否存在启动失败的情况。

```
[root@redis-1 ~]# redis-server /etc/redis/redis.conf
1336:C 27 Sep 2020 01:13:25.937 # oO0OoO0OoO0Oo Redis is starting oO0OoO0OoO0Oo
1336:C 27 Sep 2020 01:13:25.937 # Redis version=5.0.9, bits=64, commit=00000000,
modified=0, pid=1336, just started
1336:C 27 Sep 2020 01:13:25.937 # Configuration loaded
```

登录主 Redis 检测是否配置成功。

```
[root@redis-1 ~]# redis-cli -p 6379 -a K3467dba
Warning: Using a password with '-a' or '-u' option on the command line interface may not be safe.
127.0.0.1:6379> select 1
OK
```

从输出的信息来看，主 Redis 配置没有问题。

现在对从 Redis 数据库进行配置，以下是需要更改或添加的配置项。

```
bind  192.168.137.200  127.0.0.1
port  6380
requirepass  K3467dba
masterauth  K3467dba
pidfile     /var/run/redis_6380.pid
slaveof     192.168.137.100  6379
```

完成以上配置的更改和添加后，接着启动 Redis 进程。

```
[root@redis-2 ~]# redis-server /etc/redis/redis.conf
10047:C 27 Sep 2020 01:24:35.945 # oO0OoO0OoO0Oo Redis is starting oO0OoO0OoO0Oo
10047:C 27 Sep 2020 01:24:35.945 # Redis version=5.0.9, bits=64, commit=00000000, modified=0, pid=10047, just started
10047:C 27 Sep 2020 01:24:35.945 # Configuration loaded
```

从启动的输出信息来看启动没有问题，启动后检测是否登录。

```
[root@redis-2 ~]# redis-cli -p 6380 -a K3467dba
Warning: Using a password with '-a' or '-u' option on the command line interface may not be safe.
127.0.0.1:6380> select 1
OK
```

从输出的信息来看，从 Redis 数据库可以登录。

现在开始验证配置，先登录主 Redis 数据库（192.168.137.100）并执行相关命令来检查是否能够检测到从 Redis 服务器。

```
127.0.0.1:6379[1]> info Replication
# Replication
role:master
connected_slaves:1
slave0:ip=192.168.137.200,port=6380,state=online,offset=1260,lag=0
master_replid:20bcef832b7b029ea51229e39b9edb4ca3b2bb9c
master_replid2:0000000000000000000000000000000000000000
master_repl_offset:1260
second_repl_offset:-1
repl_backlog_active:1
repl_backlog_size:1048576
repl_backlog_first_byte_offset:1
repl_backlog_histlen:1260
```

从输出的信息来看，在主 Redis 服务器上已经获取到从 Redis 服务器。反过来，也可以在从 Redis 数据库上执行 info Replication 命令来检查是否能够识别主 Redis 数据库。

```
127.0.0.1:6380[1]> info Replication
# Replication
role:slave
master_host:192.168.137.100
master_port:6379
master_link_status:up
master_last_io_seconds_ago:7
master_sync_in_progress:0
slave_repl_offset:4511
slave_priority:100
slave_read_only:1
connected_slaves:0
master_replid:20bcef832b7b029ea51229e39b9edb4ca3b2bb9c
master_replid2:0000000000000000000000000000000000000000
master_repl_offset:4511
second_repl_offset:-1
repl_backlog_active:1
repl_backlog_size:1048576
repl_backlog_first_byte_offset:379
repl_backlog_histlen:4133
```

从输出的信息可以看到，从 Redis 数据库已经识别到主 Redis 数据库。

最后检查当主 Redis 数据库上更新数据时，从 Redis 数据库是否有更新数据。在主 Redis 数据库上定义键 name 的值为 redis–1，并确认是否获取到该值。

```
127.0.0.1:6379[1]> set name redis-1
OK
127.0.0.1:6379[1]> get name
"redis-1"
```

在从 Redis 数据库上执行 get 命令确认是否获取到 name 的值。

```
127.0.0.1:6380[1]> get name
"redis-1"
```

从输出的信息可以看到已经同步到主 Redis 数据库的数据，

至此，主从 Redis 数据库配置完成。

15.2.2 Redis 读写分离环境

关于 Redis 数据库的读写分离，简单来说就是数据的写入和读取分别由不同的数据库来完成。基于这样的要求，需要至少两台以上的 Redis 数据库服务器。

对于 Redis 数据库而言，它本身就是将数据置于内存中运行并将数据固化（或备份）到硬盘上，因此在读写速度上具备传统数据库没有的优势，在一些对数据读写要求高的环境下使用 Redis 很容易满足这种特殊的要求。

简单的读写分离架构模型就是 Redis 读/写数据库各一台，在这样的模式下，正常的流程是最新的数据变动首先要到达“写”库上，也就是说每次的数据变动都由用户直接与“写”数据库对接，在这样的环境要求下数据就不能写入“读”数据库，否则会造成数据差异。为了把问题讲清楚，现假设 A 是 Redis 的读数据库，B 是 Redis 的写数据库，问题说明如下。

数据库的读写分离从不严格的意义上可以把 A 库看作 B 库的"实时"备份，它是 B 库数据的延申，因此 A 库上的数据仅供查询使用（仅仅是获取到结果，如执行 SELECT 命令而不能执行 UPDATE 命令），它的数据来源只能是 B 库数据的更新变动，如果 A 库的数据独自变动，就不再是读写分离，而是作为单独数据库存在。总的来说，数据库的读写分离的实现原理可以归纳到主从关系，不同的是分工。

基于以上所讲的原理，Redis 数据库的读写分离可以在它的主从模式上实现，即主 Redis 数据库作为写数据库，而从 Redis 数据库作为读数据库，但需要注意从数据库的数据来源只能是主数据库，因此需要在应用程序中实现数据调用，即在程序代码中写入执行 SELECT 等数据查询命令时要访问从数据库，而执行 UPDATE、DELETE 等数据操作命令时访问的是主数据库。

15.3 Redis 服务器的应用与管理

Redis 服务器搭建后，对它的应用和管理是主要的工作，本节将从 Redis 的信息安全管理、客户端工具的使用和常用的维护命令这三方面来介绍。

15.3.1 Redis 信息安全管理

安全是 Redis 要考虑的主要问题，本小节将介绍 Redis 的基本安全配置。这里的安全配置是基于密码认证的安全策略，接下来将通过 Redis 基本信息获取和密码认证机制这两方面来介绍 Redis 基本安全的问题。

1. Redis 的基本信息管理

Redis数据库的特别之处在于它是一个将数据存储在内存中的内存数据库，且可以定时以追加或快照的方式将数据不断刷新到硬盘中。也就是说，数据先存到内存中，在设定的时间内再把数据同步到硬盘上存储，因此Redis的读写速度非常快，更适合在一些对数据读写要求比较高的场合使用。

接下来对 Redis 数据库的基本信息的获取进行介绍，包括数据库实例的数量、日志记录数量级缓存的管理等，但在获取这些信息之前需要先登录数据库。

```
[root@redis ~]# redis-cli -h redis -p 6379
redis:6379>
```

其中，redis 是主机名，也可以使用 IP 地址来替代，但此时只能在本机上操作，因为还没开启远程访问的权限。在登录数据库后，可以使用以下命令来获取数据库实例的数量：

```
redis:6379> config get databases
1) "databases"
2) "16"
```

从输出的信息可以知道，默认配置下 Redis 数据库有 16 个实例。当然，数据库实例的数量可以根据实际的需要进行增减。

关于日志数量（条数）的存储，存储的数量越多，占用的磁盘空间就越多，因此这个数量要根据实际的需要来设置，否则过多的日志信息会占据大量的磁盘空间。默认日志的存储数量可以使用 slowlog-max-len 命令来查看，该命令也可以设置日志的条目，只是需要使用不同的参数。

例如，可以使用以下命令来查看存储最大的日志条目：

```
redis:6379> CONFIG GET slowlog-max-len
1) "slowlog-max-len"
2) "128"
```

也可以使用以下命令来将存储的日志条目增加到 1000 条：

```
redis:6379> CONFIG SET slowlog-max-len 1000
OK
redis:6379> CONFIG GET slowlog-max-len
1) "slowlog-max-len"
2) "1000"
```

保存日志的实际上是一个 FIFO 队列，当此队列的大小超过设定的数值时，就将日期最久远的一条日志删除，并将最新的数据条目写入该队列中，以此方式不断循环执行。

最后，查看一下数据库的缓存数据信息。

```
redis:6379> dbsize
(integer) 0
```

从输出的信息可以看出数据库没有存储数据，在存储了数据并需要将这些数据清空时，可以使用以下命令：

```
redis:6379> flushall
OK
```

2. Redis 配置认证密码

在默认配置下，Redis 并没有开启登录数据库的安全认证功能，因此任何人都可以登录数据库，出于安全的考虑，应该给 Redis 数据库设置登录密码。密码有两种设置方式，一是直接更改配置文件，二是登录后执行命令来更改。

（1）使用配置文件设置密码认证

通过配置文件来直接设置密码，需要在配置文件/etc/redis/redis.conf 中找到 requirepass 参数，将其前的注释号取消，并对其后的默认密码进行更改就可以，如下：

```
requirepass  P123456re
```

更改后需要重启 Redis 进程以重新加载配置文件。

```
[root@redis ~]# pkill redis
[root@redis ~]# redis-server /etc/redis/redis.conf
1295:C 26 Sep 2020 08:54:55.826 # oO0OoO0OoO0Oo Redis is starting oO0OoO0OoO0Oo
1295:C 26 Sep 2020 08:54:55.826 # Redis version=5.0.9, bits=64, commit=00000000, modified=0, pid=1295, just started
1295:C 26 Sep 2020 08:54:55.826 # Configuration loaded
```

重启完成。

设置密码后还是可以登录上去的，只是在操作时会出现错误提示信息，并提示需要认证。

```
[root@redis ~]# redis-cli -h redis -p 6379
redis:6379> keys *
```

```
(error) NOAUTH Authentication required.
```

此时退出来并使用密码认证的方式登录，并在登录后执行一些命令来确认是否通过认证。

```
[root@redis ~]# redis-cli -h 127.0.0.1 -p 6379 -a P123456re
Warning: Using a password with '-a' or '-u' option on the command line interface
may not be safe.
127.0.0.1:6379> select 1
OK
```

其中的提示信息不必理会，这只是安全的提示信息。

从输出的信息可以看到，使用密码认证后就可以在数据库上执行命令，说明密码设置已经完成，且可以使用。

（2）使用命令行设置密码认证

基于命令行的密码设置方式需要先登录数据库（建议先把之前设置的密码认证功能关闭），然后执行 config 命令来设置密码。

```
[root@redis ~]# redis-cli -h 127.0.0.1 -p 6379
127.0.0.1:6379> config set requirepass K34567db
OK
```

此时退出并重新登录，并执行相关的命令来确认是否设置成功。

```
[root@redis ~]# redis-cli -h 127.0.0.1 -p 6379 -a K34567db
Warning: Using a password with '-a' or '-u' option on the command line interface
may not be safe.
127.0.0.1:6379> select 1
OK
127.0.0.1:6379[1]> keys *
(empty list or set)
127.0.0.1:6379[1]> config get requirepass
1) "requirepass"
2) "K34567db"
```

通过输出的信息可以确定密码重置完成。

运维前线

对于在主从环境下设置认证密码，当主 Redis 设置密码后，其他的从 Redis 也需要开启密码认证机制，即需要在每台从 Redis 主机上找到 masterauth 参数，将其前的注释号取消后，将其后的密码设置成与主 Redis 一致。

```
masterauth  K3456db
```

15.3.2　Redis 客户端工具的使用

通过以上配置，实际上要登录数据库也只能在本机上登录，这在日常的维护上会有一定的不便，因此需要开启远程访问权限时，可以在配置文件中进行相关的设置。要开启此功能，需要在配置文件/etc/redis/redis.conf 中找到 bind 配置项，并将原先的只监听本地回环地址更改为监听所有地址或监听主机 IP，或两者并存（两者间需要使用空格符隔开）：

```
bind  192.168.137.100 127.0.0.1
```

找到 protected-mode 配置项，将其值更改为 no：

```
protected-mode  no
```

最后重启 Redis 的进程。

Redis 客户端工具的可视度远比命令行界面要好，适合的客户端工具能够在很大程度上增加工作效率，更好地管理Redis的数据。Redis服务器的客户端工具目前还是比较多的，比如Redis Client、Redis Desktop Manager、Redis Studio 等，下面以 Redis Client 为例简单介绍。打开登录认证界面，在 name 处自定义名称，在 Host 处输入 Redis 主机 IP 并确认端口问题，然后输入密码，认证通过后就可以看到如图 15-2 所示的工作环境。

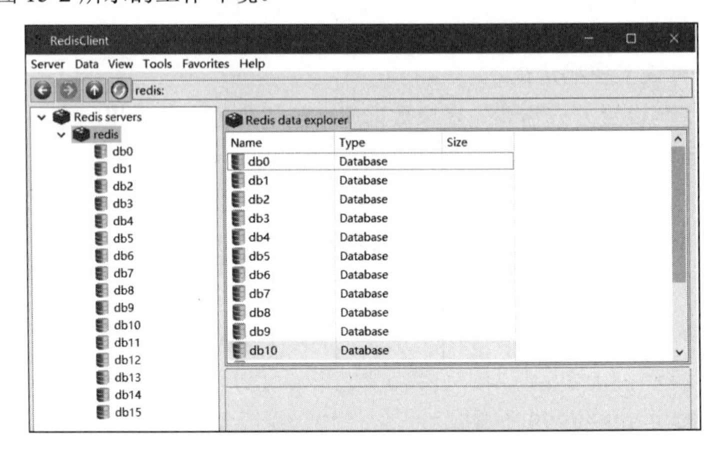

图 15-2　Redis Client 工作环境

15.3.3　Redis 常用的维护命令

Redis存储的数据有5种不同的存储键，这5种存储键与不同数据结构类型之间存在映射关系，即 STRING（字符串）、LIST（列表）、SET（集合）、HASH（散列）和 ZSET（有序集合），在日常工作中对这 5 种数据结构有所了解才能更好地对 Redis 的数据进行维护。表 15-2 所示是这 5 种数据结构类型介绍。

表 15-2　Redis 的 5 种数据结构类型

数据结构	存储值	读写能力
STRING	字符串、整数、浮点数	对字符串或部分字符进行操作，对整数和浮点数执行自增或自减操作
LIST	链表（每个节点都包含一个字符串）	链表的推入、弹出，链表的修建，取值，查值，移除
SET	包含字符串的无序收集器，不可重复	添加，获取，移除，检查存在，计算交集、并集、差集，随机取值
ZSET	字符串成员与浮点数分值间的有序映射，元素的排序由分值决定	添加、获取、移除
HASH	包含键值对的无序散列表	添加、获取、移除

接下来将对 Redis 数据库的数据结构操作命令进行介绍。

（1）STRING命令的基本应用

操作 STRING 类数据有 SET、GET 和 DEL 这三个基本命令，用于对 key 值的定义、获取和删除，作用说明如下：

- SET：设置 key 的值，如果该 key 已存储其他的值，就被新值覆盖。
- GET：获取存储中指定键的值。
- DEL：删除存储中指定键的值。

下面对数值（key 的值）命令进行说明。

- INCR：将键存储的值加 1。
- DECR：将键存储的值减 1。
- INCRBY：将键存储的值加 Count。
- DECRBY：将键存储的值减 Count。
- INCRBYFLOAT：将键存储的值加上浮点数（Float）。

下面对操作命令的使用进行说明。

- APPEND：将 VALUE 追加到指定键值的末尾。
- GETRANGE：获取偏移量 start 到 end 范围内的所有字符串值的子字符。
- SETRANGE：将偏移量 start 到 end 的字符串设置为指定的值。
- GETBIT：获取偏移量为 offset 的二进位值。
- SETBIT：设置偏移量为 offset 的二进位值。
- BITCOUNT：统计二进制位串值为 1 的数量。
- BITOP：对一个或多个二进制位串执行 AND、OR、XOR、NOT 任意一种运算操作，并将结果存在 dest-key 中。

（2）LIST命令的基本应用

下面对操作 LIST 类数据的基本命令进行说明。

- PRUSH：将指定的值推入列表的右端。
- LPUSH：将指定的值推入列表的左端。
- LPOP：将列表的左端推出一个值。
- RPOP：将列表的右端推出一个值。
- LINDEX：获取列表给定位置的元素。
- LRANG：返回列表从 start 到 end 偏移量在内的所有元素。
- LTRIM：保留偏移量从 start 到 end 的元素。

下面对操作 LIST 类数据的高级命令进行说明。

- BLPOP：从第一个非空列表中弹出最左侧的元素，或在 timeout 之内阻塞等待元素出现。
- BRPOP：从第一个非空列表中弹出最右侧的元素，或在 timeout 之内阻塞等待元素出现。
- RPOPLPUSH：从第一个列表中弹出右端的元素，推入第二列表的左端并返回此元素。
- BRPOPLPUSH：从第一个列表中弹出右端的元素，推入第二列表的左端并返回此元素，如果没有值，就阻塞等待出现。

（3）SET命令的基本应用

下面对操作 SET 类数据的基本命令进行说明。

- SADD：将指定的元素添加到集合。
- SREM：如果指定的元素存在集合，就把它删除。
- SISMEMBER：检查元素是否在集合中。
- SCARD：返回集合中包含的元素的数量。
- SMEMBERS：返回集合包含的所有元素。
- SRANDMEMBER：从集合中随机返回一个或多个元素。
- SPOP：随机从集合中移除一个元素，并返回这个元素。
- SMOVE：如果该集合包含 key 就把它移除，被移除的元素添加到 dest-key 中。

下面对 SET 类数据按位进行运算的命令进行说明。

- SDIF：计算差集。
- SDIFFSTORE：计算差集，并将结果存储到 dest-key。
- SINTER：计算交集。
- SINTERSTORE：计算交集，并将结果存储到 dest-key。
- SUNION：计算交集。
- SUNIONSTORE：计算交集，并将结果存储到 dest。

（4）ZSET命令的基本应用

下面对 ZSET 类数据的命令及作用进行说明。

- ZADD：将一个带有指定分值的成员添加到有序集合中。
- ZREM：如果指定的成员在有序集合中，就把它移除。
- ZCARD：返回有序集合的数量。
- ZINCRBY：将成员的分值加上 count。
- ZRANK：返回成员在有序集合的排名。
- ZCOUNT：返回分值在最小值和最大值间的成员数量。
- ZRANGEBYSCORE：获取有序集合在给定分值范围内的所有元素。
- ZRANGE：根据元素在有序集合中的位置从有序集合中取出多个元素，如果指定WITHSCORES就返回分值。
- ZINTERSTORE：对指定的有序集合执行类似集合的交集运算。
- ZUNIONSTORE：对指定的有序集合执行类似集合的并集运算。

（5）HASH命令的基本应用

下面对 HASH 类数据的命令及作用进行说明。

- HSET：在散列中关联指定的键值对。
- HGET：获取指定散列键的值。
- HDEL：如果指定的键在散列中，就把它移除。
- HGETALL：获取散列包含的所有键值对。
- HEXISTS：检查指定的键是否在散列中。

- HKEYS：获取散列包含的键。
- HVALS：获取散列包含的值。
- HINCRBY：将键存储的值加上 count。
- HINCRBYFLOAT：将键存储的值加上浮点数 count。
- HGETALL：获取散列包含的所有键值对。

（6）其他命令的基本应用

下面对其他相关的命令及作用进行说明。

1）事务处理命令

- MULTI：开启事务。
- EXEC：提交事务。

2）排序命令

- SORT：根据指定选项对输入的列表、集合或有序集合进行排序，并返回或存储排序结果。

3）键的过期设置

- EXEPIRE：对键的有效期进行设置。
- TTL：查看键剩余的有效期（以秒为单位）。
- PERSIST：移除键的过期时间。
- EXPIREAT：将过期时间设置为指定的 UNIX 时间戳。
- PTTL：查看键值的有效期限（以毫秒为单位）。
- PEXPIRE：对指定的键设置有效期（以毫秒为单位）。
- PEXPIREAT：将过期时间设置为指定 UNIX 时间戳（以毫秒为单位）。

15.4　本章小结

本章主要介绍了 Redis 这款内存数据库的安装配置和维护。

读者需要掌握其安装配置和基本的环境初始化，还要能够搭建主从分离和读写分离的环境，并且对一些常用的基础命令有所了解，以满足日常的基本维护需要。

第 16 章

企业源代码管理工具 Git

代码版本控制是软件系统开发过程中不可缺少的工作，一款优秀的开发工具能够为工作效率带来不少的提升。本章将以 Git 为例来介绍仓库的概念、构建仓库平台和基于仓库的扩展应用。

16.1　代码管理仓库 Git

对软件开发的版本管理存在很多版本控制工具，对于各种各样的软件版本控制工具，如何选择很大程度上取决于工作的复杂度，简单易用的开源 Git 慢慢被越来越多的开发者接受。本节将从 Git 的特征和术语来进行介绍。

16.1.1　Git 概述

Git 是一个开源的分布式软件版本控制系统，它可以有效、高速地处理从很小到非常大的项目软件版本管理。

Git 起初是 Linus Torvalds 为了帮助管理 Linux 内核的版本控制而开发的一个开源软件，发展至今已被广泛使用。

Git 是分布式的，但它有一个共享库，这个库安装在服务器（或称 Git 的控制中心）上，并负责对分布式上推送过来的最新代码进行合并和存储。Git 是分布式的体现在当开发人员使用 Git 时，需要先把代码库下载到程序开发的主机上，也就是说每台程序开发的主机都可以存储一份完整的版本库，这些分布式的库可以分布在公司的每个角落或各个分公司，而且在工作时不需要联网，可以单独工作。

当然，分布式的代码库能够单独工作，但这样的情况会带来一个问题，就是会出现某模块代码被同时更新的情况。为了避免这样的问题，Git 采取锁定机制锁定新下载的代码，直到被更新时才解锁。另外，由于新版本的代码都在各个程序开发的主机上，因此只有把新代码都上传到 Git 仓库上其他人才能够看到。

对于 Git 而言，它主要有如下功能和特点：

1）版本控制，能够对更改后的代码版本进行控制。

2）分布式，支持增减多个节点形成分布式的Git库。

3）工作过程快速、灵活，还允许在开发的主机上完成，开发完成后提交到服务器端。

4）Git主服务器的压力和数据都分散在各个节点上，可以提升工作效率，且对Git主机的性能影响不大。

5）直接记录快照，并把发生变化的数据信息记录在一个独立的文件系统中暂存。

6）保持数据的完整性，数据在保存到Git之前都进行校验和计算对比，以防止数据损坏。

16.1.2　Git的基本概念

在使用Git开发的过程中会遇到一些词汇（术语），它们是对Git中的一些功能、作用概述的名称，为了更好地对Git进行使用和管理，先简单介绍一下这些术语。

1）工作目录：工作目录是对项目的某个版本独立提取出来的内容。这些从Git仓库的压缩数据库中提取出来的文件放在磁盘上供用户使用或修改。

2）暂存区域：实际上这是一个文件，保存了下次将提交的文件列表信息，一般在Git仓库目录中。暂存区域有时也被称为“索引”，这与它本身的作用有不少的关系。

3）Git仓库目录：仓库目录是Git用来保存项目的元数据和对象数据库的地方，这也是Git中最重要的部分，程序员从Git服务器上克隆仓库时，实际上使用的就是这里的数据。

4）Git工作流程：在工作时，Git的基本工作流程：在工作目录中修改（代码）文件→暂存文件，将文件的快照放入暂存区域→提交更新，找到暂存区域的文件，将快照永久性地存储到Git仓库目录。

另外，如果Git目录中保存着特定版本的文件，就属于已提交状态。如果被修改并已放入暂存区域，就属于已暂存状态。如果自上次取出后进行修改但还没放到暂存区域，就属于已修改状态。

16.2　搭建Git代码仓库平台

本节将介绍Git平台的搭建和基本引用，内容包括Git分布式结构的原理、Git代码仓库平台搭建和Git代码仓库的基本应用这三部分的内容。

16.2.1　Git分布式结构的原理

Git是一种软件版本的分布式控制系统。所谓分布式，是没有“中央服务器”的说法，因此每个开发的主机都是一个完整的版本库（或Git服务器），但无论分出多少个版本库，这些新的代码都最终汇总到Git服务器上。

Git系统与各个系统开发的主机通过网络相连，形成一种网状结构，且在这个结构中每个主机都可以分出新的版本库，从而形成各个级别。但代码库还是完整的，在这样的结构下，即使某些开发的主机出现故障也不会影响整体运行，各个主机与Git服务器之间的关系结构如图16-1所示。

在整个Git结构中，这些组成部分包括Git服务器和Git客户端，这些客户端可以是本地局域网中的开发主机，也可以是远端的开发主机，在工作时通常是从Git服务器上下载代码库，然后进行单独的工作。

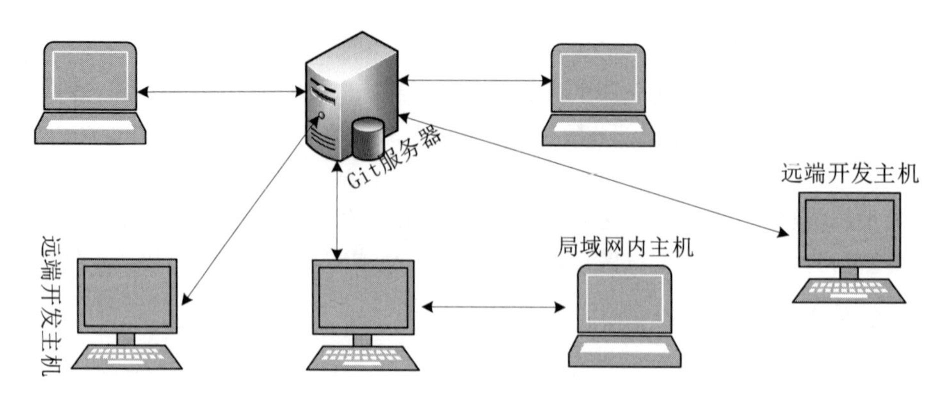

图 16-1　Git 分布式结构的组成部分

16.2.2　Git 代码仓库的平台搭建

本小节将从服务器端 Git 仓库配置和客户端 Git 工具的使用这两方面来介绍 Git 代码仓库平台的搭建。

1. 基于服务器端的 Git 仓库配置

下面首先介绍安装 Git 前的系统环境准备，然后介绍 Git 组件的安装及配置。

（1）安装Git前的环境准备

Git 软件的安装过程还是比较简单的，不过涉及不少依赖包，因此最省事的安装方式就是搭建网络 yum 服务器来安装，这样能够解决依赖包的问题。但对于在内网环境下安装 Git，需要先下载其源码包来安装。

为了保证 Git 的安全，在安装前需要先解决系统的基本配置问题，即关闭 SELinux 并将防火墙关闭，完成这两个配置后，接着需要解决依赖包的问题。

为了减少安装过多依赖包而增加工作量，我们采用本地 yum 服务器来安装 Git 的依赖包。需要安装的依赖包和编译所需的工具如下：

工具：gcc、make、openssl-devel。
依赖包：curl-devel、expat-devel、gettext-devel、zlib-devel、perl-ExtUtils-MakeMaker。

安装后需要先从 Git 的官网上获取 Git 的源码包（建议在官网上查阅安装配置和其他相关的介绍），再把它上传到要安装 Git 的 Linux 系统上。

（2）安装Git服务组件

接下来将介绍 Git 的安装，在安装前需要做一些准备工作，即创建用于运行 Git 服务的用户并设置相关的权限。

```
[root@git ~]# useradd -s /sbin/nologin git
[root@git ~]# mkdir /usr/local/git
[root@git ~]# chown -R git.git /usr/local/git/
```

以上这几行命令用于创建一个虚拟用户 git（用于运行 Git 服务），创建 Git 服务的主目录并将该主目录的用户和组都设置为 git。

接着开始安装 Git，先对源码包进行解压。

```
[root@git ~]# tar vzxf git-2.223.0.tar.gz
……
git-2.223.0/xdiff/xutils.h
git-2.223.0/zlib.c
git-2.223.0/configure
git-2.223.0/version
git-2.223.0/git-gui/version
```

切换到解压后的目录下，执行编译和安装。

```
[root@git ~]# cd git-2.223.0
[root@git git-2.223.0]# ./configure --prefix=/usr/local/git/
……
checking for POSIX Threads with '-pthread'... yes
configure: creating ./config.status
config.status: creating config.mak.autogen
config.status: executing config.mak.autogen commands
[root@git git-2.223.0]# make && make install
……
        { test -z "" && \
          ln "$execdir/git-remote-http" "$execdir/$p" 2>/dev/null || \
          ln -s "git-remote-http" "$execdir/$p" 2>/dev/null || \
          cp "$execdir/git-remote-http" "$execdir/$p" || exit; } \
done && \
./check_bindir "z$bindir" "z$execdir" "$bindir/git-add"
```

至此，Git 源码包软件安装完成。

由于 Git 仓库不需要启动进程，因此现在的问题是安装完成后如何确定已经安装成功。关于这个问题，简单的办法就是在终端执行 git 命令，如果有输出提示命令不存在就说明安装失败，比如以下输出说明 Git 已经安装：

```
[root@git ~]# git
……
   tag          Create, list, delete or verify a tag object signed with GPG

'git help -a' and 'git help -g' lists available subcommands and some
concept guides. See 'git help <command>' or 'git help <concept>'
to read about a specific subcommand or concept.
```

如果没有安装或安装失败，执行 git 命令时就会看到系统提示命令找不到的信息，如下：

```
[root@git ~]# git
-bash: git: command not found
```

另外，还有最后一个问题，就是设置环境变量。

在维护、使用 Git 的过程中往往直接执行命令，但可能出现系统无法识别某个命令的情况，因此建议设置 Git 的环境变量，即在/etc/profile 文件中加入以下配置：

```
export GIT_HOME=/usr/local/git/
export PATH=$PATH:$GIT_HOME/bin
```

添加后执行以下命令来刷新该文件的配置参数：

```
[root@git ~]# source /etc/profile
```

至此，Git 安装完成。

2. 基于客户端的 Git 工具配置

基于 Windows 系统的 Git 客户端的安装需要先下载客户端工具，再进行安装。

首先打开如图 16-2 所示的 Information 界面，直接单击 Next 按钮就可以。

接着打开 Select Destination Location 界面，选择 Git 的安装路径，在该界面可以根据自己的需求修改安装路径，否则保存默认路径并继续就可以。

在如图 16-3 所示的 Select Components 界面选择要安装的组件，保存默认选项也可以。

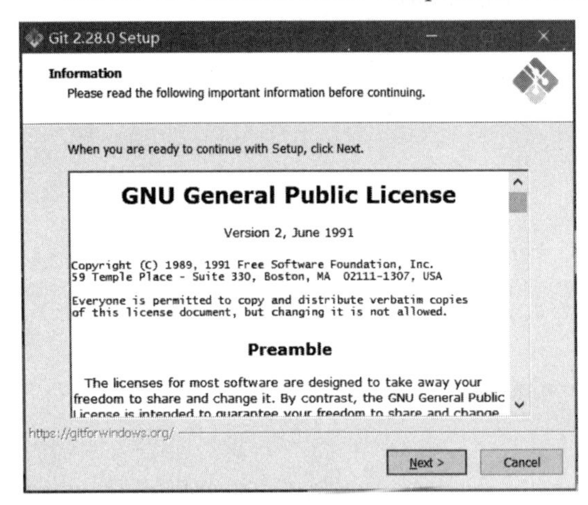

图 16-2 Information 界面

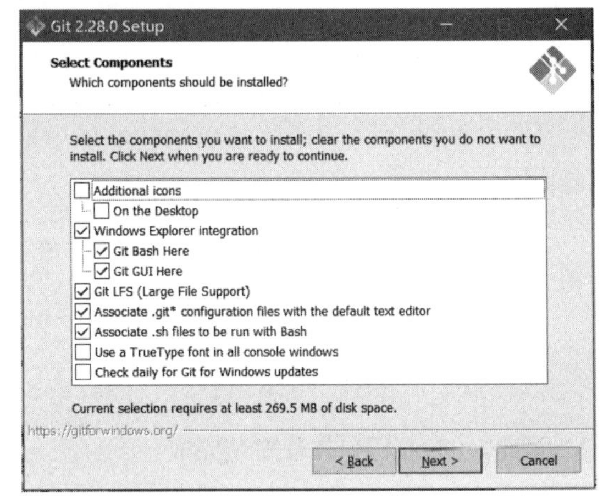

图 16-3 选择要安装的组件

- Additional icons（图标组件）：是否创建快速启动栏图标，或者是否创建桌面快捷方式。
- Windows Explorer integration（桌面浏览）：浏览源码的方式，有单独的上下文浏览（只使用 Bash 文本界面）和只用 Git GUI 工具浏览。

另外，还有关联配置文件（该配置文件主要显示文本编辑器的样式）、关联 Shell 脚本文件（关联 Bash 命令行执行的脚本文件）和使用 TrueType 编码（该编码是微软和苹果公司制定的通用编码）等，这些都可以根据自己的需要来选择。

接着进入 Select Start Menu Folder 界面，设置开始菜单中快捷方式的目录名称，不设置保持默认也可以。

此时将进入 Choosing the default editor used by Git 界面，在此界面根据自己的开发来选择适合的编辑器就可以。

在 Adjusting your PATH environment 界面，选择使用什么样的命令行工具，通常默认使用 Git Bash 就可以，如图 16-4 所示。

接着进入 Choosing HTTPS transport backend 界面，保持默认配置就可以。

在 Configuring the line ending conversions 界面，选择第一项就可以，如图 16-5 所示。说明：选项依次是检查出 Windows 格式就转换为 UNIX 格式来提交；检查出格式转为 UNIX 时就一律转为 UNIX 格式来提交；不进行格式转换，按照原格式提交。

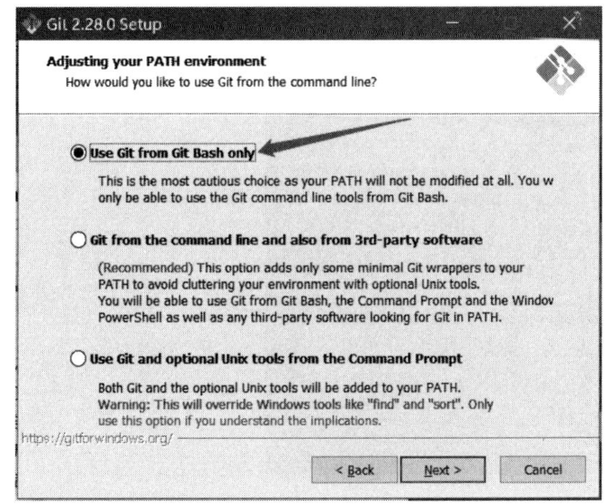

图 16-4　选择 Git 的命令行工具

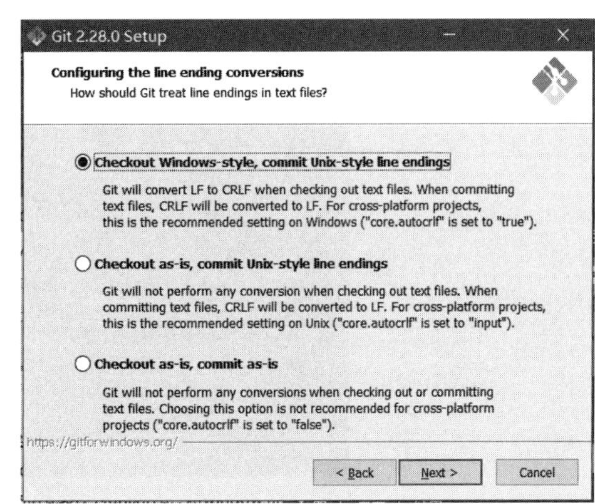

图 16-5　Git 中格式的转换功能设置

在 Configuring the terminal emulator to use with Git Bash 界面保持默认配置。

同样，在 Choose the default behavior of 'git pull'界面保持默认配置。

在 Choose a credential helper 界面保持默认配置。

在 Configuring extra options 界面保持默认配置。

在 Configuring experimental options 界面同样保持默认配置。

完成以上参数选择和设置后就开始安装，安装进度如图 16-6 所示。

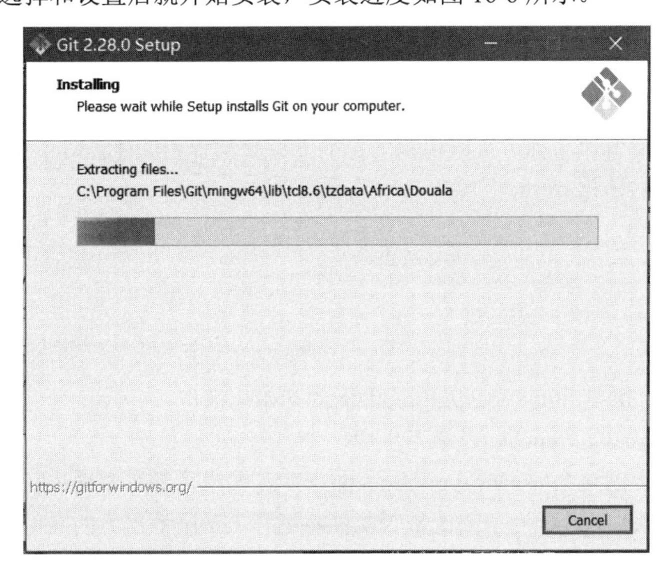

图 16-6　Git 客户端工具的安装进度

安装完成后会在 Windows 的桌面上出现一个名为 Git Bash 的图标，打开该工具的工作界面后，可以执行 git 命令来检查是否安装成功，或者通过打开并连接 Git 服务器的方式来测试该工具是否可用，如果能够登录就说明没问题，如图 16-7 所示。

至此，Git 客户端安装完成。基于 Linux 的 Git 客户端直接使用终端来操作就可以。

另外，此时在桌面的空白处右击，还可以看到有关 Git 的相关功能选项。

关于这些客户端的使用，在后面的内容中会进行介绍。

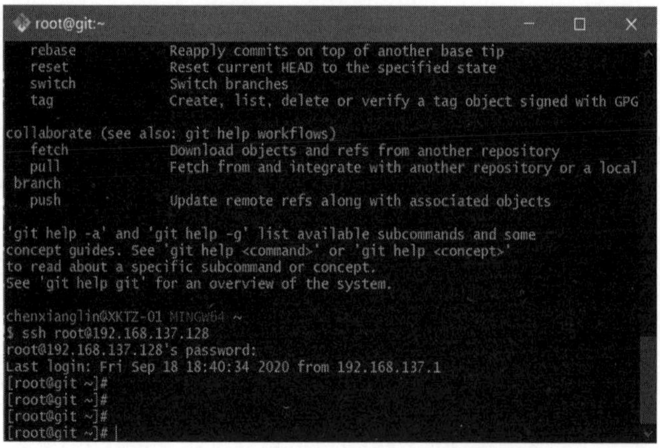

```
root@git:~
   rebase         Reapply commits on top of another base tip
   reset          Reset current HEAD to the specified state
   switch         Switch branches
   tag            Create, list, delete or verify a tag object signed with GPG

collaborate (see also: git help workflows)
   fetch          Download objects and refs from another repository
   pull           Fetch from and integrate with another repository or a local
 branch
   push           Update remote refs along with associated objects

'git help -a' and 'git help -g' list available subcommands and some
concept guides. See 'git help <command>' or 'git help <concept>'
to read about a specific subcommand or concept.
See 'git help git' for an overview of the system.

chenxianglin@XKTZ-01 MINGW64 ~
$ ssh root@192.168.137.128
root@192.168.137.128's password:
Last login: Fri Sep 18 18:40:34 2020 from 192.168.137.1
[root@git ~]#
[root@git ~]#
[root@git ~]#
[root@git ~]#
```

图 16-7　Git 客户端连接 Git 服务器测试

16.2.3　Git 代码仓库的基本应用

本小节对 Git 的基本应用进行介绍，这也是检查 Git 是否安装成功、是否正常运行的一种方式。接下来将从 Git 代码库的初始化、分支的应用和一些比较常用的操作命令三方面来介绍 Git 仓库的应用。

1. Git 代码仓库的初始化

在使用 Git 之前，首先要做的工作是创建或初始化仓库，初始化仓库使用的是 git init 命令，这也是使用 Git 的第一个命令。所做的这些初始化操作都需要在 Git 服务器端完成，在初始化完成后会在 Git 仓库下生成一个.git（隐藏）目录，该目录包含资源的所有元数据。

对于 Git 仓库的位置和名称，可以根据实际的需要来选择和创建。以下是初始化仓库的过程，先创建仓库目录，再初始化。

```
[root@git ~]# mkdir /usr/local/git/repdata
[root@git ~]# cd /usr/local/git/repdata/
[root@git repdata]# git init
Initialized empty Git repository in /usr/local/git/repdata/.git/
```

此时，已经完成 Git 仓库/usr/local/git/repdata/的初始化工作。

初始化后在/usr/local/git/repdata/目录下生成一个名为.git 的目录。

关于 Git 服务器上的这个/usr/local/git/repdata/仓库，如果需要在本地进行代码开发，就可以使用 git 命令克隆到本地主机上。为了测试是否能够将远程 Git 服务器上的仓库克隆到本地，先创建测试账号 gituser 并设置密码。

接着在本地选择或创建一个工作目录（如 E:\gitclient），切换到该目录下右击，选择打开 Shell 工作窗口（右击时选择 Git Bash Here），在该窗口执行以下命令来将远程 Git 服务器上的仓库克隆到本地：

```
chenxianglin@xktz MINGW64 /e/gitclient
$ git clone gituser@192.1623.137.128:/usr/local/git/repdata/
Cloning into 'repdata'...
gituser@192.1623.137.128's password:   <===== gituser 用户密码
warning: You appear to have cloned an empty repository.
```

此时，在本地主机的 E:\gitclient 目录下就会看到 repdata 目录，说明已经成功把远程 Git 服务器上的仓库克隆到本地，也就是仓库的初始化工作完成。

这里需要注意的是，即使/usr/local/git/repdata/目录下还有其他的文件，但这些文件不属于版本库中的文件，是不能克隆的，因为它们仅仅是放在该目录下，而不是在 Git 库中。

2. Git 分支的基本应用

几乎所有的版本控制系统都以某种形式支持分支，使用分支意味着可以把工作从开发主线上分离开来，以免影响开发主线。

Git 处理分支的方式非常简单，新分支的创建工作非常简单，在不同分支之间的切换操作也简单便捷，通过 Git 可以频繁地使用分支与合并功能，这样即使分支被删除，也不会对主线造成影响，而且分支的创建与合并不受次数的影响。因此，分支的使用可以让开发者在开发时从主线延伸分离到本地自由进行，大大减少因失误操作而引起的一系列问题。

为了更清楚地了解 Git 分支的问题，下面进行简单的介绍。

首先需要做一些准备工作，进入新建的/usr/local/git/repdata/仓库下，创建节点、测试文件并向 Git 提交，此次提交的版本定为第 1 版（V1），操作命令如下：

```
[root@git repdata]# git branch
[root@git repdata]# touch testv1
[root@git repdata]# git add .
[root@git repdata]# git commit -m "V1"
[master (root-commit) 612c4ed] V1
 1 file changed, 0 insertions(+), 0 deletions(-)
 create mode 100644 testv1
```

此时完成代码的提交，而且当前所处的位置在主节点上，如下所示：

```
[root@git repdata]# git branch
* master
```

其实，此时如果在本地主机上执行 git 命令来克隆仓库，就会在本地仓库中看到这个新建的测试文件 testv1，能看到该文件是因为它已经被加入库中。

主节点与分支之间要进行切换首先要有主节点和分支，前面已经创建了主节点，因此此时需要创建分支，即创建名为 fenzhiv1 的分支。

```
[root@git repdata]# git branch fenzihv1
[root@git repdata]# git branch
  fenzhiv1
* master
```

为了测试分支是否能够切换和创建成功，下面进行一些测试工作。先切换到分支下创建测试文件 fenzhi.txt，并向该文件写入信息。

```
[root@git repdata]# git checkout fenzhiv1
Switched to branch 'fenzhiv1'
[root@git repdata]# echo "test1" > fenzhi.txt
```

创建后向 Git 提交 fenzhi.txt 文件。

```
[root@git repdata]# git add .
[root@git repdata]# git commit -m "testv1 for branch"
```

```
[fenzhiv1 2412c2e] testv1 for branch
 1 file changed, 1 insertion(+)
 create mode 100644 fenzhi.txt
```

提交完成后，没有出现报错信息。

操作完成后，此时可以返回主节点：

```
[root@git repdata]# git checkout master
Switched to branch 'master'
```

由于分支下的文件没有被合并，因此在主节点上找不到分支下新提交的文件，要在主节点上获取分支新提交的信息，这时可以执行以下命令来对分支上的文件进行合并：

```
[root@git repdata]# git merge fenzhiv1
Updating 56d10e0..2412c2e
Fast-forward
 fenzhi.txt | 1 +
 1 file changed, 1 insertion(+)
 create mode 100644 fenzhi.txt
```

通过以上的操作，可以确定 Git 正常工作。

3. Git 常用的操作命令介绍

Git 的命令有多种不同的类型，这些命令为使用 Git 提供了很大的便利，因此如何使用好这些命令就成为一项必要了解的工作。接下来仅对 Git 一些比较常用的命令进行介绍，命令和相关的作用如下：

- git add：添加文件至暂存区。
- git archive：文件归档打包。
- git bisect：二分查找。
- git blame：文件逐行追溯。
- git branch：分支管理。
- git cat-file：版本库对象研究工具。
- git checkout：检出到工作区、切换或创建分支。
- git cherry-pick：提交拣选。
- git clean：清除工作区未跟踪文件。
- git clone：克隆版本库。
- git commit：提交。
- git config：查询和修改配置。
- git describe：通过里程碑直观地显示提交 ID。
- git diff：差异比较。
- git difftool：调用图形化差异比较工具。
- git fetch：获取远程版本库的提交。
- git grep：文件内容搜索定位工具。
- git gui：基于 Tcl/Tk 的图形化工具，侧重提交等操作。
- git init：版本库初始化。
- git log：显示提交日志。

- git merge：分支合并。
- git mv：重命名。
- git pull：拉回远程版本库的提交。
- git push：推送至远程版本库。
- git rebase：分支变基。
- git reflog：分支等引用变更记录管理。
- git remote：远程版本库管理。
- git revert：反转提交。
- git rm：删除文件。
- git show：显示各种类型的对象。
- git stash：保存和恢复进度。
- git status：显示工作区文件状态。
- git tag：里程碑管理。

16.3 Git 的扩展 GitLab 仓库

关于 Git 的扩展比较多，本节主要介绍 GitLab 这款扩展工具。GitLab 是一款基于 Git 存储的 Web 环境仓库软件，它带来的 Web 环境非常直观，因此使用界面非常友好。接下来将对 GitLab 仓库的概念特征、环境搭建和基本应用进行介绍。

16.3.1 GitLab 概述

GitLab 是一款结合 Git 和 GitHub 部分功能的 Web 界面软件开发工具，它具有代码管理、项目管理和人员管理等功能，也是开源社区中比较活跃的项目管理软件。本小节将主要对 GitLab 这款工具的基本概念和它的特征进行介绍。

1. GitLab 的基本概念

GitLab 是一款利用 Ruby on Rails 实现的仓库管理系统的开源项目，它是使用 Git 作为代码的管理工具，在此基础上提供了非常人性化和可视度高的 Web 服务端供开发者使用。在 Web 界面上能够访问公开的或私人项目、浏览源代码及管理缺陷和注释等，也能够对仓库的访问权限进行管理，以及通过代码片段收集功能轻松实现代码复用，因此在功能实现上也是非常丰富。

实际上，GitLab 具备不少功能，这与它实现 GitHub 类似的功能有直接的关系。GitHub 是一项公开可用的免费服务，它的规则就是开放所有的代码（付费账号可以不必公开），这就意味着任何人都可以看到推送到 GitHub 的代码并能够对这些代码提供改进的建议，GitLab 实现的服务与 GitHub 相似，但它利用 Git 来存储代码实现内部管理，就相当于一个自我托管的 Git-Repository 管理系统，这种机制能够在一定程度上实现代码的私密性。

当然，这只是针对使用 GitLab 的远程仓库而言，也就是针对注册并使用 GitLab 社区提供的服务而言，如果选择自己搭建 GitLab 服务器（仓库），就不会存在以上介绍的这些问题，因此对于公司而言，在需要时选择自己搭建 GitLab 平台是不错的选择，这在很大程度上可以保证代码不被外界获知，除非是被泄漏。

2. GitLab 的基本特征

可以说GitLab是一款代码管理的集合体，它至少集成了Git和GitLab的特征和功能，在代码管理、人员管理、可视化等方面提供了非常好的用户接口工作界面，通过该界面能够轻松实现对系统开发进度、开发团队、管理团队的管理。GitLab提供了一个代码片段收集功能，可以轻松实现代码复用，还提供了一个文件可视化的历史库，这个库可以在Web上访问并查看提交过的版本信息。

可以说，GitLab 是集中服务器上管理 Git 存储库的一个好方法，通过它可以完全控制存储库或项目，实现代码（项目）的公共或私有。在版本控制上，GitLab 提供 GitLab Community Edition 来为用户在代码所在的服务器上进行定位、提供足够的存储库，实现代码库中项目的少量代码共享。

当然，在使用 GitLab 开发的过程中，在对代码进行推拉（push/pull）的过程中，它在速度上相对于 GitHub 来说会慢一些，不过整体来说还是不错的。

16.3.2 构建 GitLab 环境平台

实际上，对于 GitLab 而言，使用它时可以在社区自由注册用户账号就可以，不过公司在开发系统时更多选择自建 GitLab 仓库服务器，这样可以避免代码被泄漏等各种不必要的问题，还可以更好地对代码进行管理。

当然，出于版权的问题，对外提供的是 CE 版本的 GitLab，而且直接下载 RPM 格式的安装包就能够安装。书写本书时下载地址为 https://mirrors.tuna.tsinghua.edu.cn/gitlab-ce/yum/，选择需要的版本下载安装就可以。

当然，由于安装 GitLab 时涉及不少依赖包，因此在安装它之前需要解决依赖包的问题。需要安装以下几个依赖包：

```
audit-libs-python
checkpolicy
libcgroup
libsemanage-python
policycoreutils-python
python-IPy
setools-libs
```

对于这些依赖包可以使用本地 yum 服务器来安装，这样就很容易解决依赖包的安装问题。另外，搭建本地 yum 服务器后，可以直接使用 yum 服务器来安装 GitLab 软件，这样不需要先安装依赖包，而是在安装 GitLab 时就把依赖包一起安装，如下（把 GitLab 安装包上传到/root/目录下就可以执行命令来安装，搭建本地 yum 服务器使用的配置在之前的章节介绍过）：

```
    [root@git ~]# yum --disablerepo=\* --enablerepo=rhel7 install
gitlab-ce-13.4.4-ce.0.el7.x86_64.rpm -y
    ......
    Installed:
      gitlab-ce.x86_64 0:13.4.4-ce.0.el7

    Dependency Installed:
      audit-libs-python.x86_64 0:2.23.1-3.el7   checkpolicy.x86_64  0:2.5-6.el7
libcgroup.x86_64 0:0.41-14.el7
      libsemanage-python.x86_64 0:2.5-11.el7 policycoreutils-python.x86_64
0:2.5-22.el7   python-IPy.noarch 0:0.75-6.el7
```

```
  setools-libs.x86_64 0:3.3.14-2.el7

Complete!
```

通过本地的 yum 服务器可以很快解决安装的问题。

安装完成后，实际上默认的配置并不能使用 GitLab 的 Web 工作界面，原因是默认的配置使用的地址不能访问 GitLab 的 Web 服务，因此在使用前需要对配置文件/etc/gitlab/gitlab.rb 的地址指向配置项进行更改，即在该配置文件的大概第 32 行处找到以下配置：

```
external_url 'http://gitlab.example.com'
```

把它更改为主机的地址就可以，如下（注：该地址要根据主机的 IP 地址更改）：

```
external_url 'http://192.1623.137.128'
```

更改配置文件后，在启动进程前需要做的工作是初始化 GitLab 的环境，如果不初始化，启动进程也没有什么意义。因此，初始化工作是不可缺少的，可以使用以下命令对 GitLab 的环境进行初始化：

```
[root@git ~]# gitlab-ctl reconfigure
……
  * execute[reload prometheus] action run
    - execute /opt/gitlab/bin/gitlab-ctl hup Prometheus
Recipe: monitoring::alertmanager
  * runit_service[alertmanager] action restart (up to date)
Recipe: monitoring::postgres-exporter
  * runit_service[postgres-exporter] action restart (up to date)
Recipe: monitoring::grafana
  * runit_service[grafana] action restart (up to date)

Running handlers:
Running handlers complete
Chef Infra Client finished, 563/1530 resources updated in 03 minutes 20 seconds
gitlab Reconfigured!
```

初始化后就可以启动 GitLab 的进程。

```
[root@git ~]# gitlab-ctl start
ok: run: alertmanager: (pid 17071) 198s
ok: run: gitaly: (pid 16965) 199s
ok: run: gitlab-exporter: (pid 16956) 200s
ok: run: gitlab-workhorse: (pid 16933) 201s
ok: run: grafana: (pid 17087) 197s
ok: run: logrotate: (pid 16433) 304s
ok: run: nginx: (pid 16413) 310s
ok: run: node-exporter: (pid 16942) 201s
ok: run: postgres-exporter: (pid 17079) 198s
ok: run: postgresql: (pid 16155) 370s
ok: run: prometheus: (pid 16976) 199s
ok: run: puma: (pid 16332) 328s
ok: run: redis: (pid 15988) 382s
```

```
ok: run: redis-exporter: (pid 16958) 200s
ok: run: sidekiq: (pid 16349) 322s
```

启动 GitLab 的进程后可以在浏览器上使用主机的地址（如 http://192.1623.137.128）来访问 GitLab 的 Web 登录界面，如果没什么问题，可以看到如图 16-8 所示的 GitLab 登录认证界面。

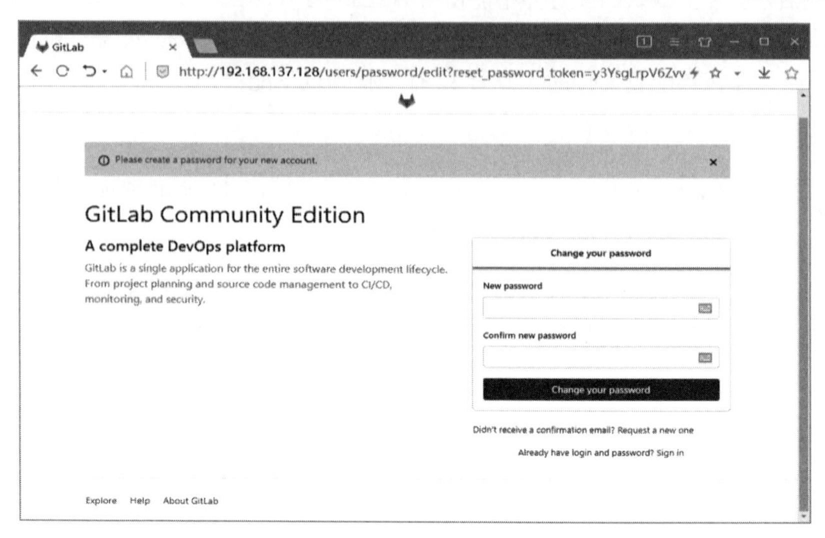

图 16-8 GitLab 登录认证界面

当然，还可以使用以下命令来重启 GitLab 的进程：

```
[root@git ~]# gitlab-ctl restart
……
ok: run: node-exporter: (pid 3922) 0s
ok: run: postgres-exporter: (pid 3927) 1s
ok: run: postgresql: (pid 3941) 0s
ok: run: prometheus: (pid 4027) 0s
ok: run: puma: (pid 4040) 0s
ok: run: redis: (pid 4045) 0s
ok: run: redis-exporter: (pid 4050) 1s
ok: run: sidekiq: (pid 4059) 0s
```

另外，可以在/etc/rc.loacl 文件中加入以下命令来实现 GitLab 服务的开机自启动，但需要注意该文件的权限问题，需要检查该文件是否有可执行权，并在无可执行权时添加。

```
su - root -c "/usr/bin/gitlab-ctl start"
```

或使用以下命令来实现开机自启动：

```
[root@git ~]# systemctl enable gitlab-runsvdir.service
Created symlink from
/etc/systemd/system/multi-user.target.wants/gitlab-runsvdir.service to
/usr/lib/systemd/system/gitlab-runsvdir.service.
```

使用以下命令来实现对进程的管理：

```
[root@git ~]# systemctl start/restart/stop gitlab-runsvdir.service
```

16.3.3　基于 GitLab 的项目应用

项目是基于用户或用户组的应用，也就是说项目是通过用户来创建的，并将用户或用户组直接规划到项目下。本小节将对项目及其相关的用户和用户组进行介绍，涉及的内容主要包括管理员账号初始化、用户和组的创建、项目的应用这三部分。

1. GitLab 管理员账号初始化

默认 GitLab 的管理员账号是 root，但此 root 并非操作系统的 root。

首次使用该 root 账号时需要给它设置（初始化）密码，因此在 Web 的认证登录页面上，所需设置的密码实际上就是 root 的密码。设置密码后，就可以使用该 root 账号和密码进行登录的认证，如果没认证成功，就会看到如图 16-9 所示的 GitLab 首页环境界面。

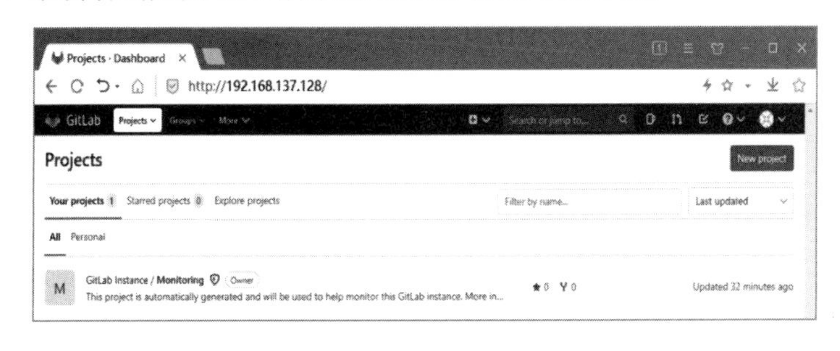

图 16-9　基于 root 用户的 GitLab 首页环境界面

关于 GitLab 的 root 用户，它具有 GitLab 的最高控制权，能够对包括用户、组的创建、项目的创建等各种资源的控制，也能够对相关的配置参数进行设置等，因此使用好该账号的权限是对 GitLab 进行有效管理的必要手段。

2. 基于 GitLab 的用户和组

GitLab 的用户和组可以由最高权限的 root 用户创建，也可以由用户（使用者）自己注册 GitLab 的用户账号后创建用户组。也就是说，用户组是不能注册的，而是先有用户账号后，通过用户账号来创建。

（1）GitLab的用户账号管理

对于用户账号，如果使用管理员账号 root 来创建，需要该账号先登录 GitLab 的 Web 工作界面，在正上方的导航栏处有一个 Admin Area 工具图标，单击后打开其左侧的菜单栏并选择 Users，在打开的界面单击 New user 按钮就可以创建用户，如图 16-10 所示。

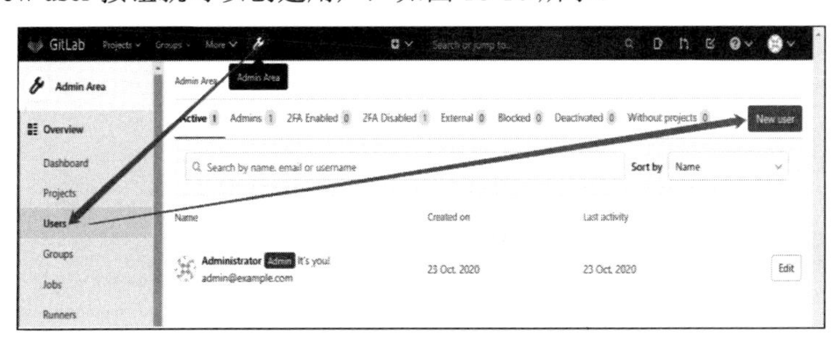

图 16-10　基于 root 权限的用户创建

在创建 GitLab 的普通用户时，只需要设置 Account 的参数就可以，包括 Name、Username 和 Email 这三个必填的参数。其中，Name 和 Username 这两个参数可以相同，建议使用开发人员名称；Email 可以自定义，建议所有的用户使用相同的格式。

比如创建 java01-user 用户，创建完成后跳转到新建用户的主页，在该主页上就可以看到用户的名称、邮箱等信息，如图 16-11 所示。

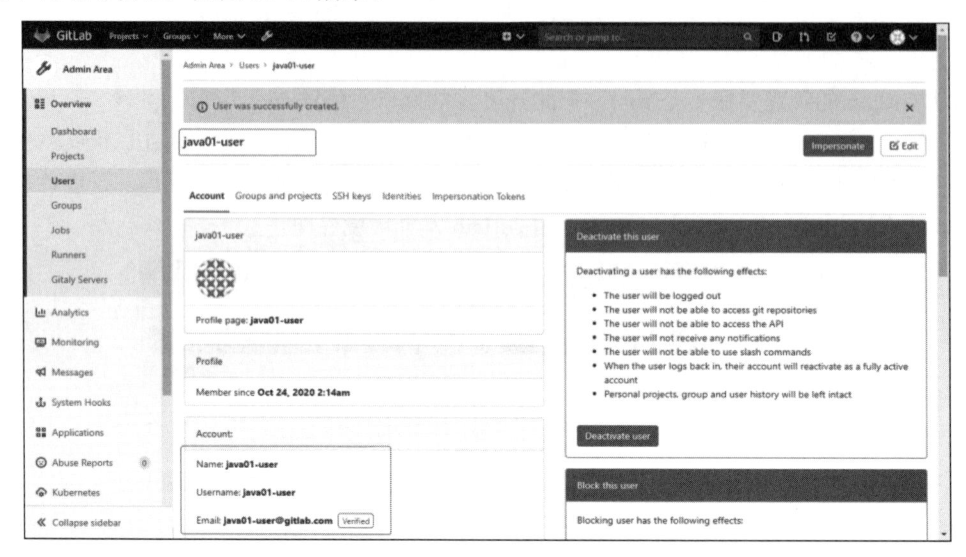

图 16-11　新建用户 java01-user 的主页信息

完成用户的创建后，该用户并不能登录，原因是 GitLab 不能给该邮箱发送信息，因此需要手动给该用户账号初始化密码。

初始化用户密码时，单击新建用户主页右侧的 Edit 按钮，进入编辑用户相关参数的界面，在此界面的 Password 参数处可以设置用户账号的初始密码，设置完成后保存就可以。

当然，此时如果使用新建的 java01-user 用户登录，首次登录需要重置密码，如图 16-12 所示，重置密码后就可以登录。

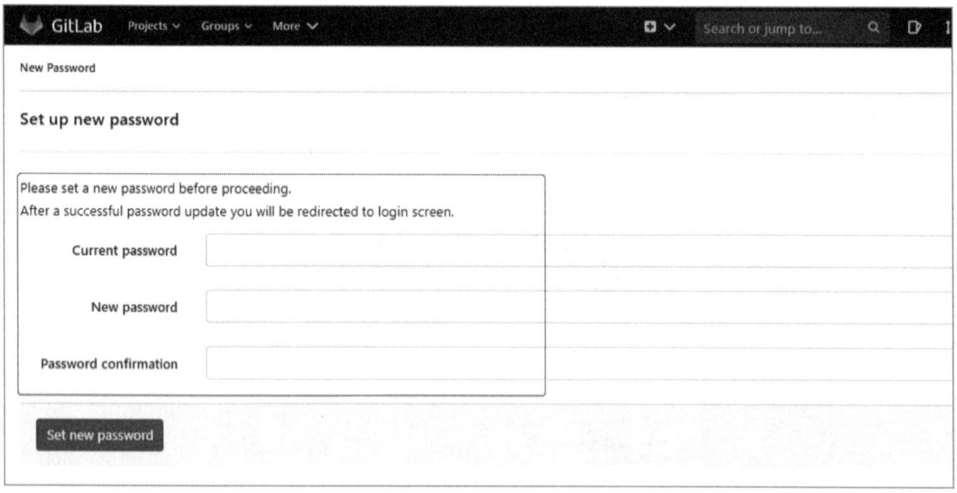

GitLab　Projects　Groups　More　Search or jump to...

New Password

Set up new password

Please set a new password before proceeding.
After a successful password update you will be redirected to login screen.

Current password

New password

Password confirmation

Set new password

图 16-12　重置 java01-user 用户密码

重置 java01-user 的密码后，就可以登录它的工作环境，如图 16-13 所示。

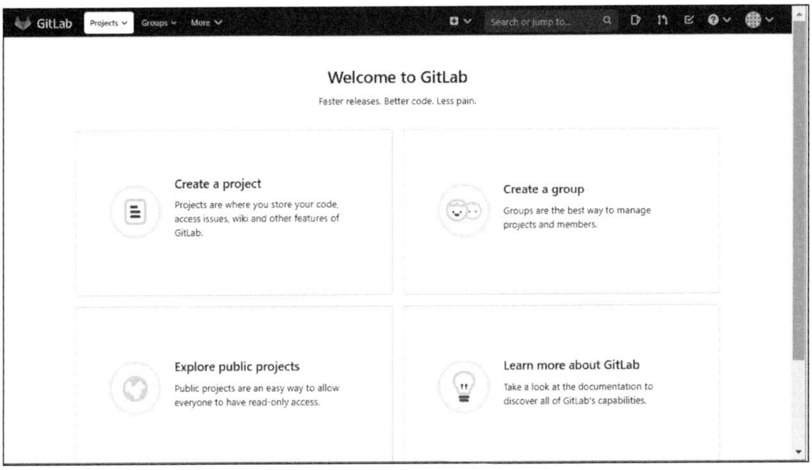

图 16-13 普通用户 java01-user 的工作环境首页

默认配置下，GitLab 允许自由注册用户，因此在登录认证窗口处能够看到注册用户的选项，此时选择 Register 选项来注册用户就可以。

用户注册完成后，接着选择该用户的角色。用户的角色也就相当于告诉别人这个账号是做什么的，因此选择合适的角色就可以，如图 16-14 所示。

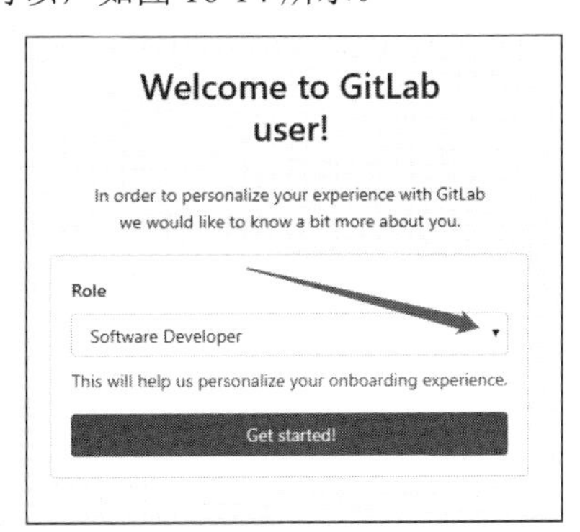

图 16-14 GitLab 用户角色选择

至此，已经完成 GitLab 用户创建的工作。

运维前线

对于自建的 GitLab 服务器，没必要允许自由创建 GitLab 用户账号，更多采取对账号集中管理的方式，简单来说就是谁有必要使用就分配给谁，而账号的创建、权限管理等问题都由最高权限的账号 root 进行处理。

要关闭自由注册 GitLab 账号的功能，登录 root 用户后，在上导航栏中打开 Admin Area，在打开的左侧功能栏处找到 Settings 选项，打开该选项后，在右侧列表中找到 Sign-up restrictions 这项，单击它右侧的 Expand 按钮来打开关于它的更多设置参数，如图 16-15 所示。其中，Sign-up enabled 用于控制是否开启自由注册账号，不允许自由注册账号时直接取消该参数并保存设置就可以。

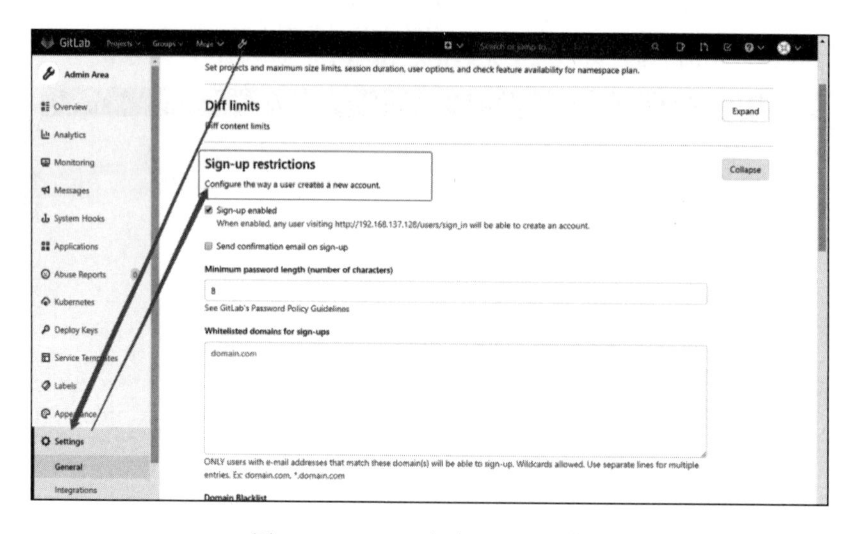

图 16-15 GitLab 自由注册账号功能

（2）GitLab的用户和组管理

组通常是指具有相同作用、功能或权限的一类用户的集合。

对于 GitLab 的组而言，创建 GitLab 组的主要目的是将某项目相关的开发、测试和管理等人员集中在一起，从而更好地完成对该项目进行相关的开发和测试等工作。当然，对项目（或软件）开发进度的跟进也是非常重要的工作。

因此，创建组能够将某项目的人员集中在一起并进行授权，非本项目的人员就无权涉及该项目的代码信息，这样能够保证代码的安全和质量，实现对项目的可控性和可见性。当然，创建组的可以是管理员，也可以是普通用户，一般为了管理规范，都要以最高管理员身份来创建组并添加用户成员。

在创建组时，在用户主页的上导航栏处选择 Groups→Your groups（或在创建组的用户主页上），并在打开的组列表的右侧单击 New group 按钮来创建用户组。在创建组时需要关于组的相关信息，包括组名、访问组的 URL 地址、组的描述信息和权限级别，如图 16-16 所示为创建组 YT_JAVA-01 及该组相关的配置信息。

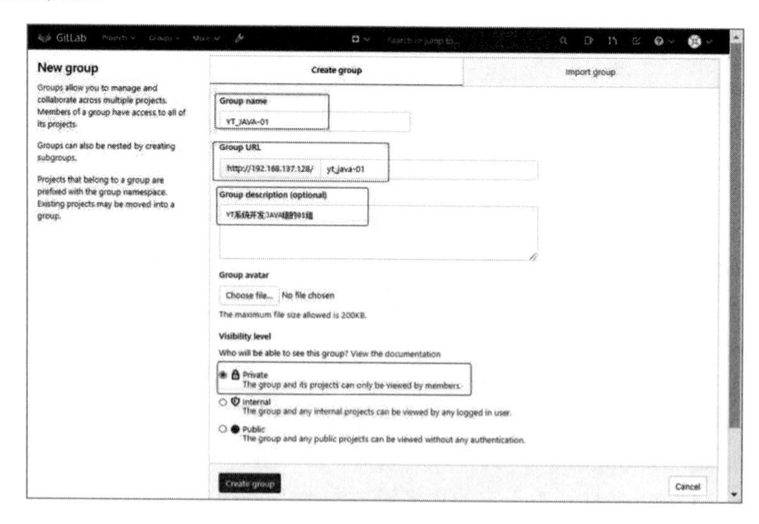

图 16-16 GitLab 下新建的 YT_JAVA-01 组

下面对创建组时涉及的一些参数进行说明。

- 组名：对于组名的选取建议与它的作用相关，但不宜过长，这个通常根据项目的类型、组成员的技能或这两种集合来命名。
- 组 URL：组 URL 是主机名和组名的结合，可根据实际需要进行更改，组 URL 可以用来直接访问组，但需要认证。
- 组描述：组描述用于说明该组的特征、存在的作用等，相当于做一个备注。
- 组的等级：可以看作一种安全等级，简单来说就是它是对外公开的还是私密的。

完成组的创建后需要向组中加入成员，在组的主页（完成创建组 YT_JAVA-01 后自动切换到的页面）左侧单击 Members 选项，切换到组成员的管理界面。在该界面的 Invite member 下可以添加组的成员、设置成员的角色及设置访问的期限等。如图 16-17 所示为增加用户 java01-user 到组，并设置该用户在组中的身份为 Developer。

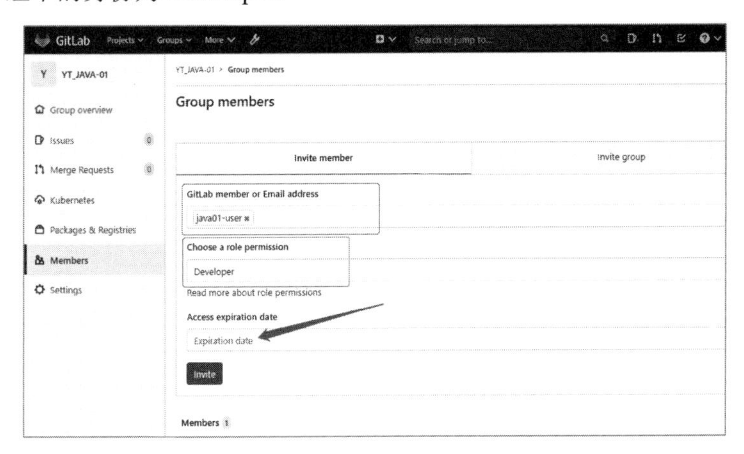

图 16-17 新增组成员 java01-user

其中，access expiration date（访问期限）不设置意味着该用户可以无限期访问该组。

另外，新增的组用户在该组的页面上就可以看到，且可以对组成员进行管理，包括移除角色、更改角色、设置访问期限。

3. 基于 GitLab 的项目应用

项目是指一系列独特、复杂且相互关联的活动，这些活动有着一个明确的目标或目的，必须在特定的时间、预算、资源限定内依据规范完成预定的目标。

换句话说，项目就是集售前、售中和售后于一体，通过制定相关的策略和方案来完成约定的事情，这个“事情”可以说是要解决的问题，这些问题更多是指给客户解决的问题。项目完成的时间节点通常是最终的验收，但对于这个售后来说，它的结束时间可以是验收结束时，也可以有续约，即在验收后还要维护一段时间。

通常，项目具有以下基本特征：

1）项目开发是为了实现一个或一组特定目标。

2）项目受到预算、时间和资源的限制。

3）项目具有复杂性和一次性。

4）项目是以客户为中心的。

当然，“项目”这个词是泛指，在各行各业中都可以使用，这里涉及的“项目”是指以软件开发为目的、为软件开发提供的基础环境。就好比说，在 GitLab 上创建项目，这是仅用于软件开发的活动，包括对开发人员进行管理、跟踪软件开发的进度等。

任何能够登录 GitLab 的用户都能创建项目，至于由谁（哪个账号）来创建项目并集合开发人员，这通常由项目负责人来指定，但无论是哪个账号来创建，这个过程和意义都是一样的。

要创建一个项目，打开创建项目的界面后，只需要在 Blank project 处设置项目名称、项目的 URL、项目的描述及项目的安全级别即可。例如创建项目 YT_SYSTEM，该项目的相关参数设置如图 16-18 所示。

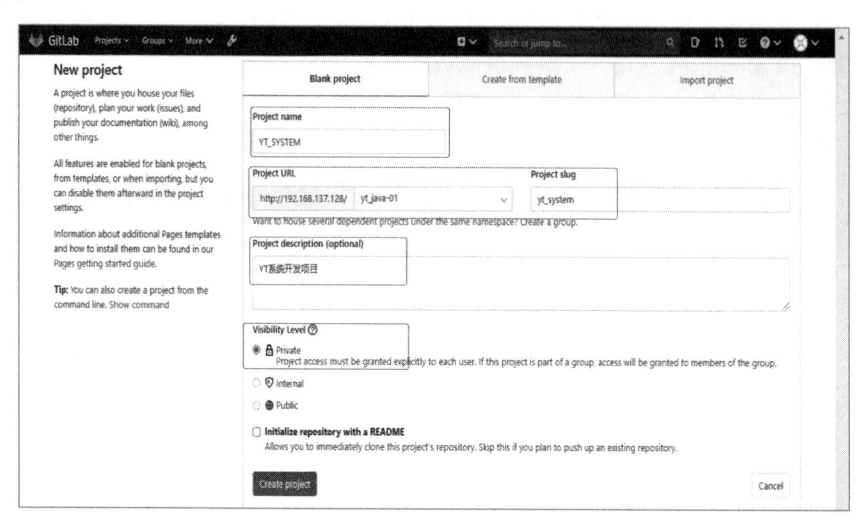

图 16-18　创建 YT_SYSTEM 项目的参数

下面对创建项目相关的参数进行说明。

- 项目名称：项目名称是用于区别项目的类型名字，可以说是在项目列表中最为直接的显示。
- 项目 URL：访问项目的地址，需要设置该项目所属的组或用户（建议指定项目所属的组就可以），其他的参数不需要更改。
- 项目描述：主要是对该项目的作用进行描述，以便给后期的维护带来便利。
- 项目安全级别：安全级别设为私有就可以。

完成项目的创建后，还需要设置密钥和创建仓库（初始化仓库环境），否则项目没有存在的意义。

1. 配置基于 GitLab 项目的密钥

对于所创建的项目，在创建后就能够使用，不过在连接时需要认证，由于还没配置密钥，认证只能使用用户名和密码来进行，且每次都需要手动进行，这种认证方式在开发的环境中是不可取的，否则每次代码变动都需要输入用户名和密码，这样工作效率非常低下，因此在实际开发环境中应该配置密钥。

当然，并不是在 GitLab 中的所有用户都能够使用或下载项目（或仓库），只有被划入项目的用户才能够使用，比如创建的项目是 YT_SYSTEM，该项目属于用户组 YT_JAVA-01，而在该用户组中有 java01-user 这个用户，因此用户 java01-user 就可以通过用户名和密码认证的方式来获取

TY_SYSTEM 项目的数据，比如要克隆项目 http://192.1623.137.128/yt_java-01/yt_system 的数据，就可以使用 java01-user 来认证。

即在客户端（Windows 系统）下的空白处下右击打开 Git Bash Here（前提是安装 Git 客户端），打开 Shell 窗口，在该窗口输入要克隆的远程项目（仓库）的地址（该地址可以在项目首页的 Create a new repository 处找到）。

```
$ git clone http://192.1623.137.128/yt_java-01/yt_system.git
Cloning into 'yt_system'...
warning: You appear to have cloned an empty repository.
```

命令执行后会弹出认证窗口，此时输入用户 java01-user 和其密码就可以，认证通过后会下载 yt_system 目录（由于此时的项目没有任何数据，因此只是获取到一个空目录），由此可以看出 GitLab 的服务器端与客户端之间的网络是通的。

另外，创建项目 YT_SYSTEM 的 root 用户也有权限克隆该项目的数据。

注 意

输入的用户名和密码被 Windows 系统自动保存在“控制面板\用户账户\凭据管理器”中，因此在首次输入后，下次使用时会自动认证，不需要再次输入。在测试的过程中，影响测试时清空所保存的凭证就可以。

下面介绍基于 Windows 环境的密钥创建。

关于所创建的密钥，这是基于 SSH 的密钥，在客户端（Windows 系统）打开 Git 客户端后，执行 ssh-keygen 命令并采用默认的方式来创建，如下：

```
chenxianglin@XKTZ-01 MINGW64 ~/Desktop
$ ssh-keygen
......
Enter same passphrase again:
Your identification has been saved in /c/Users/chenxianglin/.ssh/id_rsa
Your public key has been saved in /c/Users/chenxianglin/.ssh/id_rsa.pub
The key fingerprint is:
SHA256:xBhv5ZjlqHG326jQ3dwURR9qrWhM1GGUK+FKfP3JDIk chenxianglin@XKTZ-01
The key's randomart image is:
+-----[RSA 3072]------+
|    .    o.o+ooo     |
|      = O...oo.o     |
|     o @ =.+o+..     |
|      * +oEo=..      |
|     . S ++..* .     |
|      . o.* o =      |
|     . . + + .       |
|     . .             |
|      .              |
+-------[SHA256]------+
```

完成密钥的创建后，把生成的密钥信息复制到 GitLab 服务器的 YT_SYSTEM 项目下，即根据提示在/c/Users/chenxianglin/.ssh/目录下找到 id_rsa.pub 这个公钥文件，将它的信息复制到 GitLab 上就可以。

在新建项目 YT_SYSTEM 的主页上，直接单击 Add SSH key 按钮（见图 16-19）来打开密钥设置界面。

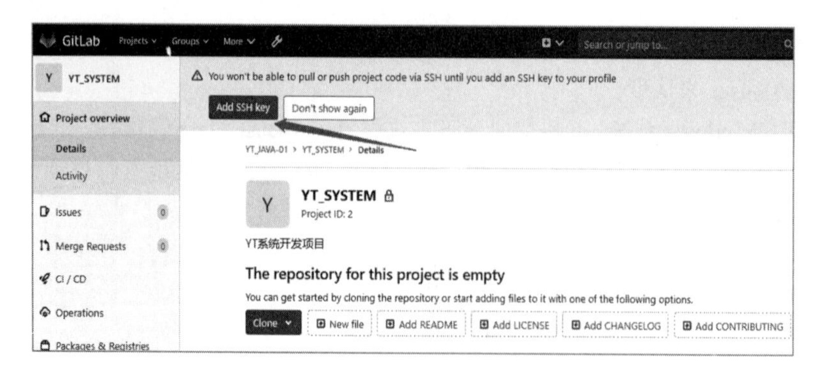

图 16-19　添加 GitLab 的 SSH 密钥

在 SSH Keys 处把公钥文件/c/Users/chenxianglin/.ssh/id_rsa.pub 的信息复制到 Key 中（注意不要留多余的空格），在核对 Title 和 Expires at 的信息没问题后添加密钥就可以，如图 16-20 所示。注意，时间格式建议每台程序开发主机使用的都一致，这样可以避免一些不必要的问题。

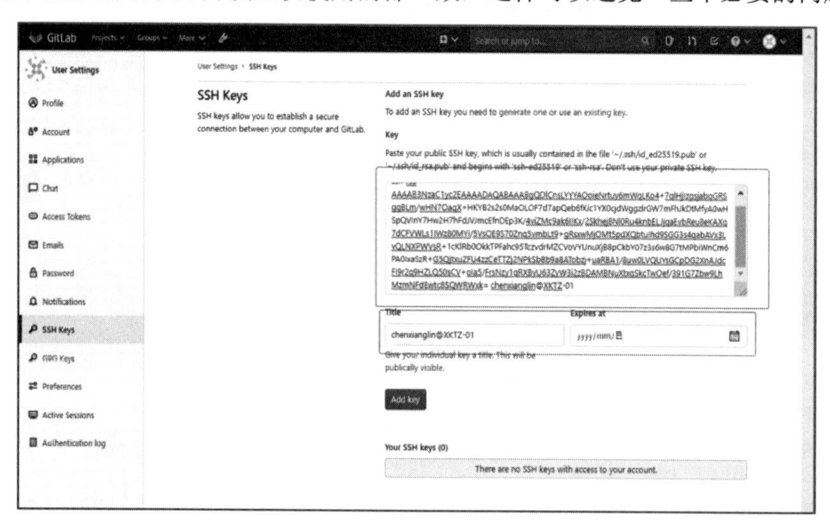

图 16-20　项目 YT_SYSTEM 的密钥设置

为了测试密钥的可用性，需要先清空原先保存的所有用于认证 GitLab 的用户名和密码，打开客户端 Git 工具并执行以下命令来克隆项目，以验证网络的连通性和免密码连接。

```
$ git clone git@192.1623.137.128:yt_java-01/yt_system.git
Cloning into 'yt_system'...
The authenticity of host '192.1623.137.128 (192.1623.137.128)' can't be
established.
ECDSA key fingerprint is SHA256:24B+ikHGJ//LNPg+z1dg+bi6LzHl08o+jV4e36OtMJc.
Are you sure you want to continue connecting (yes/no/[fingerprint])? yes    <===
首次连接需要确认
Warning: Permanently added '192.1623.137.128' (ECDSA) to the list of known
hosts.
warning: You appear to have cloned an empty repository.
```

以上是实现免认证克隆远程项目（仓库）到本地，接着测试免认证向远程仓库推送数据。在 Git 客户端切换到 yt_system 目录依次执行以下命令来创建代码文件：

```
touch README.md
git add README.md
git commit -m "add README"
```

最后执行以下命令来向仓库提交文件：

```
$ git push -u origin master
Enumerating objects: 3, done.
Counting objects: 100% (3/3), done.
Writing objects: 100% (3/3), 214 bytes | 214.00 KiB/s, done.
Total 3 (delta 0), reused 0 (delta 0), pack-reused 0
To 192.1623.137.128:yt_java-01/yt_system.git
 * [new branch]      master -> master
Branch 'master' set up to track remote branch 'master' from 'origin'.
```

出现以上信息说明已经实现免认证向仓库提交数据，此时把 Git 终端窗口关闭并把下载到本地的 yt_system 目录删除，再次打开 Git 终端执行 git 命令克隆远程仓库，就会发现克隆到本地的目录不再是空的，而是有文件的目录。

至此，可以确认 SSH 密钥能够使用。

运维前线

密钥的创建建议在 GitLab 服务器上进行，设置 GitLab 的密钥并将公钥分发给每台开发程序的主机就可以，但需要注意路径的问题。当然，如果在 Windows 系统上创建，可以把创建密钥生成的.ssh 目录（包括其下的文件）都发放给其他开发主机，但要注意路径问题。

2. GitLab 的用户应用

通常，在实际的开发环境都是根据开发人员来创建相对应的账号，因此每位开发人员都拥有属于自己的 GitLab 账号来进行日常的软件开发工作，比如所创建的 java01-user 用户，给它设置密码交给开发人员后，开发人员就把远程仓库的地址写入开发工具并设置用户名和密码，这样每次需要与 GitLab 服务器端进行互动时，开发工具就根据记录的用户名和密码直接提供，而不需要开发人员进行输入。

当然，使用的地址应该是基于 HTTP 的，就是 http://192.1623.137.128/yt_java-01/yt_system.git，该地址适用于属于该项目组的所有用户。

16.4 本章小结

本章主要介绍了 Git 这款软件版本控制开发工具，包括平台的搭建和基于它的扩展 GitLab 的配置。

对于 Git 这款分布式软件开发系统，需要掌握它的安装和配置，还需要对用户的配置、代码存放的目录以及这些代码的备份有所了解。

对于 GitLab 这款软件，需要掌握它的安装和基础环境的初始化，并了解它在 Web 上的基本使用。

第 17 章

Jenkins 平台的搭建与配置

软件开发是一个连续的过程，在这个过程中需要对不同资源进行多次整合，利用 Jenkins 这款工具能够自动对资源进行整合，从而节省大量的时间。

本章将对 Jenkins 这款工具平台的应用进行介绍，内容主要包括 Jenkins 的概念、平台环境搭建和应用配置这三方面。

17.1　Jenkins 平台概述

在软件开发过程中通常需要多次重复地发布，且存在多种不同的方式，Jenkins 作为一款集开发、测试和发布于一身的开源软件，它为软件的开发过程带来了很大的便利性。本节将对该软件平台的基本概念和它的架构原理进行介绍。

17.1.1　Jenkins 的基本概念

Jenkins（原名 Hudson）是一款基于 Java 开发的开源免费、功能强大的软件系统开发平台，它的主要作用是为软件开发者提供一种开放且易用的软件开发平台环境。当然，Jenkins 也是一种持续集成的工具，用于监控软件开发过程中的开发、提交、编译、测试、发布环节中的重复工作，使软件的持续集成变成可能，同时也提高了工作效率，从而实现软件开发过程的流程化。

通过 Jenkins 的使用能够处理任何类型的构建或持续集成的问题，它还可以与 GitLab 和 GitHub 进行交互，实现自动编译、部署程序等，可以降低手动操作带来的出错问题。另外，Jenkins 还可以将运维中用到的脚本整合起来，并通过页面方式集中管理。无论是哪方面的工作，通过 Jenkins 的使用大大降低了工作的复杂度和工作量，同时也提高了工作效率。

1. Jenkins 的功能特点

对于 Jenkins 这款开源的软件系统开发平台，它在协助工作方面的作用确实很大，得益于它能够兼容和结合各个软件进行工作，这与它所具备的功能特点分不开。下面对 Jenkins 的功能特点进行简单的介绍。

- 易安装：仅仅一个安装包，从官网上获取后就可以直接运行，不需要安装额外的组件，这为维护降低了很大的难度。
- 易配置：提供友好的 GUI 配置界面，非常的人性化，可视性很高。
- 变更支持：Jenkins 能够自动从代码仓库中获取最新代码，产生代码更新列表后输出到编译输出信息中。
- 支持永久链接：通过 Web 来访问 Jenkins，使用的页面链接地址是永久性的，因此可以在各种文档保持后直接使用。
- 集成 E-Mail/RSS/IM：Jenkins 中集成通信工具，在完成代码的集成后就可以使用这些通信工具实时告诉团队成员。
- JUnit/TestNG 测试报告：以图表等形式提供详细的测试报表功能，能够对工作的进展和工作结果一目了然。
- 支持分布式构建：Jenkins 支持分布式工作，使得可以把集成构建等工作分发到多台计算机中完成。
- 支持第三方插件：使得 Jenkins 变得越来越强大，且在使用上越来越简单。

2. 关于 Jenkins 持续集成的概念

基于各个行业的数据化和环境的多变性，直接导致软件开发的复杂度不断提高，这就需要团队开发成员间更好地协同工作以确保软件开发的质量，这已成为开发过程中不可回避的问题。问题的严重性随着大型软件系统的开发越来越明显，而如何能在不断变化的需求中快速适应和保证软件的质量成为非常重要的问题。

有问题就有解决方案，持续集成（Continuous Integration，CI）正是针对这类问题的一种软件开发实践，持续集成倡导团队开发成员必须经常集成各自的工作（甚至每天都可能发生多次集成），每次的集成都是通过自动化的构建来验证的，包括自动编译、发布和测试，从而尽快地发现存在的问题，以便能够开发出更有质量保证的软件。

简单来说，集成是指软件个人完成的代码部分向软件整体部分交付，并进行合并；持续就是这种集成的工作一直在进行。通过这种持续集成的方式能够在很短的时间内发现存在的问题，从而使得问题能够得到快速解决，避免造成重大的损失。当然，持续集成是一个自动化的周期性工作，是集成测试的过程，它从检出代码、编译构建、运行测试、结果记录到测试统计等都是自动完成的，无须人工干预。

综上所述，Jenkins 中的持续集成过程主要涉及三个基本概念，即：

- 持续集成：不断合并新的代码。
- 持续交付（Continuous Delivery，CD）：不断把主机新写的代码提交。
- 持续部署（Continuous Deployment，CD）：不断将新版本进行安装。

持续集成的基本工作流程如图 17-1 所示。

在整个持续集成的过程中，起初由开发者向上提交完成开发的系统功能到代码库上，之后通过 Jenkins 平台进行包括构建环境、测试及发布等各种工作，最后通过镜像库发布到不同的环境中。整个过程的流程都很清晰，很容易发现问题所在，使得开发、测试和部署保持连续性。

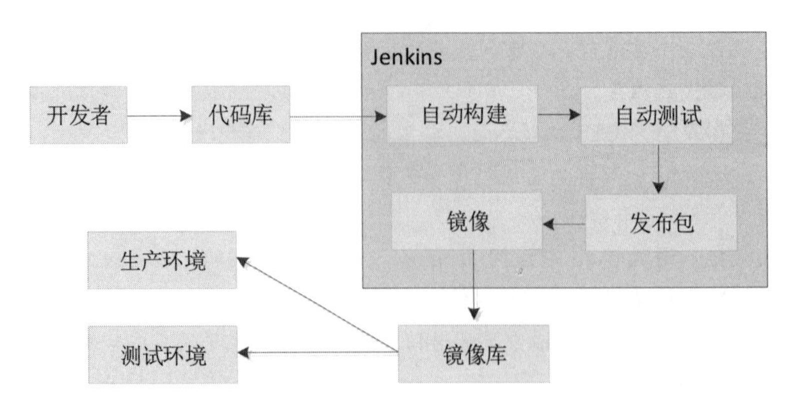

图 17-1 持续集成的工作基本流程

17.1.2 Jenkins 分布式架构原理

分布式架构系统通常用来减轻单位时间内工作量过大带来的负载，这种架构可以通过动态增加服务器设备来分担工作高峰期造成的过高的压力，或在特定的操作系统或环境运行指定的业务。对于 Jenkins 而言，从整体结构来看，它实际上是由主/从两部分组成的一种分布式架构，通过这种分布式架构来为程序开发人员提供良好的工作环境。

在 Jenkins 这种分布式的主从结构中，各个节点需要各自负责相关的工作，其中主节点主要负责处理调度构建作业，工作主要包括：

1）接收构建触发，如向 GitHub 提交代码。

2）发送通知，比如提交的代码在合并失败后，就向提交者发送 E-Mail 或者 HipChat 消息。

3）处理 HTTP 请求，主要用于和客户端进行交互。

4）管理构建环境，在 Slave 环境中编排和执行工作。

另外，主节点还给从节点分配工作，而从节点主要负责执行被分配的工作（主节点给从节点分派的构建作业）。工作分配可分为以下三种情况：

1）配置一个项目总是在特定的从节点运行。

2）在某个特定类型的从节点运行。

3）让 Jenkins 挑选下一个可用的从节点。

17.2 构建 Jenkins 工作平台

Jenkins 是一款基于 Web 环境的软件开发平台，该平台上集成的功能模块使得软件的开发更加便利。本节将对该平台的搭建和用户维护进行介绍，涉及的内容主要包括 Jenkins 基础环境的配置、用户账号的管理和用户凭证这三方面。

17.2.1 配置 Jenkins 基础环境

本小节将对 Jenkins 的安装和配置进行介绍，这个过程结合 Web 界面进行。另外，对于安装 Jenkins 平台的主机，建议能够连接外网，目的是在安装过程中可以更新一些插件，如果不能连接外网，就采取离线方式安装。

对于 Jenkins 的运行环境，它可以独立安装运行，也可以运行在 Tomcat 等 Web 服务组件中，出于服务器最少安装软件的原则，本小节仅安装 Jenkins 组件，但需要 Java 作为基础的环境支持。因此，在安装 Jenkins 前需要先安装 Java 组件，但需要注意 Java 的版本与 Jenkins 之间的关系，这两者之间并不是版本越高越好，而是低版本 Java 配高版本 Jenkins。

其实，如果能够连接网络，建议通过网络的方式来安装，这样的安装方式能够在线更新一些插件，从而使得 Jenkins 具有更加丰富的功能。

使用网络的方式来安装 Jenkins，建议搭建网络 yum 服务器来安装，这样可以解决不少问题。当然，在安装的过程中需要从网络上下载相关的组件，因此需要在本机上安装 wget 软件，安装后可以执行以下命令来下载和安装 Jenkins 的 yum 配置参数：

```
[root@jenkins ~]# wget -O /etc/yum.repos.d/jenkins.repo
https://pkg.jenkins.io/redhat/jenkins.repo
--2020-10-14 20:59:45--  https://pkg.jenkins.io/redhat/jenkins.repo
Resolving pkg.jenkins.io (pkg.jenkins.io)... 151.101.110.133,
2a04:4e42:1a::645
Connecting to pkg.jenkins.io (pkg.jenkins.io)|151.101.110.133|:443...
connected.
HTTP request sent, awaiting response... 200 OK
Length: 71
Saving to: '/etc/yum.repos.d/jenkins.repo'

100%[====================================================>] 71      --.-K/s
in 0s

2020-10-14 20:59:45 (1.21 MB/s) - '/etc/yum.repos.d/jenkins.repo' saved
[71/71]
[root@jenkins ~]# rpm --import https://pkg.jenkins.io/redhat/jenkins.io.key
```

最后，开始安装 Jenkins，如下：

```
[root@jenkins ~]# yum install jenkins -y
……
Running transaction test
Transaction test succeeded
Running transaction
  Installing : jenkins-2.261-1.1.noarch                              1/1
  Verifying  : jenkins-2.261-1.1.noarch                              1/1

Installed:
  jenkins.noarch 0:2.261-1.1

Complete!
```

至此，安装完成，接着配置 Jenkins 服务。

不过在配置之前需要先安装 Java，这是 Jenkins 运行时的依赖组件，使用以下 yum 命令来安装就可以：

```
[root@jenkins ~]# yum install java -y
……
  mesa-libEGL.x86_64 0:24.3.4-7.el7_8.1          mesa-libGL.x86_64
0:24.3.4-7.el7_8.1
  mesa-libgbm.x86_64 0:24.3.4-7.el7_8.1          mesa-libglapi.x86_64
0:24.3.4-7.el7_8.1
```

```
    pango.x86_64 0:1.42.4-4.el7_7                         pcsc-lite-libs.x86_64
0:1.8.8-8.el7
    pixman.x86_64 0:0.34.0-1.el7                          python-javapackages. noarch
0:3.4.1-11.el7
    python-lxml.x86_64 0:3.2.1-4.el7                      ttmkfdir.x86_64
0:3.0.9-42.el7
    tzdata-java.noarch 0:2020a-1.el7                      xorg-x11-font-utils. x86_64
1:7.5-21.el7
    xorg-x11-fonts-Type1.noarch 0:7.5-9.el7
```

安装 Java 后可以启动 Jenkins 的进程来对它进行配置，使用以下命令来启动：

```
[root@zabbix ~]# systemctl start jenkins.service
```

当然，如果不能确定是否启动成功，可以执行以下命令来查看 Jenkins 的进程状态：

```
[root@jenkins ~]# systemctl status jenkins.service
● jenkins.service - LSB: Jenkins Automation Server
   Loaded: loaded (/etc/rc.d/init.d/jenkins; bad; vendor preset: disabled)
   Active: active (running) since Wed 2020-10-14 21:22:06 CST; 10min ago
     Docs: man:systemd-sysv-generator(8)
  Process: 1540 ExecStart=/etc/rc.d/init.d/jenkins start (code=exited,
status=0/SUCCESS)
   CGroup: /system.slice/jenkins.service
           └─1561 /etc/alternatives/java -Dcom.sun.akuma.Daemon=daemonized
-Djava.awt.headless=true -DJENKINS_HOME=/v...

Oct 14 21:22:06 jenkins systemd[1]: Starting LSB: Jenkins Automation Server...
Oct 14 21:22:06 jenkins runuser[1545]: pam_unix(runuser:session): session
opened for user jenkins by (uid=0)
Oct 14 21:22:06 jenkins jenkins[1540]: Starting Jenkins [  OK  ]
Oct 14 21:22:06 jenkins systemd[1]: Started LSB: Jenkins Automation Server.
```

通过输出的信息可以确定进程已经启动。

启动 Jenkins 的进程后，打开浏览器输入安装 Jenkins 的主机地址并打开，Jenkins 默认使用 8080 端口（比如使用 http://192.168.137.133:8080 就可以打开），如果一切正常，就会看到如图 17-2 所示的解锁 Jenkins 界面。

图 17-2 解锁 Jenkins 界面

此时需要设置密码才行，根据提示在/var/lib/jenkins/secrets/initialAdminPassword 文件中寻找密码，需要先获取该文件下所记录的随机管理员密码，将密码复制到密码输入框后，单击“继续”按钮。通过认证，可以看到如图 17-3 所示的自定义 Jenkins 界面。

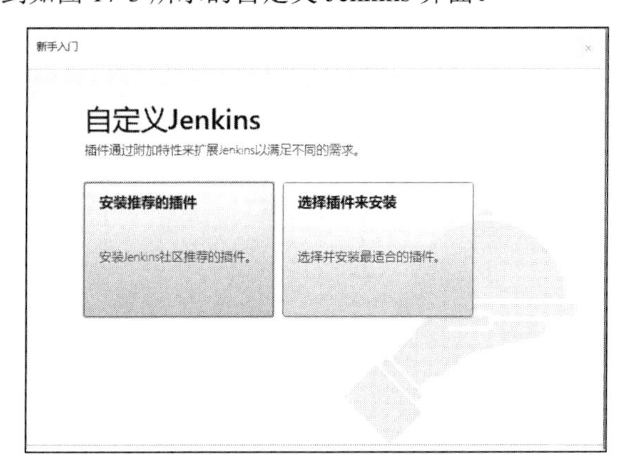

图 17-3　自定义 Jenkins 界面

由于是采用网络的方式来安装的，因此建议单击“安装推荐的插件”按钮，之后进入安装插件的界面并自动安装相关的插件，此时等待安装完成就可以。当然，也可能会出现部分插件安装失败，此时可以选择是否重新安装或继续。安装完成后，接着设置 Jenkins 第一个管理员用户账号，如图 17-4 所示。

在“实例配置”界面，检查 Jenkins URL 是否正确，无误时保存并继续。

配置完成后，最后在配置界面单击“重启”按钮来重新加载 Jenkins 的配置并重新启动 Web 页面信息。重新加载后出现如图 17-5 所示的 Jenkins 登录认证界面，如果等待一会还没出现，建议刷新页面。

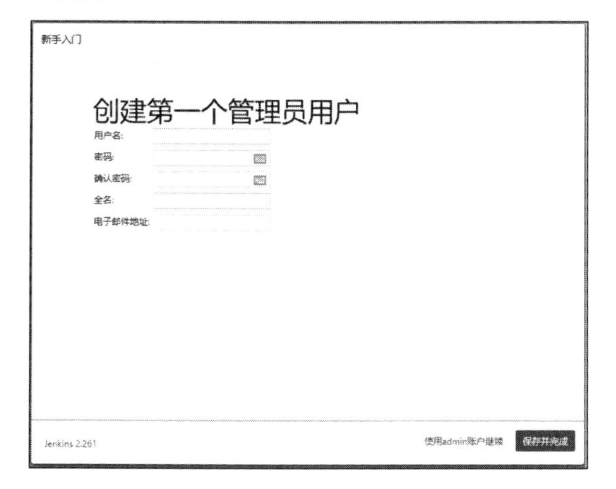

图 17-4　设置 Jenkins 第一个管理员用户账号

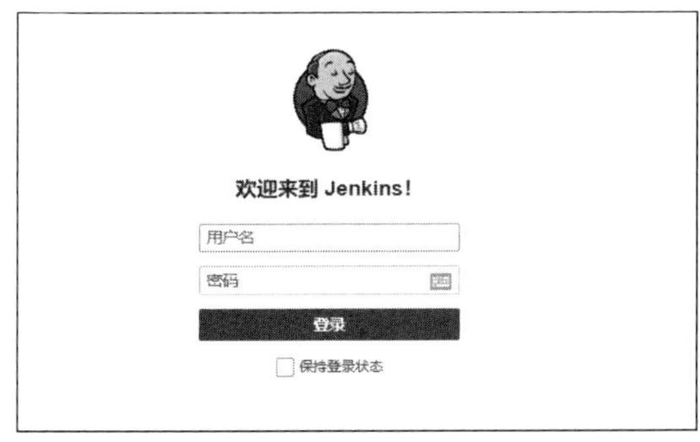

图 17-5　Jenkins 登录认证界面

完成以上设置后，最后将看到如图 17-6 所示的 Jenkins 欢迎界面。

最后，执行以下命令将 Jenkins 的进程设置为开机启动：

```
[root@jenkins ~]# systemctl enable jenkins.service
jenkins.service is not a native service, redirecting to /sbin/chkconfig.
Executing /sbin/chkconfig jenkins on
```

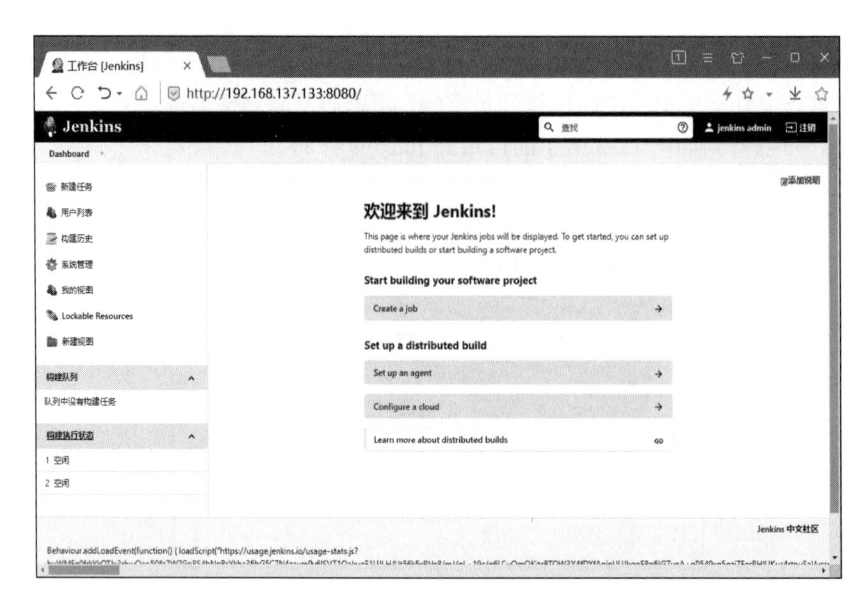

图 17-6　Jenkins 欢迎界面

如果不能连接外网而在内网环境下安装，可下载 Java 和 Jenkins 包在本地安装。如使用 1.8 版本的 Java 结合 2.261 版本的 Jenkins（通常是 Jenkins.war 格式包）进行安装，则需要先安装 Java 组件。将所需要的包上传到/root/目录后进行安装，安装 JDK 的过程如下：

```
[root@jenkins ~]# rpm -ivh jdk-8u20-linux-x64.rpm
Preparing...                          ################################# [100%]
Updating / installing...
   1:jdk1.8.0_20-2000:1.8.0_20-fcs    ################################# [100%]
Unpacking JAR files...
        rt.jar...
        jsse.jar...
        charsets.jar...
        tools.jar...
        localedata.jar...
        jfxrt.jar...
```

安装 JDK 后接着安装 Jenkins，执行以下 Java 命令来安装：

```
[root@jenkins ~]# java -jar jenkins.war
......
    2020-10-17 03:09:42.567+0000 [id=27]    INFO
o.s.c.s.AbstractApplicationContext#prepareRefresh: Refreshing
org.springframework.web.context.support.StaticWebApplicationContext@1fcdb269:
display name [Root WebApplicationContext]; startup date [Sat Oct 17 11:09:42 CST
2020]; root of context hierarchy
    2020-10-17 03:09:42.568+0000 [id=27]    INFO
o.s.c.s.AbstractApplicationContext#obtainFreshBeanFactory: Bean factory for
application context [org.springframework.web.context.support.
StaticWebApplicationContext@1fcdb269]: org.springframework.beans.factory.
support.DefaultListableBeanFactory@1de02024
    2020-10-17 03:09:42.568+0000 [id=27]    INFO
o.s.b.f.s.DefaultListableBeanFactory#preInstantiateSingletons:
```

```
Pre-instantiating singletons in
org.springframework.beans.factory.support.DefaultListableBeanFactory@1de02024:
defining beans [filter,legacy]; root of factory hierarchy
    2020-10-17 03:09:42.624+0000 [id=27]    INFO
jenkins.InitReactorRunner$1#onAttained: Completed initialization
    2020-10-13 15:52:09.447+0000 [id=20]    INFO    hudson.WebAppMain$3#run:
Jenkins is fully up and running
```

看到“Jenkins is fully up and running”的提示信息后，打开浏览器并输入安装 Jenkins 的主机地址，Jenkins 默认使用 8080 端口（比如 http://192.168.137.132:8080/），如果一切正常，就会看到解锁 Jenkins 界面，配置过程不再重复。

当然，最后还需要配置 Jenkins 的进程。

17.2.2　Jenkins 用户账号管理

Jenkins 的用户是 Jenkins 资源的直接使用者，因此非常有必要对他们进行管理。本小节将对 Jenkins 的用户进行介绍，包括用户账号的创建、删除和用户密码的维护这两部分内容。

1. 基于 Jenkins 的用户创建

Jenkins 平台搭建完成后，在使用之前需要创建不同角色的用户。接下来将使用基于 Jenkins 的 Web 来介绍用户的创建。

要创建用户，需要先登录 Jenkins，然后在其首页单击“系统管理”，并在打开的“系统管理”界面单击其二级功能模块栏处的“管理用户”选项，如图 17-7 所示的“用户列表”界面。

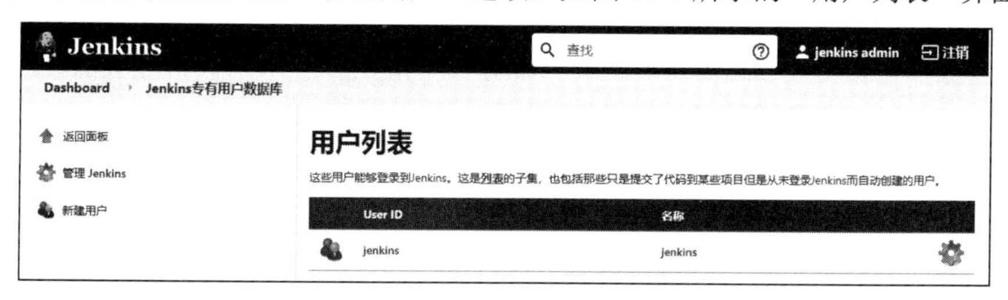

图 17-7　Jenkins 平台的“用户列表”界面

要创建用户，单击其左侧的“新建用户”选项，在弹出如图 17-8 所示的“新建用户”界面时，只要根据实际的需要来设置用户名、密码、确认密码、全名及电子邮件地址，设置完成后保存就可以完成用户的创建。

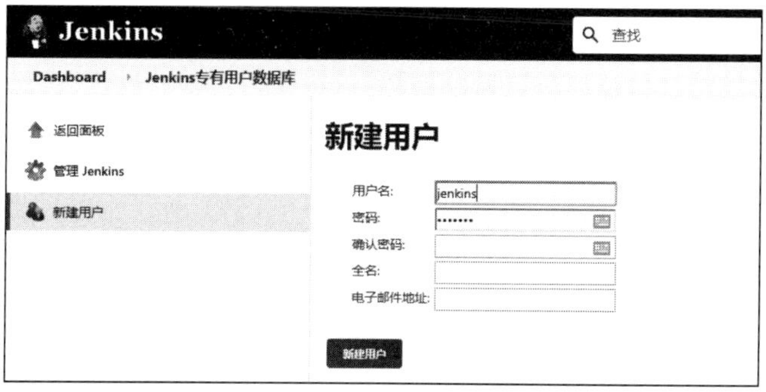

图 17-8　Jenkins 的“新建用户”界面

完成用户的创建后，返回用户列表界面，此时可以看到刚创建的新用户。

对于该用户更详细的信息，可以单击如图 17-9 所示的“设置”按钮来打开该用户的设置界面，在该界面上就有该用户更为详细的信息。

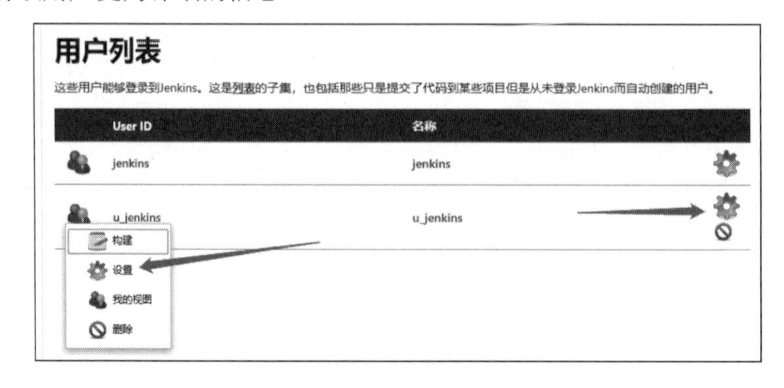

图 17-9　单击“设置”按钮

关于所创建的用户，可以在/var/lib/jenkins/users/目录下的文件或目录下找到相关的记录信息。比如，刚创建的 u_jenkins 用户，它的相关信息就可以在/var/lib/jenkins/users/users.xml 文件中找到，如下所示：

```
<entry>
  <string>u_jenkins</string>
  <string>ujenkins_3626467168927106145</string>
</entry>
```

而在该配置中所定义的 ujenkins_3626467168927106145/目录（也在/var/lib/jenkins/users/目录下）下的 config.xml 文件记录了 u_jenkins 用户更加详细的信息。

另外，如果要删除某个用户，直接在配置文件中删除是彻底的，但若通过 Web 界面来删除，则配置文件不会自动删除，而是一直保留被删除的用户信息，在下次创建同名用户时，配置文件的信息和自动新建的目录名称也与之前的不同，简单来说就是以名称为主，后面的信息是随机的。

2. 用户密码的维护

对于用户密码的维护，涉及正常的密码维护和在密码遗忘的情况下重置密码两方面的内容。

对于用户密码的正常更换，是记得密码并登录系统后对密码进行更改，如要对管理员账号的密码进行更改，这时需要打开用户密码重置界面，在该界面的“密码”处就可以对用户的密码进行更改，如图 17-10 所示。

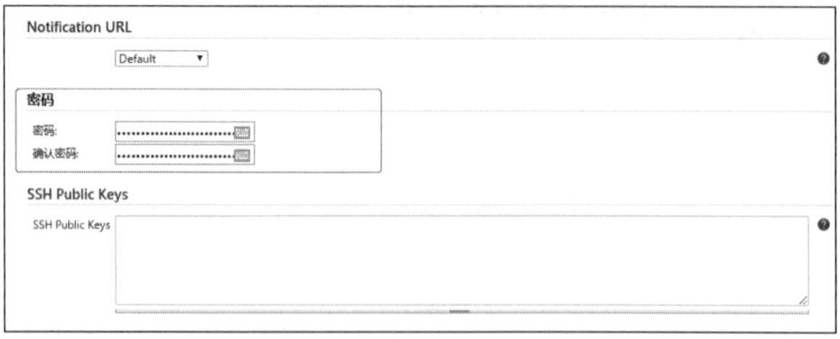

图 17-10　用户密码重置界面

打开用户密码设置界面的方式有多种，下面列出两种方式。

1）在主页的用户列表→选择要更改密码的用户（jenkins）依次单击“设置”→“密码”（下拉页面处）。

2）在主页的用户列表选择 Jenkins admin（右上角），依次单击“设置”→“密码”。

不记得密码分两种情况，其一是不记得管理员的密码，其二是不记得普通用户的密码。如果不记得普通用户的密码，只需要使用管理员账号登录后，对普通用户账号的密码进行重置就可以，但如果忘记管理员的密码，就需要进入系统对密码进行重置。

方法是在/var/lib/jenkins/secrets/目录下找到最初的密码文件 initialAdminPassword，并将该文件所记录的密码复制到登录窗口进行登录，在登录后对密码进行重置，不过有可能会出现 initialAdminPassword 文件不存在的问题，如果该文件不存在，就只能对配置文件进行更改。

在这样的情况下，需要对/var/lib/Jenkins/config.xml 文件的参数进行更改，就是把该配置文件中的以下配置参数全部删除：

```
<useSecurity>true</useSecurity>
<authorizationStrategy class="hudson.security.
FullControlOnceLoggedInAuthorizationStrategy">
  <denyAnonymousReadAccess>true</denyAnonymousReadAccess>
</authorizationStrategy>
<securityRealm class="hudson.security.HudsonPrivateSecurityRealm">
  <disableSignup>true</disableSignup>
  <enableCaptcha>false</enableCaptcha>
</securityRealm>
```

删除后保存退出并重启 Jenkins 的服务进程，在浏览器上直接登录 Jenkins，不过此时不再需要密码，而是直接进入首页，这时会在右上角看到提示信息，单击打开会看到弹出的安全提示告警信息，此时单击“安全设置”按钮就可以，如图 17-11 所示。

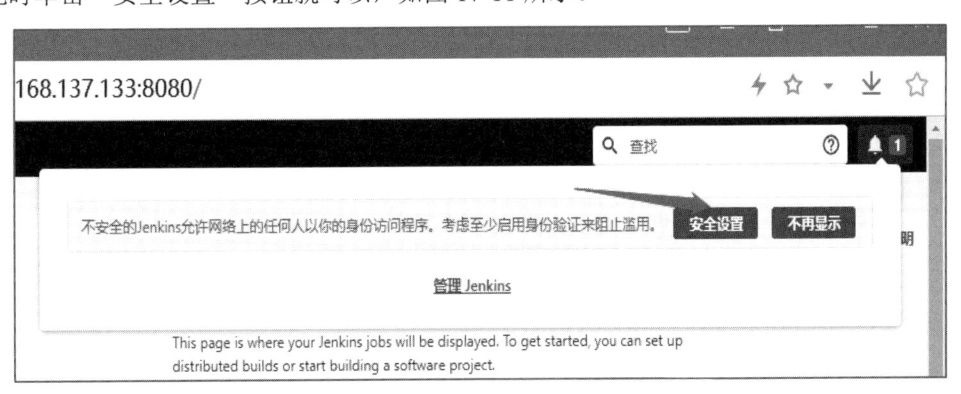

图 17-11　安全提示告警信息

在打开的界面的“全局安全配置”下找到“安全域”，选中“Jenkins专有用户数据库”后保存就可以，如图17-12所示。

之后返回“管理 Jenkins”界面，在该界面的“安全”模块下单击“管理用户”选项，打开后选择要更改密码的管理员账号，并在左侧栏中单击“设置”，打开用户密码重置界面，对于密码的重置不再重复介绍。

图 17-12　设置用户的全局安全

17.2.3　用户凭据配置管理

目前，Jenkins 能够集成程序代码仓库、云存储系统和服务等第三方网站和应用程序，且它们之间能够与 Jenkins 进行交互，因此对于 Jenkins 来说安全是非常重要的，毕竟软件系统的源代码都在其上开发和管理，它的安全直接涉及软件系统代码的安全。

默认 Jenkins 是基于密码的认证和保护方式，因此在连接的过程中使用凭证来保证不被非法使用是一种不错的选择。作为系统管理员，在 Jenkins 正式投入使用前，应该配置凭证以专供 Jenkins 服务使用，并通过“锁定”Jenkins 可用的应用程序功能区域来保证安全。因此，只要管理员在 Jenkins 中添加/配置凭证，项目就可以使用凭证与这些第三方应用程序进行交互。

Jenkins 中保存的凭证可以用于：

- Jenkins 的任何地方。
- 特定的 Pipeline 项目。
- 特定的 Jenkins 用户。

接下来以 Jenkins 平台的用户 u_jenkins（该用户的全称为 jenkins user）为例来介绍凭证创建的。要给用户创建凭证，可以在当前的用户下操作完成（简单来说就是谁要使用，谁自己创建），也可以通过管理员账号对指定的账号创建，无论使用哪种方式，其创建过程基本相同。

使用 u_jenkins 用户来创建凭证，先进入该用户的工作环境，在右上角的用户名称旁边单击下拉按钮，在打开的下拉菜单中选择“凭证”选项，就可以打开凭据界面，如图 17-13 所示。

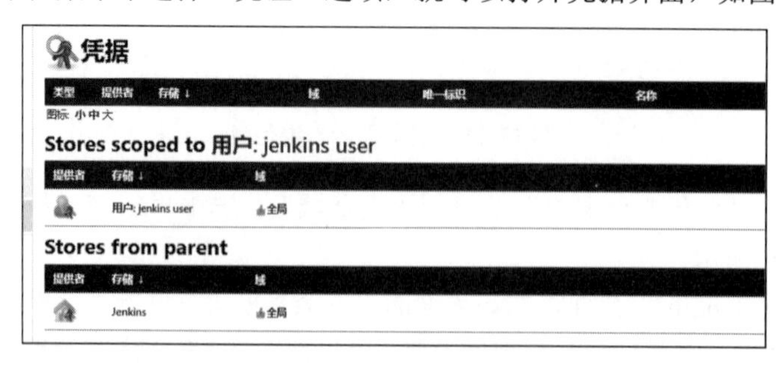

图 17-13　凭据界面

单击 u_jenkins 用户“域”下“全局”旁边的下拉按钮，在打开的下拉菜单中单击“添加凭证”来打开设置用户全局凭据界面，在该界面上可以对凭据类型、用户名、密码、ID 和相关的描述信息进行设置，完成后保存就可以。其中，类型选择密码就可以；ID 可以自定义，建议按照顺序编号；描述就是一种备注，比如该用户是谁使用的、用来做什么等这些备注性的信息。

完成后保存就可以，返回全局凭据界面，刚创建凭据的 u_jenkins 用户的凭据信息，如图 17-14 所示。

图 17-14　u_jenkins 用户的全局凭据信息

用户凭据创建后，在连接项目时就可以使用。

17.3　Jenkins 的应用配置

Jenkins 的应用能够给软件开发带来很大的便利，因此可以极大地简化开发流程，这也是 Jenkins 使用中比较重要的一项内容。本节将主要介绍 Jenkins 项目的创建、全局安全配置和插件管理。

17.3.1　Jenkins 项目的创建

项目简单来说是为开发某个系统而建立的代码存储仓库，具有比较强的针对性和目的性，且可以重复使用及多次修改。

在 Jenkins 上创建项目，在它的主页单击“新建任务”（Create a job）并在弹出的界面中定义任务的名称，选择任务（或项目）的类型，如图 17-15 所示。其中，任务名称应该根据项目或软件系统的作用来定义（目的是看了名称就知道这个名称背后所携带的信息）；类型的选择可以根据代码仓库来设置，当然也可以新建代码仓库。

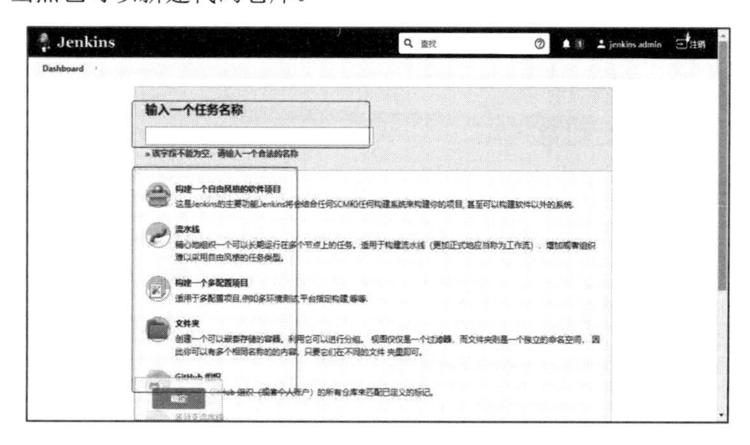

图 17-15　设置任务的名称和类型

在设置项目的名称和类型后，就可以设置该项目的相关参数，这些参数项包括 General、源码管理、构建触发器、构建环境、构建和构建后操作这几大模块，如图 17-16 所示。

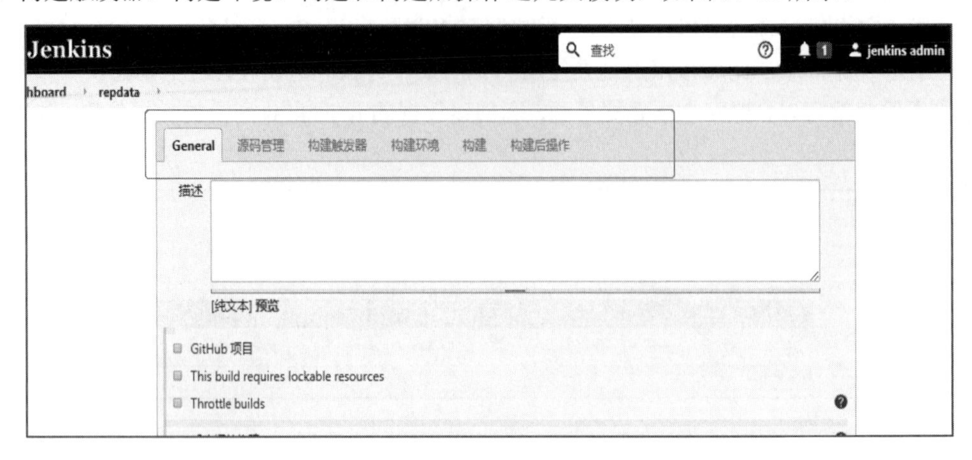

图 17-16　项目的参数配置

这些参数可根据实际情况来设置，设置后保存就可以。

设置完成后，在 Jenkins 的主页上就可以看到新建的项目列表，如图 17-17 所示。

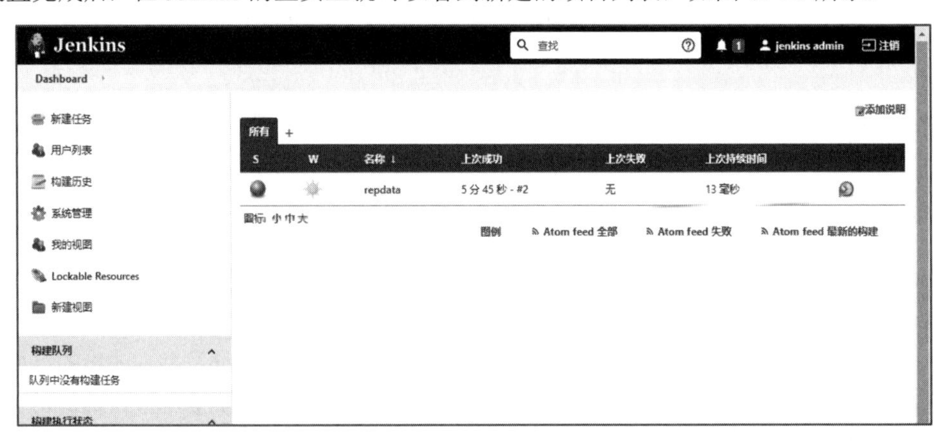

图 17-17　项目列表信息

当然，要搭建一个比较完整的项目，需要结合多方面的综合因素，并通过 Jenkins 把各种必要的插件连接起来，实现自动化完成各项工作。

17.3.2　Jenkins 的全局安全配置

实际上 Jenkins 属于一种分布式架构的平台，这意味着它具有一定的网络功能来支撑它对数据进行传输和同步。考虑到数据传输和它本身的安全问题，Jenkins 提供了不少安全配置策略，通过这些安全策略的使用能够在一定程度上解决 Jenkins 的安全问题，提供良好的工作环境。

关于 Jenkins 的安全设置策略，可以在如图 17-18 所示的“全局安全配置”界面设置（该功能模块可通过“Jenkins→系统管理→全局安全配置”打开）。

“全局安全配置”界面的安全配置项包括 Authentication（认证）、授权策略、标记格式器及跨站请求伪造保护等。下面只对其中的一些配置项进行介绍。

图 17-18 “全局安全配置”界面

（1）安全域模块的基本功能

安全域的主要作用是对登录 Jenkins 平台进行安全认证控制，比如在默认配置下启动用户名密码认证机制，此功能由安全域下的“Jenkins 专用用户数据库”来控制，也就是说在默认配置下不支持用户自己注册成为 Jenkins 的用户，如果要开放此功能，就需要勾选“允许用户注册”复选框。

LDAP 属于一款认证的软件，如果要使用该认证机制，就需要先搭建 LDAP 服务器，并在该服务器上创建相关的 Jenkins 用户账号，否则不能通过认证。

UNIX user/group database（UNIX 用户/组数据库）功能是将认证委托给 Jenkins 主服务器上的底层 UNIX 系统级用户数据库（简单来说就是在 Jenkins 的主机上安装数据库，在该数据库上创建用于使用 Jenkins 平台的用户，并由数据库进行认证），为了实现此功能，需要在 Jenkins 之外添加 PAM 模块来支持此功能。

（2）授权策略模块的基本功能

授权策略模块的主要作用是对登录 Jenkins 的用户的行为进行控制，也就是登录 Jenkins 的用户能做什么、不能做什么都是在授权模块下进行控制的，以下是授权策略模块所包括的授权策略功能选项：

1）任何用户可以做任何事（没有任何限制）。
2）安全矩阵。
3）登录用户可以做任何事。
4）遗留模式。
5）项目矩阵授权策略。

在默认配置下，授权策略是任何用户可以做任何事（没有任何限制），在这样的配置下，每个用户都是管理员，都有权限对系统的任何配置进行更改，且这些用户不需要登录 Jenkins 系统都有权限去操作，但前提是该用户要属于 Jenkins 用户。

接下来仅对“安全矩阵”授权策略进行介绍，其配置参数项如图 17-19 所示。

在正式介绍安全矩阵的内容之前，先介绍安全矩阵和项目矩阵授权策略。安全矩阵可以精确控制哪些用户和组能够在 Jenkins 环境中执行哪些操作；项目矩阵基于 Matrix 安全性的扩展，偏向于在项目中单独为每个项目定义附加的访问控制列表，并允许授予特定用户或组访问指定的项目，而不是 Jenkins 环境中的所有项目。

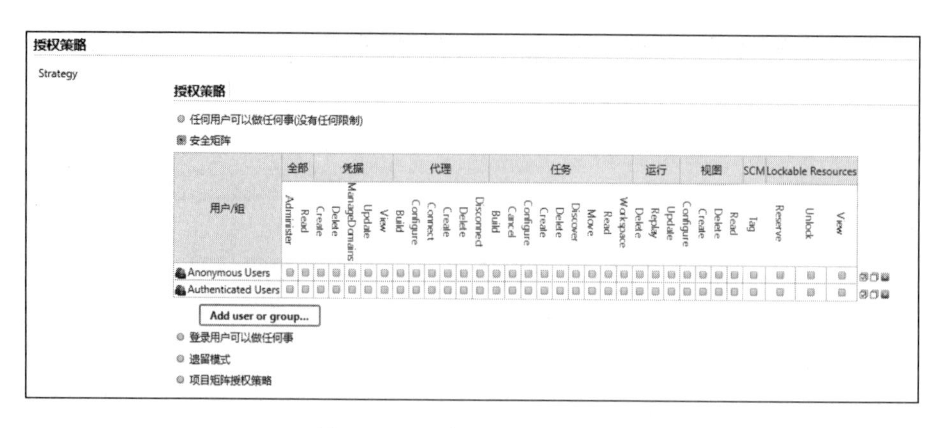

图 17-19　安全矩阵配置参数项

回到“安全矩阵”策略上，该安全控制策略有多个功能模块，每个模块下都有不同的功能项，重点在于可以对用户和组进行新建、删除和授权操作，比如默认有 Anonymous Users、Authenticated Users 的用户或组，对于这两个用户和组可以删除，并根据实际的需要进行创建和授权，比如在初始化 Jenkins 时创建名为 jenkins 的用户，此时可以新增 jenkins 用户并授权其为系统管理员。

单击“Add user or group…”按钮并在弹出的窗口中输入 jenkins 的名称后确定，不过最终是以全称的方式显示的，勾选 jenkins administer 复选框并保存，如图 17-20 所示。

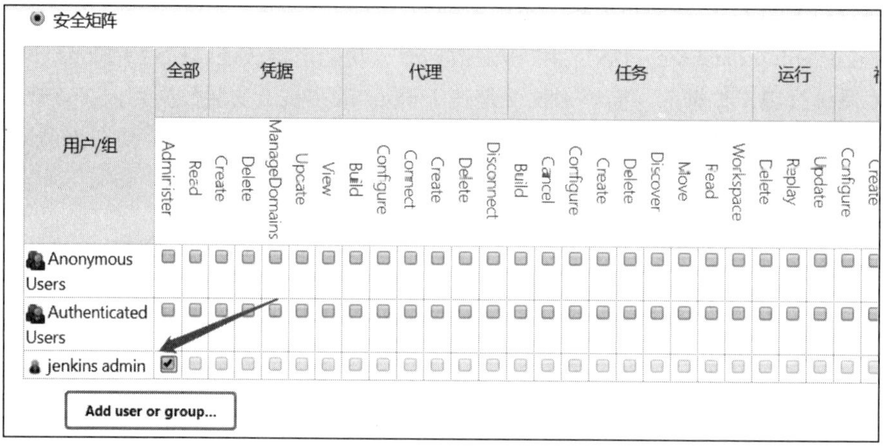

图 17-20　新增并设置 Jenkins 系统管理员

当然，这里所添加的用户和组应该属于 Jenkins 的用户，否则添加了也没法使用，因为此控制策略是基于 Jenkins 的用户进行的。另外，对于不需要使用的用户和组可以直接删除，但这仅是在策略中删除，而不会影响 Jenkins 中的用户列表。

17.3.3 Jenkins 插件管理

插件是 Jenkins 的重要组成部分，也是功能的主要体现，而版本的更新则是丰富功能的一种方式。本小节将重点介绍插件的管理，在连接网络的状态下才能够对插件进行更新。

比如通过 17.3.2 节设置了 Jenkins 的管理员为 jenkins（jenkins admin），之后使用该用户重新登录 Jenkins 的 Web 工作环境后就可以看到相关的提示信息，如图 17-21 所示。用户可以根据实际的需要进行更新升级。

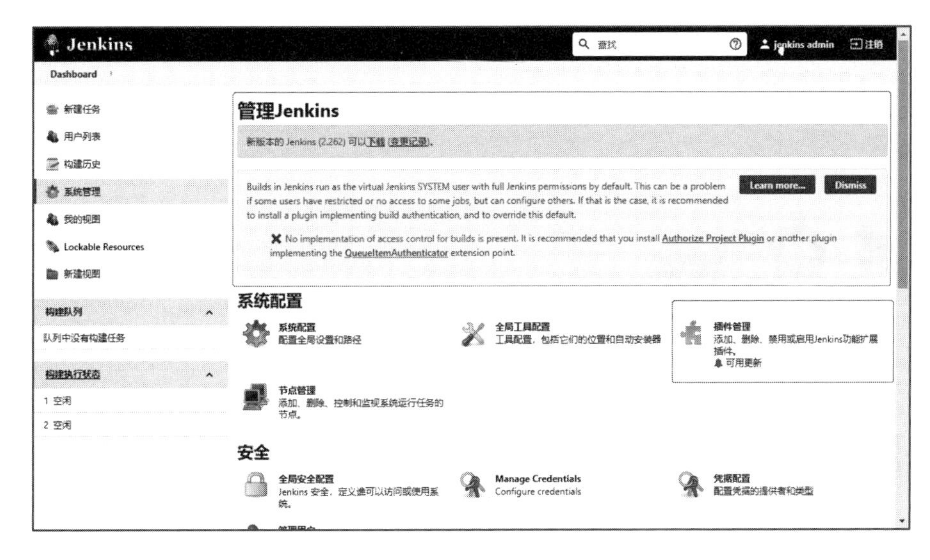

图 17-21　Jenkins 的插件更新提示信息

如果有不需要的插件，可以把它们卸载，如图 17-22 所示。

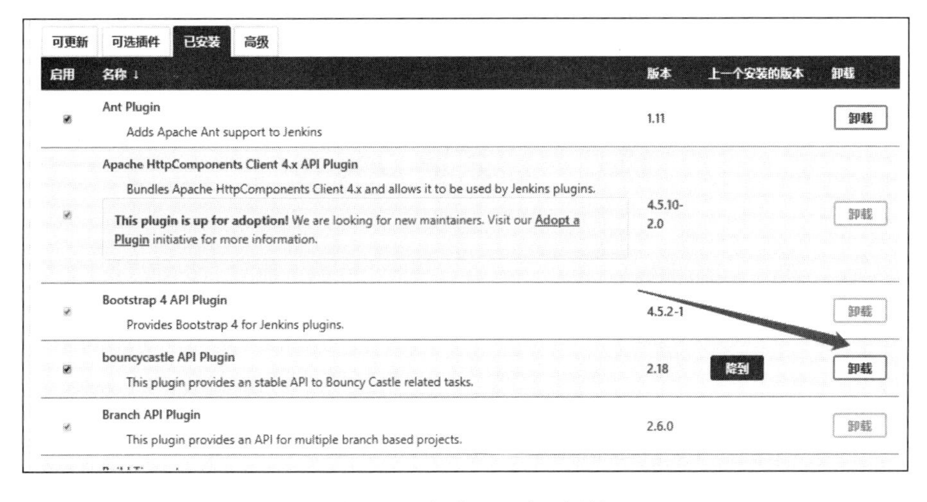

图 17-22　卸载（可选）插件

17.4　本章小结

本章主要介绍了 Jenkins 这款集软件开发、测试和发布功能于一体的工具。

读者需要掌握这款软件的安装和配置，了解这款软件的用户维护和用户凭证的创建与管理，以及日常更新和安全管理上的基本配置。

第 18 章

Docker 企业虚拟化平台搭建

因为中间件及应用程序安全对主机的影响，出现了将中间件和应用程序放在系统中独立的空间运行的需求，而 Docker 就是解决这个需求的一种有效的技术手段。本章将对 Docker 平台的应用进行介绍，内容涉及平台的概念、平台构建和应用部署这三方面。

18.1 什么是 Docker

Docker 是基于操作系统的一款工具，它具备完整的生态圈，能够为各种应用程序提供必要的运行条件。本节主要对 Docker 这款工具进行介绍，涉及的内容主要包括 Docker 的基本概念和基本特点。

18.1.1 Docker 的概念

Docker 是一款开源的应用容器引擎，实际上它是 PaaS 提供商 dotCloud 的一个基于 LXC（Linux Containers）技术、采用 Go 语言实现且遵从 Apache 2.0 协议的开源项目。不过起初 Docker 只是 dotCloud 公司内部的一个业余项目，它诞生于 2013 年年初，代码放在 GitHub 上维护且一直是单个发行版，到后来发行版分为社区版（Community Edition，CE）和企业版（Enterprise Edition，EE）。

简单来说，Docker 是一个集成所安装软件及该软件包所需的各种相关依赖包资源且具有可移植性的“大包”（称为容器引擎），这个“大包”允许被移植到各种不同的平台上使用。更形象地说，如果把操作系统平台比作海洋，这个“大包”好比在海洋里航行的潜艇，它能够移动到各个不同的海域，所携带的物资能够让艇员生活一段时间且允许从外界得到补给。在这个海洋里，还允许多艘潜艇和其他船只等同时存在，它们依托海洋这个资源来活动且相互之间独立存在，不会因有潜艇沉没而影响其他潜艇的正常活动。

Docker 能够有如此大的用户量，主要得益于为使用者提供了更好的容器操作接口。从开发者的角度来看，可以通过 Docker 把应用程序和依赖包统一打包后再发布，这样能够避免遗漏文件的问题；从使用的角度来看，能够轻松解决安装时出现的依赖关系问题，且应用程序运行环境与开发环境基本一致，不用担心兼容性问题，因此应用程序能够更好地运行。

Docker 能够在各种场合使用，这些场合包括但不限于以下这些：

1）应用程序的打包与自动化部署。
2）创建轻量、私密的 PAAS 环境。
3）实现自动化测试和持续的集成/部署。
4）部署与扩展 webapp、数据库和后台服务。

18.1.2 Docker 的组成与特点

Docker 被广泛使用与它所具备的优势分不开，特别是有比较完整的生态圈使得软件的安装非常便利。本小节将从 Docker 的基本组成、基本特征以及与虚拟机的区别这三方面来介绍。

1. Docker 的组成

Docker 就像一个可移植的容器引擎一样工作，它把应用程序及所有程序的依赖环境打包到一个虚拟容器中，这个虚拟容器可以运行在任何一种 Linux 系统平台上，这大大地提高了程序运行的灵活性和可移植性，且 Docker 对运行环境的要求不高，它运行的环境可以不需要许可，可以是公共云和私密云，甚至是裸机环境，等等。

从本质来说，Docker 是一个云计算平台，它利用 Linux 的 LXC、AUFU、Go 语言和 Cgroup 实现资源的独立，能够很轻松地实现文件、资源、网络等各种资源的相互隔离，最终目标是实现类似于 PaaS（Platform-as-a-Service，平台即服务）的平台应用隔离。

Docker 所具备的相关功能特征与它的组成部分分不开，以下是 Docker 的基本组成部分。

1）Docker 的守护程序：用于管理所有的容器。
2）Docker 命令行客户端：用于控制服务器守护程序及相关资源的操作。
3）Docker 镜像：查找和浏览 Docker 容器镜像资源。

2. Docker 的特点

Docker 是一个运行于操作系统之上的工具平台，在这个工具平台的内部可以运行多种不同的应用程序程序，可以说这个 Docker 直接给各个应用程序提供运行所需的条件，但实际上是由操作系统本身来提供的，不过对于应用程序来说，它只是在与 Docker 交互。

基于 Docker 能够在操作系统之上给应用程序创建独立的运行环境，这说明它至少拥有创建虚拟环境的能力，且这个虚拟出来的环境具备应用程序运行所需的相关资源。下面对 Docker 所具备的特点进行介绍。

1）文件系统隔离：每个进程容器运行在完全独立的根文件系统中。
2）资源隔离：可以使用cgroup为每个进程容器分配不同的系统资源，包括CPU和内存等。
3）网络隔离：每个进程容器运行在自己的网络命名空间中，拥有自己的虚拟接口和IP地址。
4）写时复制：采用写时复制方式创建根文件系统，这让应用程序部署变得更加快捷，且节省内存和硬盘空间。
5）日志记录：Docker将会收集和记录每个进程容器的标准流（stdout/stderr/stdin），用于实时检索或批量检索。
6）变更管理：容器文件系统的变更可以提交到新的映像中，且支持重复使用以创建更多的容器，这不需要使用模板或手动配置。

7）交互式 Shell：Docker 可以分配一个虚拟终端并关联到任何容器的标准输入上。

18.1.3 Docker 与虚拟机的区别

在 Docker 未被广泛使用之前，XEN 等操作系统级别的虚拟化技术被广泛使用，但无论是 XEN 还是 KVM 这些系统级别的虚拟化技术，都需要先在虚拟机上创建操作系统，这就额外增加了资源的消耗，而 Docker 在实现原理上与 XEN 及 KVM 等是相通的，但在资源消耗和管理上更优于这些虚拟化，因为在 Docker 上运行的应用程序直接使用 Docker 提供的资源来实现运行在相互隔离的环境中，而不需要先创建操作系统。

关于 Docker 与虚拟机之间的实现问题，Docker 类似于虚拟机的概念，但与虚拟化技术不同，下面对其不同点进行介绍。

1）虚拟化技术依赖物理 CPU 和内存，这是硬件级别的；Docker 构建在操作系统上，利用操作系统的 containerization（集装箱化）技术，因此它甚至可以在虚拟机上运行。

2）虚拟化系统一般都是指操作系统镜像，比较复杂；Docker 只是一个运行在系统上的工具，它不需要再安装操作系统，比较简单。

3）虚拟化技术使用快照来保存状态，Docker 引入类似于源代码管理的机制来保存状态变化，这样做更加轻便和低成本。

4）虚拟化技术在构建系统时比较复杂，需要先安装虚拟化软件，安装操作系统后部署应用程序；Docker 可通过自定义 Dockfile 来构建整个容器，而不需要再次安装操作系统，因此具有构建速度快、灵活性高等特点。

18.2 Docker 平台的架构原理与构建

使用 Docker 的目的是在操作系统上创建独立的应用程序运行环境，在这些环境中各个应用程序之间独立运行不互相干扰。本节将介绍如何构建 Docker 平台，涉及的内容包括平台架构原理和平台环境搭建这两方面。

18.2.1 Docker 平台的架构原理

Docker 是运行在操作系统之上的一个可卸载组件，通过它所构建出来的独立空间能够运行各种服务且不互相干扰。在本小节将对它的平台架构进行介绍，涉及的内容主要包括它的基本体系结构和基本功能组成这两部分。

1. Docker 的基本体系结构

Docker 工作在操作系统上，它属于操作系统上的一个程序，但它能够在操作系统的环境中创建一个或多个独立的环境供其他应用程序使用。应用程序在 Docker 建立的环境内运行，它们之间的环境是相同的，但相互之间隔离，而 Docker 通过建立通信机制来实现互相调用。实际上，Docker 对资源的需求十分有限，性能损耗和内存使用几乎可以忽略不计，这与操作系统的共享内核、镜像数据大小有直接的关系。

在 VM 被普及的条件下，Docker 能够占据一席之地肯定有它的优势，Docker 和 VM 运行的环境都在操作系统上，不同的是 VM 实现的方式是在 OS 上安装虚拟化组件来虚拟环境，并在此环境下安装客户机（操作系统）后部署应用程序；Docker 是安装在操作系统上后就可以创建隔离空间供应用程序使用，减少安装客户机所消耗的资源。

Docker 的体系结构如图 18-1 所示。

通过结构示意图可以清楚地看到 Docker 是建立在操作系统上的，并以此为基础通过特殊的机制来创建应用程序运行的环境，这个过程就好比安装一款软件而不需要过多的环节。因此，Docker 的实现架构远比 VM 简单，消耗的资源更少，为主机节省了大量的资源。

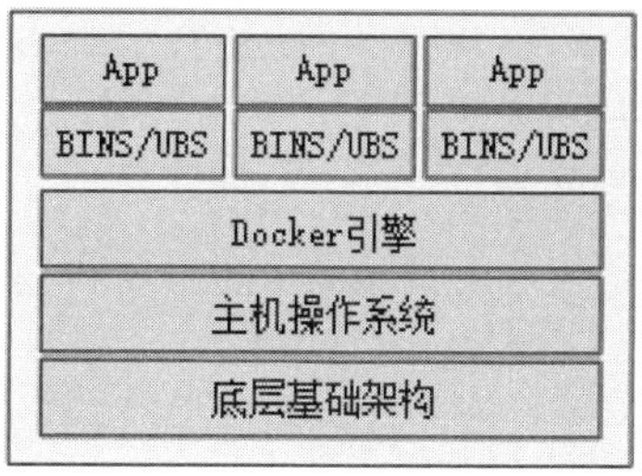

图 18-1　Docker 的体系结构示意图

2. Docker 的基本功能组成

Docker具有如此强大的功能，提供如此便利的应用操作环境，这和它具备的核心组件有密不可分的关系。Docker的核心组件有三大部分，即镜像、容器和仓库，这些核心组件的相关功能是它具有如此便利的功能的基础条件。下面对这些核心组件进行介绍。

- 镜像（Image）：这是一个只读的静态模板，也是构建 Docker 的基础，它保存容器需要的环境和应用执行的代码。可以把镜像看成容器的代码，当代码运行后就成了容器，镜像和容器的关系类似于程序和进程的关系。
- 容器（Container）：这是一个运行时环境，是镜像的一个运行状态，是镜像执行的动态表现。
- 仓库（Repository）：这是一个特定的用户存储镜像的目录，一个用户可以建立多个仓库来保存自己的镜像。

核心功能组件仅是 Docker 的组成部分，一个完整的 Docker 除了有镜像、容器和仓库这三个核心组件之外，还包括客户端和守护进程这两个功能模块。其中，客户端是用户操作 Docker 的终端接口，用户通过该接口就能够对 Docker 中的资源进行调配管理；守护进程能够及时接收来自客户端的请求并及时处理。

总的来说，Docker 是一个镜像格式、一系列标准操作和一个执行环境。在架构上，它采用的是客户端/服务器端（C/S）工作模式，并提供命令行工具以及一整套 RESTful API（架构约束条件和原则 API）以便于用户使用。Docker 在工作时，客户端只需要向服务器端或守护进程发出请求，服务器端或守护进程就根据命令来完成相关的工作并返回处理结果，但实际上主要由守护进程与容器进行交互，客户端只负责接收结果。

18.2.2　构建 Docker 平台环境

在因特网上，Docker 有着非常完善的生态圈，只要安装 Docker 基础环境就能够使用它的生态圈资源，也就是说使用 Docker 时建议在因特网环境下，这样才能体现出它的优势特点，从而达到快速部署的目的。

Docker 平台的系统（Docker 的宿主机）对运行环境的要求比较高，使用网络 yum 的安装方式时通常安装新版本的 Docker，因此系统的版本比较低时建议安装 Docker 前把系统的相关组件升级，这样就能最大限度地匹配 Docker 新版本对运行环境的要求，从而避免一些不必要的问题。对 Docker 的宿主系统进行升级可以直接执行 yum 命令，不过升级时会安装不少插件，因此对于升级建议根据实际环境需要进行。

```
[root@docker ~]# yum update -y
......
  python-firewall.noarch 0:0.6.3-8.el7_8.1          python-perf.x86_64
0:3.10.0-1127.19.1.el7
  rsyslog.x86_64 0:8.24.0-52.el7_8.2                selinux-policy.noarch
0:3.13.1-266.el7_8.1
  selinux-policy-targeted.noarch 0:3.13.1-266.el7_8.1       systemd.x86_64
0:219-73.el7_8.9
  systemd-libs.x86_64 0:219-73.el7_8.9              systemd-sysv.x86_64
0:219-73.el7_8.9
  tzdata.noarch 0:2020a-1.el7
yum-plugin-fastestmirror.noarch 0:1.1.31-54.el7_8

Complete!
```

升级完成就可以安装 Docker，不需要升级时在安装 Docker 前需要关闭 SELinux 功能，完成后重启系统。

完成以上准备工作后，执行以下命令安装 Dcoker 平台：

```
[root@docker ~]# yum install docker -y
......
  python-setuptools.noarch 0:0.9.8-7.el7            python-six.noarch
0:1.9.0-2.el7
  python-syspurpose.x86_64 0:1.24.26-4.el7.centos       setools-libs.x86_64
0:3.3.8-4.el7
  slirp4netns.x86_64 0:0.4.3-4.el7_8
subscription-manager.x86_64 0:1.24.26-4.el7.centos
  subscription-manager-rhsm.x86_64 0:1.24.26-4.el7.centos
subscription-manager-rhsm-certificates.x86_64 0:1.24.26-4.el7.centos
  usermode.x86_64 0:1.111-6.el7                 yajl.x86_64 0:2.0.4-4.el7

Complete!
```

至此，Dcoker 安装完成。

关于 Docker 的相关目录，可以在/var/lib/docker/目录下找到。

安装完成后，可以执行以下命令来查看 Docker 的版本信息：

```
[root@docker ~]# docker -v
Docker version 1.13.1, build 64e9980/1.13.1
```

使用选项“-h”能够获得更多关于该命令的用法。

最后，设置 Docker 的服务进程。

安装 Docker 后它的进程没有启动，可以执行以下命令来查看 Docker 的进程状态：

```
[root@docker ~]# systemctl status docker.service
â—• docker.service - Docker Application Container Engine
   Loaded: loaded (/usr/lib/systemd/system/docker.service; disabled; vendor
preset: disabled)
   Active: inactive (dead)
     Docs: http://docs.docker.com
```

执行以下命令来启动 Docker 的进程：

```
[root@docker ~]# systemctl start docker.service
```

执行以下命令设置 Docker 的进程启动运行：

```
[root@docker ~]# systemctl enable docker.service
Created symlink from
/etc/systemd/system/multi-user.target.wants/docker.service to
/usr/lib/systemd/system/docker.service.
```

其他相关命令：

重启 Docker：systemctl restart docker。

停止 Docker：systemctl stop docker。

18.3 基于 Docker 的应用部署

仅从易用性的角度来看，Docker 确实有着不可忽略的优势，能够实现应用程序的快速部署且相互隔离运行，更重要的是它具有相对完整的生态圈。本节将对 Docker 的应用进行介绍，内容主要涉及它的生命周期安全、容器基本应用和 Web 工具使用等。

18.3.1 Docker 生命周期安全

虽然 Docker 已被普遍使用，但它并不是绝对安全的。在安全上 Docker 最令人质疑的一点是隔离的彻底性，对比当前成熟的、OS 级别的虚拟机技术，Docker 只是对进程和文件进行虚拟化，从这个角度来看虚拟机的隔离性确实要比 Docker 好，它给主机带来的安全威胁远小于 Docker。但 Docker 是一个轻量级、高效以及易移植的组件，因此对环境的适应性上它比虚拟机技术要好很多。所以，安全性和易用性永远存在一个平衡点，当这个平衡点达到符合的要求时就会做出一定的妥协。这就意味着认同 Docker 带来的便利性，同样要接受它带来的安全风险，因此需要利用一些安全手段来把风险降到可接受范围。

在 Docker 运行期间，需要在它的生命周期内提供安全防护，数据安全本质就是控制风险到尽可能小的状态，也就是说如果从 Docker 的生命周期中面临的安全威胁来设计/了解它的安全防护策略，安全控制的原理就会十分清晰。而对于 Docker 的生命周期，一个 Docker 从产生到部署运行大致分为三个状态：Dockerfile→Images→Container，其中 Dockerfile→Image 是建立关系，而 Images→Container 属于运行关系，具体介绍如下：

- Dockerfile: 用于创建 Image 的模板文件，出于管理和安全的考虑，Docker 官方建议所有的镜像文件都应由 Dockerfile 来创建，然而如果把 Docker 当虚拟机来使用，甚至在其内安装 SSH 等，从安全的角度来看不建议这样做。
- Image: 此类文件可以理解为服务器端的可执行软件包，在打包它之前，如果这些组成包的文件存在安全问题，最后会导致安全事件的发生，也就是说对源文件的保护是非常重要的。
- Container: 处于运行状态的 Image 文件就是 Container，可以把它看作一个应用，可用于对外提供服务。

从以上三个状态的变迁不难看出，Docker 的生命周期实际上就是一个镜像文件从产生、运行到停止的全过程，因此对它的安全维护的本质就是 Docker 的镜像在创建、存储、传输和运行过程中的安全维护。

18.3.2 构建 Docker 的容器环境

关于 Docker 的镜像资源，简单来说就是一些中间件（或插件）、程序包及其他的资源等，这些镜像资源可以直接从它的生态圈中获取，并下载到本地系统，运行在由 Docker 虚拟出来的独立环境中，这个独立出来的环境称为容器。

本小节将介绍如何从 Docker 的生态圈中获取所需的镜像信息，并把所需要的镜像资源下载到本地应用，包括容器的创建、进程控制和状态查询等内容。

1. 应用程序镜像的获取

创建了 Docker 的镜像文件，现在就可以利用镜像文件的配置参数并从 Docker 的官网上获取镜像资源信息，这些可以免费查询和获取，这就是 Docker 的生态圈资源。

从 Docker 的官网上获取镜像资源信息其实很简单，只需要执行搜索命令就可以，但需要指定要查看的镜像资源名称，比如要查询 Nginx 镜像资源，可以执行以下命令：

```
[root@docker ~]# docker search nginx
INDEX   NAME                          DESCRIPTION       STARS       OFFICIAL
UTOMATED
docker.io   docker.io/nginx              Official build of Nginx.  13918
[OK]
……
docker.io  docker.io/staticfloat/nginx-certbot     Opinionated setup for
automatic TLS certs ... 13           [OK]
docker.io  docker.io/bitwarden/nginx       The Bitwarden nginx web server
acting as a... 7
docker.io  docker.io/mailu/nginx               Mailu nginx frontend
7       [OK]
docker.io  docker.io/sophos/nginx-vts-exporter Simple server that scrapes
Nginx vts stats... 7        [OK]
docker.io  docker.io/bitnami/nginx-ingress-controller  Bitnami Docker Image
for NGINX Ingress Con...   6   [OK]
docker.io  docker.io/ansibleplaybookbundle/nginx-apb   An APB to deploy NGINX
    1        [OK]
docker.io  docker.io/wodby/nginx             Generic nginx                  [OK]
[r
```

获取到关于 Nginx 的镜像资源后，就可以把所需要的资源拉取（pull，或者说下载）到本地，但要注意如何选择这些资源。

比如，要把 Nginx 镜像资源下载到本地，首先要从列表中选择哪个镜像资源文件，有些镜像资源文件并不可用，因此在执行下载的命令时建议指定镜像文件的路径。对于镜像文件资源的选择，一般选择路径最短的那个（类似上面代码方框中的），当然也可以不指定路径，以下命令都可以下载 Nginx 镜像文件资源。

```
[root@docker ~]# docker pull nginx
[root@docker ~]# docker pull docker.io/nginx
```

不过建议使用以下命令来下载镜像资源：

```
[root@docker ~]# docker pull docker.io/nginx
Using default tag: latest
```

```
Trying to pull repository docker.io/library/nginx ...
latest: Pulling from docker.io/library/nginx
bb79b6b2107f: Pull complete
111447d5894d: Pull complete
a95689b8e6cb: Pull complete
1a0022e444c2: Pull complete
32b7488a3833: Pull complete
Digest:
sha256:ed7f815851b5299f616220a63edac69a4cc200e7f536a56e421988da82e44ed8
Status: Downloaded newer image for docker.io/nginx:latest
```

注 意

在下载资源的过程中要保证网络正常，如果出现网络中断就要重新再来。另外，在下载的过程中速度可能比较慢（可能与网络有关，也可能与镜像资源大小有关），如果下载中出现长时间没有进度，建议断开后重新执行下载命令，而不是一直等待。

下载完成后，就可以执行以下命令来查看当前下载到本地的镜像文件资源列表信息：

```
[root@docker ~]# docker images
REPOSITORY        TAG             IMAGE ID        CREATED         SIZE
docker.io/nginx   latest          f35646e83998    2 weeks ago     133 MB
```

至此，完成 Nginx 镜像资源的下载。

另外，如果搜索过并知道所下载的镜像文件的位置，就不需要执行搜索命令来再次搜索，而是直接下载就好。比如知道 Tomcat 的镜像位置为 docker.io/tomcat，这时就可以直接执行以下命令来把它下载到本地：

```
[root@docker ~]# docker pull docker.io/tomcat
……
9c0f1dffe039: Pull complete
474314d81831: Pull complete
90ee5d998c5c: Pull complete
6b11f2f89cd1: Pull complete
9eac66e32ef5: Pull complete
Digest:
sha256:30dd6da4bc6b290da345cd8a90212f358b6a094f6197a59fe7f2ba9b8a261b4f
Status: Downloaded newer image for docker.io/tomcat:latest
```

2. 基于 Docker 的容器创建

通过以上准备工作，接下来将对镜像的使用进行介绍。

使用镜像创建容器实际上就是创建一个实例。

例如，使用下载到本地的 Nginx 镜像来创建一个容器，可以执行以下命令。使用该命令完成容器的创建后，启动它的进程。

```
[root@docker ~]# docker run --name nginx02 -p8880:80 -d nginx
f6c9d2a0aa058e185a6347195edf0c7098375b4fafa8361bc4c4fb541593b37f
```

其中，默认使用 80 端口，现在要把它映射到 8880 端口上，nginx02 是容器的名称。

此时打开浏览器，使用主机 IP 地址和 8880 端口就可以访问 Nginx 的主页，如图 18-2 所示。

可以看到 Nginx 的实例已经安装完成，且运行正常。

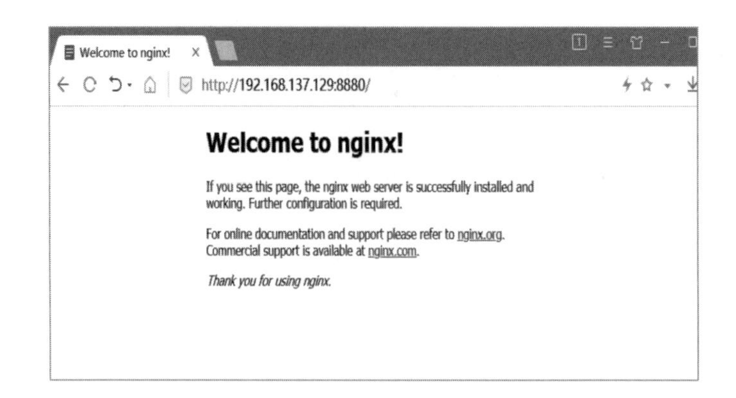

图 18-2 Nginx 的主页信息

运维前线

1）创建的实例有同名时，就会出现类似以下的错误提示信息：

```
[root@docker ~]# docker run --name nginx02 -p8880:80 -d nginx
/usr/bin/docker-current: Error response from daemon: Conflict. The container
name "/nginx02" is already in use by container
f6c9d2a0aa058e185a6347195edf0c7098375b4fafa8361bc4c4fb541593b37f. You have to
remove (or rename) that container to be able to reuse that name..
See '/usr/bin/docker-current run --help'.
```

2）操作系统有些软件版本没有更新，在创建并运行实例时就会出现以下问题：

```
[root@docker2 ~]# docker run --name nginx01 -p 8888:80 -d nginx
70e238e71c63ca6e9d4e8f0c8e10ee5588c11666d686c515b0f378bc3d1b9827
/usr/bin/docker-current: Error response from daemon: oci runtime error:
container_linux.go:235: starting container process caused "process_linux.go:258:
applying cgroup configuration for process caused \"Cannot set property
TasksAccounting, or unknown property.\"".
```

3. 容器的信息状态获取

通常，在获取到一个 Docker 的镜像后就可以使用该镜像资源来创建多个容器，但需要注意容器的名称和所使用的端口不要相同，以避免出现冲突。

比如，使用 Nginx 镜像创建将 80 端口映射到 8883 端口上、名称为 nginx03 的容器，且容器创建完成后启动它的进程。

```
[root@docker ~]# docker run --name nginx03 -p8883:80 -d nginx
3e69323edcb0f25c4b6da4acf4dfb8460fe6ca35bb77100cb9d5a81485f1fb44
```

同样，可以创建 nginx04、nginx05 等，但要注意端口和名称不能相同。对于所创建的这些容器，它们都是在创建时就启动，而对于它们的进程状态维护，可以使用以下命令进行。例如关闭 nginx02 容器的进程，执行以下命令就可以：

```
[root@docker ~]# docker stop nginx02
nginx02
```

同样，关闭和启动的命令如下：

```
docker stop/start nginx02
```

对于系统中的容器，要查看全部的容器，可以执行以下命令：

```
[root@docker ~]# docker ps --all -q
3e69323edcb0
f6c9d2a0aa05
```

或使用以下命令来查看更详细的信息：

```
[root@docker ~]# docker ps --all
CONTAINER ID   IMAGE   COMMAND                  CREATED            STATUS
PORTS                  NAMES
3e69323edcb0    nginx    "/docker-entrypoin..."  29 minutes ago   Up 29
minutes                0.0.0.0:8883->80/tcp   nginx03
f6c9d2a0aa05    nginx    "/docker-entrypoin..."  49 minutes ago   Exited (0)
5 seconds  ago                                  nginx02
```

从以上这两条命令中发现容器的名称之间的对应关系，CONTAINER ID 对应的是一串字符串（如 nginx03 对应的是 f6c9d2a0aa05），这个字符串最初可以在容器创建成功后提示信息的前 12 个字符。

通过这些字符串可以设置容器的开机启动，如容器 nginx03 开机启动可以执行以下命令来设置：

```
[root@docker ~]# docker update --restart=always f6c9d2a0aa05
f6c9d2a0aa05
```

当然，也可以直接使用容器名称，如执行以下命令来取消容器 nginx03 开机启动：

```
[root@docker ~]# docker update --restart no nginx03
nginx03
```

使用以下命令查看停止运行的容器：

```
[root@docker ~]# docker ps --all -q -f status=exited
f6c9d2a0aa05
```

或使用以下命令来查看在运行的容器状态：

```
[root@docker ~]# docker ps
CONTAINER ID  IMAGE   COMMAND                  CREATED             STATUS
PORTS                  NAMES
3e69323edcb0  nginx    "/docker-entrypoin..."   46 minutes ago   Up 46
minutes   0.0.0.0:8883->80/tcp   nginx03
```

18.3.3 Docker 平台的基本维护

Docker 的使用实现了应用程序的快速部署，更重要的是为各个应用程序创建独立的运行空间，这在一定程度上可以保护主机及其他应用程序的安全，无论是在测试环境还是在生产环境中都带来了极大的便利性。本小节主要对 Docker 平台的基本维护进行介绍，内容主要包括容器内部文件的应用和容器的下线移除。

1. 容器内部文件的应用

容器是一个小型的 Linux 系统，在它内部拥有的文件系统能够支持它的独立运行，这也是支撑容器在宿主机中创建独立运行空间的基础，但磁盘空间、内存资源等都来自它的宿主机，容器只是借助这些资源创建独立的空间，并为应用程序提供必要的文件系统结构资源。

对于容器的文件系统组成，可以进入容器的内部查看，但前提是所要进入的容器须处于运行状态，否则无法进入，如下所示：

```
[root@docker ~]# docker exec -it nginx03 /bin/bash
Error response from daemon: Container
3e69323edcb0f25c4b6da4acf4dfb8460fe6ca35bb77100cb9d5a81485f1fb44 is not running
```

其实，从提示信息就能够看出容器 nginx03 进程没有启动，因此才出现报错。

比如，容器 nginx02 处于运行状态，这时可以使用以下命令进入它的内部：

```
[root@docker ~]# docker exec -it nginx02 /bin/bash
root@f6c9d2a0aa05:/#
```

进入后可以执行 ls 命令来查看容器的内部文件系统组成，可以看到这是一个比较完整的文件系统，能够满足应用程序运行需要的文件系统资源（退出容器时执行 exit 命令就可以）。

在容器内部无法直接对文件进行编辑，原因是容器内部没有编辑器，且容器没法调用其宿主机的编辑器，因此要编辑容器内部的文件，只能先把容器内部需要编辑的文件复制到其宿主机上，并在编辑完成后复制回容器内对应的位置。

例如需要把容器 nginx02 的主配置文件 nginx.conf（/etc/nginx/nginx.conf）复制到宿主机上进行编辑，可以执行以下命令：

```
[root@docker ~]# docker cp nginx02:/etc/nginx/nginx.conf /root/
```

此时，在/root/目录下就可以看到刚复制出来的 nginx.conf 文件。

如果编辑文件后需要把它复制回容器内部，如把编辑好的文件 nginx.conf 复制回容器 nginx02，可以执行以下命令：

```
[root@docker ~]# docker cp nginx.conf nginx02:/etc/nginx/nginx.conf
```

当然，如果需要把相关的文件、目录等复制到容器内部，也可以使用该命令，特别是在部署应用程序时可以直接复制进去。

2. 容器的下线移除

对于容器，在不需要时可以把它们删除。

删除容器时首先需要确定该容器是否还在使用、数据是否已经备份，最后要把容器的进程关闭，在完成这三项工作后就可以把容器删除。其实，对于生产环境下的容器是不建议删除的，通常只是关闭进程就可以，但有些确实不需要或测试环境已完成的可以删除。

删除容器可以执行以下命令，其中的 container 是指容器的名称，可以同时删除多个。

```
docker rm <container...>
```

比如之前创建了 nginx02 和 nginx03 这两个容器，现在需要把 nginx03 删除，就可以执行以下命令，不过如果该容器的进程处于运行状态就不能删除。

```
[root@docker ~]# docker rm nginx03
Error response from daemon: You cannot remove a running container
3e69323edcb0f25c4b6da4acf4dfb8460fe6ca35bb77100cb9d5a81485f1fb44. Stop the
container before attempting removal or use -f
```

当然，如果关闭它的进程就可以删除。

```
[root@docker ~]# docker stop nginx03
nginx03
[root@docker ~]# docker rm nginx03
nginx03
```

当然，如果要把全部的容器都删除，可以执行以下命令：

```
docker rm `docker ps -a -q`
```

或以下命令也可以：

```
docker ps -a -q | xargs docker rm
```

18.3.4 使用 Docker 的 Web 工具

对于 Docker 的日常维护，除了使用命令行来管理之外，还可以使用非常人性化、非常直观的图形工具来管理。Docker 的 Web 管理工具有好几款，至于要使用哪款工具，可以根据自己的需要进行选择，本小节仅对 Portainer 这款工具进行介绍。

Portainer 是一款基于 Go 的轻量级的 Web 图形化容器管理工具，它支持管理 Docker 的容器、镜像、卷、网络等方面的资源，除了支持本地容器管理外，还支持 Swarm 集群管理，并能对远端服务器或 Azure 云主机容器进行管理，也支持用户认证。

借助于 Docker 服务，使得 Portainer 的部署非常简单，下面对它的部署过程进行介绍。

执行 docker 命令搜索 Docker 生态圈中的 Portainer 资源。

```
[root@docker ~]# docker search portainer
INDEX       NAME                                    DESCRIPTION
STARS     OFFICIAL   AUTOMATED
docker.io   docker.io/portainer/portainer        This Repo is now deprecated,
use portainer...          1983
docker.io   docker.io/portainer/portainer-ce     Portainer CE - Making Docker
and Kubernete...     122
docker.io   docker.io/portainer/agent            An agent used to manage all the
resources ...    80
docker.io   docker.io/portainer/templates        App Templates for Portainer
http://portain...       19
......
docker.io                                  docker.io/nenadilic84/portainer
0
docker.io   docker.io/portainerci/agent          Portainer agent images
automatically creat...      0
docker.io   docker.io/profidata/portainer        Fork of portioner/portainer
    0
docker.io                                  docker.io/rancher/portainer-agent
        0
docker.io   docker.io/webdevsvc/portainer        portainer
    0    [OK]
```

把 Portainer 的镜像下载到本地。

```
root@docker ~]# docker pull docker.io/portainer/portainer
Using default tag: latest
Trying to pull repository docker.io/portainer/portainer ...
```

```
    latest: Pulling from docker.io/portainer/portainer
    d1e017099d17: Pull complete
    717377b83d5c: Pull complete
    Digest:
sha256:f8c2b0a9ca640edf508a8a0830cf1963a1e0d2fd9936a64104b3f658e120b868
    Status: Downloaded newer image for docker.io/portainer/portainer:latest
```

安装 Portainer 容器。

```
    [root@docker ~]# docker run -d -p 9002:9000 -v /usr/portainer:/data -v
/var/run/docker.sock:/var/run/docker.sock --name portainer portainer/portainer
    4ee0943a5b3baa4bdb1f52d1de9e31615bef5e1bc1f7ff684342a0f32da42902
```

对命令行中相关参数说明如下：

- -d：用于指定容器在创建后其进程在后台运行。
- -p 9002:9000：设置将宿主机 9002 端口映射到容器中的 9000 端口，也就是同步外部访问时所访问的端口是 9002。
- -v /var/run/docker.sock:/var/run/docker.sock：把宿主机的Docker守护进程（docker daemon）设置为默认监听的UNIX域套接字挂载到容器中，在启动容器时必须挂载本地/var/run/docker.socker与容器内的/var/run/docker.socker连接。
- -v /usr/portainer:/data：把宿主机目录/usr/portainer 挂载到容器/data 目录。
- --name portainer：指定运行容器的名称，即 Portainer 工具的容器名称。

容器创建后同时会启动它的进程，此时使用主机 IP 地址加端口就可以访问它，打开后将看到如图 18-3 所示的初始化用户名和密码的界面（默认用户账号是 admin）。

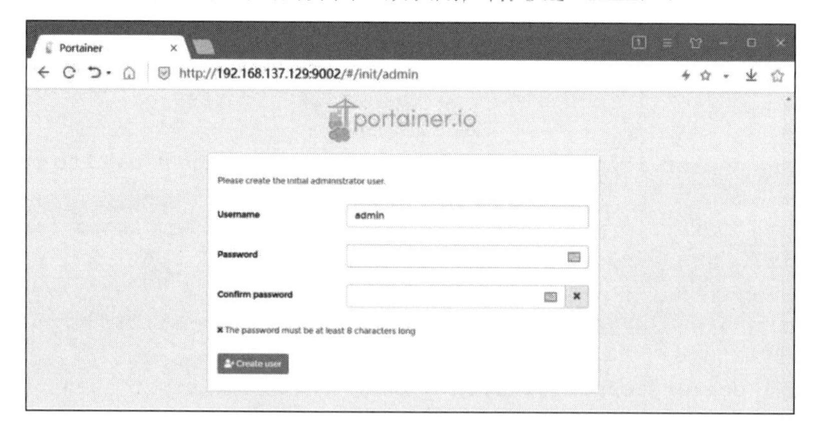

图 18-3 Portainer 工具密码初始化

创建用户并初始化该账号的密码后，就可以登录设置 Portainer 与 Docker 互联的界面，如图 18-4 所示。

由于 Docker 与 Portainer 安装在同一台主机上，因此要选择 Local 这项（第一项）并确定连接。

连接成功后就可以看到在 Portainer 的主页，主页上主要分功能菜单栏和 Docker 相关信息汇总栏这两部分（见图 18-5），其中 Docker 相关信息汇总栏中有 Docker 容器数量、镜像数量、内存状态等的描述，以及该页面刷新次数的设置等功能；重要的是功能菜单栏，这些功能才是 Portainer 这款工具的价值所在。

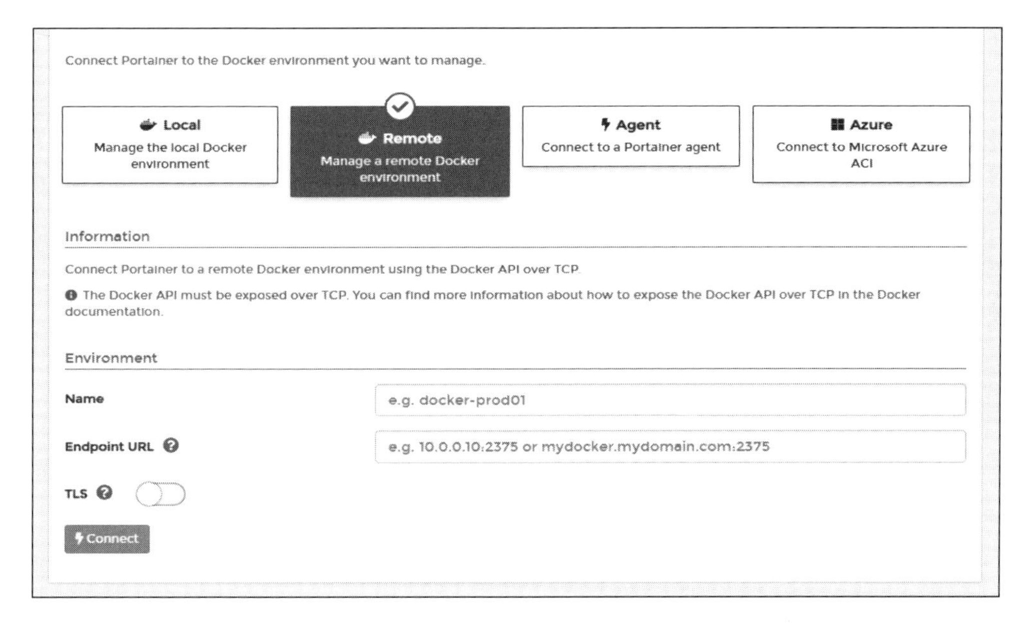

图 18-4　设置 Portainer 与 Docker 互联

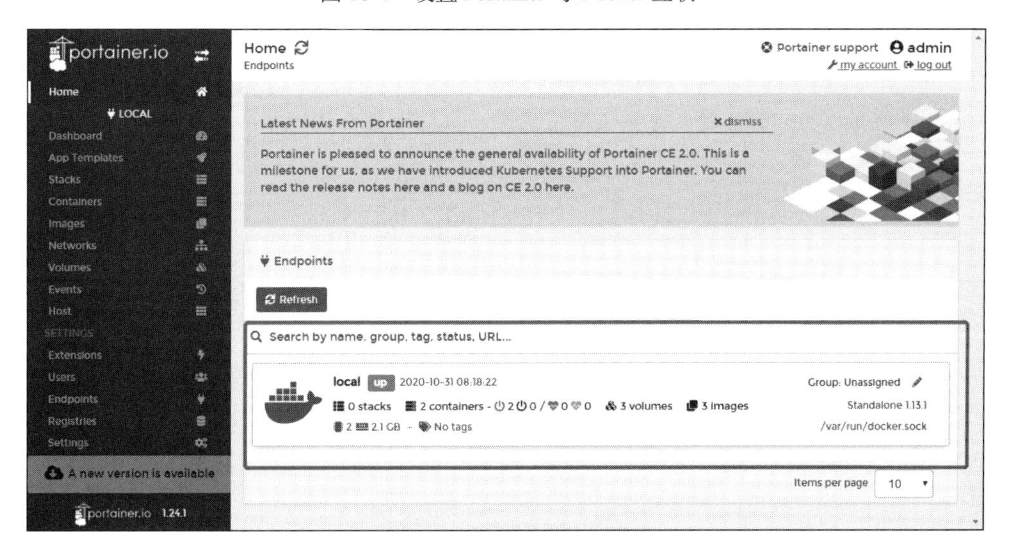

图 18-5　Portainer 的主页信息

Portainer 这款工具的功能非常丰富，可以满足日常运维的需要，而且能够非常人性化和直观地对 Docker 的相关设置、容器等进行管理，极大地提高 Docker 管理的可视化。

关于 Portainer 中的功能这里不再介绍，感兴趣的读者可以好好研究。

18.4　本 章 小 结

本章主要对在系统中创建独立运行环境的 Docker 容器进行了介绍。

读者应掌握 Docker 的安装和基本配置，掌握其应用部署，并了解其日常维护需要注意的事项。

第 19 章

Hadoop 大数据平台实战

在大数据处理上，Hadoop 是一款表现突出的分布式软件系统，该系统通过网络相连组成一个分布式集群来实现对数据进行并发处理，还可以将所有 Hadoop 主机的磁盘合并成一个大的磁盘空间来使用。

本章将介绍 Hadoop 的概念、基础环境构建和分布式集群系统构建这三方面的内容。

19.1 Hadoop 概述

随着大数据的应用范围不断加大，如何有效处理数据成为急需解决的问题，目前在大数据分析方面有不少方案，而 Hadoop 在这方面有一定优势。本节主要介绍 Hadoop 的基本概念和组成模块。

19.1.1 Hadoop 的基本概念

Hadoop 是由 Apache 基金会开发的分布式基础架构应用程序，但实际上它是一种软件库和框架，使得用户可以在不了解分布式底层细节的情况下开发分布式程序，充分利用集群的威力进行高速运算和存储，从而实现跨计算机集群对庞大的数据集进行分布式处理。

起初，Hadoop 来自谷歌一款名为 MapReduce 的编程模型包，由 Apache Software Foundation 公司于 2005 年作为 Lucene 子项目 Nutch 的一部分引入，并于 2006 年 3 月被纳入 Hadoop 项目中。不过最初的 Hadoop 只与网页索引有关，只是后来迅速发展成为分析大数据的平台。

Hadoop 可灵活扩展，从单一计算机系统到提供本地存储和计算数千个应用程序它都能轻松应对，许多使用大数据集和分析工具的公司使用 Hadoop 来处理数据，可以说它已成为大数据应用程序中的标准。这些强大的功能主要得益于它的各个模块之间高效协同工作，这些模块主要包括 Hadoop Common、Hadoop 分布式文件系统、Hadoop YARN 和 Hadoop MapReduce，但实际上可以在此基础上扩展更多的功能模块，使 Hadoop 的功能得以扩大到大数据应用领域，以处理庞大的数据集。

19.1.2 Hadoop 系统组成模块

Hadoop 是一款能够对大量数据进行分布式处理的软件框架系统，它以一种可靠、高效、可伸缩的方式处理数据。这个强大的系统是由许多元素构成的，这些元素是 Hadoop 系统能够提供强大功能的保障。下面对 Hadoop 的组成元素进行介绍。

- Hadoop Common: Hadoop 体系底层的一个模块，它为 Hadoop 各子项目提供配置文件和日志操作等各种工具。
- HDFS: 分布式文件系统，用于提供高吞吐量的应用程序数据访问。从客户机的角度来看，HDFS 就像一个传统的分级文件系统，它能够提供创建、删除、移动或重命名文件等操作。但 HDFS 的架构是基于一组特定的节点构建的，其中 NameNode 负责为 HDFS 提供元数据服务，而 DataNode 负责为 HDFS 提供存储块。
- MapReduce: 分布式海量数据处理的软件框架集计算集群。
- Avro: 主要用于数据的序列化，它的使用在 Hadoop 的远程过程调用之后，使得通信速度更快、数据结构更紧凑。
- Hive: 负责给存储在 Hadoop 中的海量数据提供 SQL 查询，此软件以 SQL 为基础，提供 SQL 的查询语言，使用非常方便。
- HBase: 基于 HDFS 的一个开源系统，用于提供基于列存储模型的可扩展的分布式数据库，支持大型表存储结构化数据的功能。
- Pig: 一个并行计算的高级数据流语言和执行框架，是在 MapReduce 上构建的一种高级查询语言，能够把一些运算编译进 MapReduce 模型的 Map 和 Reduce 中。
- ZooKeeper: 一个针对大型分布式系统的可靠协调系统，目的是封装好配置维护、域名服务、分布式同步、组服务等复杂易出错的关键服务，最终为用户提供简单易用的接口和性能高效、功能稳定的系统。

19.2 Hadoop 基础环境构建

分布式可以简单理解成由多个实现相同功能的主机组成的网络结构，在这个网络内，每台主机协同工作完成对数据的处理。

Hadoop 被定位为一个易用的平台，它以 HDFS、MapReduce 为基础并提供一种以可靠、容错的方式分布式处理请求的解决方案。这个分布式系统能够支持上千台 Hadoop 组成的集群，并实现协同工作。当然，在这个集群中有一台 Master（主机）和多台 Slave（从机），Master 主要负责 NameNode（节点名称）和 JobTracker（工作进度跟踪）的工作。其中，NameNode 的工作是对每台 Slave 的 DataNode 负责，而 JobTracker 则对 TaskTracker 负责。

如图 19-1 所示是基于 Hadoop 集群环境的 Master 与 Slave 之间的关系架构示意图。

本节主要对 Hadoop 分布式系统平台环境的安装配置进行介绍，内容包括基础环境配置、单节点 Hadoop 平台搭建和基于 Web 工作环境的应用这三方面。

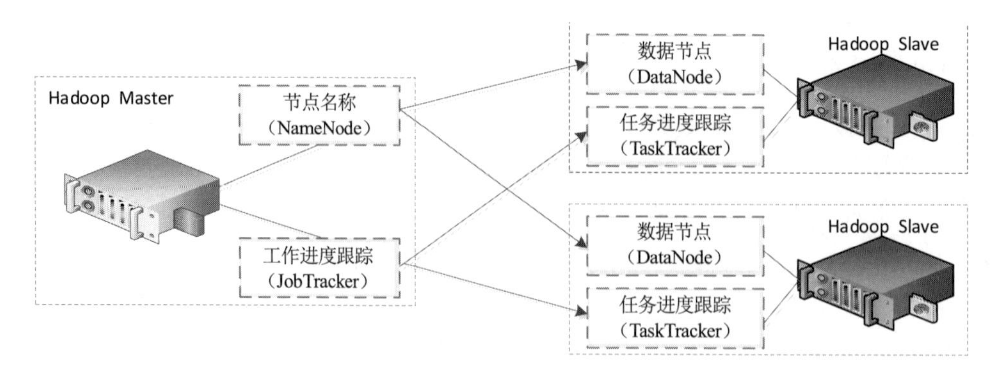

图 19-1 基于 Hadoop 集群环境的 Master 与 Slave 之间的关系架构示意图

19.2.1 基础环境配置

Hadoop 分布式系统的运行、安装、配置所依赖的环境比较少，因此操作系统基础环境的构建比较简单，不需要进行过多的准备工作。

Hadoop 是基于 Java 运行的，在安装它之前需要配置好 Java 环境。另外，关于 Hadoop 运行的权限问题，可创建 hadoop 用户来部署和运行它。

创建用于安装、配置和运行 Hadoop 服务的用户，并为该用户设置密码。

```
[root@hadoop1 ~]# useradd hadoop
[root@hadoop1 ~]# passwd hadoop
Changing password for user hadoop.
New password:
BAD PASSWORD: The password is a palindrome
Retype new password:
passwd: all authentication tokens updated successfully.
```

上传 Java 和 Hadoop 安装包。

安装 Java，安装后要知道它的路径（主目录），在配置 Hadoop 时需要使用。

```
[root@hadoop ~]# rpm -ivh jdk-14.0.2_linux-x64_bin.rpm
warning: jdk-14.0.2_linux-x64_bin.rpm: Header V3 RSA/SHA256 Signature, key ID
ec551f03: NOKEY
Preparing...                          ################################# [100%]
Updating / installing...
   1:jdk-14.0.2-2000:14.0.2-ga         ################################# [100%]
```

通常使用 RPM 包安装时路径为/usr/java/jdk-14.0.2/，但要看具体使用的安装包和版本。

最后，关闭防火墙和 SELinux 就完成了安装 Hadoop 前的基础环境准备工作。

19.2.2 单节点 Hadoop 平台搭建

Hadoop 是一个分布式系统，它是由多个单节点组成的，本小节将对基于单节点的 Hadoop 服务的安装和配置进行介绍。

先对 Hadoop 源码包进行解压。

```
[root@hadoop1 ~]# tar vzxf hadoop-3.3.0.tar.gz
……
hadoop-3.3.0/etc/hadoop/hadoop-metrics2.properties
hadoop-3.3.0/etc/hadoop/user_ec_policies.xml.template
```

```
hadoop-3.3.0/etc/hadoop/mapred-env.sh
hadoop-3.3.0/etc/hadoop/kms-site.xml
hadoop-3.3.0/etc/hadoop/httpfs-log4j.properties
```

接着对解压后得到的目录重命名或直接挪到合适的位置。

```
[root@hadoop1 ~]# mv hadoop-3.3.0 /usr/local/hadoop
```

由于该 Hadoop 服务使用 hadoop 用户来运行，因此需要将该目录的用户和所属组都更改为 hadoop 所有，否则 hadoop 用户没有权限进行安装和配置。

```
[root@hadoop1 ~]# chown -R hadoop.hadoop /usr/local/hadoop/
```

至此，准备工作完成。

1. 配置 hadoop 用户的基本变量

现在开始切换到 hadoop 用户下，并使用该用户来继续完成配置工作，包括配置 Java 变量、Hadoop 变量和参数。

```
[root@hadoop1 ~]# su - hadoop
```

切换到 hadoop 用户并设置该用户的 Hadoop 变量，即打开该用户下的隐藏文件.bash_profile 并在该文件中加入以下配置行：

```
export PATH=$PATH:/usr/local/hadoop/bin:/usr/local/hadoop/sbin
```

其中，/usr/local/hadoop/bin 和/usr/local/hadoop/sbin 直接指向 Hadoop 命令所在的路径，这样做的目的是可以在 hadoop 用户的任何路径下执行 Hadoop 的命令。

设置参数后执行 source 命令使配置生效。

```
[hadoop@hadoop1 ~]$ source .bash_profile
```

最后，更改/etc/hosts 文件并将主机名与 IP 地址做映射关系的绑定。

至此，hadoop 用户环境变量设置完成。

2. 配置 Hadoop 服务的参数

需要配置的文件都在/usr/local/hadoop/etc/hadoop/目录下，切换到该目录下开始更改配置文件，且配置参数都在<configuration>与</configuration>之间。

（1）配置hadoop-env.sh文件

给 Hadoop 配置 Java 环境变量，即在 hadoop-env.sh 配置文件中加入以下配置：

```
export JAVA_HOME=/usr/java/jdk-14.0.2
```

配置该变量参数，就可以在 hadoop 用户的任何路径下执行 hadoop 命令。

（2）配置core-site.xml文件

在 core-site.xml 配置文件中指定存储文件的主机和目录（或者说存储数据的磁盘位置），该文件也是 Hadoop 的核心配置文件，此处是配置 HDFS Master（namenode）的地址和端口号。

需要注意所指定的主机 IP 地址要存在，否则启动时会报错，当然如果使用本机，使用 127.0.0.1 或 localhost 就可以。

```
<configuration>
   <property>
      <name>fs.defaultFS</name>
      <value>hdfs://192.168.137.100:9000</value>
   </property>
   <property>
      <name>hadoop.tmp.dir</name>
      <value>/usr/local/hadoop/tmpdata</value>
   </property>
</configuration>
```

参数说明：

- fs.defaultFS：用来指定 namenode 的 HDFS 的通信地址，可以指定主机+端口，也可以指定一个 namenode 服务（这个服务内部可以有多台 namenode 实现 HA 的 namenode 服务）。
- hadoop.tmp.dir：Hadoop 集群在工作时存储的一些临时文件的目录。

根据指定的路径创建/usr/local/hadoop/tmpdata目录，如果不指定或不创建该数据目录，Hadoop 将默认使用/tmp目录。

（3）配置hdfs-site.xml文件

在 hdfs-site.xml 文件中加入以下配置：

```
<configuration>
   <property>
      <name>dfs.replication</name>
      <value>1</value>
   </property>
</configuration>
```

参数说明：

- dfs.namenode.name.dir：namenode 元数据存放的路径，记录 HDFS 系统中文件的元数据。
- dfs.replication：用于指定数据副本数量，配置参数 1 的意思是当 salve 少于 1 台时就会报错。对于配置单台 Hadoop 的环境，该参数应该设置为 1，否则就会报错。另外，在集群环境下，建议根据实际的集群节点数来设置，并适当调整一下。

至此，完成配置文件参数的设置。

3. 配置主机 SSH 密钥

现在要设置 SSH 密钥（用于监听 Hadoop 服务的密钥），该服务以 hadoop 用户运行，因此需要使用该用户配置 SSH 密钥。

切换到当前主机后再执行命令，原因是 Hadoop 在启动时会检查 SSH 密钥信息，并检查是否存在免登录的主机密钥文件 known_hosts，如果不切换，执行创建密钥的命令时就不会生成该文件，也就意味着 Hadoop 的进程启动失败。

```
[hadoop@hadoop1 hadoop]$ ssh localhost
The authenticity of host 'localhost (::1)' can't be established.
ECDSA key fingerprint is SHA256:1Kre+IpJsIEorcLspcueM/IDTGRy/T+R+MHFEaOpDe4.
ECDSA key fingerprint is MD5:3a:a6:55:03:7e:d5:01:b1:e7:a4:13:d9:78:8c:c5:7c.
```

```
Are you sure you want to continue connecting (yes/no)? yes  <==== 确认
Warning: Permanently added 'localhost' (ECDSA) to the list of known hosts.
hadoop@localhost's password:  <==== hadoop 用户的密码
Last login: Sat Oct  3 19:36:31 2020 from ::1
Last login: Sat Oct  3 19:37:21 2020
[hadoop@hadoop1 ~]$
```

创建密钥并授予相关权限。

```
[hadoop@hadoop1 ~]$ ssh-keygen -t rsa -P '' -f ~/.ssh/id_rsa
Generating public/private rsa key pair.
Your identification has been saved in /home/hadoop/.ssh/id_rsa.
Your public key has been saved in /home/hadoop/.ssh/id_rsa.pub.
The key fingerprint is:
SHA256:ZUWVNc3si2KB711uHWy2xwdpVLCIsvc9TUoj3QhFqTY hadoop@hadoop1
The key's randomart image is:
+---[RSA 2048]--------+
|          .oo=Oo     |
|           o oo.*    |
|       .   = o..o    |
|          * .Eo.o.   |
|         S o.ooB.+   |
|          . = =+%    |
|          o +.Oo=    |
|            . . ==   |
|              . o    |
+----[SHA256]---------+
[hadoop@hadoop1 ~]$ cat ~/.ssh/id_rsa.pub >> ~/.ssh/authorized_keys
[hadoop@hadoop1 ~]$ chmod 0600 ~/.ssh/authorized_keys
```

4. Hadoop 服务进程管理

对于 Hadoop 进程的启动，在启动之前需要格式化 Hadoop 的文件系统。

```
[hadoop@hadoop1 ~]$ hdfs namenode -format
……
2020-10-04 01:07:56,501 INFO namenode.FSImageFormatProtobuf: Image file /usr/local/hadoop/tmpdata/dfs/name/current/fsimage.ckpt_0000000000000000000 of size 401 bytes saved in 0 seconds .
2020-10-04 01:07:56,515 INFO namenode.NNStorageRetentionManager: Going to retain 1 images with txid >= 0
2020-10-04 01:07:56,524 INFO namenode.FSImage: FSImageSaver clean checkpoint: txid=0 when meet shutdown.
2020-10-04 01:07:56,525 INFO namenode.NameNode: SHUTDOWN_MSG:
/************************************************************
SHUTDOWN_MSG: Shutting down NameNode at hmaster/192.168.137.100
************************************************************/
```

格式化操作是在首次启动进程时执行，后期不需要再次执行，但如果存储数据的目录发生改变，就需要重新执行。

格式化完成后就可以启动进程。

```
[hadoop@hadoop1 ~]$ start-dfs.sh
Starting namenodes on [hadoop1]
```

```
Starting datanodes
Starting secondary namenodes [hadoop1]
```

节点进程启动，可以使用 http://192.168.137.100:9870 来打开如图 19-2 所示的节点监测页面，此地址为主机的地址，端口是默认的。

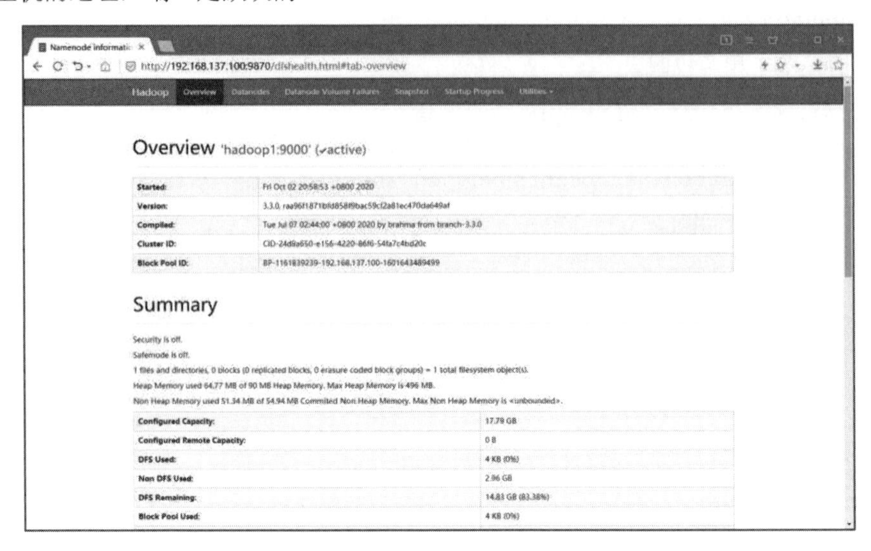

图 19-2　Hadoop 单节点测试页

该页面上仅仅是该主机的监控信息，此时说明 Hadoop 节点进程已经启动，可以使用 ps 命令来查看相关的信息。

```
[hadoop@hadoop1 ~]$ ps axu | grep hadoop
......
hadoop    14294  0.3  8.9 2449496 180716 ?     Sl   20:58   0:06 /usr/java/
jdk-14.0.2/bin/java -Dproc_secondarynamenode -Djava.net.preferIPv4Stack=true
-Dhdfs.audit.logger=INFO,NullAppender -Dhadoop.security.logger=INFO,RFAS
-Dyarn.log.dir=/usr/local/hadoop/logs
-Dyarn.log.file=hadoop-hadoop-secondarynamenode-hadoop1.log
-Dyarn.home.dir=/usr/local/hadoop -Dyarn.root.logger=INFO,console
-Djava.library.path=/usr/local/hadoop/lib/native
-Dhadoop.log.dir=/usr/local/hadoop/logs
-Dhadoop.log.file=hadoop-hadoop-secondarynamenode-hadoop1.log
-Dhadoop.home.dir=/usr/local/hadoop -Dhadoop.id.str=hadoop
-Dhadoop.root.logger=INFO,RFA -Dhadoop.policy.file=hadoop-policy.xml
org.apache.hadoop.hdfs.server.namenode.SecondaryNameNode
hadoop    15949  0.0  0.0 155324  1884 pts/1    R+   21:28   0:00 ps axu
hadoop    15950  0.0  0.0 112704   980 pts/1    S+   21:28   0:00 grep
--color=auto hadoop
```

关闭节点进程，使用以下命令：

```
[hadoop@hadoop1 ~]$ stop-dfs.sh
Stopping namenodes on [hadoop1]
Stopping datanodes
Stopping secondary namenodes [hadoop1]
```

要设置节点进程开机启动，可以把启动进程的命令加入/etc/rc.local 文件。

5. 配置 Hadoop 集群主机监测服务

通过以上操作，现在已经完成 Hadoop 单节点的服务配置，接下来将介绍如何搭建一个集中监听和展示 Hadoop 状态的 Web 界面平台，这个平台的一大优点是能够以一览表的方式展示 Hadoop 各节点及这些节点的服务状态。平台的运行状态控制由 ResourceManager 和 NodeManager 这两个守护进程负责。

对于该 Web 平台的配置，所有相关的配置文件都在/usr/local/hadoop/etc/hadoop/目录下，因此切换到该目录下进行修改，所有的参数都在<configuration>与</configuration>之间。

（1）配置mapred-site.xml文件

将以下配置参数写入 mapred-site.xml 文件中：

```
    <property>
        <name>mapreduce.framework.name</name>
        <value>yarn</value>
    </property>
    <property>
        <name>mapreduce.application.classpath</name>
    <value>/usr/local/hadoop/share/hadoop/mapreduce/*:/usr/local/hadoop/share/
hadoop/mapreduce/lib/*</value>
    </property>
```

参数说明：

- mapreduce.framework.name：用于设置启用 YARN 作为资源管理框架。

（2）配置yarn-site.xml文件

将以下配置参数写入 yarn-site.xml 文件中：

```
    <property>
        <name>yarn.nodemanager.aux-services</name>
        <value>mapreduce_shuffle</value>
    </property>
    <property>
        <name>yarn.nodemanager.env-whitelist</name>
    <value>JAVA_HOME,HADOOP_COMMON_HOME,HADOOP_HDFS_HOME,HADOOP_CONF_DIR,CLASS
PATH_PREPEND_DISTCACHE,HADOOP_YARN_HOME,HADOOP_MAPRED_HOME</value>
     </property>
```

参数说明：

- yarn.nodemanager.aux-services：用于告诉 NodeManager 需要实现一个名为 mapreduce.shuffle 的辅助服务。

（3）进程管理

完成以上配置后，现在启动 ResourceManager 和 NodeManager 进程。启动命令如下：

```
[hadoop@hadoop1 hadoop]$ start-yarn.sh
Starting resourcemanager
Starting nodemanagers
```

启动后可以使用 http://192.168.137.100:8088 地址来访问（IP 地址是主机的地址），该 Web 界面如图 19-3 所示（仅截取部分）。

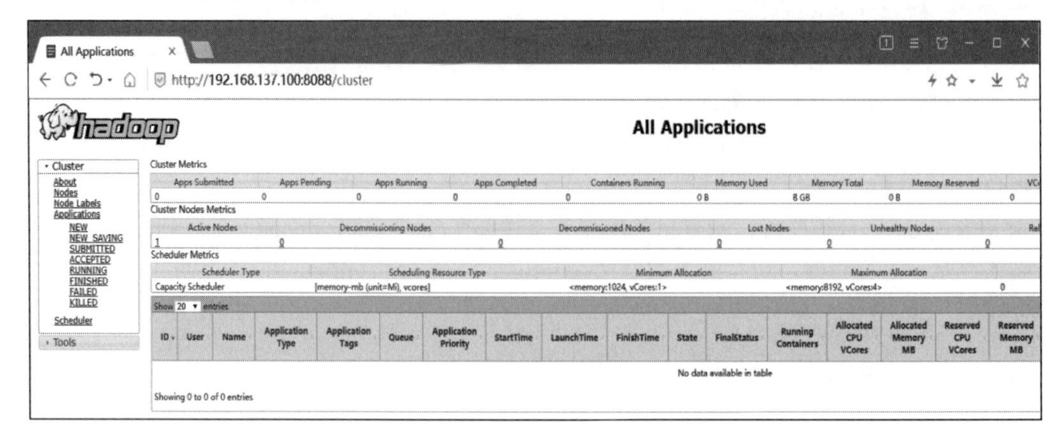

图 19-3　基于 Web 的 Hadoop 集中式监控界面

在该界面上，只要是加入分布式集群的主机，就可以看到各种与 Hadoop 服务相关的信息，包括多少台 Hadoop 主机、各个节点主机的状态、各主机处理数据的状态及上传数据的状态等。该界面的信息对 Hadoop 集群的维护还是非常有用的。

关闭进程，可以执行以下命令：

```
[hadoop@hadoop1 hadoop]$ stop-yarn.sh
Stopping nodemanagers
Stopping resourcemanager
```

要设置开机启动，需要把启动命令 start-yarn.sh 加入/etc/rc.local 文件中，但要以 hadoop 用户权限来执行该命令。

6. Hadoop 进程基本维护

对于 Hadoop 进程的启动，start-dfs.sh 用于启动单节点的进程，而 start-yarn.sh 用于启动监测集群各节点状态信息的进程，在日常的维护工作中，可以通过执行这两个文件（命令）来管理 Hadoop 的进程。另外，可以在/etc/rc.loacl 文件中加入以下两行来实现开机自启动：

```
su - hadoop -c "start-dfs.sh"
su - hadoop -c "start-yarn.sh"
```

或直接使用以下命令来一次性启动全部进程：

```
su - hadoop -c " start-all.sh"
```

通常，执行这两个命令后会启动 6 个进程，如下：

```
[hadoop@hadoop1 ~]$ jps
3442 Jps
2501 DataNode
2695 SecondaryNameNode
2967 ResourceManager
3095 NodeManager
2347 NameNode
```

其实，在单主机的环境下，start-yarn.sh 并不是必须运行的，不过在集群环境下建议启动它，这样能够集中式监测，以减轻工作量。

19.2.3　基于 Web 工作环境的应用

本小节主要介绍如何在客户端主机上使用主机名查看集群的状态信息。

通常，配置完集群并打开集群的集中式监控 Web 界面，将看到每个节点都是以主机名的方式来显示的，这些主机名通常在客户端打不开（见图 19-4），原因是客户端主机无法解析这个主机名所对应的 IP 地址，因此出现网页无法访问的状态。

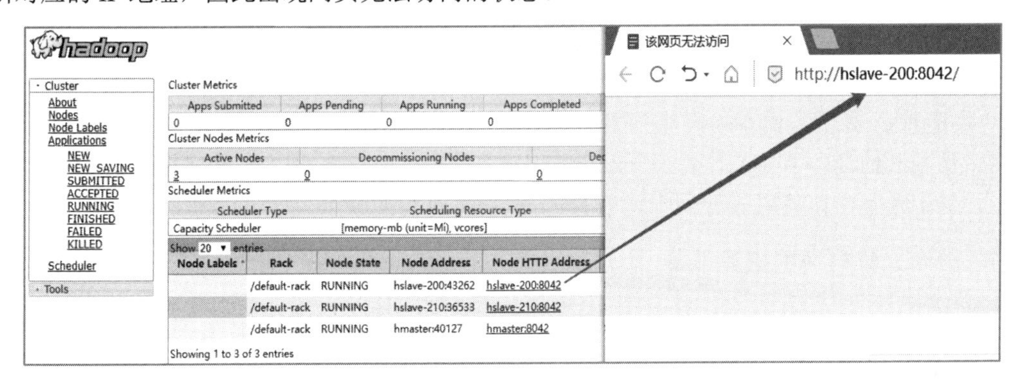

图 19-4　客户端无法使用主机名访问

要解决这个问题，需要设置主机名与 IP 地址之间的映射关系。例如管理端是 Windows 系统，在 C:\Windows\System32\drivers\etc 目录下有一个 hosts 文件，该文件能够对主机名和 IP 地址进行解析（但仅限于同一个局域网环境下），因此可以在该文件中加入主机名与 IP 地址之间的对应关系。

```
192.168.137.100     hmaster
192.168.137.200     hslave-200
192.168.137.210     hslave-210
```

配置完成后就可以通过主机名来访问。

运维前线

在一个集群主机比较多的环境中，如果某个节点丢失，在第一时间仅能通过 Web 上显示的主机名来辨别属于哪台主机，如果没法辨别，就需要查看相关的记录文档，这样比较麻烦。如果配置主机名与 IP 地址的映射关系，出现节点丢失的问题时，在 Web 界面直接单击丢失的节点就会显示该节点的主机相关信息，这样很快就能定位到是哪台主机出了问题。

19.3　分布式集群系统构建

Hadoop 的主要作用是对大数据进行处理，这得益于它所具有的底层功能模块，但也离不开由多个 Hadoop 所组成的分布式系统，这个系统中的 Hadoop 协同完成对数据的分析处理并进行汇总。

分布式系统至少由两台以上的服务器组成，本节将介绍基于单主机和双从机的分布式环境配置。

对于每台 Hadoop 的环境配置，都可以先当作单台主机来配置，因此都需要对操作系统的基础环境进行基本的配置，如关闭 SELinux 功能、关闭防火墙及安装 Java 和创建用于运行 Hadoop 服务的用户等。另外，在开始配置基础环境前，先对系统的基础信息进行介绍，本次配置的 Hadoop 分布式集群包括 1 台主机和两台从机，各节点间通过局域网连接，且它们之间的网络是相通的，具体信息如表 19-1 所示。

表 19-1 Hadoop 分布式集群主机参数信息描述

Hadoop 主机类型	主机名	IP 地址	备注
Master Hadoop	hmaster	192.168.137.100	配置主机集中监控 Web 中心
Salve Hadoop	hslave-200	192.168.137.200	
Salve Hadoop	hslave-210	192.168.137.210	

由于 Hadoop 要求集群中所有服务器上 Hadoop 的部署目录结构相同（在启动时按与主节点相同的目录启动其他任务节点），有一个相同的用户名账号，且该账号用于各个 Hadoop 之间的无密码认证，这也是不建议使用 root 用户运行 Hadoop 服务进程的原因。

19.3.1 分布式集群环境搭建准备

本小节对Hadoop的主从节点配置进行介绍，为了能够更加清楚集群的配置，选择使用新的系统。

根据表 19-1 的信息，需要在三台即将安装配置 Hadoop 的主机上配置主机名与 IP 地址之间的映射关系，即分别在这三台主机的/etc/hosts 文件中加入以下配置：

```
192.168.137.100   hmaster
192.168.137.200   hslave-200
192.168.137.210   hslave-210
```

根据配置信息分别更改主机名，其中主节点主机名为 hmaster，从节点主机名分别为 hslave-200 和 hslave-210。当然，主机名和 IP 地址需要根据实际的环境来设置，但在一个局域网中的主机 IP 地址和主机名应该是唯一的，这样就能够很方便地辨别 Hadoop 的主从节点，也可以避免出现 IP 地址或主机名冲突的问题。

把 SELinux 关闭，即在配置文件/etc/selinux/config 中把 SELINUX 的值都改为 disabled。

关闭防火墙，可以执行以下命令来关闭防火墙并设置开机不启动。

```
[hadoop@hmaster ~]$ systemctl stop firewalld.service
[hadoop@hmaster ~]$ systemctl disable firewalld.service
```

注意

如果不关闭防火墙，就需要开放特定的端口，至于是要开放什么端口，就看在 Hadoop 中使用的端口是哪些。

分别在三台主机上创建用户和设置密码，建议全部主机所创建的用户都是相同的（比如用户名都是 hadoop），所使用的密码也是相同的。

把安装配置 Hadoop 所需要的相关包上传（也就是 jdk 和 hadoop 这两个包），如果使用 root 用户上传，上传完成后安装 jdk，并将 hadoop 的源码包移动到/home/hadoop/目录下（或直接上传到该目录下，但要注意包的所属问题），并将该源码包的用户和组都更改为 hadoop。

最后，重启系统。

19.3.2　分布式集群主节点配置

接下来将对主节点进行配置，并将配置过的文件直接同步到从节点上。

本节对 Hadoop 集群的配置是在 hadoop 用户下进行的，因此需要切换或直接使用 hadoop 用户登录系统进行安装配置的工作。

对 Hadoop 的源码包进行解压。

```
[hadoop@hmaster ~]$ tar vzxf hadoop-3.3.0.tar.gz
……
hadoop-3.3.0/etc/hadoop/capacity-scheduler.xml
hadoop-3.3.0/etc/hadoop/hadoop-metrics2.properties
hadoop-3.3.0/etc/hadoop/user_ec_policies.xml.template
hadoop-3.3.0/etc/hadoop/mapred-env.sh
hadoop-3.3.0/etc/hadoop/kms-site.xml
hadoop-3.3.0/etc/hadoop/httpfs-log4j.properties
```

解压后把它放到指定的位置，本次直接把它安装在/home/hadoop/目录下（也就是说它的主目录是/home/hadoop/hadoop-3/）。

```
[hadoop@hmaster ~]$ mv hadoop-3.3.0 hadoop-3
```

完成这些准备工作后就开始配置Hadoop，需要配置或更改的文件都在/home/hadoop/hadoop-3/etc/hadoop/目录下，进入该目录后就开始配置。

（1）配置core-site.xml文件

在 core-site.xml 文件中的<configuration>和</configuration>之间加入以下配置参数：

注 意　该文件中的配置以<configuration>开始、以</configuration>结束，所添加的配置参数都要放在这两项之间。

```
<property>
   <name>fs.defaultFS</name>
   <value>hdfs://192.168.137.100:9000</value>
</property>
<property>
   <name>hadoop.tmp.dir</name>
   <value>file:/home/hadoop/hadoop-3/tmpdata2</value>
</property>
```

其中，hdfs 用于指定 HDFS 的通信地址，该地址指的是当前的主机地址或主机名；file 定义的是 hadoop 运行时产生的文件存储的地方。

因此，需要创建/home/hadoop/hadoop-3/tmpdata2 目录。

```
[hadoop@hmaster hadoop]$ mkdir /home/hadoop/hadoop-3/tmpdata2
```

（2）配置hdfs-site.xml文件

在该文件中加入以下配置参数：

```
<property>
   <name>dfs.namenode.http-address</name>
```

```
        <value>192.168.137.100:50070</value>
    </property>
    <property>
        <name>dfs.namenode.secondary.http-address</name>
        <value>192.168.137.200:50090</value>
    </property>
    <property>
        <name>dfs.namenode.secondary.http-address</name>
        <value>192.168.137.210:50090</value>
    </property>
    <property>
        <name>dfs.namenode.name.dir</name>
        <value>/home/hadoop/hadoop-3/tmpdata/name</value>
    </property>
    <property>
        <name>dfs.replication</name>
        <value>3</value>
    </property>
      <property>
        <name>dfs.datanode.data.dir</name>
        <value>/home/hadoop/hadoop-3/tmpdata/datanode</value>
    </property>
    <property>
        <name>dfs.permissions</name>
        <value>false</value>
    </property>
```

其中，IP地址分别是不同的Hadoop主机的地址，也可以使用主机名，端口也可以自取。这些地址或主机名是主节点与从节点进行通信的通道，如果不设置，在主节点上就监测不到从节点的信息。

这里需要创建两个目录，即：

```
/home/hadoop/hadoop-3/tmpdata/name     <===== 存放 namenode 信息的目录
/home/hadoop/hadoop-3/tmpdata/datanode     <=====存放 datanode 信息的目录
```

分别创建这两个目录：

```
[hadoop@hmaster hadoop]$ mkdir -p /home/hadoop/hadoop-3/tmpdata/name
[hadoop@hmaster hadoop]$ mkdir -p /home/hadoop/hadoop-3/tmpdata/datanode
```

（3）配置mapred-site.xml文件

在该文件中加入以下配置参数：

```
<property>
    <name>mapreduce.framework.name</name>
    <value>yarn</value>
</property>
<property>
    <name>mapreduce.application.classpath</name>
    <value>
    /home/hadoop/hadoop-3/etc/hadoop,
    /home/hadoop/hadoop-3/share/hadoop/*
```

```
    </value>
</property>
```

（4）配置yarn-site.xml文件

在该文件中加入以下配置参数：

```
<property>
    <name>yarn.resourcemanager.hostname</name>
    <value>192.168.137.100</value>
</property>
<property>
    <description>The http address of the RM web application.</description>
    <name>yarn.resourcemanager.webapp.address</name>
    <value>${yarn.resourcemanager.hostname}:8088</value>
</property>
<property>
    <description>The address of the applications manager interface in the
RM.</description>
    <name>yarn.resourcemanager.address</name>
    <value>${yarn.resourcemanager.hostname}:8032</value>
</property>
<property>
    <description>The address of the scheduler interface.</description>
    <name>yarn.resourcemanager.scheduler.address</name>
    <value>${yarn.resourcemanager.hostname}:8030</value>
</property>
<property>
   <name>yarn.resourcemanager.resource-tracker.address</name>
    <value>${yarn.resourcemanager.hostname}:8031</value>
</property>
<property>
   <description>The address of the RM admin interface.</description>
   <name>yarn.resourcemanager.admin.address</name>
   <value>${yarn.resourcemanager.hostname}:8033</value>
</property>
```

（5）创建主从节点主机清单文件

这两个文件分别为 masters 和 slaves，它们都在/home/hadoop/hadoop-3/etc/hadoop/目录下，其中的 masters 文件加入 Hadoop 主节点的 IP 地址或主机名，slaves 文件加入 Hadoop 从节点的 IP 地址或主机名。注意，每个主机的主机名或 IP 地址都要作为单独的一行。

（6）配置变量参数

即在 hadoop 用户的.bashrc 文件（/home/hadoop/.bashrc）中加入以下配置参数：

```
export JAVA_HOME=/usr/java/jdk-14.0.2
export PATH=$PATH:$JAVA_HOME/bin
export HADOOP_HOME=/home/hadoop/hadoop-3
export PATH=$PATH:$HADOOP_HOME/bin:$HADOOP_HOME/sbin
export HADOOP_CONF_DIR=$HADOOP_HOME/etc/hadoop
```

添加参数后执行以下命令使配置生效：

```
[hadoop@hmaster ~]$ source .bashrc
```

（7）创建密钥文件

切换到 localhost 后执行命令创建密钥文件，并设置权限。

```
[hadoop@hmaster hadoop]$ ssh localhost
Last login: Sun Oct 25 17:46:50 2020
[hadoop@hmaster ~]$ ssh-keygen -t rsa -P '' -f ~/.ssh/id_rsa
Generating public/private rsa key pair.
Created directory '/home/hadoop/.ssh'.
Your identification has been saved in /home/hadoop/.ssh/id_rsa.
Your public key has been saved in /home/hadoop/.ssh/id_rsa.pub.
The key fingerprint is:
SHA256:ElUoDGY+fiEwQa31nNgZ6yD41GvoXDG2/0FiMUoCc8Y hadoop@hmaster
The key's randomart image is:
+---[RSA 2048]----+
|ooBo+o  .o.      |
| =E*o +..        |
| ..+===*         |
|. ++B+B=         |
| o +oB= S        |
|  o =o.+         |
| o o .  .        |
|  o   .  .       |
|       ..        |
+----[SHA256]-----+
[hadoop@hmaster ~]$ cat ~/.ssh/id_rsa.pub >> ~/.ssh/authorized_keys
[hadoop@hmaster ~]$ chmod 0600 ~/.ssh/authorized_keys
```

（8）格式化Hadoop的文件系统

在首次启动 Hadoop 进程前，需要对它的文件系统进行格式化，使用以下命令对文件系统进行格式化：

```
[hadoop@hmaster ~]$ hdfs namenode -format
……
2020-10-25 18:33:56,061 INFO namenode.NNStorageRetentionManager: Going to retain 1 images with txid >= 0
2020-10-25 18:33:56,068 INFO namenode.FSImage: FSImageSaver clean checkpoint: txid=0 when meet shutdown.
2020-10-25 18:33:56,069 INFO namenode.NameNode: SHUTDOWN_MSG:
/************************************************************
SHUTDOWN_MSG: Shutting down NameNode at hmaster/192.168.137.100
************************************************************/
```

（9）启动进程检查配置结果

使用以下命令启动 Hadoop 的进程：

```
[hadoop@hmaster ~]$ start-dfs.sh
Starting namenodes on [hmaster]
```

```
hmaster: Warning: Permanently added 'hmaster,192.168.137.100' (ECDSA) to the list of known hosts.
Starting datanodes
localhost: Warning: Permanently added 'localhost' (ECDSA) to the list of known hosts.
Starting secondary namenodes [hslave-210]
hslave-210: Warning: Permanently added 'hslave-210,192.168.137.210' (ECDSA) to the list of known hosts.
hslave-210: Permission denied (publickey,gssapi-keyex,gssapi-with-mic,password).
[hadoop@hmaster ~]$ start-yarn.sh
Starting resourcemanager
Starting nodemanagers
```

启动完成后，在浏览器上使用主机的地址和端口（如 http://192.168.137.100:8088）打开集群节点监控界面，如果没什么问题，就可以看到如图 19-5 所示的信息（仅截取部分）。

从图中的信息可以确定，主节点配置完成。

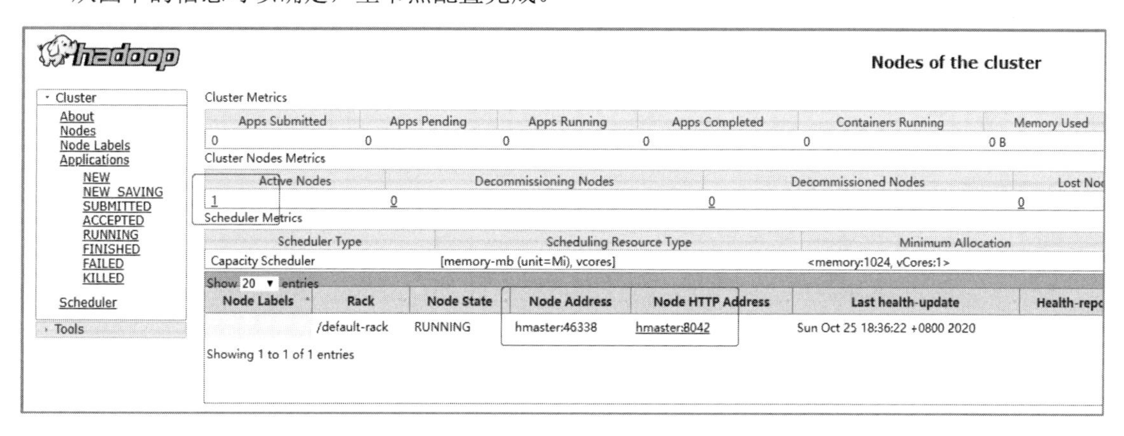

图 19-5　集群节点监控界面

19.3.3　分布式集群从节点配置

从节点的配置比较简单，可以直接把主节点的整个目录（/home/hadoop/hadoop-3/）都复制过去，如果复制整个目录，建议把主节点的进程关闭。

（1）配置环境变量

由于之前已经把Hadoop的源码包直接上传到各个从节点上，因此此时把它们分别解压在hadoop用户的主目录下并重命名（目录路径为/home/hadoop/hadoop-3/）。完成这些工作后，分别给从节点主机配置变量，即分别在每个从节点主机的/home/hadoop/.bashrc文件下添加以下参数：

```
export JAVA_HOME=/usr/java/jdk-14.0.2
export PATH=$PATH:$JAVA_HOME/bin
export HADOOP_HOME=/home/hadoop/hadoop-3
export PATH=$PATH:$HADOOP_HOME/bin:$HADOOP_HOME/sbin
export HADOOP_CONF_DIR=$HADOOP_HOME/etc/hadoop
```

添加参数后，分别在每个从节点主机上执行以下命令使配置生效：

```
[hadoop@hslave-210 ~]$ source .bashrc
[hadoop@hslave-200 ~]$ source .bashrc
```

（2）配置Hadoop基础环境

分别在从节点主机上创建以下三个目录：

```
/home/hadoop/hadoop-3/tmpdata2
/home/hadoop/hadoop-3/tmpdata/name
/home/hadoop/hadoop-3/tmpdata/datanode
```

对于从节点的配置，可以直接使用主节点上配置好的文件，因此远程复制就可以，不过在复制之前先对从节点上的 hadoop 目录（/home/hadoop/hadoop-3/etc/hadoop/）进行重命名，复制整个目录可以防止遗漏文件。

分别在从节点主机上执行以下命令来对该目录进行重命名：

```
[hadoop@hslave-200 ~]$ cd hadoop-3/etc/
[hadoop@hslave-200 etc]$ mv hadoop/ bakhadoop/
[hadoop@hslave-210 ~]$ cd hadoop-3/etc/
[hadoop@hslave-210 etc]$ mv hadoop/ bakhadoop/
```

完成重命名后，回到主节点主机上分别执行以下命令来远程复制配置文件：

```
[hadoop@hmaster ~]$ scp hadoop-3/etc/hadoop/
192.168.137.200:/home/hadoop/hadoop-3/etc/
The authenticity of host '192.168.137.200 (192.168.137.200)' can't be
established.
ECDSA key fingerprint is SHA256:1Kre+IpJsIEorcLspcueM/IDTGRy/T+R+MHFEaOpDc4.
ECDSA key fingerprint is MD5:3a:a6:55:03:7e:d5:01:b1:e7:a4:13:d9:78:8c:c5:7c.
......
yarn-site.xml                                  100% 1894     2.7MB/s   00:00
masters                                        100%   16    16.6KB/s   00:00
slaves                                         100%   32    28.6KB/s   00:00
[hadoop@hmaster ~]$ scp hadoop-3/etc/hadoop/ 192.168.137.210:/home/hadoop/
hadoop-3/etc/
The authenticity of host '192.168.137.200 (192.168.137.200)' can't be
established.
ECDSA key fingerprint is SHA256:1Kre+IpJsIEorcLspcueM/IDTGRy/T+R+MHFEaOpDe4.
ECDSA key fingerprint is MD5:3a:a6:55:03:7e:d5:01:b1:e7:a4:13:d9:78:8c:c5:7c.
......
yarn-site.xml                                  100% 1894     2.7MB/s   00:00
masters                                        100%   16    16.6KB/s   00:00
slaves                                         100%   32    28.6KB/s   00:00
```

一切准备就绪，分别在从节点主机上对/home/hadoop/hadoop-3/etc/hadoop/core-site.xml 配置文件中的主机 IP 地址或主机名进行更改，就是把该配置文件中默认的 IP 地址或主机名更改成当前主机的 IP 地址。

分别对从节点主机上的 Hadoop 文件系统进行格式化。

```
[hadoop@hslave-200 ~]$ hdfs namenode -format
......
```

```
2020-10-25 19:32:03,048 INFO namenode.FSImage: FSImageSaver clean checkpoint: txid=0 when meet shutdown.
2020-10-25 19:32:03,049 INFO namenode.NameNode: SHUTDOWN_MSG:
/************************************************************
SHUTDOWN_MSG: Shutting down NameNode at hslave-200/192.168.137.200
************************************************************/
[hadoop@hslave-210 ~]$ hdfs namenode -format
……
2020-10-25 19:35:37,465 INFO namenode.FSImage: FSImageSaver clean checkpoint: txid=0 when meet shutdown.
2020-10-25 19:35:37,466 INFO namenode.NameNode: SHUTDOWN_MSG:
/************************************************************
SHUTDOWN_MSG: Shutting down NameNode at hslave-210/192.168.137.210
************************************************************/
```

（3）创建密钥文件

创建从节点主机的密钥，需要先从主节点主机上远程复制公钥到每个从节点主机上。由于有两台从节点主机，因此需要执行两次远程复制的命令。

```
[hadoop@hmaster ~]$ ssh-copy-id -i ~/.ssh/id_rsa.pub 192.168.137.200
/usr/bin/ssh-copy-id: INFO: Source of key(s) to be installed: "/home/hadoop/.ssh/id_rsa.pub"
/usr/bin/ssh-copy-id: INFO: attempting to log in with the new key(s), to filter out any that are already installed
/usr/bin/ssh-copy-id: INFO: 1 key(s) remain to be installed -- if you are prompted now it is to install the new keys
hadoop@192.168.137.200's password:

Number of key(s) added: 1

Now try logging into the machine, with:   "ssh '192.168.137.200'"
and check to make sure that only the key(s) you wanted were added.
[hadoop@hmaster ~]$ ssh-copy-id -i ~/.ssh/id_rsa.pub 192.168.137.210
/usr/bin/ssh-copy-id: INFO: Source of key(s) to be installed: "/home/hadoop/.ssh/id_rsa.pub"
/usr/bin/ssh-copy-id: INFO: attempting to log in with the new key(s), to filter out any that are already installed
/usr/bin/ssh-copy-id: INFO: 1 key(s) remain to be installed -- if you are prompted now it is to install the new keys
hadoop@192.168.137.210's password:

Number of key(s) added: 1

Now try logging into the machine, with:   "ssh '192.168.137.210'"
and check to make sure that only the key(s) you wanted were added.
```

接着分别在从节点主机上创建密钥文件。

```
[hadoop@hslave-200 ~]$ ssh localhost
The authenticity of host 'localhost (::1)' can't be established.
ECDSA key fingerprint is SHA256:1Kre+IpJsIEorcLspcueM/IDTGRy/T+R+MHFEaOpDe4.
```

```
ECDSA key fingerprint is MD5:3a:a6:55:03:7e:d5:01:b1:e7:a4:13:d9:78:8c:c5:7c.
Are you sure you want to continue connecting (yes/no)? yes
Warning: Permanently added 'localhost' (ECDSA) to the list of known hosts.
hadoop@localhost's password:
Last login: Sun Oct 25 20:06:43 2020 from ::1
[hadoop@hslave-200 ~]$ ssh-keygen -t rsa -P '' -f ~/.ssh/id_rsa
Generating public/private rsa key pair.
Your identification has been saved in /home/hadoop/.ssh/id_rsa.
Your public key has been saved in /home/hadoop/.ssh/id_rsa.pub.
The key fingerprint is:
SHA256:deCyve9fYuvGglSuc4JNX57tOj6cKzVFM3XM+/swZnI hadoop@hslave-200
The key's randomart image is:
+---[RSA 2048]----+
|         .    o+|
|        . .   o=|
|       . o .  . + |
|        = ..   ..|
|       S .o    ..|
|        o.. +  .|
|       =.+.*E=o|
|       . *.=*XB.|
|        =oBB*+|
+----[SHA256]-----+
[hadoop@hslave-200 ~]$ cat ~/.ssh/id_rsa.pub >> ~/.ssh/authorized_keys
[hadoop@hslave-200 ~]$ chmod 0600 ~/.ssh/authorized_keys
```

以同样的命令在另一个从节点主机上创建密钥文件。

（4）启动从节点上的Hadoop进程

```
[hadoop@hslave-210 ~]$ start-yarn.sh
Starting resourcemanager
Starting nodemanagers
[hadoop@hslave-210 ~]$ start-dfs.sh
Starting namenodes on [hslave-210]
hslave-210: Warning: Permanently added 'hslave-210,192.168.137.210' (ECDSA)
to the list of known hosts.
Starting datanodes
Starting secondary namenodes [hslave-210]
```

启动后就可以在主节点主机上的 Web 监控主页查看是否能够监控到刚启动的从节点主机，如果一切正常，就可以看到如图 19-6 所示的信息（仅截取部分）。同样，对于另一个集群节点进程，使用相同的命令来启动就可以。

最后，将启动的命令加入/etc/rc.local 文件实现进程开机自启动。

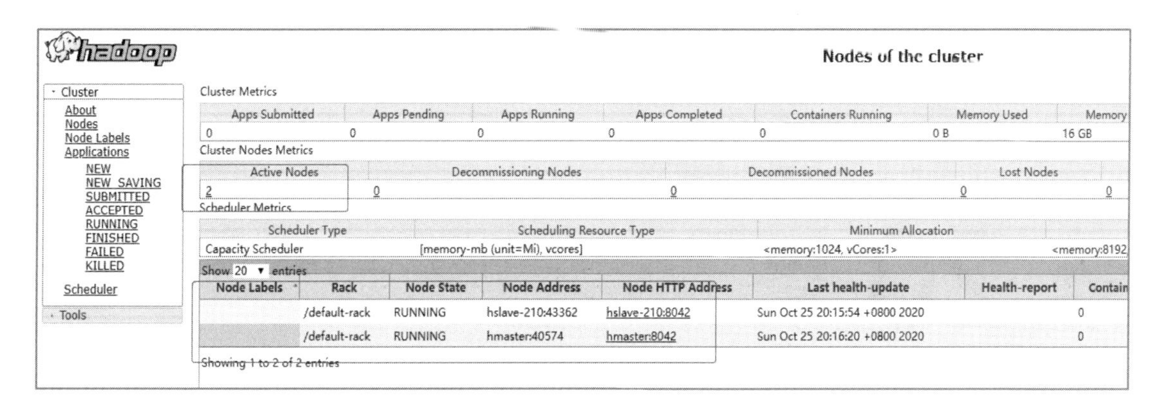

图 19-6　新增的集群节点

19.4　本 章 小 结

本章主要介绍了 Hadoop 这款大数据处理软件。读者需要掌握 Hadoop 的安装和基本配置，能够搭建分布式系统并进行基本的故障处理。

第 20 章

Zabbix 主机监控实战

对于主机数量较多的环境，为了及时了解各主机的状态，有必要搭建集中式的监控平台。本章以目前热门的主机监控软件 Zabbix 来搭建集中式监控平台，主要内容分为 Zabbix 的特点概述、构建 Zabbix 监控平台和 Zabbix 平台的使用这三方面。

20.1 Zabbix 概述

Zabbix 是一个基于 Web 界面的提供分布式系统监视以及网络监视功能的软件系统平台，它的主要作用是提供对远程服务器/网络状态的监视、数据收集等功能。本节主要介绍 Zabbix 的基本概念和常用术语这两方面的内容。

20.1.1 认识 Zabbix 监控软件

Zabbix是一款根据GPL通用公共许可证第2版编写和发行的、基于Web界面的企业级监控系统开源免费软件，也是目前比较常用的分布式系统监控和网络监控功能的解决方案。Zabbix起初是由Alexei Vladishev开发的，但目前主要由Zabbix SIA持续开发和支持。

Zabbix能够监控各种网络参数以及服务器的健康性和完整性，从而保证服务器的安全运行；同时也使用灵活的通知机制，允许用户为几乎任何事件配置基于邮件的告警，这样可以使得管理员能够快速接收到服务器的问题，以便及时定位和解决问题。另外，Zabbix通过已存储的数据提供了出色的报告和数据可视化功能，这些功能使得它成为容量规划的理想方案。

Zabbix 支持主动轮询和被动捕获，它所有的报告、统计信息和配置参数都可以通过 Web 前端页面进行访问。同时，基于 Web 前端页面可以确保从任何方面评估网络状态和服务器的健康性，适当配置后它就可以在 IT 基础架构监控方面扮演重要的角色，无论是只有少量服务器的环境还是拥有大量服务器的环境，Zabbix 的角色都不会改变。

Zabbix 主要有以下几个特点：

1）开源免费，因此安装和配置简单，学习成本比较低。

2）多语言，支持各种不同的语言，运行根据实际需要进行选择。

3）集中管理，能够对指定客户端的信息进行采集并汇总到服务器端，并利用 Web 界面集中显示监视结果。

4）采用主动方式获取信息，被动方式接收信息，并对特殊的数据以邮件等方式通知管理员。

20.1.2　Zabbix 的常用术语

对于 Zabbix 系统中涉及的一些术语介绍如下：

- Zabbix_Server：这是整个监控体系中最核心的组件，它能够单独监视远程服务器的服务状态，也可以与其 Agent 配合收集相关的数据，总的来说它就是负责接收客户端发送的报告信息，所有配置、统计数据及操作数据都由它组织。
- 数据库存储：所有配置信息和 Zabbix 收集到的数据都被存储在数据库中。
- Web 界面：通过 Zabbix Web 界面的使用，从任何地方和任何平台都能够轻松直观地访问它。Web 界面是 Zabbix Server 的一部分，通常与 Zabbix Server 运行在同一台物理机器上（如果使用 SQLite，Zabbix Web 界面必须与 Zabbix Server 在同一台物理机器上）。
- Zabbix_Proxy（可选）：用于监控节点非常多的分布式环境中，它可以代理 zabbix-server 的功能，减轻 zabbix-server 的压力。
- Zabbix_Agent：zabbix-agent 为客户端软件，用于采集各监控项目的数据，并把采集的数据传输给 zabbix-proxy 或 zabbix-server。

20.2　构建 Zabbix 监控平台

Zabbix 监控系统平台的搭建涉及各种辅件，这些辅件可以通过相关的官网获取。本节主要介绍如何搭建 Zabbix 监控平台，并从 Zabbix 系统插件组成、组件安装配置、Web 环境的初始化和 Web 工作环境的 Zabbix 功能模块配置来介绍。

20.2.1　Zabbix 系统插件组成

整个 Zabbix 系统由服务器端和客户端这两部分组成，服务器端主要由数据库、Web 和 Zabbix 这三部分组成，但有的服务器端主机上也安装 zabbix-agent 这个代理组件；客户端主机只需要安装 zabbix-agent 就可以。

在整体架构上，通常将数据库、Web 和 Zabbix 这三个组件安装在同一台主机上，并通过局域网的方式与客户端主机相连。

在整个体系中，这些组件相互协助完成相关的工作。在组件的组成上，对于数据库类型的支持，Zabbix 通常支持包括 MySQL、PostgreSQL 和 Oracle（具体支持的数据库类型可以查看 Zabbix 源码包中的 database 目录）等，至于要选择哪种数据库，可根据实际情况而定。

在 Web 服务组件上，Zabbix 并没有规定使用哪种，不过使用比较多的是 apache-http 和 nginx 这两款，当然也有其他可选的，这个根据实际需要选择就行。

20.2.2　安装配置 Zabbix 平台组件

Zabbix 的平台搭建涉及数据库、Web 服务和 Zabbix 三部分，其中数据库用于存储数据，Web 服务用于集中显示采集到的信息（动态显示由 PHP 协助），Zabbix 用于分析采集到的数据。

本小节将使用基于Zabbix+MariaDB+HTTP的组合方式并通过HTTP、PHP、Zabbix和MariaDB的安装配置来介绍Zabbix平台的搭建。其中，HTTP、PHP和Zabbix需要安装在同一台主机上，而MariaDB可以安装在另外的主机上，不过本节把它们都安装在同一台主机。另外，在开始安装工作前要确定主机处于联网状态，且要把SELinux和防火墙关闭，如果使用防火墙，就需要开放相对应的端口。

1. Web 组件 HTTP 安装配置

对于 HTTP 服务（Apache HTTP Server）的安装，可以直接使用系统自带的 rpm 包来安装，或使用 yum 命令直接从网络上进行安装。当然，如果考虑使用源码的方式来安装可以在其官网（http://httpd.apache.org/）上获取源码包后进行编译安装。

为了更好地解决安装过程中的依赖包问题，下面使用 yum 命令来安装。

```
[root@zabbixs ~]# yum install httpd -y
……
Installed:
  httpd.x86_64 0:2.4.6-93.el7.centos
Dependency Installed:
  apr.x86_64 0:1.4.8-5.el7  apr-util.x86_64 0:1.5.2-6.el7
httpd-tools.x86_64 0:2.4.6-93.el7.centos  mailcap.noarch 0:2.1.41-2.el7

Complete!
```

安装完成，启动服务进程。

```
[root@zabbixs ~]# systemctl start httpd.service
```

HTTP 默认使用 80 端口，启动后在浏览器上输入主机 IP 地址就可以打开其测试页。

最后，执行以下命令来将 HTTP 的进程设置为开机自启动。

```
[root@zabbixs ~]# systemctl enable httpd.service
Created symlink from
/etc/systemd/system/multi-user.target.wants/httpd.service to
/usr/lib/systemd/system/httpd.service.
```

至此，HTTP 安装工作完成。

2. 安装 PHP 环境

PHP 的安装直接采取 yum 命令来解决依赖包的问题。

```
[root@zabbixs ~]# yum install -y php php-mysql
……
  Verifying  : php-common-5.4.16-48.el7.x86_64                          5/6
  Verifying  : php-5.4.16-48.el7.x86_64                                 6/6
Installed:
  php.x86_64 0:5.4.16-48.el7    php-mysql.x86_64 0:5.4.16-48.el7
Dependency Installed:
  libzip.x86_64 0:0.10.1-8.el7  php-cli.x86_64 0:5.4.16-48.el7
php-common.x86_64 0:5.4.16-48.el7  php-pdo.x86_64 0:5.4.16-48.el7

Complete!
```

至此，PHP 安装完成。

注 意

如果系统已安装 PHP，建议把旧版本卸载，以避免在初始化环境中进行必要性检查时出现“时区”检查失败的问题。

3. 安装 Zabbix 服务组件

Zabbix 服务组件及版本可以从其官网（https://www.zabbix.com/download）上获取，但需要注意 Zabbix 的版本与 Linux 系统版本之间的对应关系，选择对应的版本号直接决定安装是否顺利。

由于 Zabbix 的安装涉及不少依赖包，因此直接采用网络 yum 服务器来安装，不过在安装之前需要搭建 Zabbix 的 yum 库。关于 yum 库的搭建在其官网上找到就可以，执行以下命令就可以安装（注意版本的选择，版本不同，HTTP 地址也不同）。

```
[root@zabbixs ~]# rpm -Uvh https://repo.zabbix.com/zabbix/4.0/rhel/7/x86_64/
zabbix-release-4.0-2.el7.noarch.rpm
Retrieving https://repo.zabbix.com/zabbix/4.0/rhel/7/x86_64/zabbix-
release-4.0-2.el7.noarch.rpm
warning: /var/tmp/rpm-tmp.4pjluI: Header V4 RSA/SHA512 Signature, key ID
a14fe591: NOKEY
Preparing...                    ################################# [100%]
Updating / installing...
   1:zabbix-release-4.0-2.el7   ################################# [100%]
```

安装 yum 源后，建议执行以下命令来刷新主机上存在的 yum 源配置信息：

```
[root@zabbixs ~]# yum clean all
Loaded plugins: fastestmirror
Cleaning repos: base extras updates zabbix zabbix-non-supported
Cleaning up list of fastest mirrors
```

现在开始安装 Zabbix 的相关组件，所需安装的组件及安装的命令如下：

```
[root@zabbixs ~]# yum install -y zabbix-server-mysql zabbix-get zabbix-web
zabbix-web-mysql zabbix-agent zabbix-sender
……
  libXpm.x86_64 0:3.5.12-1.el7       libevent.x86_64 0:2.0.21-4.el7
libjpeg-turbo.x86_64 0:1.2.90-8.el7
  libxcb.x86_64 0:1.13-1.el7         net-snmp-libs.x86_64
1:5.7.2-48.el7_8.1   nettle.x86_64 0:2.7.1-8.el7
  php-bcmath.x86_64 0:5.4.16-48.el7      php-gd.x86_64 0:5.4.16-48.el7
php-ldap.x86_64 0:5.4.16-48.el7
  php-mbstring.x86_64 0:5.4.16-48.el7    php-xml.x86_64 0:5.4.16-48.el7
t1lib.x86_64 0:5.1.2-14.el7
  trousers.x86_64 0:0.3.14-2.el7         unixODBC.x86_64 0:2.3.1-14.el7

Complete!
```

运维前线

因为网络 yum 源服务器在网络及并发连接数等方面的问题，所以在下载过程中可能会遇到以下下载失败的信息，在这样的情况下，重新执行 yum 命令就可以（有可能命令需要重复执行多次）。

```
Error downloading packages:
  zabbix-server-mysql-4.0.26-1.el7.x86_64: [Errno 256] No more mirrors to try.
```

4. 安装配置 MariaDB 数据库

MariaDB是社区版免费的数据库软件，对于它的安装可以有多种方式，为了更好地解决依赖包的问题，直接使用yum源安装就可以，可执行以下命令来安装：

```
[root@zabbixs ~]# yum install -y mariadb mariadb-server
......
  perl-Time-HiRes.x86_64 4:1.9712-3.el7        perl-Time-Local.noarch
0:1.2300-2.el7
  perl-constant.noarch 0:1.27-2.el7            perl-libs.x86_64
4:5.16.3-295.el7
  perl-macros.x86_64 4:5.16.3-295.el7          perl-parent.noarch
1:0.212-244.el7
  perl-podlators.noarch 0:2.5.1-3.el7          perl-threads.x86_64
0:1.87-4.el7
  perl-threads-shared.x86_64 0:1.43-6.el7

Complete!
```

安装后执行以下命令来启动数据库：

```
[root@zabbixs ~]# systemctl start mariadb.service
```

执行以下命令来设置开机自启动：

```
[root@zabbixs ~]# systemctl enable mariadb.service
Created symlink from /etc/systemd/system/multi-user.target.wants/
mariadb.service to /usr/lib/systemd/system/mariadb.service.
```

现在开始配置数据库。

登录数据库并创建名为 zabbixdb 的数据库，其字符集为 UTF8。

```
[root@zabbixs ~]# mysql
Welcome to the MariaDB monitor.  Commands end with ; or \g.
Your MariaDB connection id is 2
Server version: 5.5.65-MariaDB MariaDB Server

Copyright (c) 2000, 2018, Oracle, MariaDB Corporation Ab and others.

Type 'help;' or '\h' for help. Type '\c' to clear the current input statement.

MariaDB [(none)]> create database zabbixdb character set utf8 collate utf8_bin;
Query OK, 1 row affected (0.01 sec)
MariaDB [(none)]> show databases;
+--------------------------+
| Database                 |
+--------------------------+
| information_schema       |
| mysql                    |
| performance_schema       |
| test                     |
```

```
| zabbixdb                    |
+-----------------------------+
5 rows in set (0.00 sec)
```

创建数据库 zabbixdb 的账号并设置密码，账号和密码用于 Zabbix 服务在连接数据库时使用。其中，账号名称为 uzabbix，该账号的密码为 pzabbix。使用 grant 授权用户 uzabbix 对数据库的使用权，但仅供来自本机（loclhost）的用户 uzabbxi 使用。

```
    MariaDB [(none)]> grant all privileges on zabbixdb.* to uzabbix@localhost
identified by 'pzabbix';
    Query OK, 0 rows affected (0.00 sec)
```

最后刷新配置就可以。

```
MariaDB [(none)]> flush privileges;
Query OK, 0 rows affected (0.00 sec)
```

完成以上工作后，接着将用于 Zabbix 服务的数据导入数据库 zabbixdb 中，需要导入数据库的 SQL 文件的路径为/usr/share/doc/zabbix-server-mysql-4.0.26/create.sql.gz，由于是压缩文件，因此在使用前需要解压才可以导入数据库。

使用 gunzip 命令来解压就可以。

```
MariaDB [(none)]> exit
Bye
[root@zabbixs ~]# cd /usr/share/doc/zabbix-server-mysql-4.0.26/
[root@zabbixs zabbix-server-mysql-4.0.26]# gunzip create.sql.gz
```

解压完成后得到 create.sql 文件，此时登录数据库并将该文件中的数据导入数据库，但所导入的数据库是 zabbixdb。

登录数据库并切换到 zabbixdb 库后导入数据（实际上所导入的仅仅是表结构）。

```
[root@zabbixs zabbix-server-mysql-4.0.26]# mysql
Welcome to the MariaDB monitor.  Commands end with ; or \g.
Your MariaDB connection id is 6
Server version: 5.5.65-MariaDB MariaDB Server

Copyright (c) 2000, 2018, Oracle, MariaDB Corporation Ab and others.

Type 'help;' or '\h' for help. Type '\c' to clear the current input statement.

MariaDB [(none)]> use zabbixdb;
Reading table information for completion of table and column names
You can turn off this feature to get a quicker startup with -A

Database changed
MariaDB [zabbixdb]> source create.sql
……
Query OK, 1 row affected (0.00 sec)
Query OK, 1 row affected (0.00 sec)
Query OK, 1 row affected (0.00 sec)
Query OK, 1 row affected (0.00 sec)
Query OK, 0 rows affected (0.01 sec)
```

数据导入完成，此时直接退出数据库就可以。

运维前线

在导入数据前，由于是在/usr/share/doc/zabbix-server-mysql-4.0.26/目录下直接执行 MySQL 命令登录数据库的，因此执行导入数据的命令时不需要指定该 SQL 文件的位置，但如果在其他的路径上登录数据库，执行导入数据的命令时不指定 SQL 文件的路径就会报错，如下所示：

```
MariaDB [zabbix]> source create.sql
ERROR: Failed to open file 'create.sql', error: 2
```

要解决这个问题，可以在/usr/share/doc/zabbix-server-mysql-4.0.26/目录下执行 MySQL 命令登录数据库，或在数据库上导入数据时直接指定 SQL 文件所在的路径，如下所示：

```
MariaDB [zabbix]> source /usr/share/doc/zabbix-server-mysql-4.0.26/
create.sql
```

5. 更改配置文件

现在完成最后的配置，就是更改配置文件，需要更改的配置文件有 Zabbix 和 PHP 两种。

需要更改的 Zabbix 配置文件的路径为/etc/zabbix/zabbix_server.conf，该配置文件实现的是指定连接数据库时所需要的相关参数，包括指定数据库所在的主机、数据库名称、数据库的连接用户和密码等，具体配置如下：

1）定义数据所在的主机参数是 DBHost，默认它指定的主机是 localhost，由于 Zabbix 和数据库都安装在同一台主机上，因此只要把该参数前的“#”去掉就可以。

2）数据库名称由 DBName 定义，在配置文件中找到“DBName=Zabbix”这项并将其值（数据库名称）更改就可以，即所创建的数据库为 zabbixdb 数据库，就更改为“DBName=zabbixdb”。

3）数据库用户由 DBUser 定义，在配置文件中找到“DBUser=zabbix”这项，更改其值为在数据库中创建的 uzabbix 用户就可以，即“DBUser=uzabbix”。

4）数据库用户 uzabbix 的密码由 DBPassword 定义，在配置文件中找到“# DBPassword=”这项，并将“#”去掉后设置其密码，即“DBPassword=pzabbix”。

完成连接数据库时所需的设置后，接着更改时区的配置文件。

时区由/etc/httpd/conf.d/zabbix.conf 配置文件定义，在该配置文件中找到如下定义时区的配置行：

```
#php_value date.timezone Europe/Riga
```

将该配置项前的“#”去掉，并将其时区更改为 Asia/Shanghai 就可以（当然，也可以更改为其他的时区），如下：

```
php_value date.timezone Asia/Shanghai
```

完成以上配置后，现在执行以下命令来启动或重启相关的服务进程。所要启动或重启的服务进程为 Zabbix 和 HTTP 这两个：

```
[root@zabbixs zabbix-server-mysql-4.0.26]# systemctl start
zabbix-server.service
[root@zabbixs zabbix-server-mysql-4.0.26]# systemctl restart httpd.service
```

启动或重启后，可以执行以下命令来查看服务进程的状态：

```
[root@zabbixs zabbix-server-mysql-4.0.26]# systemctl status httpd.service
[root@zabbixs zabbix-server-mysql-4.0.26]# systemctl status
zabbix-server.service
```

如果进程已经处于运行状态，可以看到其状态为 active (running)。

最后，执行以下命令来将 Zabbix 的服务进程设置为开机启动：

```
[root@zabbixs zabbix-server-mysql-4.0.26]# systemctl enable
zabbix-server.service
Created symlink from /etc/systemd/system/multi-user.target.wants/
zabbix-server.service to /usr/lib/systemd/system/zabbix-server.service.
```

至此，Zabbix 安装完成。

20.2.3　Zabbix 的 Web 环境初始化

通过对 Zabbix 及其相关组件安装配置后，本小节将对 Zabbix 系统的环境初始化进行介绍。

打开浏览器并输入主机地址+zabbix（如 http://192.168.137.132/zabbix），就可以打开如图 20-1 所示的 Zabbix 系统欢迎界面，在该界面直接单击 Next step 就可以。

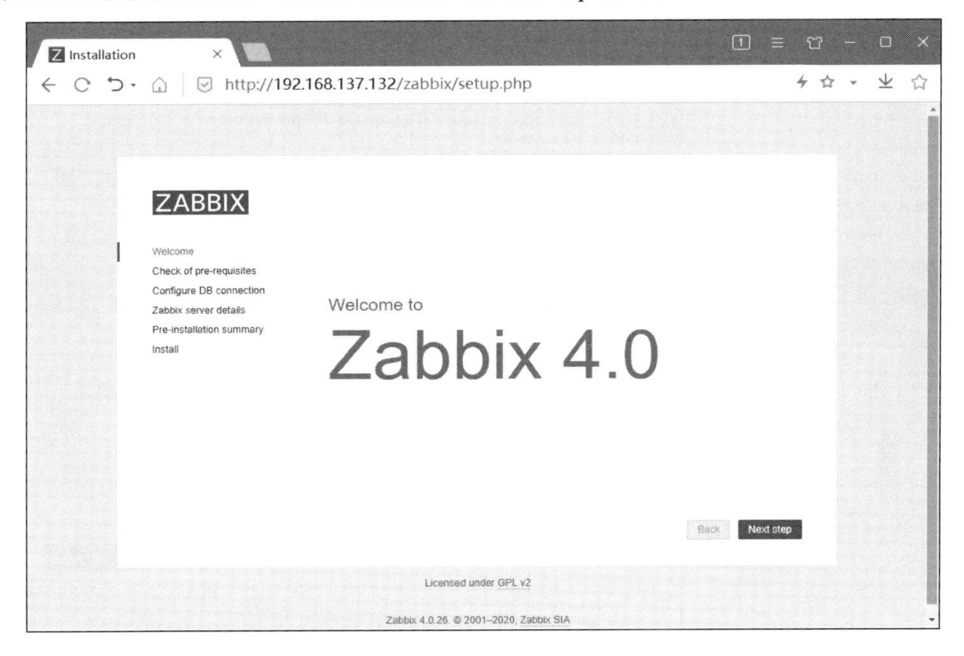

图 20-1　Zabbix 系统欢迎界面

接着打开检查先决条件界面，在该界面上只要出现失败就需要解决。注意，如果先决条件中出现 date.timezone，建议检查系统是否在安装 Zabbix 之前已经安装了 PHP，如果安装了 PHP，就会出现时区这个先决条件检查失败。

再设置数据库连接界面，需要设置的参数在配置的过程中已经设定了，按照设定的参数来输入就可以，如图 20-2 所示。

设置 Zabbix server details 的参数时，只需要对 Name 项进行设定就可以，该参数的作用简单来说就是做一个备注。

接着是显示所设置参数的概要信息（见图 20-3），没什么问题就继续。

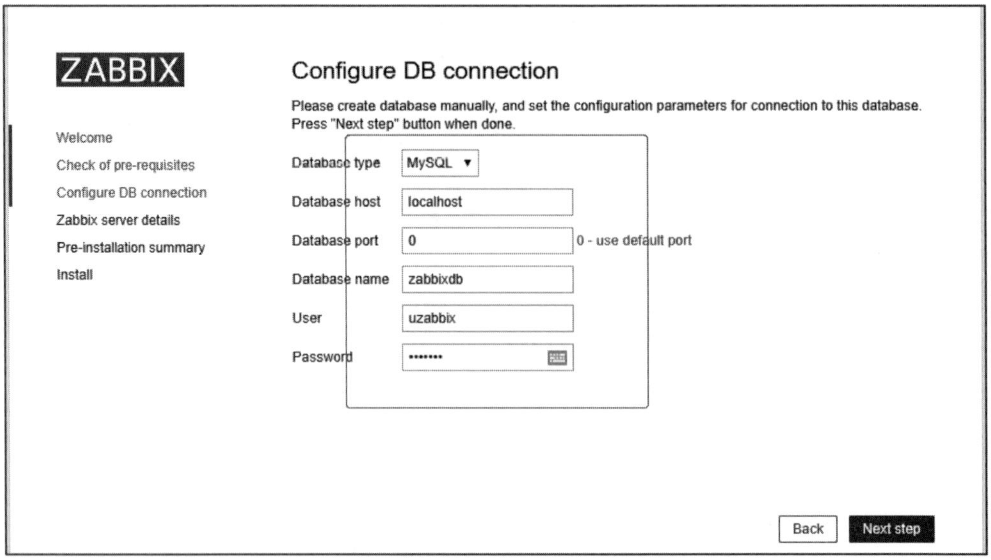

图 20-2　设置数据库连接参数

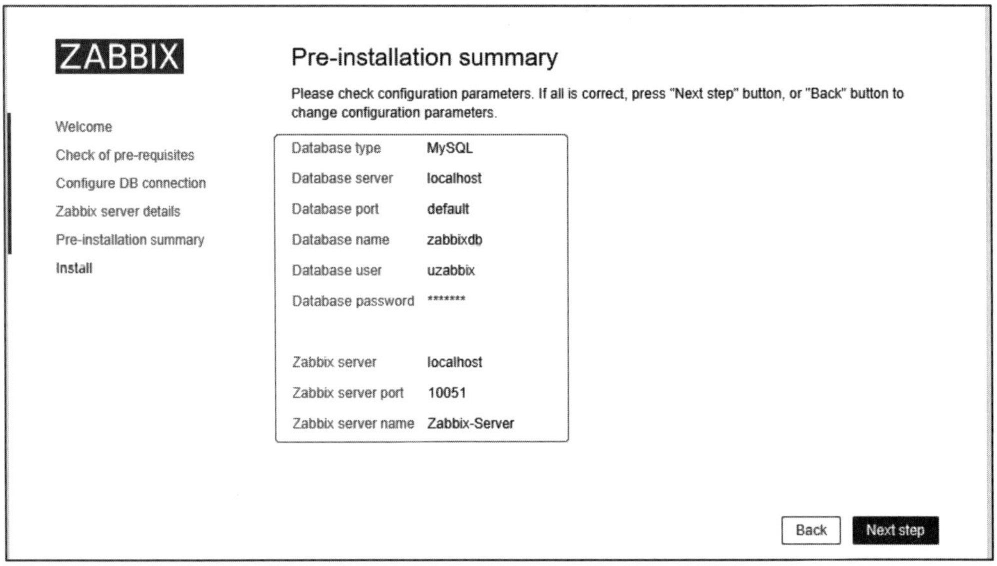

图 20-3　参数概要信息

在出现 Install 界面时直接继续就可以。

最后弹出 Zabbix 的登录认证窗口，使用用户名 Admin 和密码 zabbix 进行认证就可以。成功通过认证后，就可以看到如图 20-4 所示的 Zabbix 监控中心的主页。

登录后看到的信息都是英文，如果看不惯英文，可以切换成中文。在监控页面的右上角有一个人形的图标，单击它后就会弹出 User 设置界面，在该界面可以看到有密码设置、页面刷新时间等，其中就有 Language 配置项，打开其下拉菜单就可以找到中文（见图 20-5），之后选择 Update 就可以看到中文界面。

至此，Zabbix 的初始化工作完成。

接下来将介绍 Zabbix 的应用管理。

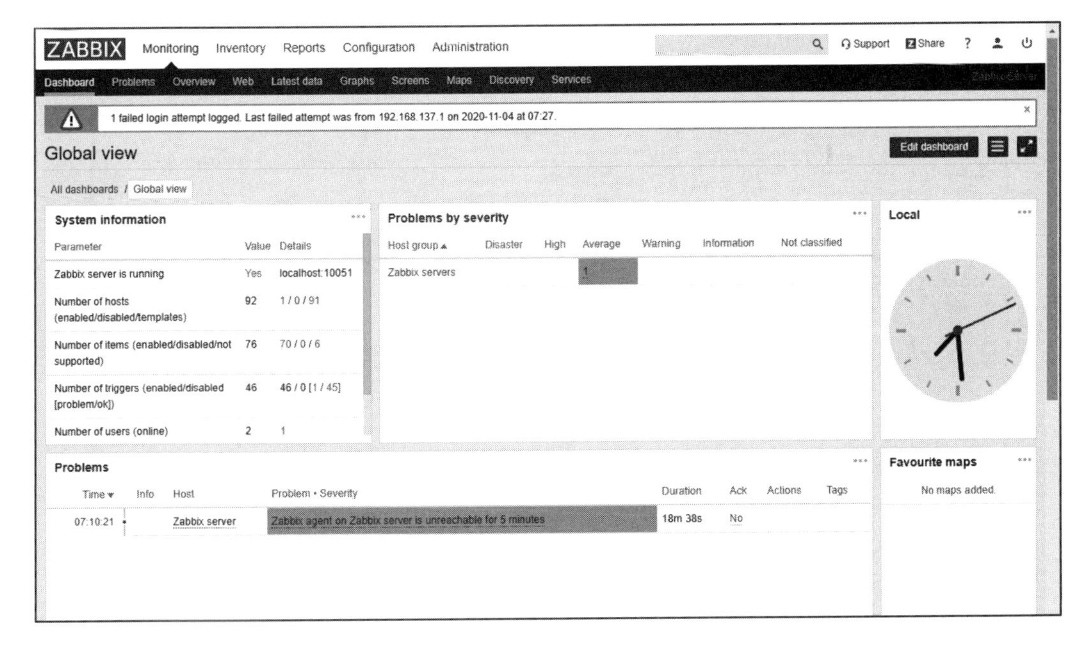

图 20-4　Zabbix 监控中心的主页

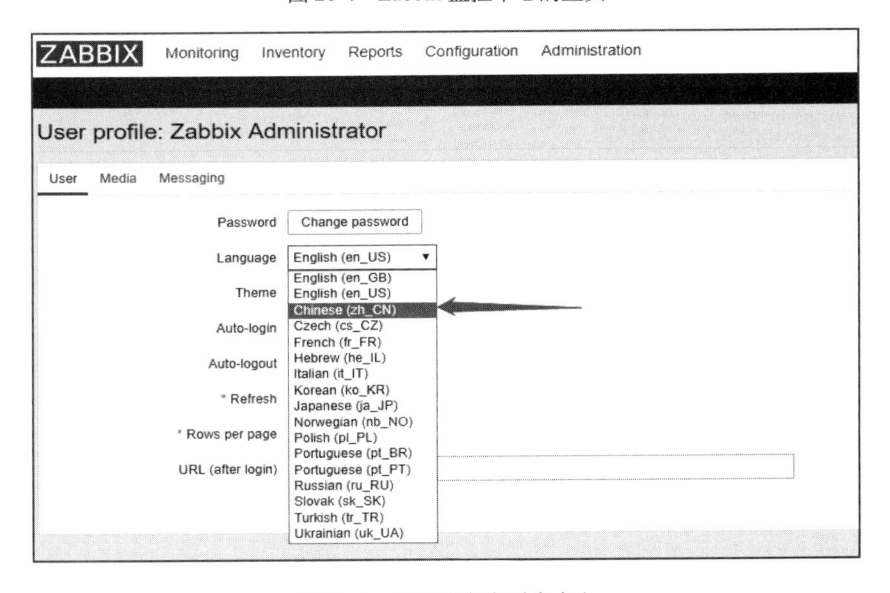

图 20-5　设置语言类型为中文

20.2.4　Web 环境的 Zabbix 模块配置

本小节将介绍 Zabbix 的 Web 界面的基本组成、功能模块的作用。

Zabbix 的主要作用是对包括自己在内的各个主机进行监控和状态信息的呈现，它所监控的范围包括但不限于 CPU、内存、磁盘、网络状况、端口监视、日志监视等各方面的资源状态。在它的监控界面上呈现出来的主要有五大模块，即监测、资产记录、报表、配置和管理。

（1）监测功能模块

监测功能模块主要对被监控对象的一些相关信息进行呈现，就好比 Zabbix 主机上安装了代理服务但还没启动 zabbix-agent 进程，就会看到如图 20-6 所示的报警信息。

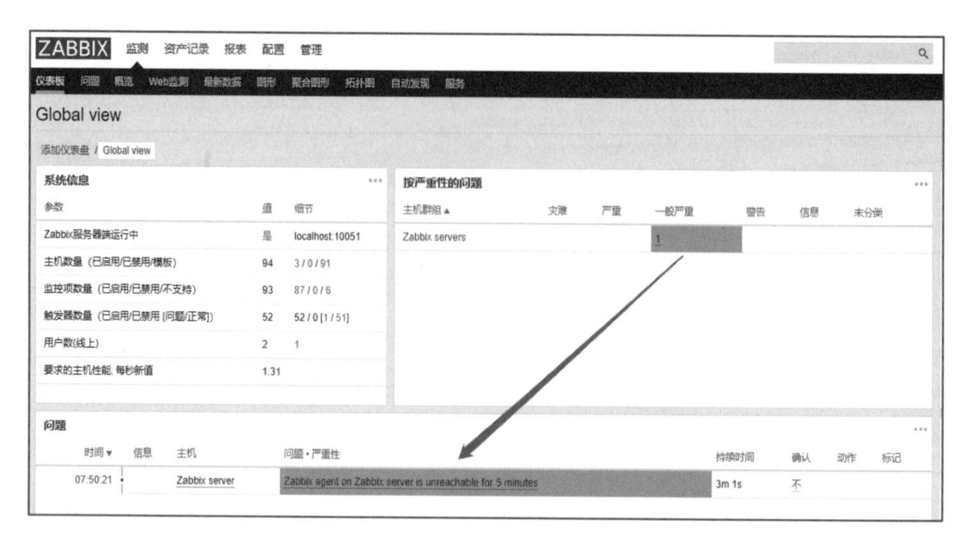

图 20-6　基于 zabbix-agent 进程的报警信息

此时查看 zabbix-agent 进程的状态，可以确定该进程处于停止状态。

```
[root@zabbixs ~]# systemctl status zabbix-agent.service
â—• zabbix-agent.service - Zabbix Agent
   Loaded: loaded (/usr/lib/systemd/system/zabbix-agent.service; disabled;
vendor preset: disabled)
   Active: inactive (dead)

Nov 05 06:38:57 zabbixs systemd[1]: Starting Zabbix Agent...
Nov 05 06:38:57 zabbixs systemd[1]: Can't open PID file
/run/zabbix/zabbix_agentd.pid (yet?) after start: No such file or directory
Nov 05 06:38:57 zabbixs systemd[1]: Started Zabbix Agent.
Nov 05 06:39:03 zabbixs systemd[1]: Stopping Zabbix Agent...
Nov 05 06:39:03 zabbixs systemd[1]: Stopped Zabbix Agent.
```

这样的呈现方式非常明显，能够让管理者登录后把注意力集中在报警信息上。

对于这个报警问题的处理，只需要启动它的进程，过一会报警信息就会消失。

```
[root@zabbixs ~]# systemctl start zabbix-agent.service
```

设置开机自启动，防止系统重启后问题再次出现。

```
[root@zabbixs ~]# systemctl enable zabbix-agent.service
Created symlink from /etc/systemd/system/multi-user.target.wants/
zabbix-agent.service to /usr/lib/systemd/system/zabbix-agent.service.
```

（2）资产记录功能模块

资产记录功能模块的主要作用是记录被监测的主机及主机的相关信息，这些信息包括但不限于设备的名称、操作系统类型、MAC 地址等。

（3）报表功能模块

报表功能模块的主要作用是展示 Zabbix 服务的状态和一些日志信息记录，这些信息主要包括主机数量、报警数等，还包括一些设备的可用性报表等相关信息。

（4）配置功能模块

配置功能模块主要用来对系统进行配置，所配置的范围包括创建主机、创建模板、创建报警及流量图片等，这些信息都是主机维护所需要的基本信息，被监控的主机都是在这里进行配置来实现监测的。

（5）管理功能模块

管理功能模块的主要作用是对配置进行管理，在配置时主要实现的是与 Zabbix 本身相关的工作，比如登录 Zabbix 的用户的创建、报警信息接收方式配置管理等工作。

20.3　Zabbix 平台的使用

监控平台的使用是平台搭建的主要目的，该平台所监控的对象比较细，本节仅对一些基础的功能进行介绍，内容涉及 Zabbix 采集数据的模式、客户端数据信息采集、监控平台参数维护管理和主配置文件参数设置 4 方面。

20.3.1　Zabbix 采集数据的模式

Zabbix 系统中对信息的采集实际上是由 Zabbix-agent 这个代理负责采集各个节点的信息，然后将采集回来的信息交由 Zabbix 进行分析显示，而历史数据就由数据库存储。

Zabbix 的代理负责采集数据，但它使用什么方式（或者说模式）需要事先设置。在数据的采集模式上，Zabbix 存在主动模式和被动模式两种，当采集到数据后，它们就被汇总到 Zabbix 的主机上进行分析处理，即进行 Web 服务显示、数据库存储。

主动模式是客户端主动将本机的监控数据汇报给服务器，服务器只负责接收；被动模式是服务器主动连接客户端以获取监控数据，客户端根据服务器端的要求将信息传递给服务器端。对于这两种数据采集模式的选择，主要视实际环境而定。通常，对于客户机数量比较多的环境，建议使用主动模式来实现数据的采集和传输，使得客户机主动向服务器端发送数据，Zabbix 服务器端就不需要主动连接各个客户端，从而降低它的压力；反之，在客户机比较少的环境下，可以考虑采取被动传输数据模式，不过这样也会增加服务器的负担。

另外，有一种网络模式就需要采取主动模式获取数据，即 Zabbix 服务器属于公网服务器（有公网 IP 地址），客户端主机属于内网服务器（局域网，无公网 IP 地址），且服务器之间没有专线连接，在这样的条件下只能是客户端主机连接到服务器上，而服务器就没法连接到客户端主机，因此在这样的环境中部署 Zabbix 监控系统平台，只能是客户端主动向服务器端上传数据（也就是采取主动模式来获取数据）。

20.3.2　客户端数据信息采集

要在 Zabbix 平台上显示出被监控主机、相关设备的信息，需要 zabbix-agent 组件来采集信息。本小节将对该组件的使用进行介绍，主要是对不同平台主机的监控配置。

1. 基于 Linux 系统的信息采集

对于 Linux 系统下的信息采集，可以分为基于 Zabbix 主机（安装 Zabbix 服务的主机）的信息采集和基于其他客户机（仅安装 zabbix-agent 的主机）的信息采集。通常，为了确认主机能够正常工作，先对本机监控进行配置。

（1）基于Zabbix服务本机的配置

对于监控 Zabbix 服务的本机，同样需要安装其客户端组件 zabbix-agent（注意版本要相同），安装后该客户端就会产生配置文件/etc/zabbix/zabbix_agentd.conf，不过由于 Zabbix 和 zabbix-agent 在一台主机上，因此配置文件不需要更改。

此时，可以执行以下命令来获取主机的可用内存。同时，通过该命令的输出来判断代理是否能够获取主机的信息，以确定它的工作状态。

```
[root@zabbixs ~]# zabbix_get -s 127.0.0.1 -k vm.memory.size[available]
1520779264
```

通过输出的参数可以确定，Zabbix 和其代理的进程 zabbix-agent 都正常运行，信息采集正常。

当然，此时如果还不放心 Zabbix 是否正常工作，就直接去看日志文件的内容，代理进程重启时的动态日志信息的（完整）输出如下，这样的信息输出说明配置没问题，工作一切正常。

```
[root@zabbixs ~]# tail -f /var/log/zabbix/zabbix_agentd.log
  1728:20201108:083133.469 Got signal
[signal:15(SIGTERM),sender_pid:1741,sender_uid:998,reason:0]. Exiting ...
  1728:20201108:083133.470 Zabbix Agent stopped. Zabbix 4.0.26 (revision
eb5a408168).
  1745:20201108:083133.476 Starting Zabbix Agent [Zabbix server]. Zabbix 4.0.26
(revision eb5a408168).
  1745:20201108:083133.476 **** Enabled features ****
  1745:20201108:083133.476 IPv6 support:          YES
  1745:20201108:083133.476 TLS support:           YES
  1745:20201108:083133.476 **************************
  1745:20201108:083133.476 using configuration file: /etc/zabbix/
zabbix_agentd.conf
  1745:20201108:083133.476 agent #0 started [main process]
  1747:20201108:083133.478 agent #2 started [listener #1]
  1750:20201108:083133.478 agent #5 started [active checks #1]
  1748:20201108:083133.479 agent #3 started [listener #2]
  1746:20201108:083133.480 agent #1 started [collector]
  1749:20201108:083133.481 agent #4 started [listener #3]
```

确认主机工作正常，现在就可以在 Web 监控界面上进行配置了。

其实，在默认配置下，Zabbix Server 本机已经监控它本身，因此在 Zabbix 的 Web 主页上的监控选项的聚合图形下就可以看到本机的资源使用情况，主机 CPU 使用情况图如图 20-7 所示。

默认监控的选项还是比较多的，如果需要对监控项进行增减，就可以在“配置→主机”中打开被监控对象列表，对相关的选项进行更改就可以，如图 20-8 所示。

（2）基于Zabbix客户端主机的配置

在对远程主机的监控上，Zabbix 使用 zabbix-agent 组件来负责信息的采集，因此被监控端的主机（客户端）需要安装该组件。

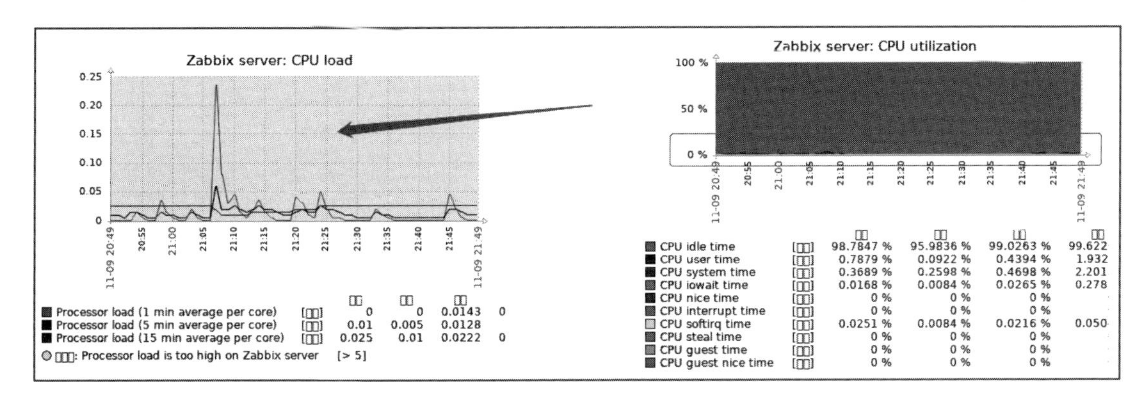

图 20-7 Zabbix 主机 CPU 使用状态图

图 20-8 被监控主机的监控选项

客户端的采集组件安装建议使用 rpm 包，但需要注意版本的问题（zabbix-agent-4.0.26），安装该组件不涉及其他相关的依赖包，在安装完成后需要对配置文件进行更改，更改的是指定 Zabbix 服务器的主机 IP 地址和本机的主机名。在配置文件/etc/zabbix/zabbix_agentd.conf 中找到相关的配置后更改就可以，如下所示：

```
Server=192.168.137.132
ServerActive=192.168.137.132
Hostname=agent01
```

其中的 IP 地址是 Zabbix 服务器主机的地址，主机名是客户机的主机名。

更改完成后，启动或重启 zabbix-agent 进程，并设置开机自启动。

```
[root@agent01 ~]# systemctl restart zabbix-agent.service
[root@agent01 ~]# systemctl enable zabbix-agent.service
Created symlink from
/etc/systemd/system/multi-user.target.wants/zabbix-agent.service to
/usr/lib/systemd/system/zabbix-agent.service.
```

启动 zabbix-agent 的进程后，回到 Zabbix 主机上执行以下命令来确定服务器端是否能够获取到客户机的信息。其中，要使用 zabbix_get 命令，需要先安装 zabbix_get 软件包。

```
[root@zabbixs ~]# zabbix_get -s 192.168.137.136 -k vm.memory.size[available]
1803726848
```

输出以上信息说明 Zabbix 主机能够获取到其客户端的信息。

此时可以在 Web 监控界面上新增被监控对象，在监控主页上的“配置”下找到主机，在该界面的右上角处有一个“创建主机”，打开后就可以看到创建主机的界面，在该界面设置相关的参数，即带“*”的必填，且群组可以指定多个，并在该界面打开“模板”，如图 20-9 所示。

图 20-9 设置被监控主机的参数

在打开的主机模板中，需要先单击“选择”并在打开的模板名称中选择相关的模板（可选择多项），并将它们添加到“链接模板”中（见图 20-10），最后单击“添加”按钮。

图 20-10 添加主机的链接模板

最后返回的是被监控主机的列表，在该列表下可以看到刚才所添加的主机及相关的被监控项，如图 20-11 所示。

图 20-11　新增被监控主机及相关信息

至此，新增被监控主机的工作完成。

关于其他更多的配置，这里不再详细介绍。

其实添加被监控主机的方式有多种，主要分成自动添加和主动发现两类，如果被监控主机的数量比较多，建议配置自动发现就可以。

2. 基于 Windows 系统的信息采集

对于 Windows 系统的监控，需要先安装基于 Windows 版本的 zabbix_agent-4.0.26 客户端软件，双击打开该客户端并在弹出的环境界面直接单击“下一步”按钮。

在基于 zabbix_agent 的协议上，同意后继续就可以。

在设置远程主机（Zabbix Server）处指定主机的 IP 地址，其他的可以不变，如图 20-12 所示。

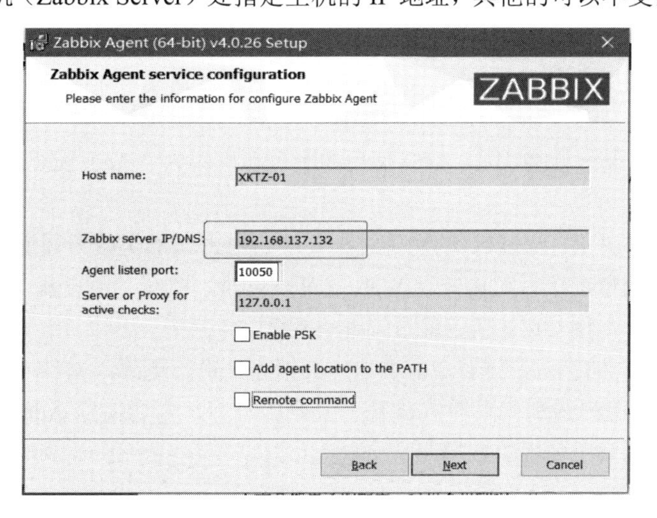

图 20-12　设置远程主机的 IP 地址

在 Custom Setup 中，打开方框内的 Zabbix Agent (64-bit)下拉菜单，并选择第一项（安装在本地磁盘），之后开始安装，直到安装完成。

打开配置文件 zabbix_agentd.conf（C:\Program Files\Zabbix Agent 目录下，这是笔者的安装路径），并检查该配置文件的配置中所指定的主机是否为 Zabbix Server，设置完成后回到监控界面新增被监控主机就可以。

注 意

对于所添加的被监控主机，两个主机之间的网络要保证是互通的，否则添加后也没法监控到相关信息。比如出现以下返回信息，就说明网络不通：

```
[root@zabbixs ~]# zabbix_get -s 192.168.1.2 -k vm.memory.size[available]
zabbix_get [2455]: Get value error: cannot connect to [[192.168.1.2]:10050]:
[101] Network is unreachable
```

在这样的情况下增加远程主机，在主机列表处会看到该主机的 ZBX 显示红色状态。

20.3.3 监控平台参数维护管理

Zabbix 监控平台的主要作用是把各种（局域）网络内的设备集中到其上集中式监控和管理。本小节的主要内容是对 Zabbix Web 平台应用进行介绍，涉及的内容主要包括数据库维护、Web 认证密码维护、监控界面乱码问题、配置文件和添加被监控主机的方式这几个方面。

1. Zabbix 数据库维护

对于 Zabbix 的数据库，在安装 Zabbix 时安装的是 MariaDB，不过在操作命令方面与 MySQL 存在很大的相似度，因此在使用和维护的过程中问题不大。

数据库 MariaDB 被安装在/var/lib/mysql/目录下，常见的 zabbixdb 数据库就在该目录下。不过数据库存储的数据主要是一些历史性的监控数据，因此对数据的保护级别并没有多高，历史数据可以用于分析系统的性能状态，不过总的来说这些数据的重要程度并没有多高，因此对于这些数据的备份可以忽略。

当然，如果 Zabbix 主机的资源比较充足，那么可以考虑对数据库进行备份。

对于数据库的备份，可以对整个库 zabbixdb 进行备份，或使用 mysqldump 命令把数据导出来存放。当然，也可以通过脚本结合计划任务来实现自动备份的目的。

2. 基于 Web 端的密码维护

要登录 Zabbix 的 Web 监控中心，默认使用的账号和密码为 Admin/zabbix，这个是数据库中自带的，因此直接使用就可以。

通常，出于安全的考虑会对默认的密码进行更改。对密码的更改分知道密码和不知道密码两种情况，在知道密码的情况下，直接登录 Web 就可以更改，即在“用户基本资料”处单击“更改密码”按钮就可以打开如图 20-13 所示的重置密码界面。

如果忘记了 Admin 的密码，这时就需要通过数据库来进行更改。

在 Zabbix 的主机上以最高权限的 root 账号登录数据库，并切换到 Admin 用户所在的数据库 zabbixdb 进行操作（本章所使用的数据库是 zabbixdb）。

```
[root@zabbixs ~]# mysql -u root
Welcome to the MariaDB monitor.  Commands end with ; or \g.
Your MariaDB connection id is 182
Server version: 5.5.65-MariaDB MariaDB Server
```

```
Copyright (c) 2000, 2018, Oracle, MariaDB Corporation Ab and others.

Type 'help;' or '\h' for help. Type '\c' to clear the current input statement.
MariaDB [(none)]> use zabbixdb
Reading table information for completion of table and column names
You can turn off this feature to get a quicker startup with -A

Database changed
```

图 20-13　重置密码界面

此时可以执行以下命令来把 Admin 用户的密码重置为 admin-123：

```
MariaDB [zabbixdb]> update users set passwd=md5('admin-123') where
alias='Admin';
Query OK, 1 row affected (0.00 sec)
Rows matched: 1  Changed: 1  Warnings: 0
```

当然，最后需要做的是验证密码更改是否成功，使用新密码登录 Web 界面验证就可以。

3. 监控界面乱码的问题

从整体来看，Zabbix 对中文的支持还是可以的，但在某些方面的支持就没那么好，因此会在某些方面出现乱码，比如图 20-14 所示的乱码（监测→聚合图形，部分截图）。

要解决这个监控界面上部分乱码的问题，就需要替换掉一个字体库的文件，这个字体库的文件可以在网络上查找，或在 Windows 系统的 C:\Windows\Fonts\下查找。我们选择在 Windows 系统下查找字体库文件，这里选择“新宋体 常规”字体，将该字体库的文件直接上传到 Zabbix 服务器的/usr/share/zabbix/assets/fonts/目录下。

此时所看到的字体库文件的名称应该是 SIMSUN.TTC，要把它重命名为 stkaiti.ttf，并在配置文件/usr/share/zabbix/include/defines.inc.php 中找到以下配置行：

```
define('ZBX_GRAPH_FONT_NAME',           'graphfont'); // font file name
```

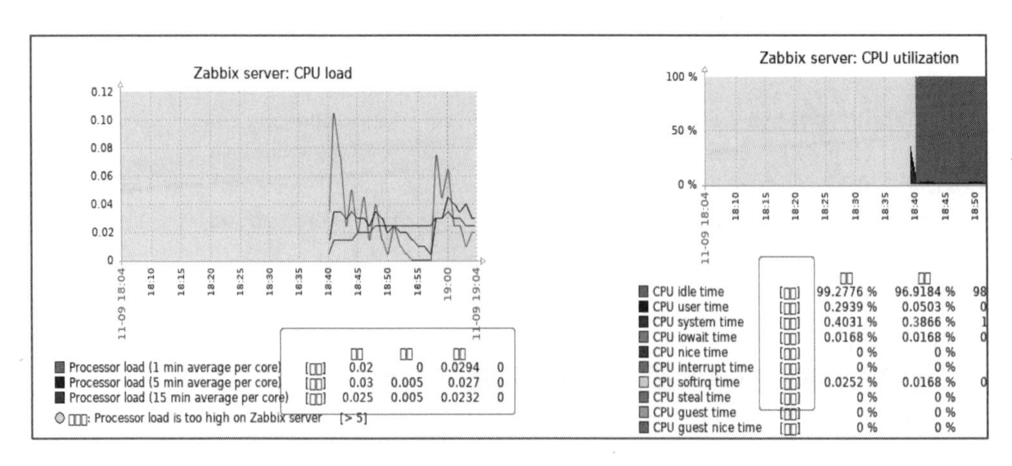

图 20-14　监控界面的乱码

把该行中的 graphfont 参数更改为 stkaiti 就可以，如下所示：

```
define('ZBX_GRAPH_FONT_NAME',        'stkaiti'); // font file name
```

保存所做的更改，回到监控界面并进行刷新，此时就不会再看到乱码。

运维前线

如果更改后刷新监控页面发现有内容不显示，那么说明字体库有问题，需要更改其他的字体库。同时，要注意字体库文件的名称和在/usr/share/zabbix/include/defines.inc.php 文件中名称的对应问题，名称不相同时也会出现不显示内容的情况。

---

4. 解决 Zabbix 常见错误

下面补充几个 Zabbix 服务常见的报警、错误问题。

问题 1：Zabbix poller processes more than 75% busy。

出现这个问题的原因是默认启动子进程的数量少，因此监控的主机越多，启动的子进程就越多，这样容易出现进程繁忙的问题。

解决：修改配置文件/etc/zabbix/zabbix_server.conf 中的 StartPollers 参数。

说明：默认该值为 5，值越大，说明服务端吞吐能力越强，但对系统资源消耗越大。通常，该值的范围为 5<n<1000，具体数值根据业务需求和服务器资源而定。

更改后重启 zabbix-server 进程就可以。

问题 2：Zabbix value cache working in low memory mode。

解决：修改配置文件/etc/zabbix/zabbix_server.conf 的 ValueCacheSize 参数值。

该值的作用是划出系统共享内存用于已请求的存储监控项信息，若监控项较多，建议加大该数值。默认该值为 8MB，它的值范围为 1024MB<n<64GB，具体数值应该根据业务需求和服务器资源而定。

更改后重启 zabbix-server 服务就可以。

问题 3：Zabbix icmp pinger processes more than 75% busy。

解决：修改配置文件/etc/zabbix/zabbix_server.conf 中的 StartPingers 参数。

该参数用于设置启用 ICMP 协议（ping 主机方式启动线程数量），若单台代理所管理的机器超过 500 台，建议加大此数值。

20.3.4 主配置文件参数设置

对于 Zabbix 的主配置文件/etc/zabbix/zabbix_server.conf，该文件的配置参数比较多且配置项基本都有相关的说明，因此对于配置项的作用及配置参数调整等方面，通过相关的说明能够获取一些指导性的信息。另外，在 Web 界面上会出现一些报警信息，其实这些报警信息更多与配置文件中的参数有着直接的关系，因此对配置文件的了解也是非常有必要的。

本小节主要对该配置文件中比较重要的配置项进行说明。

- LogFileSize：设置日志文件在多大时重写新的日志文件，文件大小以 MB 为单位，默认值为 0，表示无论日志文件多大都不重写。对于写日志比较频繁的环境，建议将该值设置得小一些，以降低查看日志信息的难度，如值的大小可以设置成 20MB、30MB 等。
- StartPollers：该参数用于设置 Zabbix 处理数据的能力（吞吐量），开启的子进程越多就需要越大的吞吐量，而子进程开启的数量直接与监控的对象多少有关，因此监控对象多时建议把该值改大，但该值越大就对系统资源消耗越大。
- StartIPMIPollers：该参数主要利用 IPMI 技术来获取硬件状态信息，若无相关监控项则建议设置为 0，即不启用。
- StartTrappers：该参数用于设置如 SNMP STRAPPER 环境下提交来的数据的接收进程数，如果客户机的 SNMP TRAPPER 较多，建议加大此参数值。
- StartPingers：用于设置启用 ICMP 协议来对主机 ping 时启动的线程数量，若单台 Zabbix 主机所管理的机器超过 500 台，建议加大此数值。
- StartDiscoverers：用于设置自动发现主机的线程数量，若单台 Zabbix 主机所管理的机器超过 500 台，可以考虑加大此数值（仅适用于直接 AGENT 环境）。
- StartHTTPPollers：用于设置 Web 拨测监控线程数，此参数值可根据实际情况调整。其中，拨测是网络链路质量测试的一种方式，作用类似于 DDOS 攻击。
- StartSNMPTrapper：此参数用于设置 SNMP Trapper 进程的状态，即开启和关闭。
- HousekeepingFrequency：设置清理 Zabbix 服务端代理的数据库（history、alert 和 alarms）的时间（以小时为单位），为了保持代理端数据库轻便，建议开启。
- MaxHousekeeperDelete：设置每次轮询 housekeeper 任务时，超过这个阈值的行都会被清理。
- CacheSize：Zabbix 初始化时将多少系统共享内存用于存储配置信息，此参数需要根据监控主机数量和监控项进行调整，建议是 32MB 或以上的数值。
- StartDBSyncers：将采集的数据从 CACHE 同步到数据库线程的数量视为数据库服务器 I/O 繁忙状态和数据库写能力调整的评判，数值越大写能力就越强，但对数据库服务器 I/O 的压力也越大。
- HistoryCacheSize：用于设置划分多少系统共享内存用于存储采集的历史数据，此数值越大，数据库读压力就越小。
- TrendCacheSize：用于设置划分多少系统共享内存用于存储计算出来的趋势数据，此参数值从一定程度上可影响数据库的读压力。
- ValueCacheSize：划出系统多少共享内存用于已请求的存储监控项信息，若监控项较多，建议加大此数值。

- Timeout：用于设置与 Agnet/SNMP 设备通信、其他外部设备通信的超时时间（单位为秒），在采集数据不完整、网络繁忙或管理页面出现客户端状态变化频繁时，可以考虑加大此数值。注意，该数值加大后，参数 StartPollers 的值也应该相应加大。
- TrapperTimeout：启用 trapper 功能，即用于设置进程等待超时的时间。
- UnreachablePeriod：当 Agnet 端处于不可用状态时，间隔多少秒后尝试重新连接。此参数值建议根据具体情况设置，但需要注意的是，如果该值过小且 Agent 端业务系统繁忙时，有可能造成报警信息误报的情况。
- UnavailableDelay：当 Agnet 端处于可用状态时，间隔多少秒后进行状态检查。有两种情况可以考虑加大数值：数据采集正常，但管理页面 Agnet 状态不正常；在网络、端口等均通畅的情况下，Agnet 状态仍不正常。
- LogSlowQueries：用于服务端数据库慢查询功能（单位是毫秒，1 毫秒=0.001 秒），如果服务端数据库监控有慢查询的需求，可根据实际情况调整此数值。

20.4 本章小结

本章介绍了 Zabbix 这款主机监控软件的安装和配置。

在服务器比较多的环境中使用主机监控平台对运维工作的帮助非常大，目前众多中小型企业优先选择 Zabbix 这款免费开源的监控软件，因此对这款软件的安装和基本配置都需要掌握。

第 21 章

主机群集中管理工具实战

对服务器的集中管理在服务器数量较多的环境下非常有必要，特别是针对集群环境的应用。本章将针对主机的集中式管理的必要性和集中式工具进行介绍，包括集中式管理平台和 Puppet、Ansible 及 SCRT 这三款工具的配置应用。

21.1 集中式管理的必要性

在面对大量设备的环境下，仅靠逐个进行维护的单一维护方式已经满足不了实际的环境需求，因此采取集中式的管理是非常有必要的。本节将对集中式管理的必要性进行介绍，涉及的内容包括集中式管理的重要性和优势这两方面。

21.1.1 集中式管理的重要性

在信息化的今天，随着各种设备数量不断增加，采用单台登录管理的方式已明显出现工作效率低下、消耗时间过多的问题，且随着设备不断增加，这类问题越显严重。

在企业网络、设备的日常管理工作中，对操作系统和各种移动设备等进行安全部署和控制并不是一件简单的任务，特别是对大量设备的日常管理，看似不复杂，却要消耗大量的时间，甚至需要更多的人去完成，而且这个过程中可能忽略掉一些设备的情况，导致间接性增加包括费用、人力成本及管理等方面的问题。

就好比有 5 台运行同一业务的主机（常见于集群环境），如果需要对主机上的应用程序进行更新，在这样的情况下采取逐台登录、更新及重启的方式并不会出现什么问题，毕竟数量比较少，因此在短时间内就能够完成对这些应用程序的更新操作。但有 10 台甚至 50 台以上的主机时，还是要采取单台登录执行更新的方式，就要花费不少的时间，而且有可能出现主机被漏掉没有更新等情况，更重要的是效率低下。此时，集中式管理平台（工具）就显现出优势，通过集中式的管理方式将运行相同应用程序的主机进行一次性登录、操作，这将大大提高工作效率，能够在短时间内完成工作，而且不容易出错。

运维前线

企业要在IT基础设施中使用支持集中管理功能的安全解决方案，需要消耗一定的资源去建设，微小型企业、非IT公司等不需要消耗成本去建设这些，因此采用脚本、计划任务及远程工具等各种组合方式就成为设备管理者的选择，通过这些工具的使用不仅能够对设备进行集中管理，还可以实现自动化管理的目的。

21.1.2 集中式管理的优势

集中式管理不仅限于对IT设备的管理，其实在信息化的今天，随着市场竞争的全球化，公司发展呈现跨区域、跨行业、经营多元化的特点，获得了以往公司无法获得的资金、技术和市场优势，在这样的模式下能够清楚了解到资源的去向、消耗等情况，更有利于从整体上进行统一的规划。

下面对集中式的管理具备的优势进行介绍。

- 集中式管理成本低：在信息化的今天，如果采取传统的方式对庞大的IT设备进行维护，将会消耗大量的资源，而集中式管理主机只需要安装一套软件在主机上，就能够通过网络实现在任何地点进行远程访问，因此只要保证集中式管理主机的正常运行，就能解决系统的维护问题，这将极大降低维护的成本。
- 数据的实时共享：在网络环境下，采取集中式管理能够让数据实时进行交互，实现数据的实时共享，解决只有基层掌握大量详细数据的问题，让相关人员了解到现场细节数据。
- 实现数据权限管理：通过集中式管理，在一套严谨完善的权限管理机制的支持下，实现对不同级别的数据分类分权管理，从整体来看，这并不影响对数据的管理。

21.2 C/S 模式管理工具 Puppet

Puppet 是一种 Linux/UNIX、Windows 系统平台的集中管理工具，它能够在单一的主机上对其他的主机进行日常的维护，大大节省主机维护的时间。本节将对 Puppet 这款主机集中式管理工具的安装配置和应用进行介绍。

21.2.1 Puppet 基础环境搭建

Puppet 是一种基于客户端/服务器端工作模式的集中式管理工具，在工作时通过主机上这两端的软件进行信息交互，本小节将对 Puppet 环境架构进行搭建，主要包括基础环境架构关系图、基础环境搭建这两方面的内容。

1. 主机与 Puppet 间的基础架构

Puppet 是一款开源、基于 Ruby 的系统配置管理工具，该工具集成计划任务、软件包和系统服务，也包括可管理的配置文件和用户等。

基于 C/S 架构工作模式的 Puppet 工具将所有的客户端和一个或多个服务器端交互，这些客户端周期地向服务器发送请求，以此来获得服务器端的最新配置信息，保证各个客户端主机的配置信息同步。在这样的架构模式下，服务器端与客户端之间组成一种星型结构，它们之间的组成关系如图 21-1 所示。

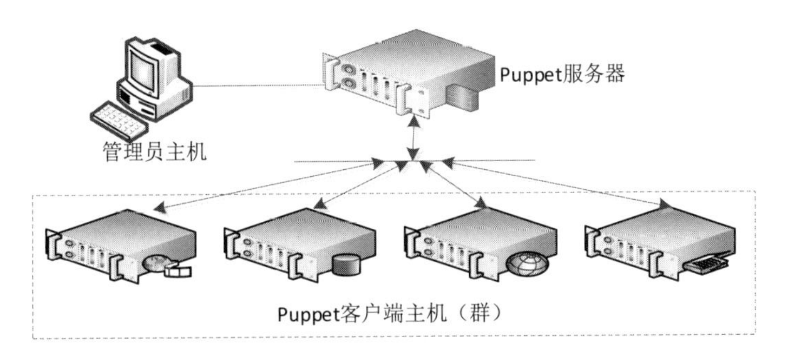

图 21-1 Puppet 主机与客户端间的关系架构示意图

在整个 Puppet 架构中，至少要有 Puppet 的服务器端和客户端，作为管理员，可以直接在本地的主机远程连接，或直接在 Puppet 服务器（称为 Master）对各个 Puppet 客户机进行管理。这里需要区分清楚，安装 Puppet 服务器软件的称为 Puppet 服务器端，而安装 Puppet 客户端软件的称为客户端，管理员主机上只是安装 OpenSSH、Secure CRT 等远程连接的工具。

换句话说，就是在这个 Puppet 管辖范围内的主机，都要安装上 Puppet 客户端或服务器端软件，服务器端软件的主要作用是提供信息的汇总、分析和显示，简单来说就是提供控制客户端主机的接口，而客户端软件用于信息的收集、更新和与主机交换信息等。

2. 构建 Puppet 工具运行环境

接下来将介绍 Puppet 服务器端和客户端工具的安装，Puppet 的主机环境和它的客户端环境都是 Linux 系统，接下来介绍具体安装过程。

（1）基于Puppet服务器端的安装

搭建 Puppet 的集中式管理环境，需要在 Puppet 的服务器端安装 Facter、Ruby 和 Puppet 这 3 款软件，需要说明的是 Puppet 在发行的系统安装包中没有自带，且在安装过程中涉及与 Ruby 相关的不少依赖包，因此不建议采用源码的方式来编译。另外，如果在内网环境中安装使用，解决依赖包是一个非常麻烦的问题，因此建议在外网的环境中使用，并直接配置 Puppet 的 yum 仓库地址来安装（如果系统默认的 yum 仓库配置文件能用，就不需要额外配置 yum 仓库）。

下面是配置 Puppet 的 yum 仓库相关的参数信息。

```
[PuppetLabs-Products]
name=Puppet Labs Products $releasever - $basearch
baseurl=http://yum.puppetlabs.com/el/$releasever/products/$basearch
gpgkey=http://yum.puppetlabs.com/RPM-GPG-KEY-puppetlabs
enabled=1
gpgcheck=1

[PuppetLabs-Deps]
name=Puppet Labs Dependencies $releasever - $basearch
baseurl=http://yum.puppetlabs.com/el/$releasever/dependencies/$basearch
gpgkey=http://yum.puppetlabs.com/RPM-GPG-KEY-puppetlabs
enabled=1
gpgcheck=1

[PuppetLabs-Products-Source]
name=Puppet Labs Products $releasever - $basearch - Source
```

```
baseurl=http://yum.puppetlabs.com/el/$releasever/products/SRPMS
gpgkey=http://yum.puppetlabs.com/RPM-GPG-KEY-puppetlabs
failovermethod=priority
enabled=0
gpgcheck=1

[PuppetLabs-Deps-Source]
name=Puppet Labs Source Dependencies $releasever - $basearch - Source
baseurl=http://yum.puppetlabs.com/el/$releasever/dependencies/SRPMS
gpgkey=http://yum.puppetlabs.com/RPM-GPG-KEY-puppetlabs
enabled=0
gpgcheck=1
```

在安装Puppet之前，建议在各个主机上把/etc/hosts文件做主机名和主机IP地址之间的映射（这是本地主机名解析，或称域名解析），所有要安装 Puppet 的主机都要设置。另外，还需要安装OpenSSL这个组件，用于各主机之间进行通信。

主机名与IP地址间的映射关系：

```
192.168.137.131   mpuppet
192.168.137.129   hslave-200
```

注 意

每台Puppet主机都建议在/etc/hosts文件上做主机名与主机IP地址的映射关系。其中，在Puppet服务器端主机上，要把全部的客户端主机名和IP地址都在该文件中映射；在客户端主机上，只需要做本机和服务器端主机的映射就可以。

完成以上准备工作后，就可以执行以下命令来安装：

```
[root@mpuppet ~]# yum install puppet -y
......
      ruby-irb.noarch 0:2.0.0.648-36.el7                ruby-libs.x86_64
0:2.0.0.648-36.el7
      ruby-shadow.x86_64 1:2.2.0-2.el7                  rubygem-bigdecimal.x86_64
0:1.2.0-36.el7
      rubygem-io-console.x86_64 0:0.4.2-36.el7          rubygem-json.x86_64
0:1.7.7-36.el7
      rubygem-psych.x86_64 0:2.0.0-36.el7               rubygem-rdoc.noarch
0:4.0.0-36.el7
```

命令执行结束，安装完成。

当然，关于 Puppet 的网络 yum 配置，可以在 http://yum.puppetlabs.com/el/7/products/x86_64/ 处找到，但这时rpm包需要先安装才行，包的名称格式为puppetlabs-release-X-Y.noarch.rpm（其中X、Y表示数字）。

通过输出的信息可以看到涉及的依赖包接近20个，如果不能使用网络yum服务器来安装，就需要先把所需要的依赖包都安装才能够安装Puppet，这样工作量还是比较大的。当然，如果在内网环境中使用，进入 http://yum.puppetlabs.com/（写作本书时的地址）并找到以上所需的依赖包逐个下载进行安装就可以。

另外，如果作为Puppet的服务端，还需要安装puppet-server这个组件，直接使用yum服务器安装就可以，也可以下载后再安装（此时安装该组件，已不涉及依赖包的问题）。

至此，Puppet 安装完成。下面介绍关于 Puppet 进程的管理。

Puppet服务端的进程名称为puppetmaster，可以使用以下命令来启动它，并在其后查看进程状态。

```
[root@mpuppet ~]# systemctl start puppetmaster.service
[root@mpuppet ~]# systemctl status puppetmaster.service
● puppetmaster.service - Puppet master
   Loaded: loaded (/usr/lib/systemd/system/puppetmaster.service; disabled;
vendor preset: disabled)
   Active: active (running) since Wed 2019-10-07 19:47:59 CST; 11s ago
 Main PID: 1150 (puppet)
   CGroup: /system.slice/puppetmaster.service
           ├─1150 /usr/bin/ruby /usr/bin/puppet master --no-daemonize
           ├─1154 sh -c /usr/bin/hostname -f 2> /dev/null
           └─1155 /usr/bin/hostname -f

Oct 07 19:47:59 mpuppet systemd[1]: Started Puppet master.
```

或使用以下命令来获取 Puppet 这个进程的状态信息。

```
[root@mpuppet ~]# ps axu | grep puppet
root  1214  6.6  1.8 245104 37012 ?   Ssl  19:59   0:00 /usr/bin/ruby
/usr/bin/puppet master --no-daemonize
root      1221  0.0  0.0 112808   968 pts/0    R+   19:59   0:00 grep
--color=auto puppet
```

使用以下命令来设置 Puppet 开机自启动：

```
[root@mpuppet ~]# systemctl enable puppetmaster.service
Created symlink from
/etc/systemd/system/multi-user.target.wants/puppetmaster.service to
/usr/lib/systemd/system/puppetmaster.service.
```

使用以下命令来关闭进程：

```
[root@mpuppet ~]# systemctl stop puppetmaster.service
```

至此，Puppet 服务器端的安装已没有问题。

不过此时还不能使用，还需要配置客户端。

（2）基于Puppet客户端的安装

作为 Puppet 的客户端，同样需要安装 puppet 这个软件，还是建议通过外网使用 yum 服务器来安装，这样很容易解决依赖包的问题。

```
[root@hslave-200 ~]# yum install puppet -y
......
  rubygem-io-console.x86_64 0:0.4.2-36.el7          rubygem-json.x86_64
0:1.7.7-36.el7
  rubygem-psych.x86_64 0:2.0.0-36.el7               rubygem-rdoc.noarch
0:4.0.0-36.el7
  rubygems.noarch 0:2.0.14.1-36.el7

Complete!
```

安装完成。

启动 Puppet 进程并查看进程状态。

```
[root@hslave-200 ~]# systemctl start puppet.service
[root@hslave-200 ~]# systemctl status puppet.service
?puppet.service - Puppet agent
   Loaded: loaded (/usr/lib/systemd/system/puppet.service; disabled; vendor
preset: disabled)
   Active: active (running) since Wed 2019-10-07 21:00:54 CST; 6s ago
 Main PID: 2369 (puppet)
   CGroup: /system.slice/puppet.service
         忖2369 /usr/bin/ruby /usr/bin/puppet agent --no-daemonize

Oct 07 21:00:54 hslave-200 systemd[1]: Started Puppet agent.
```

至此，客户端的安装结束。

Puppet 客户端软件就好比代理（agent），它在运行状态下会按时执行并接收来自服务器端的配置信息，按照服务器端（master）发送过来的配置信息对自身的相关参数进行配置，可以说真正执行配置操作的是客户端，Puppet 服务器端只负责将配置信息准备好并发送给客户端。另外，Puppet 客户端还要向服务器端发送报告，比如客户端按照配置信息执行完成后，将执行结果的信息发送到服务端，告诉服务器端本次的执行结果。

最后，执行以下命令将客户端的 Puppet 进程设置为开机自启动：

```
[root@hslave-200 ~]# systemctl enable puppet.service
Created symlink from /etc/systemd/system/multi-user.target.wants/
puppet.service to /usr/lib/systemd/system/puppet.service.
```

21.2.2 Puppet 主机间的通信

Puppet 在工作上需要与各个主机进行通信，因此每个客户端主机与控制中心主机都需要先建立通信通道。本小节主要介绍通信通道的建立，内容包括主机之间信息同步的原理和信息通道的创建这两部分。

1. 客户端与服务器端之间信息同步的原理

在安装 Puppet 的服务器端和客户端软件后，它们已经建立起通信的通道，只是在默认配置下还不能在生产环境中使用，因此在投入生产环境前需要对相关的参数进行配置，以符合生产环境下的使用条件。

在配置相关参数之前，有必要先了解 Puppet 通信（信息交互）的工作原理，就安装相关软件 Puppet 的两台主机来说，在 C/S（或 master/agent）模型下，Puppet 的工作流程如图 21-2 所示。

下面对 Puppet 服务器与客户端间的通信过程进行说明。

1）先由客户端向服务器端请求 catalog（这是客户端相关的配置文件，但已经过处理），服务器端收到请求后，找到发送请求的客户端在服务器上对应的“站点清单”（要找到对应的“站点清单”，原因是服务器上可能存储了多台主机的信息，且“清单”的信息是针对某台主机而存在的）。

2）Puppet 服务器找到其所对应的客户端的站点清单，并根据站点清单的信息查找该清单中具体有哪些需要更改的配置项，即 manifest 清单所记录的信息。

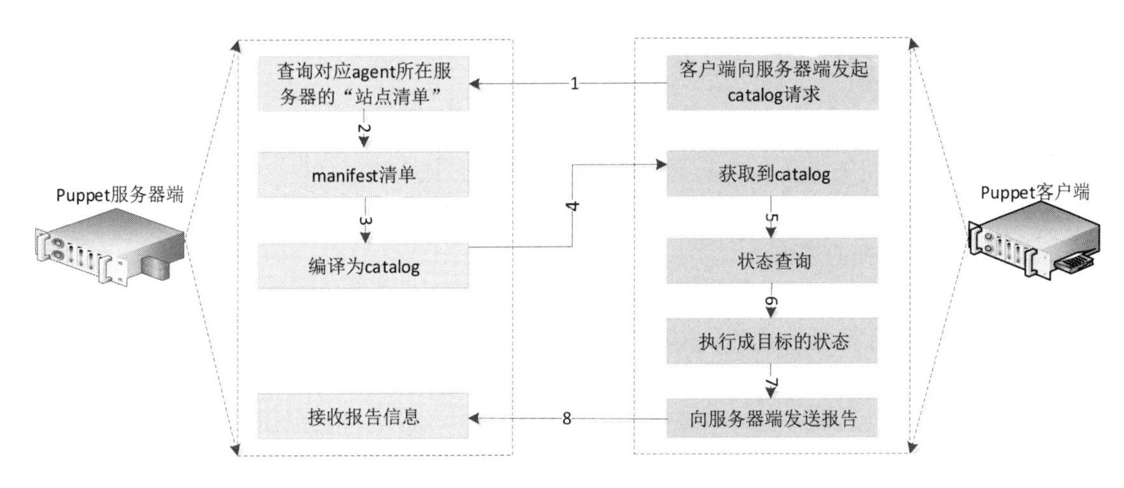

图 21-2 Puppet 服务器间信息同步原理流程图

3）Puppet 对所找到的所有“清单”进行处理，并将处理后得到的信息记录为 catalog。

4）将 catalog 发送到客户端主机上。

5）客户端主机收到来自服务器端的 catalog，就开始查询自己当前的状态，并确定当前的状态是否符合 catalog 中定义的目标状态。

6）如果客户端主机的当前状态与 catalog 中定义的目标状态一致，直接忽略本次操作，否则执行操作并把相关的参数更改成与 catalog 中定义的一致。

7）向 Puppet 服务器发送操作结果报告，无论本次是否执行更改操作。

8）Puppet 服务器端接收来自客户端的报告信息。

提 示

关于 Puppet 的一些词汇的注解。

资源： Puppet 的核心，定义在资源清单中。

类： 一组资源清单。

模块： 包含多个类。

站点清单： 以主机为核心，应用哪些模块。

2. 基于 Puppet 间的信息同步配置

信息同步是指在 Puppet 服务器和客户机之间通信的基础上，实现它们之间的信息同步，这需要服务器端给客户端签发证书。接下来将介绍证书签发的问题。

（1）基于Puppet的证书认证创建

出于安全的考虑，Puppet 采用基于 SSL 的隧道通信，因此在正式使用它之前需要获取相关的证书。对于证书创建，最简单的做法是向 Puppet 服务器申请。

Puppet 的服务器端和客户端的基础环境都已经搭建，要从客户端向服务器端申请证书，需要先确认服务器之间是否处于连通状态，在确认连通状态下向服务器端申请证书。其实，使用 Puppet 命令就能够检测服务器间的互联，同时还向服务器端发出证书申请。

由于要作为 Puppet 的客户端，因此需要在配置文件中进行相关的设置，即在配置文件中指定 Puppet 的服务器和客户机，在客户端主机上的/etc/puppet/puppet.conf 文件的[agent]选项下加入以下配置。当然，只使用 server 这项也是可以的。

```
certname = hslaver-200
server = mpuppet
report = true
```

其中，certname 用于定义 Puppet 客户端主机的 IP 地址或主机名（建议使用主机名），server 用于定义 Puppet 服务器端主机的 IP 地址或主机名（建议使用主机名）。

更改后重启 Puppet 的进程。

证书的创建需要由客户端向服务器端发出申请，在服务器端收到来自客户端的申请时才创建。在客户端主机第一次连接服务器端主机时会申请证书，如果服务器端没有签发证书，这时客户端就等待服务器端主机签发证书，并按时检查是否签发（通常两分钟检查一次）。

可以执行以下命令向服务器端申请创建密钥文件，其中 server 参数指定 IP 地址或主机名，--verbose 使客户端输出详细的日志，--no-daemonize 以前台方式运行。

```
[root@hslave-200 ~]# puppet agent --server=192.168.137.131 --verbose
--no-daemonize --debug
......
Debug: Using cached certificate for ca
Debug: Creating new connection for https://192.168.137.131:8140
Debug: Using cached certificate for ca
Debug: Creating new connection for https://192.168.137.131:8140
Notice: Did not receive certificate
```

通过输出的信息可知状态一切正常，只是证书还没签发。

另外，可以使用以下命令来申请证书，并在提交申请后自动退出。

```
puppet agent --no-daemonize --onetime --verbose --debug --server=192.168.137.131
```

注 意

如果以上命令执行两次或两次以上，出现不能连接的问题，可直接把证书的文件都删除，即/var/lib/puppet/ssl/目录下的全部文件。

以上命令执行后，客户端已经向服务器端发送证书申请，此时在服务器端执行以下命令就能够看到来自客户端的证书申请的信息。

```
[root@mpuppet ~]# puppet cert --list
  "hslave-200" (SHA256) B6:1B:43:C7:9C:EC:10:F5:00:6C:A3:94:01:0F:CB:D2:A2:
B6:3E:7E:87:B5:1A:13:D6:5B:C5:5B:85:0E:59:25
```

此时可以看到客户端发来的证书申请，在确认无误后就可以向该客户端签发证书。其中，所显示的 hslave-200 是 Puppet 的客户端主机名，对应的 IP 地址是 192.168.137.129。

在服务器端执行以下命令给客户端签发证书，其中--sign 参数或选项用于指定客户端主机的 IP 地址：

```
[root@mpuppet ~]# puppet cert --sign hslave-200
Notice: Signed certificate request for hslave-200
Notice: Removing file Puppet::SSL::CertificateRequest hslave-200 at
'/var/lib/puppet/ssl/ca/requests/hslave-200.pem'
```

证书签发后，可以执行以下命令来查看证书的情况：

```
[root@mpuppet ~]# puppet cert -all
```

```
    + "hslave-200" (SHA256) BE:89:62:FF:25:60:EF:83:6C:61:E8:46:34:FC:73:
CE:93:E0:67:90:FC:31:D9:74:07:69:1C:5E:96:FF:E6:3B
    + "mpuppet"   (SHA256) BC:33:09:4E:B1:65:B2:BB:CD:39:72:53:73:DF:DD:E2:
2D:D8:66:17:2F:FB:6D:10:C2:82:BE:A2:7B:9C:6C:63
```

其中，符号“+”表示已签发成功的证书。mpuppet 是 Puppet 服务器端的主机名，其对应的 IP 地址为 192.168.137.131。

（2）基于Puppet间的信息同步验证

通过以上配置，现在开始验证信息自动同步问题。

为了测试同步问题，需要先在服务器端创建测试文件，测试文件位于/etc/puppet/manifests/目录下，该文件命名为 site.pp。以下是该文件的内容。

```
node default {
  file {
      "/tmp/testfile.txt": content => "puppet-test";
  }
}
```

此参数用于创建/tmp/testfile.txt 并将 puppet-test 的内容写入该文件。

现在进入客户端，并执行 puppet 命令测试信息同步的情况。

```
    [root@hslave-200 ~]# puppet agent --test
    Info: Caching catalog for hslave-200
    Info: Applying configuration version '1602246675'
    Notice: /Stage[main]/Main/Node[default]/File[/tmp/testfile.txt]/ensure:
defined content as '{md5}9e470cf2c1596f6e8df27f0e6dab4dbe'
    Notice: Finished catalog run in 0.01 seconds
```

输出以上信息说明服务器之间通信正常，也反映证书没有问题。此时，在客户端主机的/tmp 目录下就可以看到 testfile.txt 文件。

如果在主机上对已经存在的文件（如/etc/puppet/manifests/site.pp）进行更改，此时在客户端再次执行更新命令，就会出现以下输出：

```
    [root@hslave-200 ~]# puppet agent --test
    Info: Caching catalog for hslave-200
    Info: Applying configuration version '1602247591'
    Notice: /Stage[main]/Main/Node[default]/File[/tmp/testfile.txt]/content:
    --- /tmp/testfile.txt   2019-10-09 20:40:56.998991755 +0800
    +++ /tmp/puppet-file20201009-3469-1bvbzrv      2019-10-09 20:46:30.799989517
+0800
    @@ -1 +1 @@
    -puppet-test
    \ No newline at end of file
    +puppet-test2
    \ No newline at end of file

    Info: Computing checksum on file /tmp/testfile.txt
    Info: /Stage[main]/Main/Node[default]/File[/tmp/testfile.txt]: Filebucketed
/tmp/testfile.txt to puppet with sum 9e470cf2c1596f6e8df27f0e6dab4dbe
```

```
    Notice: /Stage[main]/Main/Node[default]/File[/tmp/testfile.txt]/content: 
content changed '{md5}9e470cf2c1596f6e8df27f0e6dab4dbe' to 
'{md5}e2f5287b801e690e02cf912e28085298'
    Notice: Finished catalog run in 0.02 seconds
```

当然，正式运行后就不再需要手动执行数据的同步，默认 Puppet 每半个小时就自动执行一次，因此不需要手动执行，只需要通道正常就可以。

至此，证书配置完成。

21.2.3 Puppet 日常应用及维护

Puppet 在使用之前就需要进行配置，但这只是一次性配置，可多次使用。本小节主要对它的基本使用进行介绍，内容主要涉及基于 site.pp 文件的基本应用和基于 Puppet 的模块应用。

1. 基于 site.pp 文件的基本应用

在测试Puppet之间的连通性时需要创建site.pp文件，该文件是主机配置文件，它存在的主要目的是告诉Puppet去哪里寻找并载入所有主机相关的配置，并将相关的配置参数同步到客户端执行。

site.pp 文件默认存放在/etc/puppet/manifests/目录下，该文件通常用来定义一些全局变量，不过默认它并不存在，因此需要创建。当然，在测试证书的可用性时已涉及该文件的创建并设置过相关的参数，其实这些参数中所定义的每个功能模块代码可称为“Puppet 资源”，Puppet 所支持的资源类型还是比较多的，可以使用以下命令来查看：

```
[root@mpuppet ~]# puppet describe -l
……
user            - Manage users
vlan            - .. no documentation ..
whit            - Whits are internal artifacts of Puppet's curr ...
yumrepo         - The client-side description of a yum reposito ...
zfs             - Manage zfs
zone            - Manages Solaris zones
zpool           - Manage zpools
```

对于这些资源都有相关的说明，通过说明就能大概了解某个资源的作用。

当然，如果要查看某个资源更详细的信息，可以直接指定要查看的资源，如要查看 user 资源的相关信息，可以执行以下命令：

```
[root@mpuppet ~]# puppet describe -s user -m
```

下面以 user 资源来简单介绍如何使用，现在通过 Puppet 服务器利用 site.pp 文件在客户端创建用户和组，并给用户指定 ID、主目录及设置密码等，代码如下：

```
group {'utestgp':
       ensure => present,
       gid    => 10201,
} ->
user {'test-user':
       ensure => present,
       gid    => 10201,
       uid    => 10201,
```

```
        home   => '/home/utset',
        shell  => '/bin/sh',
        password => '0134567',
        managehome => true,
    }
```

由于之前创建了 site.pp 文件，因此只需要把这些代码放到该文件的末尾处，不需要把原先的内容删除。

最后，在客户端执行以下命令就可以：

```
[root@hslave-200 ~]# puppet agent --test
Info: Caching catalog for hslave-200
Info: Applying configuration version '1602295458'
Notice: /Stage[main]/Main/Group[utestgp]/ensure: created
Notice: /Stage[main]/Main/User[test-user]/ensure: created
Notice: Finished catalog run in 0.04 seconds
```

命令执行后，可以在/etc/passwd 文件中找到新增加的用户 test-user 和在/etc/group 文件中找到新增加的用户组 utestgp。另外，关于密码的问题，它是支持使用加密后的密码的，如果不使用明码，可以使用 MD5 加密原密码，并用加密后得到的密码代替明码。

参数ensure用于文件存在性判断，其值present用于检查该文件是否存在并在不存在时创建文件。

至此，已经涉及 Puppet 的 file 和 user 两种资源，其他资源的配置不再一一介绍，如果需要对这些资源的配置有更多了解，可以使用以下命令来查看帮助手册，如查看计划任务的设置。

```
[root@mpuppet ~]# puppet describe cron
cron
====
Installs and manages cron jobs.  Every cron resource created by Puppet
requires a command and at least one periodic attribute (hour, minute,
month, monthday, weekday, or special).  While the name of the cron job is
not part of the actual job, the name is stored in a comment beginning with
`# Puppet Name: `. These comments are used to match crontab entries created
by Puppet with cron resources.
If an existing crontab entry happens to match the scheduling and command of
a
cron resource that has never been synched, Puppet will defer to the existing
crontab entry and will not create a new entry tagged with the `# Puppet
Name: `
comment.
Example:
    cron { logrotate:
      command => "/usr/sbin/logrotate",
      user    => root,
      hour    => 2,
      minute  => 0
    }
......
```

通过命令的输出信息可以获取到更多帮助性的说明及设置的模板格式等。

2. 基于 Puppet 的模块应用

所谓模块，简单理解就是能够把 manifest 文件分解成易于理解的结构的机制，再具体点说就是它能够对类文件、配置文件等分类存放，并通过某种机制整合使用。通过模块的应用，有助于以结构化、层次化的方式使用 Puppet，这是 Puppet 基于模块自动装载实现的基本原理。

当然，从另一个角度来看，模块实际上就是按约定的、预约定的结构存放多个目录或子目录，目录中的这些目录或子目录必须遵循命令规范。

（1）Puppet的目录结构

对于 Puppet 的目录结构的理解，可以说是创建模块的一种非常有效的途径，因此在创建模块之前，有必要对 Puppet 的目录结构有所了解。

可以通过 tree 目录来获取 Puppet 的目录结构：

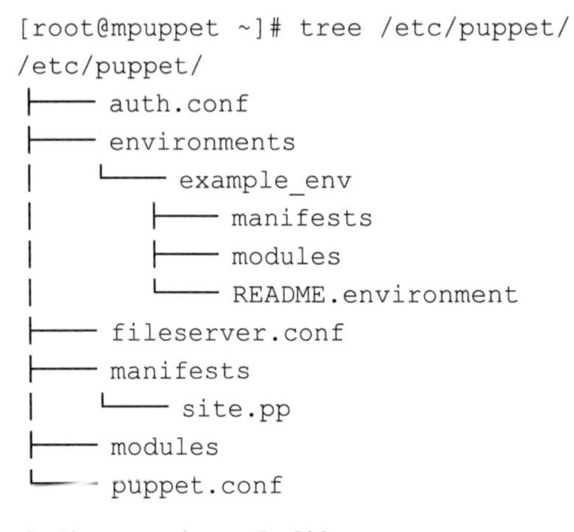

```
[root@mpuppet ~]# tree /etc/puppet/
/etc/puppet/
├── auth.conf
├── environments
│   └── example_env
│       ├── manifests
│       ├── modules
│       └── README.environment
├── fileserver.conf
├── manifests
│   └── site.pp
├── modules
└── puppet.conf

6 directories, 5 files
```

下面对相关文件的作用进行介绍。

- auth.conf 文件：用于认证，是在客户端访问服务器端时的权限认证文件。
- environments 目录：包含一个或多个环境列表，不设置时就默认为所有环境。
- fileserver.conf 文件：这是 Puppet 默认的文件服务器配置模板文件，主要用于对客户端访问文件资源的权限控制。
- manifests 目录：主要存放配置的文件及相关数据信息。
- modules 目录：模块文件存放的目录。
- puppet.conf 文件：Puppet 的主配置文件，用于定义一些基础的文件和目录。

（2）Puppet模块文件配置

对于模块的配置，之前的内容涉及过，接下来以 cron 为例来介绍模块的配置。

要配置模块，需要创建目录和文件结构，这些目录和文件结构位于/etc/puppet/modules/目录下，并将模块命名为 cron（模块名应该易记，建议以字母、数字、下划线及短横线）。另外，每一个模块都需要一个特定的目录结构和一个名为 init.pp 的文件，目录结构的作用是解决 Puppet 自动载入模块的问题，而为了载入模块，Puppet 会检查一系列被称为模块路径的目录。

1）创建存放模块的目录，模块存放的路径在/etc/puppet/modules/目录下。

```
[root@mpuppet ~]# mkdir -p /etc/puppet/modules/cron/{files,manifests,
templates}
```

2）创建配置文件，配置文件存放在/etc/puppet/modules/cron/manifests/目录下，这也是 Puppet 的脚本目录和文件目录所在。

需要注意的是，模块是清单、资源、文件、模板、类及定义的容器，因此一个模块应该包含配置一个特定的应用程序所需的所有配置。接着创建所需的文件。

先创建 init.pp 文件，该文件是模块的核心，每个模块必须拥有该文件。以下是该文件的配置信息。

```
class cron {
   case $operatingsystem {
       CentOS: {
          include cron::base
          include cron::crontabs
          include cron::addcron
       }
       RedHat: {
          include cron::base
          include cron::crontabs
          include cron::addcron
       }
   }
}
```

创建 base.pp 文件，该文件的作用是安装 cron 包并启动服务。以下是该文件的配置信息：

```
class cron::base {
   package { cron:
      name => $operatingsystem ?  {
        Ubuntu => "cron",
        redhat => "vixie-cron",
        centos => "vixie-cron",
        },
      ensure => present,
    }
    service { crond:
       name => $operatingsystem ? {
       ubuntu => "cron",
       redhat => "crond",
       centos => "crond",
     },
   ensure => running,
   enable => true,
   pattern => cron,
   require => Package["cron"],
}
```

创建 crontabs.pp 文件，该文件的功能是安装 crontabs 包。

```
class cron::crontabs {
   package { crontabs:
      name => $operatingsystem ? {
         redhat => "crontabs",
         centos => "crontabs",
     },
     ensure => present,
   }
}
```

通过以上这三个文件，可以对 cron 进行安装并确保它的进程处于运行状态，最后还需要做的是使用 rsync_bash.pp 文件来设置 crontab 定时任务，以下代码实现每天 8 点到晚上 22 点的时间内每半小时执行一次。

```
class cron::rsync_bash {
   cron {bash:
      command => "/bin/bash /root/vol_disk_check.sh",
      user => "root",
      hour => "8-22",
      minute => "*/30";
   }
}
```

设置完成后，客户端每隔设定的时间就执行一次同步。

21.3 主机型自动化运维工具 Ansible

Ansible 是一款自动化运维工具，它是基于服务器端工作的主机集中式管理工具，该工具能够对服务器进行批量处理，对时间的消耗较少，可极大地提高工作效率。本节主要介绍 Ansible 的基本功能、基础环境构建和基本应用三部分。

21.3.1 Ansible 概述

Ansible 是一款仅需要配置服务器端的管理工具，以下主要介绍 Ansible 的基本特点和功能模块。

1. Ansible 的基本特点

Ansible 是一款高度模块化的、基于 Python 语言开发的、通过 SSH 协议实现并运行于类似 UNIX 系统的轻量级开源自动化运维管理工具，该工具的主要目标是简化服务器管理的过程，采用的是无客户端模式并使用 OpenSSH 来进行数据传输。

Ansible 由 Michael Dehaan 编写，在 2015 年时被 Red Hat 收购并作为其 Linux 系统发行版的一部分。需要说明的是，Ansible 本身并没有批量处理的能力，而是提供一种框架，并允许自定义将各种功能模块集成在框架中，在工作时通过调用各种功能模块对指定的工作进行处理完成相应的任务。Ansible 主要集成 paramiko、pyyaml 和 jinja2 三个关键模块，并具备包括 puppet、cfengine 和 chef 等各种运维管理工具的特征和优点，实现对系统的配置安装、应用程序部署和命令运行等批量处理的功能。

Ansible 所具备的特点主要有以下几点：

1）采用最小安装的原则，安装简单且对系统的环境没有添加额外依赖性，被控制端不需要安装插件，没给系统安全造成额外负担。

2）采用内置功能核心模块、命令模块和自定义模块，为日常运维工作提供丰富的操作模块，对节点环境依赖小，能够创建节点的统一环境，实现单个功能模块对多节点进行管理。

3）基于 SSH 协议实现的通道方式，在各主机间的通信是直接采取在节点上的 OpenSSH 和 Python 来辅助工作的，且这种辅助工作的方式还支持 API 及自定义模块，也可以通过 Python 来轻松实现功能的扩展。

4）采取基于主机中定义的配置文件来指定被监控的主机，不使用代理插件就可以完成日常的活动记录，且对云计算平台、大数据都有很好的支持。

2. Ansible 的功能模块

Ansible 是一款基于单主机运行的主机集中式管理工具，也就是说只需要把它安装在一台主机上就能够对在同一个局域网中的各个主机进行管理，这得益于它所集成的各种功能模块，这些功能模块相互之间协同完成日常的主机维护工作。

Ansible 各功能模块之间的结构关系如图 21-3 所示。

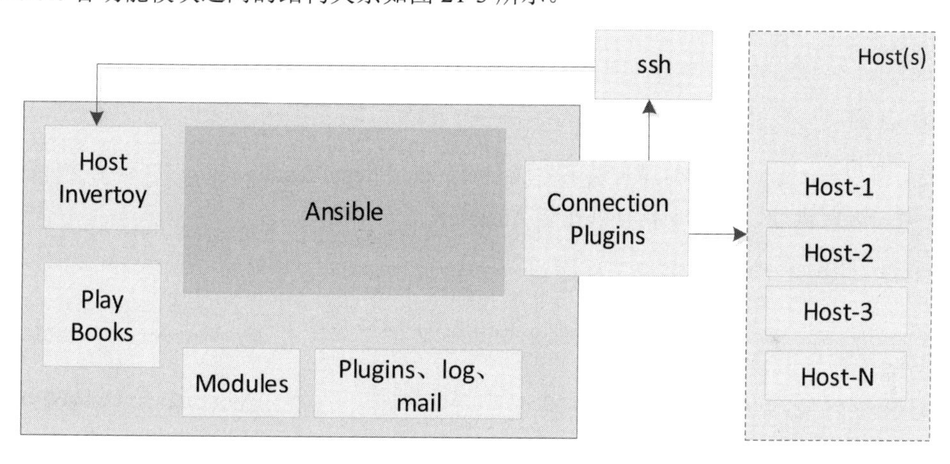

图 21-3 Ansible 各功能模块之间的结构关系

- Ansible：这是核心的程序模块，主要作用是调用其他各种功能模块。
- Host Inventory：用于记录由 Ansible 管理的主机信息，包括端口、密码和 IP 地址等。
- Play Books：这是 YAML 格式的脚本文件，用于制定各种 playbook，即定义主机需要调用哪些模块来完成功能。
- Modules：属于核心模块，其主要作用是定义所做的操作需要调用哪些核心模块来完成。
- Plugins：辅助插件或连接插件，是给 Ansible 与各个 Host 间通信提供实现的具体方式。

21.3.2 构建 Ansible 工作环境

从安全的角度来看，Ansible 的工作环境中只需要在一台主机上安装就可以对其他的主机进行控制管理，因此符合服务器系统最小安装原则，环境搭建过程比较简单。本小节主要介绍 Ansible 基础环境搭建和主机间的连通性测试这两部分内容。

1. 基础环境搭建

Ansible 是一款基于 Python 开发的自动化运维工具，它基于 SSH 远程连接来实现对主机的管理，所能够完成的工作包括批量系统配置、批量软件部署、批量文件拷贝、批量运行命令等功能，更重要的是仅基于主机环境运行，因此只需要在其中的一台主机上安装就可以。

关于 Ansible 的安装，可以选择源码或 yum 服务器中的一种，但需要注意安装过程中涉及 Python 的一系列依赖包，而且数量都比较大，因此环境条件允许可以考虑通过网络 yum 来安装，这个过程要简单得多。

当然，如果环境条件不允许，可采取源码包编译的方式来安装，但建议搭建本地 yum 服务器来解决依赖包的安装问题。下面介绍基于外网的 yum 服务器来安装 Ansible，并介绍它的基本环境配置。

安装 Ansible 前需要解决它的网络 yum 源的问题，对于它的网络 yum 服务器进行配置，可以使用以下命令：

```
[root@ansible ~]# yum -y install epel-release
……
  Verifying     : epel-release-7-12.noarch                        1/2
  Verifying     : epel-release-7-11.noarch                        2/2

Updated:
  epel-release.noarch 0:7-12

Complete!
```

安装后可以在/etc/yum.repos.d/目录下生成 epel.repo 和 epel-testing.repo，这两个文件的 yum 可以直接使用，因此执行以下命令就可以安装 Ansible：

```
[root@ansible ~]# yum -y install ansible
……
    python-setuptools.noarch 0:0.9.8-7.el7          python-six.noarch
0:1.9.0-2.el7
    python2-cryptography.x86_64 0:1.7.2-2.el7       python2-httplib2.noarch
0:0.18.1-3.el7
    python2-jmespath.noarch 0:0.9.4-2.el7           python2-pyasn1.noarch
0:0.1.9-7.el7
    sshpass.x86_64 0:1.06-2.el7

Complete!
```

安装完成后，可以执行以下命令来查看版本：

```
[root@ansible ~]# ansible --version
ansible 2.9.13
  config file = /etc/ansible/ansible.cfg
  configured module search path = [u'/root/.ansible/plugins/modules',
u'/usr/share/ansible/plugins/modules']
  ansible python module location = /usr/lib/python2.7/site-packages/ansible
  executable location = /usr/bin/ansible
  python version = 2.7.5 (default, Apr  2 2020, 13:16:51) [GCC 4.8.5 20150623
(Red Hat 4.8.5-39)]
```

至此，Ansible 安装完成。

2. 主机间的连通性测试

使用 Ansible 工具来管理各个主机，仅需要在一台主机上安装，但它在管理其他的主机时是基于 SSH 创建的通道进行的，因此需要先配置密钥。

密钥的创建直接执行命令并以默认的方式进行就可以：

```
[root@ansible ~]# ssh-keygen
......
Your public key has been saved in /root/.ssh/id_rsa.pub.
The key fingerprint is:
SHA256:BBm6POVSiqzAmCYd4H9GIdOgxPQV47j4FWASdZFWo08 root@ansible
The key's randomart image is:
+---[RSA 2048]----+
|+=oBoBB=         |
|oo= O==..        |
| o.oo=oE.        |
|o+o+o*+.         |
|=++o*+..S        |
|+.. +o           |
|.  .             |
|                 |
+----[SHA256]-----+
```

密钥创建完成后，需要把密钥上传到目标主机上，如把在 Ansible 主机上创建的密钥上传到远端被管理的主机上，可以执行以下命令：

```
[root@ansible ~]# ssh-copy-id root@192.168.137.132
/usr/bin/ssh-copy-id: INFO: Source of key(s) to be installed:
"/root/.ssh/id_rsa.pub"
The authenticity of host '192.168.137.132 (192.168.137.132)' can't be
established.
ECDSA key fingerprint is SHA256:24B+ikHGJ//LNPg+z1dg+bi6LzH108o+jV4e36OtMJc.
ECDSA key fingerprint is MD5:0e:1e:3b:ea:24:45:c7:e2:d7:74:4d:16:ed:76:4c:9f.
Are you sure you want to continue connecting (yes/no)? yes <====== 首次登录
需要认证
/usr/bin/ssh-copy-id: INFO: attempting to log in with the new key(s), to filter
out any that are already installed
/usr/bin/ssh-copy-id: INFO: 1 key(s) remain to be installed -- if you are
prompted now it is to install the new keys
root@192.168.137.132's password:  <====== 远程主机的 root 用户密码

Number of key(s) added: 1

Now try logging into the machine, with:  "ssh 'root@192.168.137.132'"
and check to make sure that only the key(s) you wanted were added.
```

完成以上准备工作后，接着需要对 Ansible 的配置文件/etc/ansible/hosts 进行更改，在该文件中加入被管理的主机 IP 地址，或者对该文件中默认的 IP 地址进行更改。

最后，执行以下命令测试能够连通的主机：

```
[root@ansible ~]# ansible all -m ping
192.168.137.132 | SUCCESS => {
    "ansible_facts": {
        "discovered_interpreter_python": "/usr/bin/python"
    },
    "changed": false,
    "ping": "pong"
}
```

或者执行以下命令：

```
[root@ansible ~]# ansible 192.168.137.132 -m ping
```

至此，一切准备就绪。

21.3.3 日常管理常用实例

在运维管理工作上，Ansible 最有价值的体现无非就是能够对多台主机进行集中式管理，本小节将对 Ansible 集中式管理功能的配置和应用进行介绍，涉及的内容包括 Ansible 功能模块的应用和集中式管理这两部分。

1. Ansible 功能模块的应用

模块（或称命令）是 Ansible 功能的直接体现，是对远程主机进行管理的主要手段，接下来主要对一些常用的功能模块进行介绍。

关于 Ansible 的模块，可以使用以下命令来查看：

```
[root@ansible ~]# ansible-doc module
[WARNING]: module module not found in:
/root/.ansible/plugins/modules:/usr/share/ansible/plugins/modules:/usr/lib
/python2.7/site-packages/ansible/modules
```

下面介绍这些模块的具体应用。

（1）command功能模块

这是 Ansible 默认携带的功能模块，该模块可以直接在远程主机上执行命令，并将执行结果返回本主机。

比如执行以下命令查看远程主机所监听的端口的问题：

```
[root@ansible ~]# ansible 192.168.137.132 -m command -a 'ss -ntl'
192.168.137.132 | CHANGED | rc=0 >>
State      Recv-Q  Send-Q  Local Address:Port          Peer Address:Port
LISTEN     0       128        *:111                    *:*
LISTEN     0       128        *:22                     *:*
LISTEN     0       100     127.0.0.1:25                *:*
LISTEN     0       128       :::111                    :::*
LISTEN     0       128       :::80                     :::*
LISTEN     0       128       :::22                     :::*
LISTEN     0       100      ::1:25                     :::*
```

其中，远程主机可以是 IP 地址或组名（关于“组名”的使用，在后面进行介绍）。

（2）copy功能模块

该模块用于将本地主机上的文件复制到远程主机上，同时支持给定内容生成文件和修改权限等。比如，要把 Ansible 主机上的/root/test-file 文件复制到远程主机的/data/目录下，可以执行以下命令：

```
[root@ansible ~]# ansible 192.168.137.132 -m copy -a 'src=/root/test-file
dest=/data/test-file'
192.168.137.132 | CHANGED => {
    "ansible_facts": {
        "discovered_interpreter_python": "/usr/bin/python"
    },
    "changed": true,
    "checksum": "da39a3ee5e6b4b0d3255bfef95601890afd80709",
    "dest": "/data/test-file",
    "gid": 0,
    "group": "root",
    "md5sum": "d41d8cd98f00b204e9800998ecf8427e",
    "mode": "0644",
    "owner": "root",
    "size": 0,
    "src": "/root/.ansible/tmp/ansible-tmp-1602413778.47-10830-
217661630173056/source",
    "state": "file",
    "uid": 0
}
```

命令功能选项说明：

- src：被复制到远程主机的文件，此路径可以是绝对路径或相对路径，但如果路径是目录，就会递归复制。
- dest：必选项，就是指定目的主机上存放文件的位置，但需要使用绝对路径。

（3）file功能模块

该模块主要用于设置文件的属性，包括创建普通文件、创建链接文件和删除文件等，比如在目标主机上创建/data/app 目录，可以执行以下命令：

```
[root@ansible ~]# ansible 192.168.137.132 -m file -a 'path=/data/app
state=directory'
192.168.137.132 | CHANGED => {
    "ansible_facts": {
        "discovered_interpreter_python": "/usr/bin/python"
    },
    "changed": true,
    "gid": 0,
    "group": "root",
    "mode": "0755",
    "owner": "root",
    "path": "/data/app",
    "size": 6,
```

```
    "state": "directory",
    "uid": 0
}
```

可使用以下命令查看新建的目录：

```
[root@ansible ~]# ansible 192.168.137.132 -m shell -a 'ls -l /data'
192.168.137.132 | CHANGED | rc=0 >>
total 0
drwxr-xr-x 2 root root 6 Oct 11 19:49 app
-rw-r--r-- 1 root root 0 Oct 11 18:56 test-file
```

（4）cron功能模块

该模块用于管理计划任务，它的语法与 crontab 文件中的语法一致，比如添加计划任务可以执行以下命令：

```
[root@ansible ~]# ansible 192.168.137.132 -m cron -a 'name="ntp update every 5 min" minute=*/5 job="/sbin/ntpdate 172.17.0.1 &> /dev/null"'
192.168.137.132 | CHANGED => {
    "ansible_facts": {
        "discovered_interpreter_python": "/usr/bin/python"
    },
    "changed": true,
    "envs": [],
    "jobs": [
        "ntp update every 5 min"
    ]
}
```

可以使用以下命令来查看计划任务的设置情况：

```
[root@ansible ~]# ansible 192.168.137.132 -m shell -a 'crontab -l'
192.168.137.132 | CHANGED | rc=0 >>
#Ansible: ntp update every 5 min
*/5 * * * * /sbin/ntpdate 172.17.0.1 &> /dev/null
```

（5）user功能模块

该模块主要用来管理用户账号，如使用以下命令创建 auser 用户：

```
[root@ansible ~]# ansible 192.168.137.132 -m user -a 'name=auser uid=2100'
192.168.137.132 | CHANGED => {
    "ansible_facts": {
        "discovered_interpreter_python": "/usr/bin/python"
    },
    "changed": true,
    "comment": "",
    "create_home": true,
    "group": 2100,
    "home": "/home/auser",
    "name": "auser",
    "shell": "/bin/bash",
    "state": "present",
```

```
    "system": false,
    "uid": 2100
}
```

可以使用以下命令来查看刚才创建的 auser 用户：

```
[root@ansible ~]# ansible 192.168.137.132 -m shell -a 'cat /etc/passwd |grep auser'
192.168.137.132 | CHANGED | rc=0 >>
auser:x:2100:2100::/home/auser:/bin/bash
```

（6）setup功能模块

该模块主要用于收集信息，通过调用 facts 组件来实现。

Ansible 使用 facts 组件采集远程主机的信息，命令中可以使用 filter 来查看指定信息，这些信息将被包装在一个 JSON 格式的数据结构包中，如使用以下命令查看远程主机的内存信息：

```
[root@ansible ~]# ansible 192.168.137.132 -m setup -a 'filter="*mem*"'
192.168.137.132 | SUCCESS => {
    "ansible_facts": {
        "ansible_memfree_mb": 1649,
        "ansible_memory_mb": {
            "nocache": {
                "free": 1793,
                "used": 189
            },
            "real": {
                "free": 1649,
                "total": 1982,
                "used": 333
            },
            "swap": {
                "cached": 0,
                "free": 2047,
                "total": 2047,
                "used": 0
            }
        },
        "ansible_memtotal_mb": 1982,
        "discovered_interpreter_python": "/usr/bin/python"
    },
    "changed": false
}
```

当然，也可以使用以下命令来查看：

```
[root@ansible ~]# ansible 192.168.137.132 -m shell -a 'free -m'
```

（7）script功能模块

该模块用于将本机的脚本执行到远程主机上，在运行时需要直接指定脚本的路径，比如在 Ansible 主机上创建脚本/root/disk.sh，该脚本的作用就是获取远程主机磁盘空间的使用状态，脚本代码如下：

```
#!/bin/sh
#
date > /tmp/disk.txt
df -h >> /tmp/disk.txt
```

给脚本授予可执行权，之后执行以下命令就可以：

```
[root@ansible ~]# ansible 192.168.137.132 -m script -a '/root/disk.sh'
192.168.137.132 | CHANGED => {
    "changed": true,
    "rc": 0,
    "stderr": "Shared connection to 192.168.137.132 closed.\r\n",
    "stderr_lines": [
        "Shared connection to 192.168.137.132 closed."
    ],
    "stdout": "",
    "stdout_lines": []
}
```

执行以上命令就可以在远程主机的/tmp/目录生成disk.txt文件，在该文件下有所采集的磁盘分区使用状态，或在Ansible主机上使用以下命令来查看：

```
[root@ansible ~]# ansible 192.168.137.132 -m shell -a 'cat /tmp/disk.txt'
192.168.137.132 | CHANGED | rc=0 >>
Sun Oct 11 23:24:29 CST 2020
Filesystem              Size   Used   Avail  Use%   Mounted on
/dev/mapper/rhel-root   18G    2.1G   16G    12%    /
devtmpfs                980M   0      980M   0%     /dev
tmpfs                   992M   0      992M   0%     /dev/shm
tmpfs                   992M   9.5M   982M   1%     /run
tmpfs                   992M   0      992M   0%     /sys/fs/cgroup
/dev/sda1               197M   109M   88M    56%    /boot
tmpfs                   199M   0      199M   0%     /run/user/0
/dev/loop0              4.4G   4.4G   0      100%   /mnt/redhat
```

（8）service功能模块

该模块用于对服务进程状态进行管理，包括启动、重启、查看状态和停止等，比如要对远程主机上的httpd服务进程进行启动：

```
    [root@ansible ~]# ansible 192.168.137.132 -m service -a 'name=httpd
state=started'
    ……
        "Type": "notify",
        "UMask": "0022",
        "UnitFilePreset": "disabled",
        "UnitFileState": "disabled",
        "Wants": "system.slice",
        "WatchdogTimestampMonotonic": "0",
        "WatchdogUSec": "0"
    }
}
```

对于命令执行的结果，可以使用查看 httpd 端口的方式来确认，如默认 httpd 监听的是 80 端口，可以执行以下命令来确认：

```
[root@ansible ~]# ansible 192.168.137.132 -m shell -a 'ss -ntl | grep 80'
192.168.137.132 | CHANGED | rc=0 >>
LISTEN     0      128        :::80                     :::*
```

（9）fetch功能模块

该模块用于从远程的某主机获取（复制）文件到本地主机上。

```
[root@ansible ~]# ansible 192.168.137.132 -m fetch -a 'src=/tmp/disk.txt
dest=/root'
192.168.137.132 | CHANGED => {
    "changed": true,
    "checksum": "3053ad53c0a813f1f8487062b53a4884015dda49",
    "dest": "/root/192.168.137.132/tmp/disk.txt",
    "md5sum": "f6e99af1ba3e7cf57b10633adf617b3c",
    "remote_checksum": "3053ad53c0a813f1f8487062b53a4884015dda49",
    "remote_md5sum": null
}
```

注 意

从远程主机上获取得到的文件存放在/root/192.168.137.132/tmp/目录下。

2. 基于 Ansible 的配置文件的应用

接下来将 Ansible 配置文件与命令结合起来实现对远程主机的集中式管理，由于前面对基于 Ansible 命令的使用做了相关的介绍，因此这里将主要介绍如何配置集中式管理。

Ansible 的集中式管理涉及一个叫“组名”的词汇，仅从字面上理解，它是一个组的名称，在 Ansible 中的组名可以理解为一组相同资源的组合，这些资源实际上就是被 Ansible 控制的各个主机，对于这些资源的定义可以看它的配置文件/etc/ansible/hosts 中的定义。下面是节选的默认配置。

```
## [dbservers]
## db01.intranet.mydomain.net
## db02.intranet.mydomain.net
## 10.25.1.56
## 10.25.1.57

# Here's another example of host ranges, this time there are no
# leading 0s:
## db-[99:101]-node.example.com
```

以上这段配置，其中的[dbservers]是一个组名，该组名负责对所有加入该组的数据库主机进行管理，通过这些配置可以确定在组中可以定义主机的 IP 地址，也可以定义主机名或主机域名，不过为了容易看懂，建议直接指定主机的 IP 地址。

另外，为了便于管理，可以根据实际环境和主机的作用类型不同定义不同的组名，在该主机名下把作用功能相同的主机都放在该组上，比如在/etc/ansible/hosts 文件中新建组 webserver，并在该组下添加两台远程主机，即在该文件的末尾处添加以下配置：

```
[webserver]
```

```
192.168.137.100
192.168.137.132
```

配置/etc/ansible/hosts 文件后，需要将 Ansible 主机上的密钥分别传输到这两台主机上。

```
[root@ansible ~]# ssh-copy-id root@192.168.137.100
[root@ansible ~]# ssh-copy-id root@192.168.137.132
```

完成后可以执行以下命令获取远程主机所监听的端口：

```
[root@ansible ~]# ansible webserver -m command -a 'ss -ntl'
192.168.137.132 | CHANGED | rc=0 >>
State       Recv-Q Send-Q  Local Address:Port             Peer Address:Port
LISTEN      0      128          *:111                *:*
LISTEN      0      128          *:22                     *:*
LISTEN      0      100     127.0.0.1:25                  *:*
LISTEN      0      128         :::111                    :::*
LISTEN      0      128         :::22                     :::*
LISTEN      0      100        ::1:25                     :::*
192.168.137.100 | CHANGED | rc=0 >>
State       Recv-Q Send-Q  Local Address:Port             Peer Address:Port
LISTEN      0      128          *:111                *:*
LISTEN      0      5       192.168.119.1:53              *:*
LISTEN      0      128          *:22                     *:*
LISTEN      0      128      127.0.0.1:631                *:*
LISTEN      0      100      127.0.0.1:25                 *:*
LISTEN      0      128         :::111                    :::*
LISTEN      0      128         :::22                     :::*
LISTEN      0      128        ::1:631                    :::*
LISTEN      0      100        ::1:25                     :::*
```

由于同时要获取多台主机的信息，因此执行命令时直接使用组名（webserver）就可以。

21.4 支持 SSH 的 SecureCRT 工具

SecureCRT（以下简称为 SCRT）是一款连接类 Windows/Linux 系统且支持 SSH（SSH1/SSH2）的终端仿真程序，同时支持 Telnet 和 Rlogin 协议。本节主要介绍如何通过 SCRT 来实现对远端主机的批量管理。

21.4.1 SCRT 工具的基本特点

SecureCRT 这款远程访问工具能够远程连接多种不同类型的系统平台，也是目前运维工作中基于 Windows 系统远程登录 UNIX/Linux 系列系统一款不错的软件，且通过该工具内置的 VCP 命令行程序能够实现数据传输过程的加密。

接下来主要对这款软件的一些特点进行介绍。

1）这款工具能够在 UNIX/Linux/Windows/Mac 系统上运行且实现对远端主机的安全访问，能够提供各种控制台丰富的仿真支持。

2）支持基于 SSH1、SSH2 的远程登录，且协议支持单个客户端上同时访问整个网络设备。

3）实现节省时间的 UI 功能高效利用，包括多会话启动、标签会话、克隆会话及重复命令按钮栏等功能。

4）使用基于 VBScript、PerlScript 或 Python 脚本实现任务的自动和重复运行，即提供脚本的记录将建立的按键变成一个 VBScript。

5）网络设备之间的文件，通过它内置的 TFTP 服务提供额外且灵活的文件传输方式。

21.4.2　基于 SCRT 主机群管理配置

SCRT 这款工具具有保存远程主机 IP 地址、用户名和密码等信息的功能，因此更适合在私有环境下使用。

SCRT 在使用前需要先安装，安装后打开就可以看到快速连接远程主机的界面（见图 21-4），在该界面中只需要输入主机的 IP 地址和登录的用户名，其他参数保持默认就行。

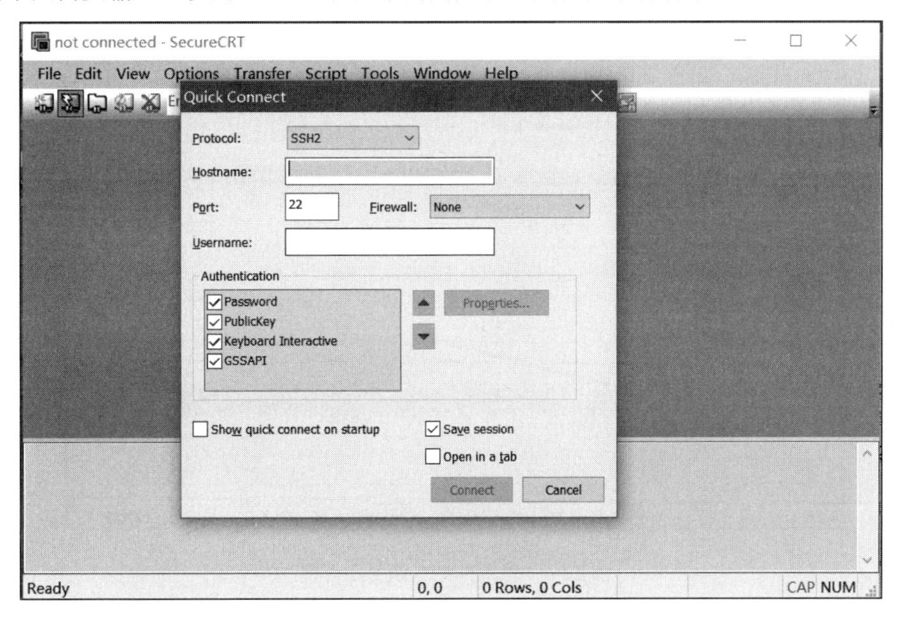

图 21-4　SCRT 连接远程主机界面

当然，在第二次使用该工具时，直接弹出所保存的远程连接的主机信息，此时只需要选择要连接的主机就可以。如果需要新增远程主机，选择连接并设置相关的参数就可以。

关于 Secure CRT 工具的应用，接下来将介绍如何通过它同时批量管理远端的服务器。

使用该工具建立与远程主机连接的会话列表（建立会话时建议保存用户名和密码），在打开它时就会弹出该窗口。要使用它来对远程主机进行批量管理，就需要选择要管理的主机并同时登录，同时选择要登录的远端主机并连接，如图 21-5 所示。

登录成功后就可以看到操作窗口，但此时通常是单个工作区占用整个窗口，要实现批量管理系统（就是执行一次命令控制多台主机），就需要先设置工作窗口。

在登录多个主机（必须要同时登录）后，在某个主机工作窗口下的功能栏空白处右击，打开功能菜单并选择 Chat Window，这时就会看到多出一个新的工作区，这个工作区在每个主机的窗口上都有，最后在刚打开的工作区空白处右击，再次打开功能菜单并选择 Send chat to all sessions，就能够给全部主机的新工作区添加这项功能，如图 21-6 所示。

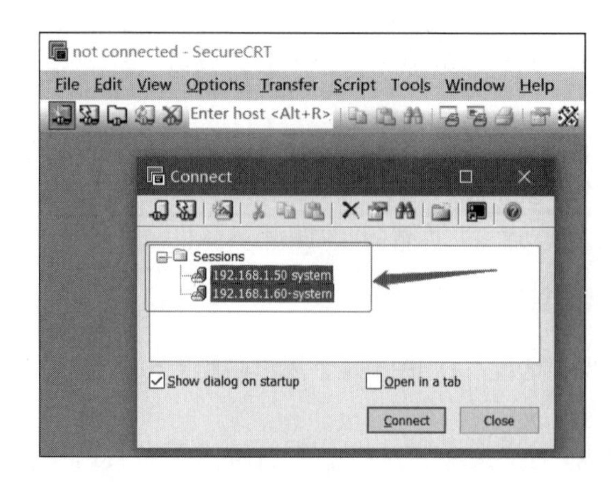

图 21-5　SCRT 的远程主机会话列表

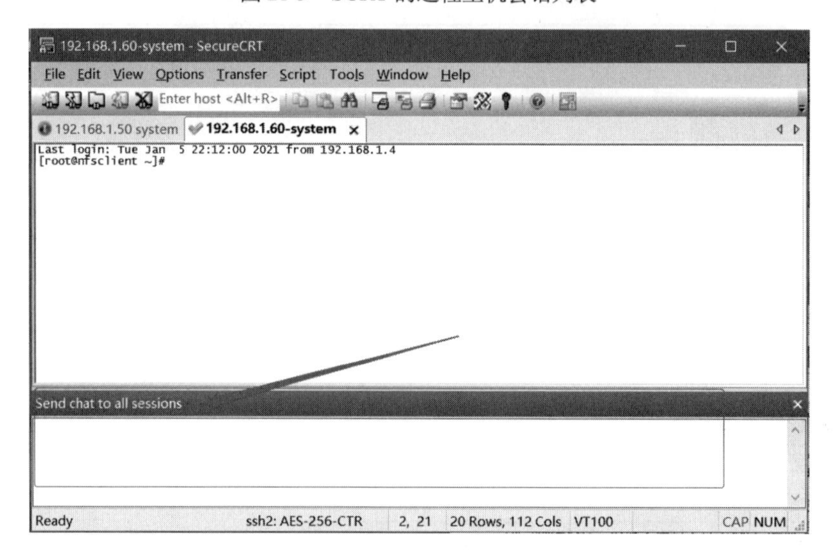

图 21-6　新增的命令执行工作区

在这个小的工作区中执行的命令都被批量发送到远程的主机上执行，这样就能够实现对远程主机的集中管理。而且根据服务器最小安装的原则，这款工具不需要在远端服务器上安装额外的软件，因此能够减少因额外安装软件给服务器带来的安全问题。

该工具适合在能够直接连接远程主机的客户端计算机上使用，在单点登录或有堡垒机、前置管理机的环境，这款工具就不太适合。

21.5　本章小结

对于主机比较多的环境或集群环境，需要使用一些批量执行命令的工具。本章对 Puppet、Ansible 和 SecureCRT 这三款能够批量执行命令的工具进行了介绍，读者对于这些工具的安装配置和适合使用的场合都应该有所了解，并选择合适的工具来使用。